“三型两网”

转型与创新

赵 亮◎主 编

中国电力出版社
CHINA ELECTRIC POWER PRESS

图书在版编目（CIP）数据

“三型两网”转型与创新 / 赵亮主编. —北京：中国电力出版社，2019.12

ISBN 978-7-5198-4101-0

Ⅰ.①三… Ⅱ.①赵… Ⅲ.①电网—电力工程—研究—中国 Ⅳ.① TM727

中国版本图书馆 CIP 数据核字（2019）第 296921 号

出版发行：中国电力出版社
地　　址：北京市东城区北京站西街 19 号（邮政编码 100005）
网　　址：http://www.cepp.sgcc.com.cn
责任编辑：唐　玲　李文娟　孟花林
责任校对：黄　蓓　郝军燕
装帧设计：宝蕾元
责任印制：钱兴根

印　　刷：北京博海升彩色印刷有限公司
版　　次：2019 年 12 月第一版
印　　次：2019 年 12 月北京第一次印刷
开　　本：787 毫米 ×1060 毫米　16 开本
印　　张：23
字　　数：419 千字
定　　价：98.00 元

编 委 会

编 写 组

前 言

能源是人类赖以生存和发展的物质基础。能源发展关乎国家富强、民族复兴，关乎人类共同命运与福祉。2014 年 6 月，习近平总书记提出“四个革命、一个合作”能源安全新战略，为我们构建现代能源体系、推动能源转型、促进可持续发展提供了根本遵循；也为构建全球能源治理体系，深化全球能源治理合作，维护全球能源安全，共建清洁美丽世界提供了中国方案、中国智慧。

作为保障国家能源安全、参与全球市场竞争的“国家队”，作为党和人民信赖依靠的“大国重器”，国家电网有限公司（简称国网公司）牢记使命，守正创新，深入学习贯彻党的十九大精神和习近平总书记“四个革命、一个合作”能源安全新战略，顺应能源革命和数字革命融合发展的新趋势，在 2019 年初确立了推进枢纽型企业、平台型企业、共享型企业，坚强智能电网、泛在电力物联网建设，打造具有全球竞争力的世界一流能源互联网企业的战略目标（简称“三型两网、世界一流”战略）。

“三型两网”建设，旨在构建能源流、业务流、数据流“多流合一”的能源互联网，助力国家治理能力现代化，推动整个能源产业转型升级，破解能源发展困境，维护国家能源安全。国网公司充分发挥央企引领带动作用，通过共建共享促进关联企业、上下游企业、中小微企业共同发展，当好国民经济持续健康发展的“压舱石”；以能源互联网建设引领工业互联网建设，抢占新一轮产业革命制高点，在代表国家参与全球竞争中发挥央企“顶梁柱”作用。

“三型两网”建设，重新审视了新时代电网特征和企业特点，立足电网企业产业属性、网络属性和社会属性，注重实体经济与数字经济、平台经济、共享经济融合，为电网企业高质量发展开辟了新空间，为我国能源转型、数字经济发展、民族工业振兴等提供了强有力的支撑。

这是推进能源革命、重塑能源格局的战略。党的十九届四中全会《中共中央关于坚持和完善中国特色社会主义制度、推进国家治理体系和治理能力现代化若干重大问题的决定》指出，全面建立资源高效利用制度，推进能源革命，构建清洁低碳、安全高效的能源体系。电网在新一轮能源革命中处于特殊而重要的位置。我国能源资源与能源需求呈逆向分布，需要电网具有远距离输电和大范围配置能力；大规模高比例风电、太阳能发电并网，需要电网具备灵活的调节能力；电动汽车、虚拟电厂、分布式能源等交互式能源设施大量接入，需要电网具有泛在的连接能力。未来的电网不再是单纯的输电载体，将成为多能转换利用的枢纽和资源优化配置的平台，将成为友好开放、共建共享的能源互联网，将在维护国家能源安全、推进能源转型、构建现代能源体系中发挥重要作用。

这是引领数字变革、实现电网跨越升级的战略。电网作为重要的基础设施，可挖掘的潜力巨大，特别是随着5G时代的来临，数据成为新时代的“黄金”“石油”，万物互联加速走进现实。电网联系千家万户、电力联系生产生活，电网企业完全有条件在数字中国战略下实现新作为。“三型两网”建设特别是泛在电力物联网建设，顺应数字化浪潮，充分挖掘电在发输变配用各环节中的数字属性，让电在社会生产生活中释放出更多的发展潜力。这既是一场企业的数字化转型，更是一场能源基础设施的智慧化升级。电网不仅将具备更坚强的物理形态，也将呈现出万物互联的数字形态，成为工业互联网建设的“主力军”，为中国数字经济发展繁荣注入新的活力、动力。

这是打造共赢生态、重构企业价值的战略。“三型两网”本质上就是要加强自主创新、打开资源边界、构筑多边市场，开展重大科技创新平台和创新链规划布局，打造社会资本、地方企业共同参与的能源互联网产业集群，带动产业链上下游企业协同进化、共享发展成果。这是一次从相对封闭的传统能源工业企业向具有互联网特征的、开放的科技型能源服务企业转型的重大实践。这一战略从“泛在”的内涵到“共享型”的定义，从“坚持开门搞建设”的原则到“打造能源互联网生态圈”的目标，处处都体现了开放、合作、共赢的新思维、新理念。这一战略通过汇聚能源、数据、设备、技术、资本、人才等多重要素，促进供需对接、要素重组、融通创新，让更多市场主体参与能源互联网的价值创造和分享，为全行业发展创造更大机遇和空间。

“三型两网、世界一流”战略目标提出后，得到了中央的充分肯定，得到了社会各界的一致好评，得到了地方政府、资本市场的广泛认可，得到了很多高校、科研机构和国际知名企业的大力支持。2019年8月，国网公司与天津市政府签署了全国首个以建设“三型两网”为核心内容的战略合作框架协议，共同制订并发布实施方案，明确了时间表、路线图和任务书，推动战略合作协议各项内容落实落地，合力打造能源革命先锋城市、“三型两网”落地典范城市，全面开启了“三型两网、世界一流”战略推动城市能源转型的新篇章。

城市是能源转型的主阵地，也是能源互联网建设的主战场。一方面，能源是城市的塑造者。另一方面，城市又是能源、经济、环境矛盾的交织点。天津这座超大型城市正处于京津冀协同发展的战略机遇期、产业转型升级的历史窗口期、生态环境治理的攻坚突破期。特别是2019年初，习近平总书记到天津视察指导工作，对下更大力气推动京津冀协同发展取得新的更大进展作出重要部署。这些都对加快能源清洁低碳转型和提高电气化水平提出了新要求。我们深刻认识到，推进“三型两网、世界一流”战略落地的实践是推动习近平新时代中国特色社会主义思想，尤其是能源革命重要论述在津沽大地落地落实的过程；也是国网公司与天津市携手共进、打造新时代政企合作新典范、更好地服务京津冀协同发展重大国家战略的过程。

2019年是国网公司实施“三型两网、世界一流”战略的开局之年。国网天津市电力公司（简称国网天津电力）充分发挥区位优势、政策优势、开放优势、人才优势，立足当前，着眼长远，深化政企合作，系统谋划“三型两网、世界一流”战略在津布局落地，加快坚强智能电网建设，统筹推进泛在电力物联网顶层设计、网络升级、数据治理、技术攻关、业务创新等各方面工作，同时大力破除体制机制障碍，在电力改革、组织变革、内部“放管服”改革上积极探索，取得了一系列重要突破，探索形成了一批可复制、可推广的典型模式。

在推动战略落地过程中，从政府、社会到产学研各界都表现出高度认同和极大参与热情，这充分说明这一战略不仅能引领电网发展，还有很强的社会价值、经济价值、技术价值、学术价值，具有很强的感召力和影响力。特别是“三型两网”作为新生事物，在天津迅速落地见效，涌现出大量鲜活生动的创新实践，呈现“点面开花、竞相绽放”的良好态势，究其根本就在于这一战略顺应时代发展潮流，契合城市转型、经济转型和能源转型大势，具有强大的生命力、带动力。这也充分验证了这一战略的前瞻性、正确性，更加坚定了我们在新战略指引下继续扎扎实实推进“三型两网”建设的信心和决心。我们相信，随着“三型两网”特别是泛在电力物联网建设的深入推进，电网与城市的命运共同体关系将更加紧密。泛在电力物联网正在成为天津创新发展的一股强大力量，天津必将成为泛在电力物联网发展壮大的一片沃土。

在能源转型的大趋势下，本书以能源与城市融合发展的视角，立足新时代城市能源需求特征，深入思考了能源互联网与城市能源转型的关系；基于对“三型两网、世界一流”战略内涵的深刻认识、理解和把握，提出了这一战略在城市落地的典型布局与实施重点；以创新、变革为主线，系统论述了国网天津电力依托“两工程一计划”、通过政企合作共建等模式，统筹推进坚强智能电网和泛在电力物联网建设、深度探索技术创新和模式创新、同步推进企业管理变革和文化建设等方面的具体实践，分享了泛在电力物联网基础平台建设、营配贯通优化、城市大数据中心建设、综合能源服务等方面的一些典型经验与模式，希望能为社会各界广泛参与打造共建共治共赢的能源互联网生态圈提供有益参考。

“三型两网”建设是重大的理论和实践创新，是一项具有开创性的复杂系统工程，是一条前人没有走过的路，任务异常艰巨，挑战前所未有，但前景十分广阔，许多工作需要边摸索、边总结、边完善。本书主要是国网天津电力“三型两网”建设的阶段性成果总结和分享，很多理论和实践仍在不断地迭代完善中，书中疏漏和不妥之处在所难免，欢迎广大专家读者提出宝贵意见和建议。本书编写过程中得到了国网公司研究室、互联网部，天津市政府研究室，国网能源研究院、中国电力科学研究院，天津大学，华北电力大学，中国工业经济联合会等众多部门、单位专家学者的支持和帮助，在此一并表示感谢。

编者

2019 年 12 月

目录 Contents

第一章

能源转型与城市发展

城市是人类最伟大的创造之一，人类文明的兴起与进步始终伴随着城市的发展与演化，能源相当于城市的血液，驱动着城市的运转，现代化程度越高的城市对能源的依赖越强。能源与经济、环境之间的矛盾，也是城市转型升级中的世界性难题。能源进步催生现代化城市，支撑城市规模与经济快速扩张；能源消耗不断增长，又带来雾霾等问题，导致诸多“城市病”；能源成本不断上涨，也制约着城市竞争力提升。党的十九大提出，要推进能源生产和消费革命，构建清洁低碳、安全高效的能源体系，这为我们推动能源转型，破解这一世界性难题提供了“金钥匙”。推动城市能源转型，关键是把握城市能源发展协同化、融合化潮流以及新时代城市的能源需求特征，在国家能源战略框架下，建设以电为中心的能源互联网。如何建设、怎样建设能源互联网，是对能源企业提出的时代之问。2019年初，国网公司在行业内率先提出融合发展泛在电力物联网和坚强智能电网，打造具有枢纽型、平台型、共享型特征的世界一流能源互联网企业的目标（简称“三型两网、世界一流”战略），重点以泛在电力物联网为电网赋能，向能源互联网跨越升级。

第一节　能源转型发展

2014年6月，习近平总书记在中央财经领导小组第六次会议上提出“四个革命，一个合作”能源安全新战略，开启了我国能源事业奋力变革、创新发展的新篇章。当前，我国能源供给由黑色、高碳逐步走向绿色、低碳，能源消费由粗放、低效逐步走向节约、高效，能源技术自主创新能力全面提升，能源体制改革不断深化，全方位能源国际合作新格局逐渐形成。

一、能源供给

随着世界能源格局的深刻调整，能源供应体系的多元化已经成为各国能源战略的必然选择。中国能源结构长期以煤为主，实现清洁低碳转型任务尤为艰巨。多元绿色发展是我国能源革命的重要基础，是实现能源安全的重要手段。

（一）能源供应体系多元化发展

当前，世界能源格局深刻调整，新一轮能源革命蓬勃兴起，世界能源形成煤、油、天然气、核、水、可再生能源等多种方式的能源供应体系。

世界能源供应体系较 20 世纪发生较大变化，全球能源供给结构呈现出“石油降、煤炭稳、清洁能源快速发展”的趋势。从图 1-1 中可以看出，1973 年到 2017 年，石油供应占比显著下降，从 46.3% 下降到 32%；煤炭占比保持稳定，维持在 24.5% 到 27.1% 左右；天然气占比有所提高，从 16% 增长到 22.2%；核能占比加快提升，从 0.9% 增长到 4.9%；水能及其他占比成倍增长，从 1.9% 增长到 4.3%。

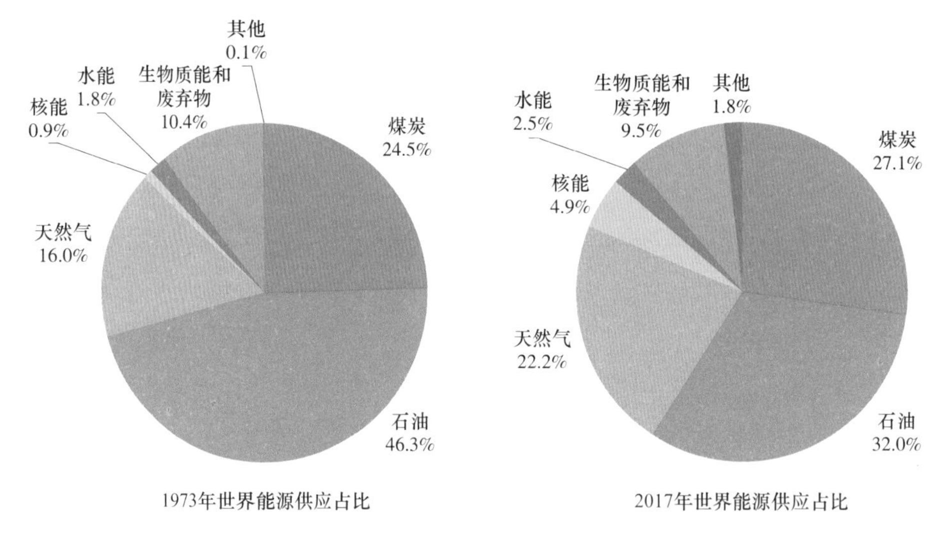

图 1-1　1973 年、2017 年世界能源供应占比

欧盟作为世界上第一个立法承诺大幅度强制减排的共同体，主导了当前全球低碳经济发展的潮流。德国能源转型的重要标志是发展分布式风电和光伏发电，于 2010 年公布了《德国联邦政府能源方案》的长期能源发展战略，并以立法的形式将可再生能源目标写入可再生能源法规，明确规定了不同时间节点下的可再生能源供应比例，德国能源转型的主要目标如图 1-2（a）所示。英国通过陆上风电、海上风电、生物质发电等可再生能源技术计划，推动英国的能源转型，其主要目标如图 1-2（b）所示。

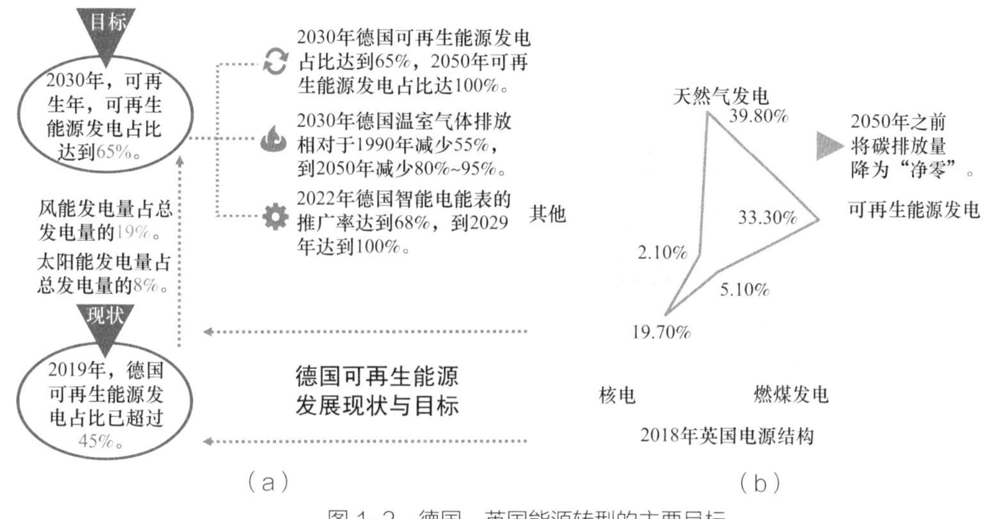

（a）　（b）

图 1-2　德国、英国能源转型的主要目标
（a）德国；（b）英国

我国能源转型持续推进，非化石能源占比稳步增长。作为产煤大国，"缺油、少气、富煤"的资源特征决定了我国以煤炭为主的能源生产结构。近年来煤炭供应占比逐步下降，由 2011 年的 77.8% 下降到 2018 年的 69.3%，但其主体地位短时间难以改变。在未来很长一段时间内，煤炭资源在能源结构中仍将占据主导地位。天然气、非化石能源供应占比逐年提升，分别由 2011 年的 4.1% 和 9.6% 上升到 2018 年的 5.7% 和 18.9%，我国多元化能源供应体系加快建立。2009 —2018 年我国能源供给变化趋势如图 1-3 所示。

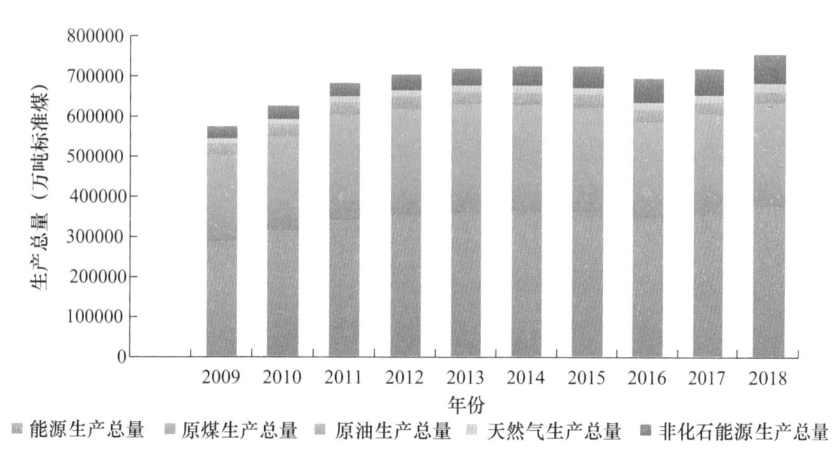

图 1-3　2009 —2018 年我国能源供给变化趋势

（二）能源供应结构清洁低碳化发展

全球气候变暖已成为人类共同面临的重大环境挑战，为了减缓气候变化和促进人类可持续发展，能源供应的清洁低碳化成为主要趋势。世界清洁能源供应比例稳步提升，从1973年的13.2%增长至2017年的18.7%。其中，以风能、太阳能为代表的新能源供应占比由1973年的0.1%增长至2017年的1.8%。可再生能源发电比例逐年提高。近10年来，美国、英国、德国等国家可再生能源发电占比稳步提升，如图1–4所示。其中，英国可再生能源发电比例由2008年的6.67%增长至2018年的33.30%，增长5倍之多；德国的可再生能源发电比例增长2倍左右。

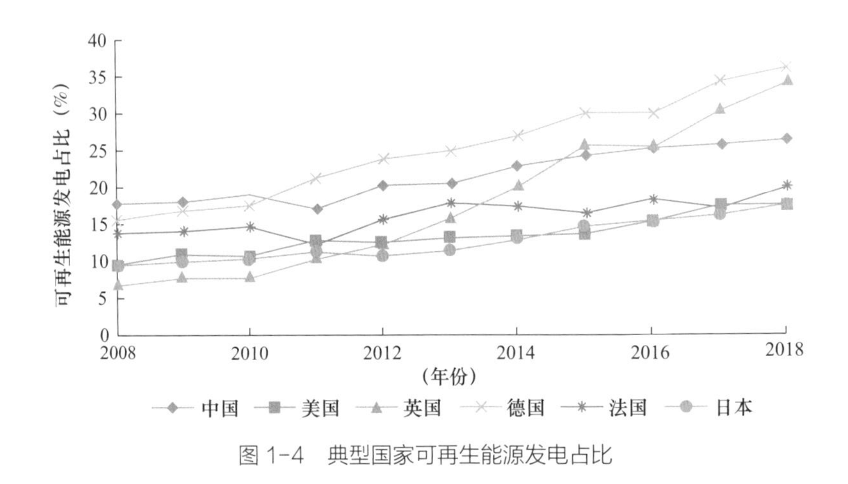

图1–4　典型国家可再生能源发电占比

我国非化石能源大规模开发利用，以风电、光伏发电为主的新能源发电持续快速增长。如图1–5、图1–6所示，在电源结构中，火电占比由2011年的72.3%下降到2018年

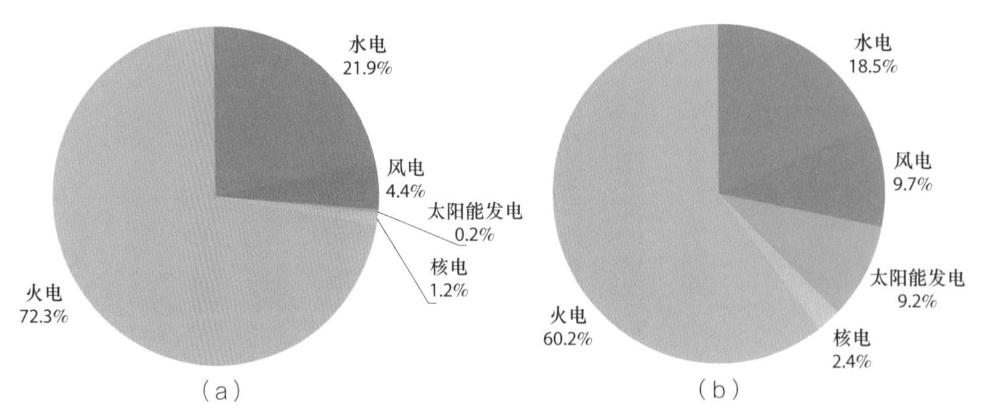

图1–5　2011、2018年我国电源结构对比
（a）2011年；（b）2018年

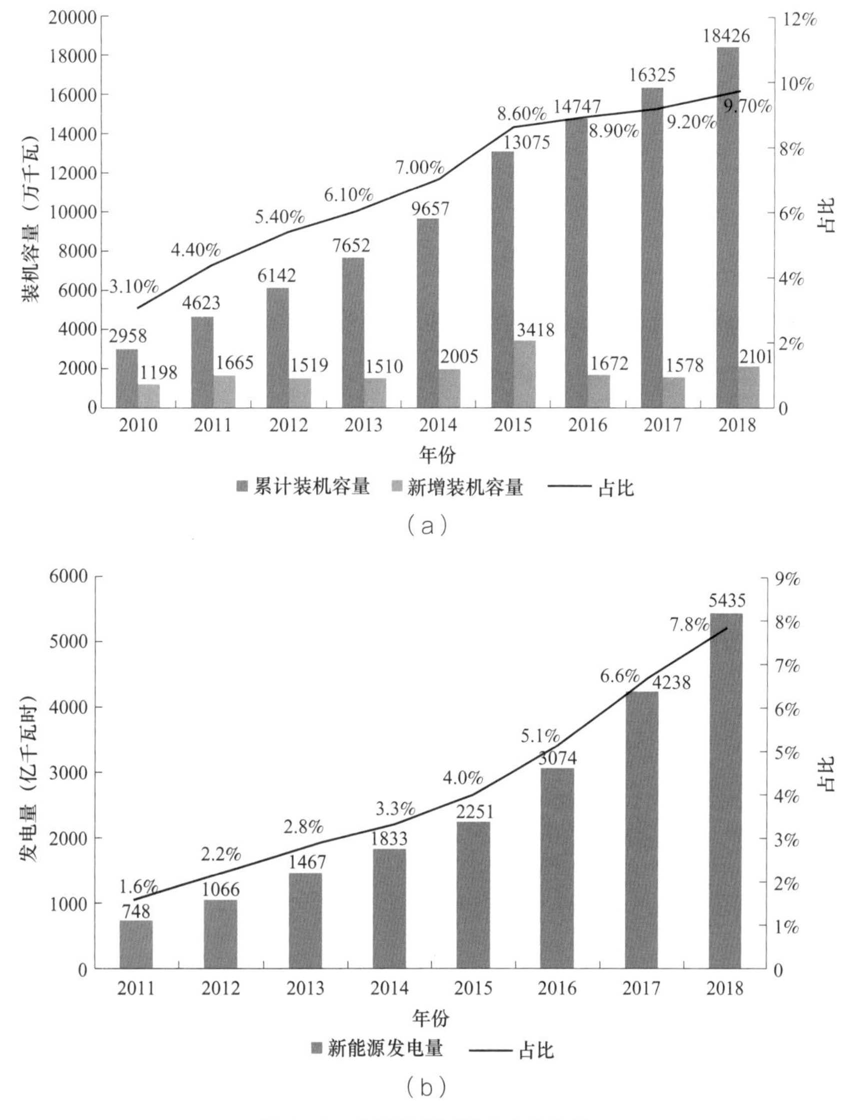

图 1-6 我国新能源发电变化趋势
（a）风电新增装机容量、累计装机容量；（b）新能源发电量及占比

的 60.2%，风电装机占比由 2011 年的 4.4% 增加至 2018 年的 9.7%。截至 2018 年底，我国新能源发电累计装机容量 3.6 亿千瓦，同比增长 22%，占全国总装机容量的比重达到 18.9%，首次超越水电装机。化石能源清洁化利用进程加快，建成世界最大的煤炭清洁发电体系。2014 年以来，我国开展大量工作推动国内各发电企业实施超低排放和节能改造工程。截至 2018 年第三季度末，我国煤电机组累计完成超低排放改造 7 亿千瓦以上。

二、能源消费

电气化成为新一轮能源革命的重要趋势和特点之一，电能利用范围前所未有的拓展，在终端能源消费中的比重大幅提高。电力行业既迎来新的发展空间，也面临新的问题与挑战。

（一）能源利用效率逐步提高

随着生产力水平的发展、科技水平的不断提高、能源消费结构持续优化，能源利用效率显著提高。从国际来看，单位 GDP 能耗整体呈下降趋势。单位 GDP 能耗是能源利用效率的重要指标，主要表示能源消费水平和节能降耗状况。发达国家单位 GDP 能耗普遍低于发展中国家，随着能源消费结构的改变及能源技术的不断提高，不同国家的单位 GDP 能耗整体呈下降趋势，如图 1–7 所示。美国、英国的单位 GDP 能耗分别由 2008 年的 0.14、0.083 降低至 2018 年的 0.117、0.062，分别降低了 16.4%、25.3%。

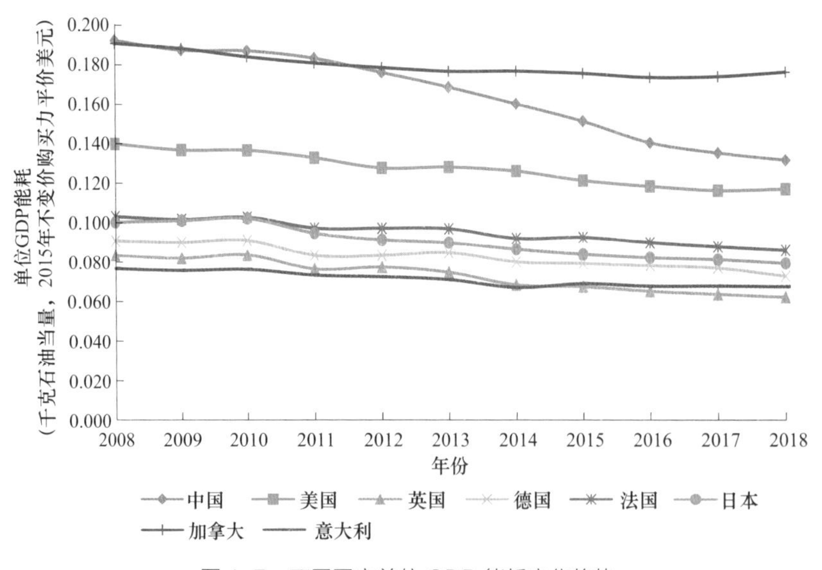

图 1–7　不同国家单位 GDP 能耗变化趋势

我国是单位 GDP 能耗下降速度最快的国家，与德国、日本、美国等全球先进水平的差距日益缩小。2008 —2018 年，我国单位 GDP 能耗累计降低 31.6%，年均下降 3.16 个百分点；德国单位 GDP 能耗累计降低 19.8%，日本单位 GDP 能耗累计降低 20.9%，美国单位 GDP 能耗累计降低 16.4%。2018 年我国的单位 GDP 能耗分别是德国、日本、美国的 1.81 倍、1.66 倍、1.12 倍，差距日益缩小。

我国能源消费弹性系数呈现波动性，能源利用效率仍有较大提升空间。能源消费弹性系数是能源消费年平均增长率与国民经济年平均增长率的比值，是反映能源与国民经济发展关系的重要技术经济指标，该弹性系数越大，表明经济发展对能源消费的依赖程度越高。如图 1-8 所示，近十年来，我国能源消费弹性系数小幅波动，整体小于 1，但从 2015 年起能源消费弹性系数开始上涨，表明经济发展对能源消费的依赖程度不断提高。当前，我国经济增长方式处于转型过程中，能源利用效率仍有提升空间。

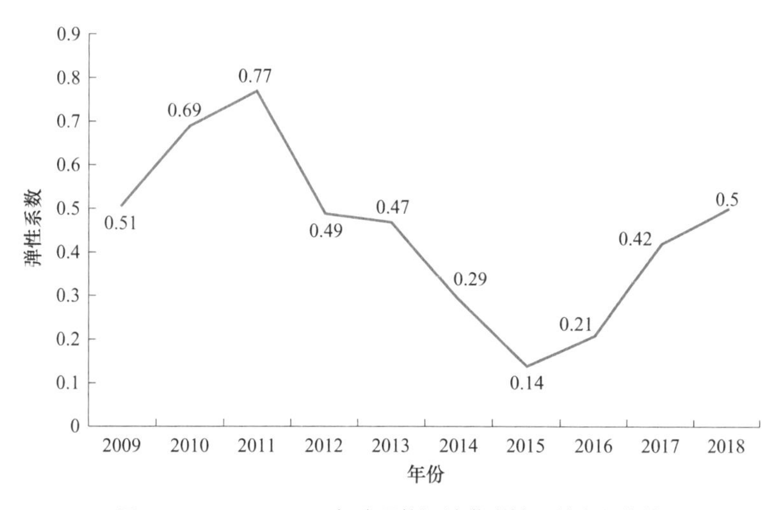

图 1-8　2009-2018 年我国能源消费弹性系数变化趋势

（二）电能占终端能源消费的比例逐步提升

电能占终端能源消费比例是衡量国家和城市终端能源消费结构和电气化程度的重要指标。随着新一轮能源技术革命的发展，电动汽车等新兴用电产业在国民经济中将占据更为重要的位置，世界电气化程度将进一步提高，能源消费电气化趋势明显。如图 1-9 所示，2017 年电能在世界终端能源消费的占比为 18.9%。

欧洲发达国家电能占终端能源消费比例整体稳中有升。从图 1-10 中可以看出，相较于德国电能占终端能源消费比例逐年下降的情况来看，希腊由 2008 年的 23.9% 上升至 2017 年的 28.9%，增长了 5 个百分点。丹麦电能占终端能源消耗比例保持平稳，在 19.5% 左右。

我国电能占终端能源消费的比例逐步提升。2018 年，我国电能占终端能源消费比例为 25.5%，较 2017 年提高约 0.6 个百分点，较 2000 年提高约 10.9 个百分点。《电力发展“十三五”规划（2016—2020 年）》重点提到 2020 年电能占终端能源消费比重要提升至 27%。随着工业、建筑、交通等各领域的电气化、自动化、智能化发展，清洁电力

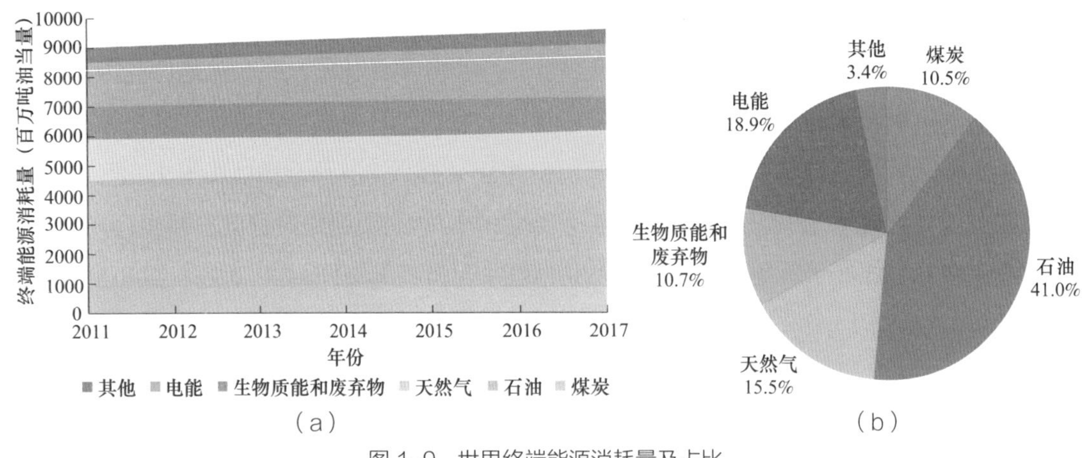

图 1-9　世界终端能源消耗量及占比
（a）消耗量；（b）2017 年占比

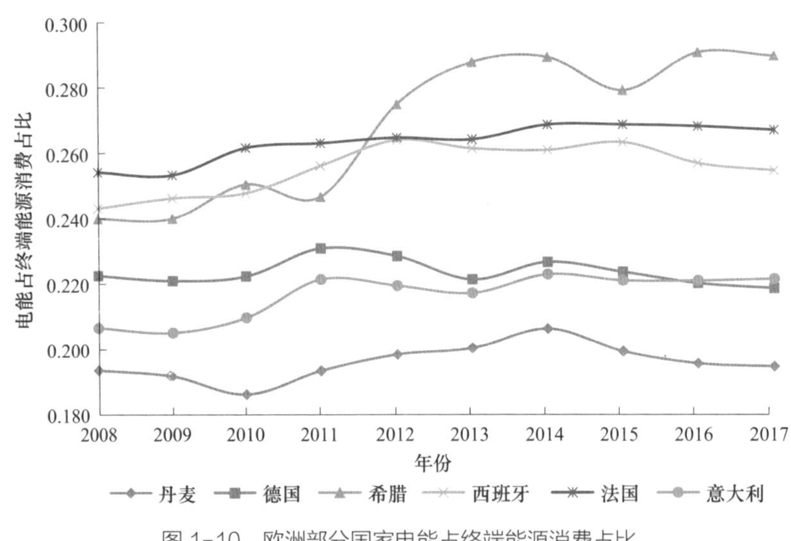

图 1-10　欧洲部分国家电能占终端能源消费占比

供应的优势将逐步显现，电能在终端用能结构中占比持续提升，预计到 2035 年提高至 32%~38%，到 2050 年将超过 50%。

三、能源技术

随着数字技术与能源体系的深度融合，新兴能源技术的不断发展，能源互联、智慧化发展的趋势更加明显，新一轮数字革命将为能源技术的创新发展创造广阔的空间，为能源转型提供有力支撑。

（一）新兴能源技术不断升级

世界主要国家和地区将能源技术视为新一轮科技革命和产业革命的突破口，从能源战略的高度制定各种能源技术规划、采取行动加快能源科技创新，增强国际竞争力。美国凭借自身资源禀赋的特点以及水力压裂和水平钻井两项勘探开发技术在页岩气领域的成功应用和推广，极大改善了美国能源独立状况。日本政府在《能源基本计划》中将氢能定位为与电力和热能并列的核心二次能源，并提出建设“氢能社会”的愿景，通过氢燃料电池实现氢能在家庭、工业、交通等领域的应用，对氢发电技术以及制氢、储氢、运氢等与氢全产业链相关的新技术进行研究和开发。

我国能源科技水平实现了跨越式发展，能源科技创新能力和技术装备自主化水平显著提升，建设了特高压交直流等一批具有国际先进水平的重大能源技术工程，特高压输电技术在电压等级、输送电量、距离等方面不断刷新世界纪录，能源技术装备、关键部件材料对外依存度显著降低，能源产业国际竞争力不断提升。如图 1–11 所示，清洁高效的化石能源技术和装备不断提升，新一代的煤气化、液化、热解、合成等关键技术不断涌现，确立了我国在现代煤化工领域的世界领导地位。燃煤发电效率不断提高，整体达到国际先进水平。新能源发电技术进展迅速，大容量海上风电机组及关键部件国产化工作取得重大进展，光伏组件生产成本持续下降，新型高效组件发电效率持续提升。储能技术加速发展，锂离子电池、液流电池、铅碳电池、超级电容电池等储能电池性能大幅提升，有效推动了

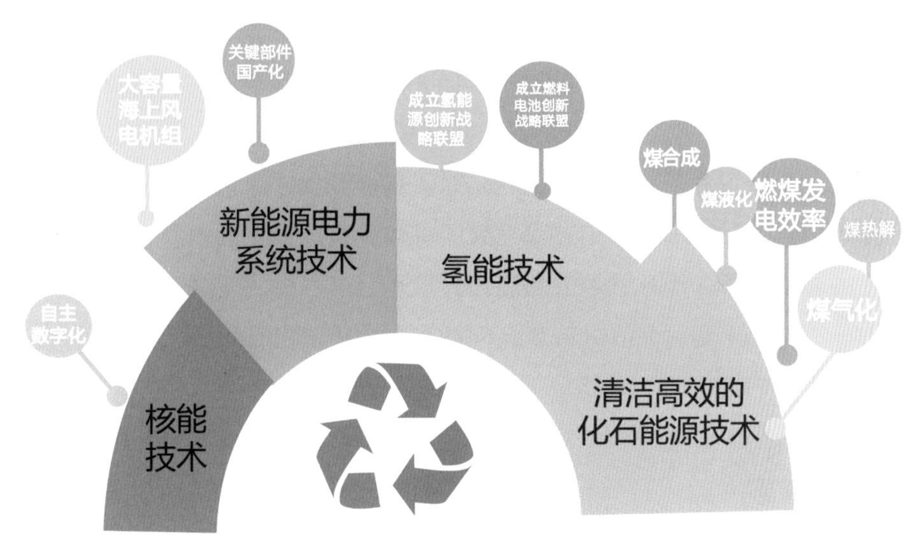

图 1–11　新兴能源技术

储能电池大规模应用。核能技术掌握自主知识产权，我国核电已达到三代核电技术的先进水平，核电的建设、运行与延寿能力显著提升，自主数字化仪控平台技术得到应用。氢能技术发展受到重视，2018 年中国氢能源及燃料电池产业创新战略联盟成立，各地也纷纷推出支持政策，推动氢能发展。

（二）数字技术与能源体系深度融合

当前，新一轮科技革命和产业革命加速兴起，大数据、云计算、物联网、人工智能、移动互联网、区块链（简称“大云物移智链”）等数字化技术与能源产业有机相融，成为引领能源产业变革、实现创新驱动发展的源动力。

欧盟、美国、日本都提出大力发展低碳能源领域的新材料、新工艺、新技术，特别是与数字技术的不断融合，抢占未来能源科技的战略制高点。德国技术与经济部从 2008 年开始实施 E-Energy 计划，通过能源系统与信息通信技术的结合，在整个能源供应体系中实现综合数字化互联及实时运行监测，提高了可再生能源比例。德国 E.ON 电力公司基于大数据技术实现实时用电查询，监测电网状态、测量用户用电，提供实时用电消费计算及实时查询。英国国网公司利用大数据技术分析设备资产、运行数据等相关信息，实现资产战略管理。

我国积极推动数字技术与能源领域深度融合，2016 年，国家发展和改革委员会等部委联合发布《关于推进“互联网 +”智慧能源发展的指导意见》，指出发展能源大数据服务应用。将数字技术应用到能源生产、输送、交易、消费及监管等各个环节，可为能源行业提供技术、经验和有价值的信息，大幅提高能源领域各个环节的效率，提高能源行业的竞争力。我国 2016 年成立的能源区块链实验室利用区块链技术将实现能源资产数字化和推进绿色金融服务，涉及资产证券化、碳资产开发、绿色消费社区等三大类应用场景。充分利用“大云物移智链”技术，我国将建成全球领先的智慧车联网平台，集充电服务云、出行服务云、能源服务云和能力开放平台于一体，实现充电服务、充电设施运维、设备接入、用户支付、清分结算、电动汽车租售、出行服务、行业用户综合服务全环节智能化。

四、能源体制

建立健全完善的能源监管和治理体系，是推动能源革命的坚实后盾，也是能源企业改革发展于法有据的重要保障。当前，从“专享资源”到“分享资源”，坚持市场化改革方向、理顺价格体系、还原能源商品属性、充分发挥市场配置资源的决定性作用，一个更加统一开放、竞争有序的现代能源市场体系正逐渐形成。

（一）有效竞争的能源市场体系逐步完善

21 世纪以来，能源体系形势发生了重大和深刻变化，新的能源体制的轮廓正在形成。

欧盟国家的能源转型战略不仅规定了转型的中长期目标和实施政策，还持续重视能源立法及体制机制设计。可再生能源电力配额考核制度及配套的绿色电力证书交易机制是国际上普遍采用的可再生能源产业扶持政策，从 2002 年开始，英国、美国、德国、澳大利亚、瑞典、挪威、意大利、日本、韩国和印度等 20 多个国家均实施了配额制考核。

我国统一开放竞争有序的能源市场体系逐渐健全。2012 年国务院印发《国务院办公厅关于深化电煤市场化改革的指导意见》（国办发〔2012〕57 号），加强了煤炭市场建设，完善煤电价格联动机制。2015 年中共中央、国务院颁布《关于进一步深化电力体制改革的若干意见》（中发〔2015〕9 号），明确了“三强化一独立三放开”的电力体制改革蓝图，提出了“管住中间、放开两头”的体制架构，对于构建有效竞争的市场格局，发挥市场在电力资源配置中的决定性作用，进一步释放改革红利起到重要的推动作用。2017 年中共中央、国务院出台了《关于深化石油天然气体制改革的若干意见》，深化了石油天然气体制改革方针，通过建立管网公司等手段推进整个油气市场化的改革。2017 年，国家发展改革委、国家能源局联合印发《关于深化电力现货市场建设试点工作的意见》，选择浙江、山西、山东等 8 个地区作为第一批试点，开启我国电力现货市场建设实践，为电力短期供需平衡提供了市场化手段，扩大了新能源消纳的空间。

（二）能源监管与法律法规体系不断健全

能源体系的完善需要与之匹配的能源监管和法律法规，结合监管手段，保证能源转型的有序进行。

监管是能源行业发展和管理的有效方式。从国际来看，政监分离是能源监管的大趋势。很多原来采取政监合一或由政府部门直接监管的国家，纷纷分离政监职能，建立独立的专业性监管机构。欧盟委员会明确要求其成员国建立独立的电力监管机构。能源监管机构的业务范围可以覆盖电力、石油、天然气行业整个业务过程，融专业性、技术性、服务性为一体。这种管理避免了政府管理的粗放性，更适应成熟市场经济国家对经济活动精细科学的管理要求。

从国际来看，能源法律法规体系不断深化。美国先后出台《清洁能源法案》《2010 年美国能源法》和《新能源政策》，引导加大对新能源领域的投资，改善能源消费结构，在保障美国能源安全的同时，继续维护美国在世界经济格局和政治格局上的主导地位。德国先后出台《电力入网法》《可再生能源法》为可再生能源发电入网提供政策保证，保障可再生能源发展。

我国先后出台《中华人民共和国电力法》《中华人民共和国可再生能源法》等，促进可再生能源的开发利用。但我国尚未出台能源基本法、石油天然气法等能源单行法。

新中国成立 70 年来我国能源事业的辉煌成就，归根结底源于体制和制度的优越性。比如，我国电网之所以能够成为近 20 年来未发生大面积停电事故的特大型电网，主要是坚持了统一规划、统一调度、统一管理，简称“三统一”，这是我国社会主义制度优越性在电力行业的集中体现。

五、能源国际合作

参与全球能源治理是维护本国核心利益，保障能源安全，体现国家软实力和影响力的重要途径。我国以“一带一路”为突破口，积极参与全球能源治理，开展更加积极有为的能源国际合作，打造国际能源合作的利益共同体、责任共同体和命运共同体。

（一）全球能源治理成为能源合作制高点

随着国际能源格局变化，传统能源生产和消费国利益分化调整，以新兴经济体为主的能源消费国开始在国际合作中赢得更多主动权。由发达国家主导的现有全球能源治理平台难以平衡新旧能源生产国和消费国的利益诉求。在全球能源供需相对宽松和买方市场情形下，发展中国家寻求能源治理改革呼声高涨。

我国提出的共建“一带一路”合作倡议，为能源合作提供新机遇，为能源互联网建设提供了新的契机，如图 1–12 所示。欧亚大陆是世界能源经济心脏地带，沿线地区未来将成为世界最大的能源生产与消费市场。能源成为“一带一路”建设的“新丝绸”，能源合作也成为“一带一路”国际合作的重要主题。现阶段，在“一带一路”倡议引领下我国有序开展与沿线国家能源合作。

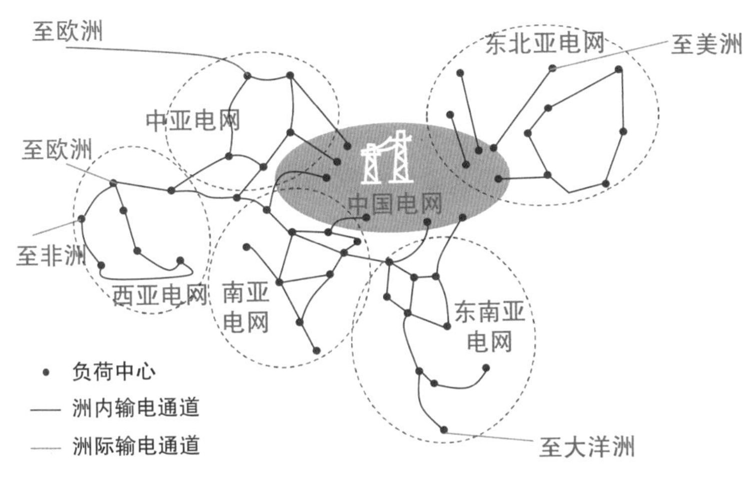

图 1-12 “一带一路”倡议能源合作示意图

（二）能源合作理念走向维护全球能源安全

随着经济全球化的发展，能源资源日趋走向全球配置。全球能源供需互利共赢需求增加，利益博弈也在加剧，越来越多的国家通过双边合作或借助多边合作机制协调利益争端。世界各国相互关联、彼此影响，互利共赢、共谋发展已经成为世界潮流。近年来，国际能源合作环境出现新变化。全球能源生产中心加速“西移”，能源消费中心持续“东扩”，新能源和可再生能源快速发展，国际油价总体低位震荡，地缘政治变化使得能源合作环境更趋复杂。作为世界第二大经济体、第一大能源生产和消费国，我国在全球能源治理架构中举足轻重。改革开放四十年来，我国参与能源国际合作进程与国内经济社会发展阶段密不可分。从最初的“引进来”提升国内能源供应水平，缓解国内能源短缺局面，到之后的“走出去”，充分利用“两种资源、两个市场”，再到 21 世纪初全面参与国际能源合作，提倡“互利合作、多元发展、协同保障”的新能源安全观，构建人类命运共同体，都体现了中国对维护全球能源安全的思考和努力。

在地缘政治和大国利益关系格局的变化中，各国之间的摩擦难以避免，会在军事、金融、外交和经济等各个领域有所体现，需要能源企业提升合作理念认知，提高风险预判和风险管控的能力。

第二节 现代城市发展

现代城市正呈现出规模集群化、基础设施智慧化、产业高端化、经济现代化、生态绿色化、治理精细化等发展趋势。城市发展离不开能源的支撑，这对能源智慧化升级、融合集成发展、绿色低碳转型等各方面都提出了更高的要求。

一、城市规模与基础设施

（一）城市规模向集群化发展

城市始终处在不断发展的进程中，规模效应、技术外溢和不完全竞争会引导经济活动在空间集中，在市场机制作用下，各类生产要素也会自发向资本回报率高的地区集聚，这种集中和集聚多在城市中实现，发展到一定阶段就形成了城市群。城市群引领区域经济转型升级、资源高效配置、技术变革扩散，在增强区域经济活力、提升区域经济效率方面发挥着重要作用。

城市集群在国际竞争中具有明显的优势，可实现对城市空间、人口布局的层级优化，形成经济发达、交通便利、功能互补、协同发展的集群优势。作为核心带动型城市群的典范，美国大西洋沿岸的“波士华”城市群，是世界上最大、发育最成熟的城市群。纽约是金融中心和商贸中心，波士顿是高新技术产业聚集地，费城依靠发达的交通运输业成为核心的交通枢纽，华盛顿是全美的政治中心，巴尔的摩国防工业发达，同时也是卫生服务基地。这一城市群形成了核心带动、错位发展、协同推动的良好格局。世界著名五大城市群如图 1-13 所示。

十九大报告中明确提出，“以城市群为主体构建大中小城市和小城镇协调发展的城镇格局”，我国先后出台《长江三角洲城市群发展规划》《粤港澳大湾区发展规划纲要》等一系列政策，大力推进城市集群建设。以北京、天津为中心引领京津冀城市群发展示意如图 1-14 所示。天津作为“京津冀”城市群中的重要一环，出台了一系列政策，着力推进“五个协同”。在产业方面，积极承接北京非首都功能疏解，建立京津合作示范区等承接平台。在创新方面，科技成果展示交易线上平台建成运营，京津冀大数据综合试验区进展顺利。

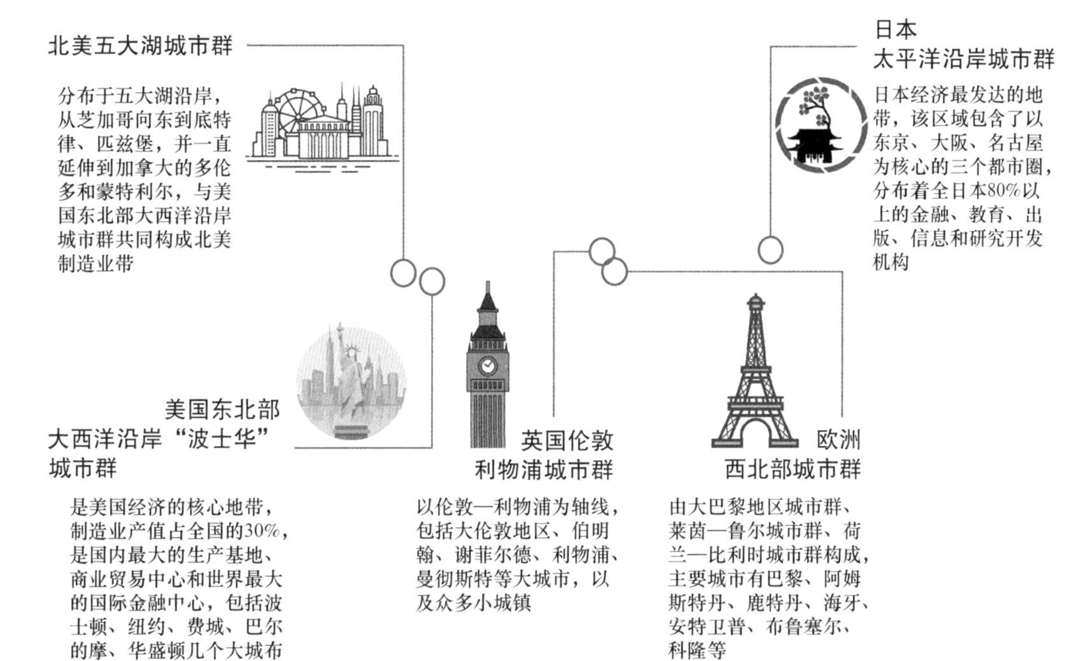

图 1-13　世界著名五大城市群

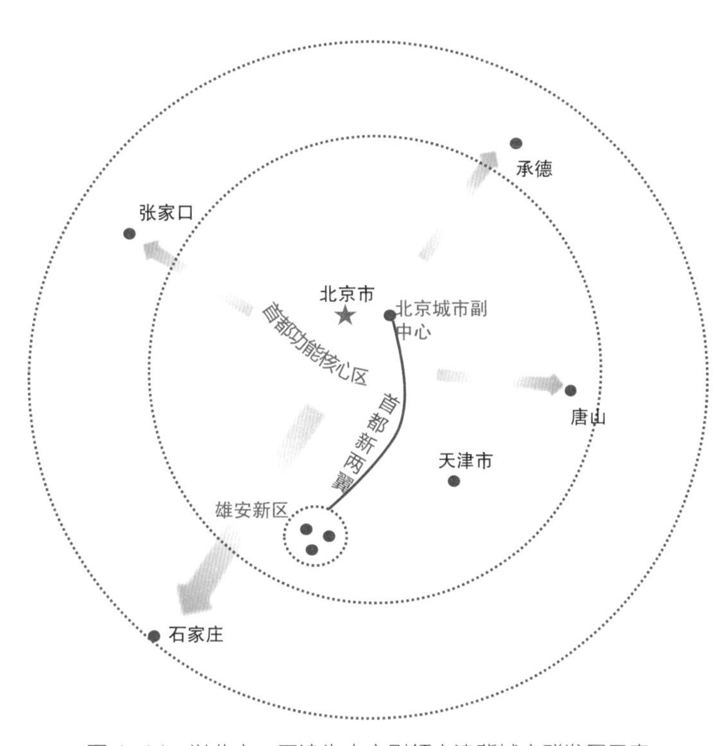

图 1-14　以北京、天津为中心引领京津冀城市群发展示意

在体制机制方面，三地医疗机构临床检验结果互认、医学影像检查资料共享全面深化，实施高层次人才服务绿卡制度，实现了人才职称资格互认互准。在环保方面，区域大气、水、土壤协同治理不断深化，实现了规划、标准、监测和重污染天气应急响应“四个统一”，引滦入津上下游横向生态补偿机制进一步完善。在基础设施方面，津雄城际纳入国家规划，京滨、京唐铁路加快建设，京津双城的交通格局正在形成。

城市集群化发展，需要不同区域间、各类能源间系统集成和基础设施的互联互通，更需要能源资源整体的统筹优化配置和开放共享。

（二）城市基础设施向智慧化升级

随着世界城市化进程加快，人口管理、交通拥堵、生态保护等诸多“城市病”需要新的方法解决，因此在21世纪之初，智慧城市的理念应运而生。智慧城市的“智慧”指通过布局完善的感知网络，对人和物的信息进行全面感知，再通过信息传输网络传输到数据处理中心，对感知到的信息进行加工和挖掘，从而为智慧化管理决策提供数据支撑。在整个智慧化的过程中，需要大量的“智慧”基础设施作为支撑。智慧城市基础设施建设是一项基础性和关键性的工作，直接决定智慧城市的建设水平及最终成败。智慧城市示意如图1-15所示。

图1-15　智慧城市示意

2009年，迪比克市与IBM合作，建立美国第一个智慧城市。利用物联网技术在一个有六万居民的社区里将各种城市公用资源（水、电、油、气、交通、公共服务等）连接起来，通过数控水电计量器，整个城市对资源的使用情况一目了然，同时居民对自己的耗能也有更清晰的认识。从2015年开始，韩国以网络为基础，打造绿色、数字化、无缝移动连接的智慧城市，通过整合公共通信平台，居民可以方便地开展远程教育、医疗、办理税务，还能实现家庭建筑能耗的智能化监控等功能。

我国为规范和推动智慧城市的健康发展，2014年，国家发展改革委等八部委印发《关于促进智慧城市健康发展的指导意见》（发改高技〔2014〕1770号），2016年，中共中央办公厅、国务院办公厅发布《国家信息化发展战略纲要》，在国家和各级主管部门的重视和支持下，我国智慧城市建设进入快车道。天津结合自身实际，发布了《天津市推进智慧城市建设行动计划》《天津市新一代信息服务产业发展行动方案》等一系列政策文件，推动智慧城市建设政策环境不断优化。天津中新生态城作为典型区域，在智慧城市建设中不断创新实践，已形成由1个智慧城市运营中心，“物、数、人”3个综合服务平台和N种智慧应用组成的“1+3+N”智慧城市建设框架体系，如图1-16所示。中新友好图书馆、智能公交车、无人超市、未来餐厅、无人配送车等一系列智慧应用给市民日常生活带来了全新体验。到2020年，天津将初步建成“智能、融合、惠民、安全”的“智慧天津”。

图1-16 天津中新生态城“1+3+N”智慧城市建设框架体系

能源是智慧城市建设的重要基石，是智慧城市发展的动力来源。能源设施作为关键的基础设施，需要满足智慧城市数据感知、信息传输处理等要求。能源的智慧化升级，是智慧城市社会活动正常运行的保障，在城市智慧化进程中起着先锋作用。

二、城市产业与城市经济

（一）城市产业向高端化转型

城市化进程会带来人口和产业的集聚效应，但无节制地快速发展会使得大量低附加值产业增多，导致城市的各项资源和城市环境的承载力不堪重负，因此城市发展到一定阶段，需要对原有的产业结构进行调整。城市产业转型，是城市不断淘汰原有产业并发展新产业的过程，是依托自身多样化的产业基础，提供更加专业可靠的服务模式，吸引创新能力强、附加值高的新型产业不断聚集的过程。现代城市产业不断地迭代发展，专业程度显著提高，产业结构将逐步迈向高端化。

创新能力强，研发投入高是国际上衡量产业高端化的首要因素。以美国、德国为代表的世界公认的高端产业聚集国家，其共同产业特征在于创新综合指数明显高于其他国家，科技进步贡献率在一半以上，对外技术依存度约为5%，产品附加值约为40%。这些国家的城市产业，一方面侧重于通过技术优势获得高额的效益，另一方面通过利用规模优势，从物流、销售和售后等服务环节获取高额利润。中国制造2025与德国工业4.0如图1–17所示。

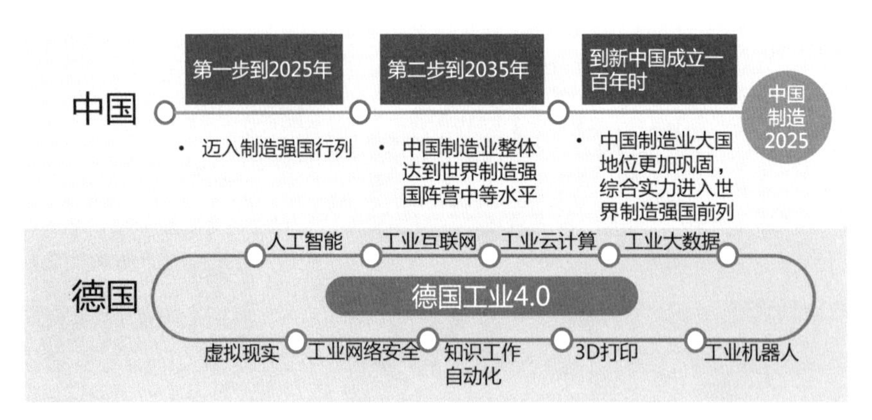

图1–17　中国制造2025与德国工业4.0

和发达国家相比，我国城市产业结构有待提升。但我国从“十一五”开始，就注重产业结构的转型，“十三五”期间，《发展服务型制造专项行动指南》《促进装备制造业质量品牌提升专项行动指南》《国家智能制造标准体系建设指南（2018年版）》等一系列文件的发布，有力地保障了中国制造2025的“1+*X*”落地，此外，八部委制定了中国支持重大技术装备的产品和装备目录，在目录中的产品可以享受相关的税收政策。

天津积极落实相关政策，出台《天津市人民政府关于深化“互联网＋先进制造业”发展工业互联网的实施意见》《天津市人民政府办公厅关于促进市内六区高端服务业集聚发展的指导意见》等一系列指导意见。如图 1-18 所示，2018 年天津市以新能源、新材料、生物医药等为主的智能制造成为工业发展新引擎，传统产业加快向先进制造转化，先进制造业占比达到 21.8%。同时，现代服务业快速发展，第三产业比重不断增加，已经从 2009 年的 45.3% 增长到 2018 年的 58.6%。天津产业结构逐步由第二产业为主向第三产业为主的转型，基本形成“三二一”格局。根据“十三五”规划，天津将依托京津发展轴构建京津高新技术产业发展带，利用港口、岸线资源优势打造滨海新区海洋产业发展带，培育一批科技型、循环型、生态型先进制造产业，逐步形成“两带集聚，多级带动、周边辐射”的产业空间布局。

图 1-18 天津市新能源、新材料、生物医药等先进制造领域

产业是城市发展的支撑，城市是产业发展的依托。只有高端化的产业才能成就高品质城市，只有高品质的城市才能引来高端化产业。高端产业发展需要可靠的能源保障，更需要低成本的能源供应。

（二）城市经济迈向现代化

在城市发展的中前期，主要依靠资源投入来实现经济的增长，但是随着社会全要素生产率边际增长速度下降，物质资源投入带来的回报逐渐衰减，依靠资源投入支撑的粗放型增长方式带来的生态环保等消极后果变得越来越突出。因此，改变传统的城市经济增长方式，转换城市发展动能，是城市发展中的重要过程。城市经济发展，必然伴随新旧动能的更替，由新技术、新产品、新业态、新商业模式形成的“新经济”，将逐渐取代“传统经济”。

自 20 世纪起，发达国家经历了由高速增长向高质量发展、由数量投入型增长向质量型增长的转变过程。20 世纪 80 年代中期到 90 年代中期，德国在国际市场上面临着日本的竞争压力，国内面临经济增长放缓、失业率高居不下、财政濒临危机等困难情况，为了提升实体经济竞争力，德国政府采取“制造业立国、财政平衡、适当干预”的社会市场经济模式，以减税减负、加大人力资本投资、控制货币供给撬动供给侧改革，实现经济发展质量提升和动力转换，巩固了欧洲第一大经济体、世界制造强国和出口大国地位。

我国 2018 年《政府工作报告》中正式提出“高质量发展”要求，紧接着出台了《关于促进平台经济规范健康发展的指导意见》《关于推动先进制造业与现代服务业深度融合发展的实施意见》等文件，积极推进新旧动能转换。根据国家统计局数据，2019 年前 3 季度我国经济发展趋势如图 1-19 所示。

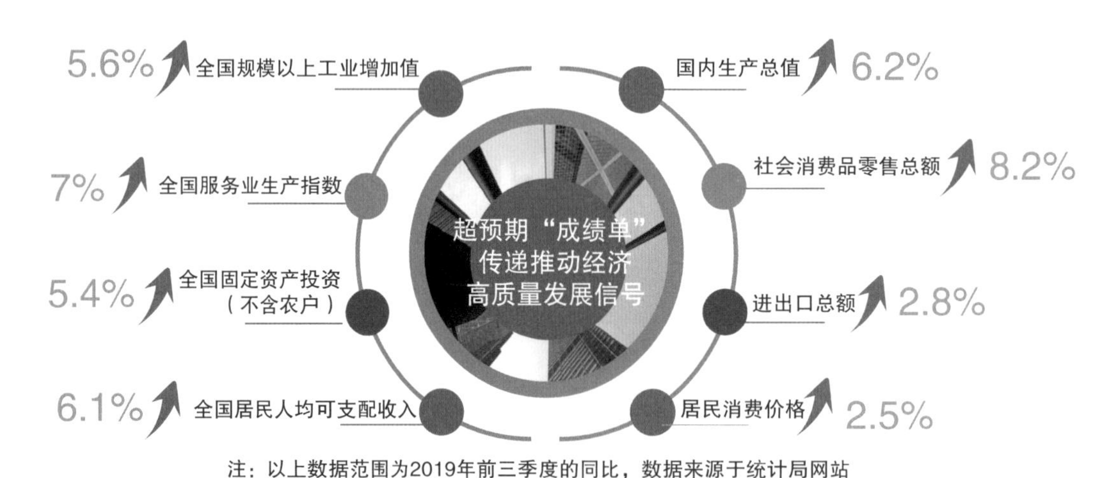

图 1-19　2019 年前 3 季度我国经济发展趋势

天津市抓住经济转型机遇，不再片面追求 GDP 增长速度，按照“一基地三区”定位，坚持有进有退、有保有压、有取有舍，主动调整经济产业结构，发布《关于进一步促进民营经济发展的若干意见》《关于加快推进智能科技产业发展若干政策》《加快推进新时代滨海新区高质量发展的意见》等相关政策，为经济高质量发展保驾护航。天津经济在经历阵痛和主动调整后，显现出稳中有进、进中渐优、逐季向好的态势，经济高质量发展的基础更加夯实。

城市经济迈向现代化，实现高质量发展，需要劳动效率、资本效率、土地效率、资源效率等同步提升，这也对能源综合利用和效率的提升提出了要求。

三、城市生态与城市治理

（一）城市生态提升绿色品质

在城市发展过程中，对物质的需求推动了城市的初期发展，当城市经济发展成果有所积累后，城市居民需求开始呈现出个性化、多元化的特点，追求更友好的生活环境、更舒适的居住条件、更清洁低碳的能源消费。因此，改变传统重物质、重经济的城市内涵，构建城市与人、城市与自然和谐发展的城市生态，提升绿色品质，是世界大型城市或城市群发展的必由之路。

人类对城市生态的认知，是逐渐深化的过程，如图 1-20 所示。20 世纪 60 年代人们只把城市生态看作污染问题，没有与自然生态、社会因素联系起来。经过 30 多年不断的探索，20 世纪 90 年代，人们发展和巩固了可持续发展思想，形成当代主流的大生态圈意识，并通过了《里约环境与发展宣言》《21 世纪议程》等重要文件，促使环境保护和城市、经济、社会协调发展。日本九州市从 20 世纪 90 年代开始，提出了“从某种产业产生的废弃物为别的产业所利用，地区整体的废弃物排放为零”的生态城市建设构想，逐步

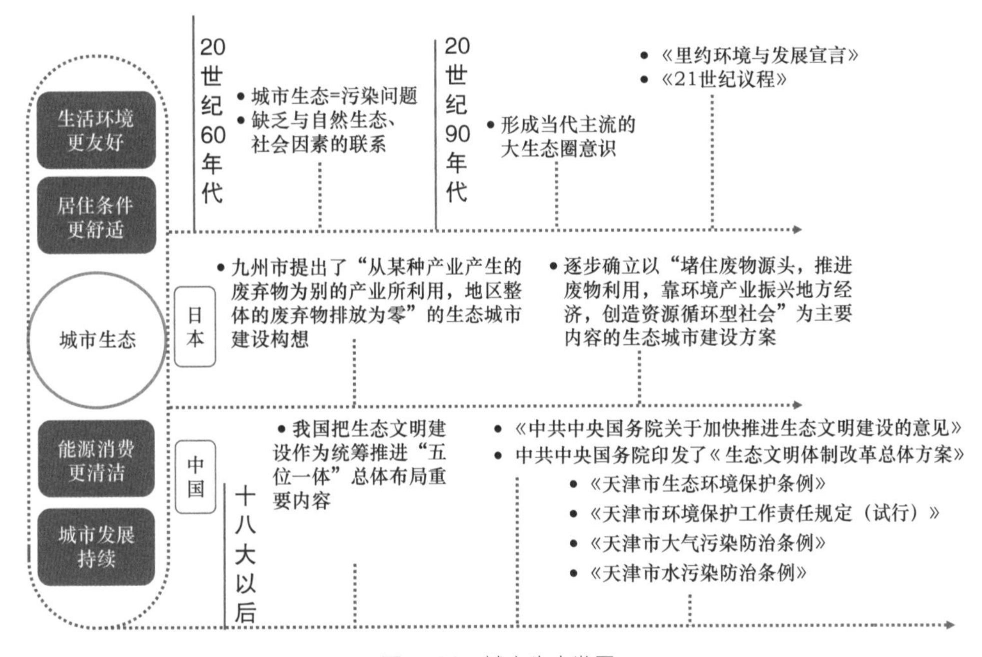

图 1-20　城市生态发展

确立了以“堵住废物源头，推进废物利用，靠环境产业振兴地方经济，创造资源循环型社会”为主要内容的生态城市建设方案。

为了避免走西方国家“先污染，后治理”的路线，我国非常重视包括城市生态在内的生态环境保护，尤其党的十八大以来，我国把生态文明建设作为统筹推进“五位一体”总体布局重要内容，相继出台《中共中央国务院关于加快推进生态文明建设的意见》《生态文明体制改革总体方案》，关注生态保护、资源利用，构建绿色低碳生活环境。天津市落实中央强化生态环境保护大政方针，相继出台《天津市生态环境保护条例》《天津市环境保护工作责任规定（试行）》《天津市大气污染防治条例》和《天津市水污染防治条例》等一系列条例，大力推进“美丽天津”建设。深入开展清新空气、清水河道、清洁村庄、清洁社区和绿化美化“四清一绿”行动，生态城市建设和环境污染治理力度进一步加大；通过“煤改电”“煤改气”，散煤逐步被取代，清洁取暖目标基本实现，“煤改电”清洁取暖的主要优势如图 1–21 所示；通过大气污染治理，削减煤炭消费总量，完善重污染天气应急响应机制，健全跨区预警应对机制，城市生态环境持续改善。

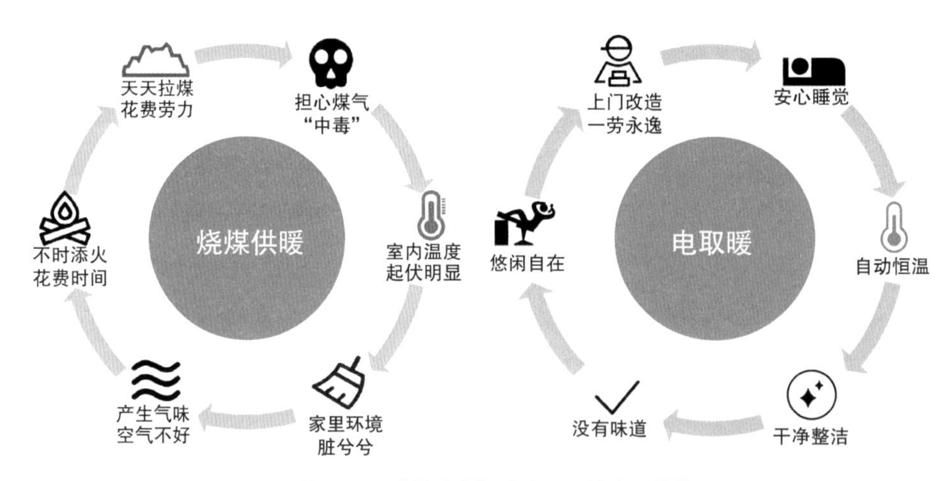

图 1–21 “煤改电”清洁取暖的主要优势

建立高效、和谐、健康、可持续的聚集环境，优化城市生态圈，可以提升城市的吸引力。煤、油、气、电、水、热等能源要素，是城市生态系统得以维持、发展的重要因素之一，能源的清洁低碳转型是城市生态绿色发展的物质基础和重要保障。

（二）城市治理突出精细化特征

城市治理是城市文明程度的重要体现，不仅关系到市民幸福指数，也影响着城市发展水平。随着城市化的不断推进，曾出现了城市建设规模失控、城市生态空间蚕食、千城一面、城市空间特色缺乏等一系列问题。由于治理方式粗放带来城市问题的不断堆积，造成了城市发展的困局。逐步引入精细化治理思想，利用全新管理方式细化城市空间、量化城市治理对象、规范城市治理行为，实现城市治理活动的全方位覆盖、全时段监管、高效能管理，成为城市治理的新趋势。

城市治理问题一直是党和国家最关心的问题之一，近些年，我国着力推进以优化营商环境为基础全面深化改革。“十三五”规划纲要中明确提出，要建立具有公平竞争的市场环境、高效廉洁的政务环境、公正透明的法律政策环境和开放包容的人文环境的营商环境。2019 年，国务院颁布《优化营商环境条例》，标志着我国营商环境优化进入全新阶段。

天津从实际情况出发，注重营商环境的优化，制定了《天津市城市管理规定》，并在 2019 年出台了《天津市优化营商环境条例》等细化的工作方案。全面落实“天津八条”，树立“产业第一、企业家老大”的理念，打破传统行政审批思维模式和习惯做法，实施承诺制、标准化、智能化、便利化“一制三化”审批制度改革，大幅降低营商成本。提供企业家交流平台，从企业家实际发展需要出发，为中小型企业经营管理者量身定制经营管理系统学习课程，建立合作共赢、融商融智的交流发展平台。天津营商环境优化举措如图 1–22 所示。

提高城市治理能力，打造市场化、法治化、国际化的一流营商环境，是提升城市经济发展活力、创新创业动力和综合竞争力的重要渠道。电力营商环境是营商环境的重要组成部分，进一步提高电力接入效率和服务水平，降低企业用电成本，提升客户“获得电力”体验，是对电力企业提出的更高的要求。

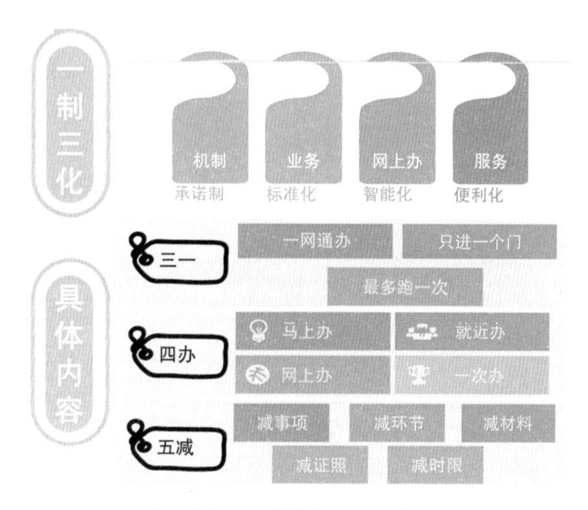

图 1–22 天津营商环境优化举措

第三节　能源互联网与城市能源转型

城市是能源转型的主战场，是能源、经济、环境矛盾的交织点。当前，国内外许多城市通过各种方式纷纷探索城市能源转型之道。能源问题是复杂的系统问题，要用系统思维来解决。推动城市能源转型，不能满足于各自为战的碎片化创新，也不能停留在不顾全局的局部转型阶段，关键是牵起能源互联网这个“牛鼻子”。

一、能源互联网概述

（一）提出与发展

2004 年，能源互联网概念在《经济学人》杂志上被首次提出，其旨在通过建设大量分布式发电及储能设备，并加以信息化改造，从而提升电力系统的灵活性和自愈能力。2011 年，杰里米·里夫金的《第三次工业革命》一书出版，具象化了能源互联网的定义，即构建能源生产民主化、能源分配分享互联网化的能源体系，实现以“互联网 +”可再生能源为基础的能源共享网络，至此掀起了能源互联网的新一轮全球热潮。能源互联网的发展历程如图 1–23 所示。

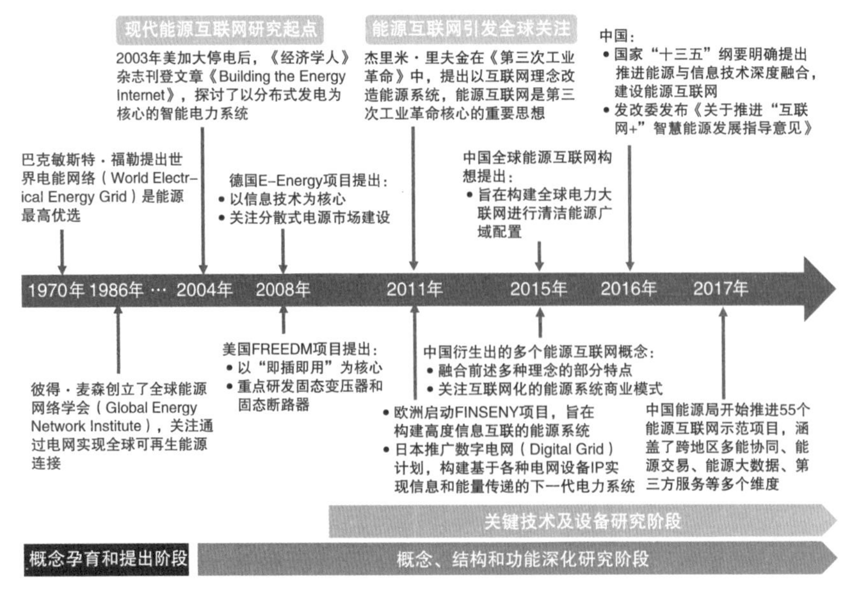

图 1–23　能源互联网的发展历程

自 2015 年起我国陆续出台能源互联网的相关政策文件，非常重视以“互联网 +”智慧能源为代表的能源产业的创新发展。2016 年，国家发展改革委、国家能源局、工信部联合发布《关于推进“互联网 +”智慧能源发展的指导意见》。2017 年，国家能源局通过开展多能互补集成优化示范工程和“互联网 +”智慧能源（能源互联网）示范项目的申报和评选，最终确定了 23 项国家首批多能互补集成优化示范工程和 55 项国家首批“互联网 +”智慧能源（能源互联网）示范项目，有力促进了我国能源互联网的健康、可持续发展。同年，国家发展和改革委员会发布《推进并网型微电网建设试行办法》，规范和促进利用微电网助力能源互联网发展，开启能源互联网的新纪元。我国能源互联网政策发展历程如图 1-24 所示。

图 1-24　我国能源互联网政策发展历程

（二）定义与内涵

能源互联网尚未形成一种统一的定义。国家发展改革委、能源局、工信部在《关于推进“互联网 +”智慧能源发展的指导意见》中指出，能源互联网是一种互联网与能源生产、传输、存储、消费以及能源市场深度融合的能源产业发展新形态，具有设备智能、多能协同、信息对称、供需分散、系统扁平、交易开放等主要特征。清华大学能源互联网创新研究院认为，能源互联网是一种互联网与能源生产、传输、存储、消费，以及能源市场深度融合的能源产业发展新形态，是以互联网的理念构建的新型信息与能源高度融合的网络，是以电力网络为基础架构，协同了冷、热、气等多种能源所形成的智慧网络。华北电力大学能源与电力经济研究中心认为，能源互联网是以电力系统为核心与纽带，构建多种类型能源互联网络，利用互联网思维与技术改造能源行业，实现横向多源互补，纵向“源—网—荷—储”协调，能源与信息高度融合的新型（生态化）能源体系。

从上述可知，能源互联网正处于动态、开放的发展过程中，广义的定义最易广泛聚集社会力量，各行各业可以各有侧重地实践能源互联网的某一方面。根据未来能源系统发展规律和特征，有机融合各方探索，能源互联网可以定义描述为：清洁能源大规模开发利用、能源网络坚强广泛互联、主动用户灵活参与、多种能源协同运行、新业态不断涌现的能源系统，如图 1–25 所示。

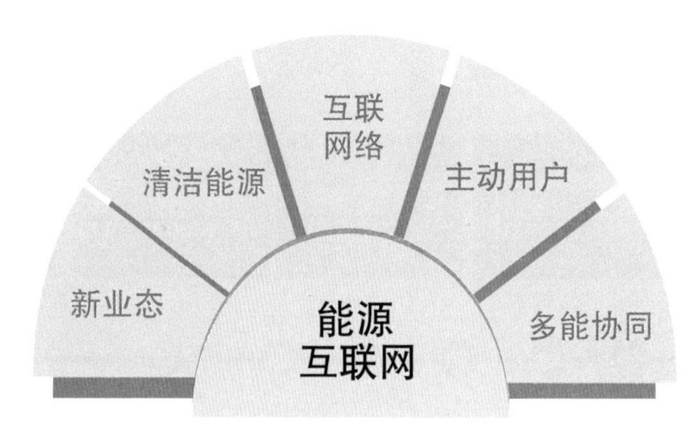

图 1–25　能源互联网的特点

能源互联网以清洁能源为根本，大基地开发与分布式能源协同发展；以广泛互联的能源网络为平台，能源网络泛在，包括特高压、油气管网在内的不同能源网络；以主动用户为中心，用户灵活参与能源系统运行调节并构建以用户为中心的能源服务体系；以多能协同为手段，通过能源间互补互济，提高能源综合利用效率和能源供给安全；以新业态为内生动力，破除市场壁垒，灵活重整资源，积极探索参与主体，实现内生式发展。

（三）核心要素

建设能源互联网的关键是以电为中心，以电网为基础平台。

电是最高效的二次能源，是能量间高效转化的“通用货币”。能源需要转化为某种能量才可以被消费。电能、内能（包括热能、化学能等）、光能、机械能是四种基本的能量，共同支撑人类社会的发展。能量之间可以相互转化，但是难易程度存在很大差别。电能与内能、光能、机械能之间可实现较高效率的转化，并且相关转化技术已经成熟，而其他能源间转化效率、技术成熟度均相对较低。不同能量间的转化方式和效率如图 1–26 所示。

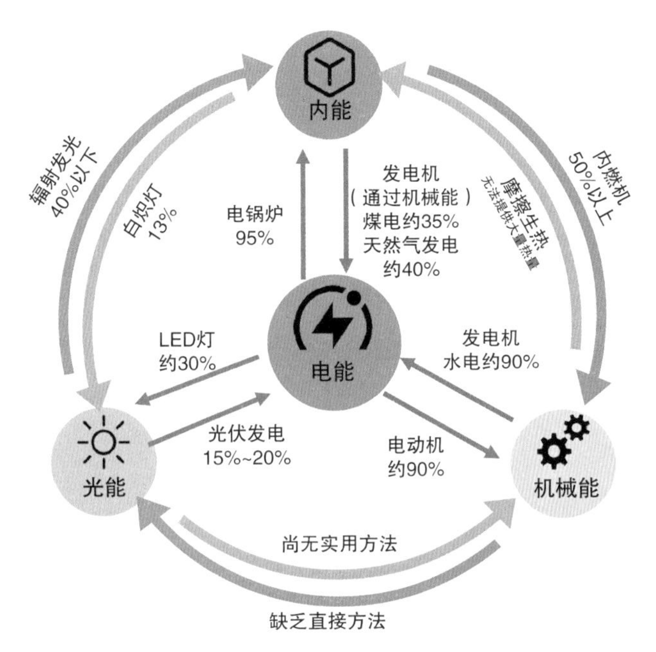

图 1-26 不同能量间的转化方式和效率

电能是未来能源消费的主要形式，有利于智慧化的推广普及。电能可以使生产更趋灵活化、控制更趋自动化、交互更趋人性化、消费更趋经济化。因此，电能是终端用能设备的最佳选择。另外，电是信息采集、传输、处理、存储的关键支撑媒介，可将多种物理化学信号转变为电信号，实现数字技术与能源体系高度融合，是智慧化的关键因素。

电网是远距离大范围能源配置的最优载体，也是大规模可再生能源利用的唯一配置平台。与煤、油、气、热等相比，通过电网进行大范围能源配置，可以实现能源的光速传输，且能够经济、便捷地对潮流进行控制。同时，电网是能源互联网大规模吸纳可再生能源的唯一接口，可解决集中式开发带来的大规模远距离传输问题，解决分布式开发带来的底层潮流快速变化问题。

电网是最具互联网特征的网络，具有良好的互联网应用基础，易实现能源系统的互联融合。与油气管网相比，一方面，电网最具互联网特征。近乎瞬时的能量传输、海量主体参与、能量产消者与网络间的互动等都与互联网的特点极为相似，这方便将互联网理念引入能源系统，实现能源系统与互联网的深度融合。另一方面，电网的智能化水平最高，互联网应用基础最好。电网中大量的智能化设备、泛在的信息网络以及调控中心、数据中心、交易中心等为能源与互联网融合奠定了基础。

电网不仅是传统意义上的电能输送载体，还将是功能强大的能源转换、高效配置和互动服务平台。电网能够与互联网、物联网、智能移动终端等相互融合，服务智能家居、智能社区、智能交通、智慧城市发展；在能源转型中将处于中心地位，成为构建能源互联网的基础平台。

因此，国网公司认为能源互联网是以电为中心，以坚强智能电网为基础平台，以泛在电力物联网为支撑，深度融合先进能源技术、现代信息通信技术和控制技术，实现多能互补、智能互动、泛在互联的智慧能源网络。能源互联网是现代电网的高级形态，代表未来电网发展的趋势和方向；能源互联网是坚强智能电网与泛在电力物联网深度融合，能源流、业务流、数据流“多流合一”的信息物理系统；能源互联网是能源领域全要素、全产业链、全价值链全面连接的新型价值创造平台和生态体系，是工业互联网在能源领域的具体实现形式。

二、能源互联网引领城市能源转型

能源互联网使城市内的多样化能源实现了物理上的互联互通和能量上的融合互济，将引领城市能源生产走向清洁化、能源消费走向节约化、能源结构走向电气化、能源获得走向便捷化、能源模式走向集成化，如图 1–27 所示。

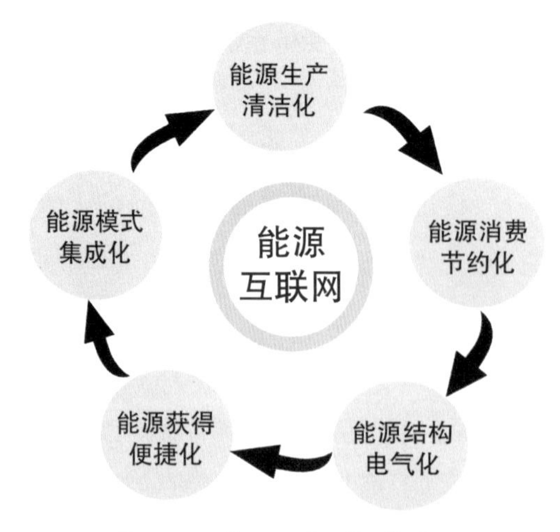

图 1–27 能源互联网的引领作用

（一）引领能源生产走向清洁化

面对资源紧缺、环境污染、气候变化等困境，建设能源互联网，将加快能源绿色化进程，推动能源生产的清洁化，促进能源与环境的和谐发展。天津发电厂以火电为主，煤炭占城市一次能源消耗接近 50%。能源互联网以特高压为骨干网架，具有强大的跨区域资源配置能力，通过跨区送电将从根本上改变天津等东部城市“哪有需要哪建电厂”的局面。相比于传统电网，能源互联网对新能源接纳能力将有质的提升，能有效支撑城市能源生产由黑色、高碳转向绿色、低碳发展。

（二）引领能源消费走向节约化

面对能源消费粗放低效的发展现状，建设能源互联网，将进一步提高能源利用效率，推动能源消费向节约高效方向转变。和世界上许多超大型城市一样，天津能源资源比较匮乏，是典型的能源输入型城市。能源匮乏约束城市发展水平，消耗总量过高、环境承载力下降，又制约城市发展规模。与传统能源网络不同，能源互联网融合了多能转换、综合能源等前沿技术，是综合供能 + 系统节能的统一体。通过油、电、气、热等网络互联互济，以及先进的节能技术与机制，大大提高能源利用率和安全，可以控制城市能源消费总量与强度，以能源进步空间换城市发展空间。

（三）引领能源结构走向电气化

世界能源正加速向清洁、低碳方向转型，随着能源结构深度优化，非化石能源将成为主导能源，能效水平持续提高。电能在能源互联网中处于核心环节，所有一次能源都可以转化为电能，同时电能也可以替代各种终端能源。建设能源互联网，将保证其他能源与电能有效转化，推动能源结构的电气化进程。我国电能占终端能源消费比重预计到 2050 年，将由 2018 年的 25.5% 提升到超过 50%。能源互联网充分开发电能潜力，发挥其调节灵活和控制精确的特点，将提升城市的电气化水平，推动现代能源体系建设。

（四）引领能源获得走向便捷化

能源互联网不仅是“物理”之网，也是“服务”之网。能源互联网建设，将实现互联网与能源行业的深度融合，可推进能源使用从单向的被动接受向双向的智能互动转变，实现城乡一体化、便捷化服务，构建现代化供能服务体系。“互联网 + 能源服务”模式深化应用，让能源获得更加便捷。在天津，“掌上电力”等电子化缴费比例已经突破 60%，线上业扩报装率超过 97%。

（五）引领能源模式走向集成化

城市里煤、电、气、油、热等网络交织分布，化石能源、新能源齐全，品类多样。能源互联网将实现各类能源的综合利用，推动能源生产与消费、新能源与传统能源、能源一次与二次的统筹发展，优化能源管理体系，形成集成化的能源模式。通过能源互联网建设，可以不断提升各种能源综合利用、互动水平、运行效率，支撑能源行业内部各环节以及不同能源行业之间、能源行业与其他行业之间的相互融合。这种行业融合将跨越多个时间、空间尺度，成为一体化的新型能源供应输送网络，形成能源模式的集成效应。

三、能源互联网助推城市高质量发展

能源互联网将信息系统与能源系统高度融合，提高能源生产、传输、转换、存储和利用等环节的智能化水平，在城市区域内整合风、光、冷、热、电、气、储等多种能源，实现不同能源间的高效转换，使城市能源系统的角色从供给保障型向驱动发展型逐步演变。能源互联网与智能交通、智能楼宇、智能家居等深度融合，推动城市经济高质量发展、促进城市生态文明建设、服务城市居民美好生活、支撑智慧城市建设、服务营商环境优化提升。

（一）推动城市经济高质量发展

能源、劳动力、资本等生产要素是城市发展的最本源动力。能源被称为“工业的血液”，是经济社会发展的基础原料和基础产业。能源转型推动了城市经济的发展，经济发展和工业扩张反过来引导着能源转型。

以电能为中心的能源互联网以清洁能源为根本，具有能源利用效率高等特征，将驱动城市改变依赖资源消耗、拼速度、拼规模、忽视环境代价的旧发展模式，建设高能效、低污染排放、低碳型的现代高质量城市经济体，提升城市经济发展的承载力，让城市发展空间变得更大。能源互联网在综合考虑城市经济增长、产业结构调整以及节能降耗趋势的基础上，以高可靠的能源供应更好地保障着城市经济活动稳定运行，满足生产和生活的用能需求，推动城市生产要素组合水平的不断提升，最终促使城市化率不断提升、城市形态持续演进、城市发展走向高质量。

能源互联网以新业态为内生动力，破除市场壁垒，驱动城市产业结构转型升级，深化城市能源科技创新，打造能源互联网生态体系，支撑城市可持续竞争力提升。能源互联网建设将进一步带动能源金融业和信息业发展，在为城市产业结构转型注入资本和活力的同时，培育战略性新兴能源产业，深化能源科技创新，为能源产业发展提供新的方向和机遇。同时，能源互联网将实现城市能源体系中各类型能源间的协同优化，提升城市能源资源的配置能力以及整体能效，进而提升城市核心竞争力。

（二）促进城市生态文明建设

全面推广以清洁能源为根本的能源互联网助力城市生态文明建设，使城市天空变得更蓝，降低碳排放乃至零碳排放，促进经济增长与碳排放脱钩，实现经济与环境比翼齐飞，人与自然和谐共生。

构建能源互联网，在能源供给侧，太阳能、风能、核能等新兴能源技术的快速发展，极大提升了清洁能源的利用率，促进了城市能源供给结构的优化，实现城市的绿色发展。在能源消费侧，汽车产业加速向新能源、智能、共享方向发展，电动汽车发展迅猛，加速推进了交通电气化，这有效减少了对化石资源的依赖，将缓解城市空气污染问题及城市热岛效应。

（三）服务城市居民美好生活

能源互联网作为“服务”之网，通过构建现代化供能服务体系，可满足居民多元化、个性化的用能需求，让城市服务变得更好。能源行业重心将从“保障供应”转移到“以用户为中心的能源服务”，即从“以供应者为主体，用户作为被动接受者”变为“更好满足用户需求，实现用户角色转变”。能源互联网为用户提供高效智能的能源供应及增值服务，满足用户对能源服务日趋专业化、多元化、个性化的需求。

能源互联网提升用户用能体验、点亮居民品质生活。通过电能替代，改善了空气质量，提高了居民对生态生活环境的满意度。伴随“互联网+”技术的广泛应用和车联网等平台数据的互联互通，探索更加多元化的服务模式，构筑便捷的充电网络服务体系，将提升用户获得感。因用能技术发展而日渐普及的智能家居，智能插座、智慧照明等智能硬件以及相应移动服务应用的使用，可实现节能和用户体验双提升。

（四）支撑智慧城市发展

运用先进信息技术、智能管理技术的能源互联网，带来的低碳、节能、环保、绿色、可持续是智慧城市建设中的重要组成部分。能源互联网可提供能源系统运行的全息影像，为智慧城市提供精准、精细的数据支撑，提升城市智慧化决策与发展水平。

能源互联网可打造智慧出行城市。通过加大电动汽车充电设施建设力度，开发部署电动汽车智慧能源服务云平台，建立汽车到电网的 V2G（vehicle-to-grid，车辆到电网）双向充电模式，不断优化电动汽车应用体验。能源互联网为智慧家居注入新的内涵，可以为家庭提供用能智慧管理系统，对家庭的用能系统进行综合能效分析、实时协调控制，从而减低建筑的能源消耗，降低家庭的用能费用。智慧城市将能源与城市设施建设、居民生活、城市空间相结合，可以实现城市的高效、友好安全发展。

（五）服务营商环境优化提升

城市不仅需要一流的公共服务体系，也需要具有竞争力的营商环境。能源产业是重要的营商环境要素，特别是“获得电力”成为营商环境再升级的重要环节和关键指标。“获得电力”主要测评一个企业获得永久性电力连接的手续、时间、成本以及供电可靠性和电费指数透明度。世界银行组织公布的《2020 年营商环境报告》显示，中国“获得电力”指标已提升到第 12 名。

能源互联网深度应用互联网技术，推动能源服务互联化，可进一步优化电力营商环境，为客户提供质量更高、更丰富的用电服务，进而提升城市竞争力。

第二章

战略布局与实践探析

2019年初，国网公司提出了全面推进“三型两网”建设，加快打造具有全球竞争力的世界一流能源互联网企业的战略目标，这是国网公司贯彻落实习近平新时代中国特色社会主义思想，主动对接“两个一百年”奋斗目标，顺应能源转型和城市发展趋势，维护国家能源安全，充分发挥国有企业“六个力量”重要作用的战略抉择。

第一节　战略内涵与路径

“三型两网、世界一流”战略是极具开创性、挑战性、全局性的系统工程，进一步深化对“三型两网、世界一流”战略内涵与意义的认识，对凝聚广泛共识、推动战略落地、服务能源转型和经济社会高质量发展具有重要意义。

一、基本内涵

“三型两网”中的“两网”是指坚强智能电网与泛在电力物联网，“三型”是指枢纽型、平台型、共享型企业。坚强智能电网和泛在电力物联网互相融合，共同构成能源互联网，以此支撑国网公司向枢纽型、平台型、共享型企业转型，服务各类能源客户、带动周边产业生态发展、履行经济责任、社会责任和政治责任这“三大责任”。“三型两网”是建设世界一流能源互联网企业战略目标落地的重要抓手，“三型两网”的基本内涵如图2-1所示。

（一）“两网”的内涵

建设运营坚强智能电网和泛在电力物联网，是建设世界一流能源互联网企业的重要物质基础。

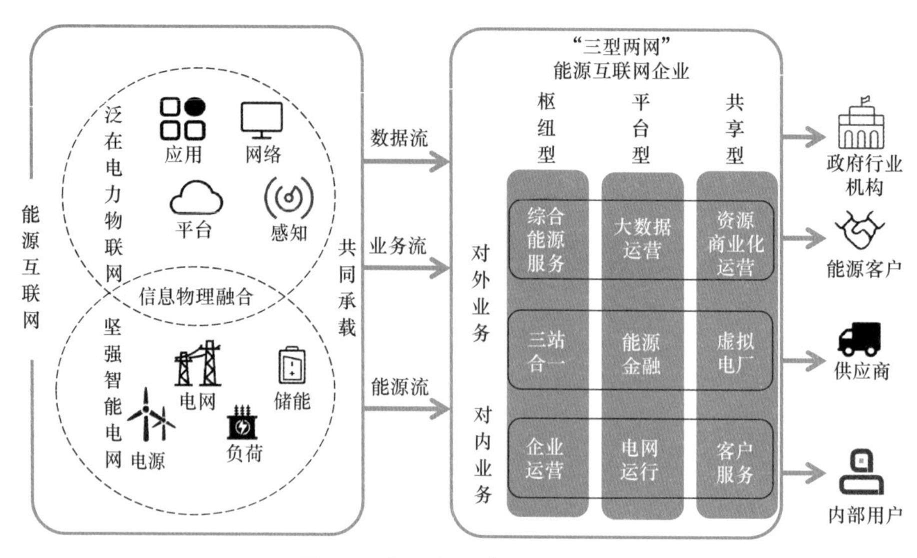

图 2-1 “三型两网”的基本内涵

1. 坚强智能电网

坚强智能电网是以特高压、超高压电网为骨干网架，各级电网协调发展，覆盖各个电压等级电源接入、输电、变电、配电、用电和调度各个环节，集成现代信息通信技术、自动控制技术、决策支持技术与先进电力电子技术，适应各类电源和用电设施的灵活接入与退出，实现与用户友好互动，具有信息化、自动化、互动化特征和智能响应能力、系统自愈能力，能够显著提高电力系统安全可靠性和运行效率的新型现代化电网。坚强智能电网是能源互联网的核心组成部分，是承载电流的实体电力传输网，为能源互联网的电力连通提供最基本的输电、变电、配电等能力支撑。

建设坚强智能电网需要做好特高压骨干网架及各级电网的建设运营和协调发展，不断提升能源资源配置能力和智能化水平，更好地适应电源基地集约开发和新能源、分布式电源、储能、交互式用能设施等大规模并网接入的需要，满足人民群众日益多样的服务需求。打造坚强智能电网是国网公司适应技术创新和社会发展需要的必然选择。

坚强智能电网建设要求包括建设结构完善、安全高效的坚强网架，建设现代化配电网，建设先进的生产调度控制系统，提高电网智能化水平等。建设内容包括电网形态与规划、大电网安全控制、大规模新能源并网控制、调度自动化、输变电装备、输变电工程设计施工与环保、配电网与分布式电源并网、智能运检 8 方面。

2. 泛在电力物联网

泛在电力物联网是围绕电力系统各环节，充分应用移动互联、人工智能等现代信息技术、先进通信技术，实现电力系统各个环节万物互联、人机交互，具有状态全面感知、信息高效处理、应用便捷灵活特征的智慧服务系统。泛在电力物联网是能源互联网的信息神经网络，为坚强智能电网的互联互通与信息共享提供信息通信基础能力支撑，承载着坚强智能电网的信息反馈、监测与控制等功能。从架构上看，泛在电力物联网包含感知层、网络层、平台层、应用层 4 层结构。感知层主要解决数据的采集问题，网络层主要解决数据的传输问题，平台层主要解决数据的管理问题，应用层主要解决数据的价值创造问题。从技术上看，泛在电力物联网广泛应用大数据、云计算、物联网、移动互联、人工智能、区块链、边缘计算等新一代信息技术，属于工业互联网的范畴，是数字革命在能源电力领域迅速发展的必然产物。从作用上看，泛在电力物联网就是通过汇集各方面资源，为规划建设、生产运行、经营管理、综合服务、新业务新模式发展、企业生态环境构建等各方面，提供充足有效的信息和数据支撑。

建设泛在电力物联网需要运用新一代信息技术，将电力用户及其设备、电网企业及其设备、发电企业及其设备、电工装备企业及其设备连接起来，通过信息广泛交互和充分共享，以数字化管理大幅提高能源生产、能源消费和相关装备制造的安全水平、质量水平、先进水平、效益效率水平。

泛在电力物联网的建设内容如图 2–2 所示，主要包括对内业务、对外业务、数据共享、基础支撑、技术攻关和安全防护等 6 个方面。对内业务主要围绕提升客户服务水平、提升企业经营绩效、提升电网安全经济运行水平和促进清洁能源消纳等 4 个方面展开，对外业务包括打造智慧能源综合服务平台、培育发展新兴业务和构建能源生态体系。

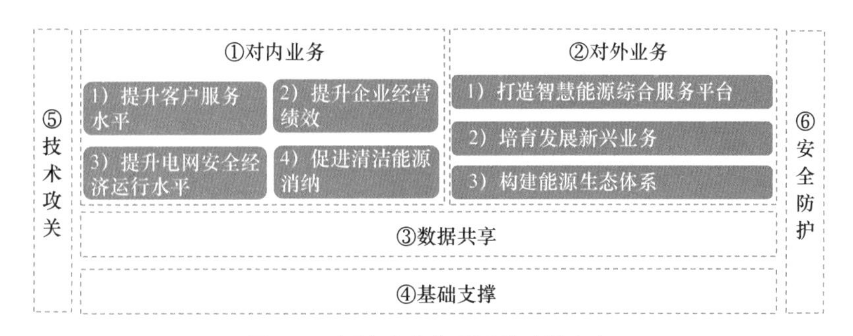

图 2–2　泛在电力物联网的建设内容

泛在电力物联网建设分为两个阶段。第一，到 2021 年，初步建成泛在电力物联网，基本实现业务协同和数据贯通，初步实现统一物联管理、公司级智慧能源综合服务平台具备基本功能，支撑电网业务与新兴业务发展。第二，到 2024 年，建成泛在电力物联网，全面实现业务协同、数据贯通和统一物联管理，公司级智慧能源综合服务平台具备强大功能，全面形成共建共治共赢的能源互联网生态圈，电网安全经济运行水平、企业经营绩效和服务质量达到国际领先，能源互联网产业集群发展达到国际领先。

（二）“三型”的内涵

枢纽型、平台型、共享型是能源互联网企业的基本特征，如图 2-3 所示。

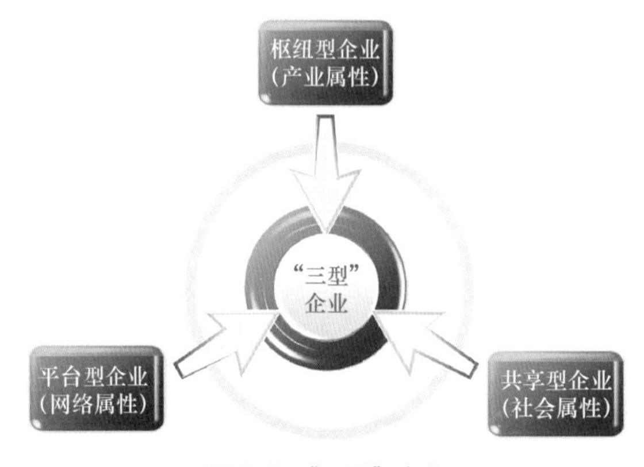

图 2-3 “三型”企业

枢纽型企业，体现了国网公司的产业属性，是指要充分发挥电网企业在能源汇集传输和转换利用中的枢纽作用，促进清洁低碳、安全高效的能源体系建设，为经济社会发展和人民美好生活提供安全、优质、可持续的能源电力供应，进一步凸显国网公司在保障能源安全、促进能源供给革命和消费革命、引领能源行业转型发展方面的价值作用。

平台型企业，体现了国网公司的网络属性，是指以能源互联网为支撑，以品牌信誉为保障，汇聚各类资源，促进供需对接、要素重组、融通创新，打造能源配置平台、综合能源服务平台和新业务、新业态、新模式发展平台，使平台价值开发成为培育国网公司核心竞争优势的重要途径。

共享型企业，体现了国网公司的社会属性，是指树立开放、合作、共赢的理念，积极有序推进投资和市场开放，吸引更多社会资本和各类市场主体参与能源互联网建设和价值挖掘，带动产业链上下游共同发展，打造共建共治共赢的能源互联网生态圈，与全社会共享发展成果。

建设“三型”企业，就是要立足国网公司的产业属性、网络属性、社会属性，充分发挥电网在连接电力供需、促进多能转换、构建现代能源体系中的枢纽作用，打造能源配置平台、综合服务平台和新业务新业态新模式发展平台，全面推进投资开放、市场开放和责任央企建设，实现传统企业向现代企业的转型升级。

（三）“世界一流”的内涵

瞄准“世界一流”，是建设世界一流能源互联网企业。打造世界一流，关键是提升企业全球竞争力。如图 2-4 所示，国网公司依照国资委“三个领军”“三个领先”“三个典范”标准，结合企业实际，提出公司目标。

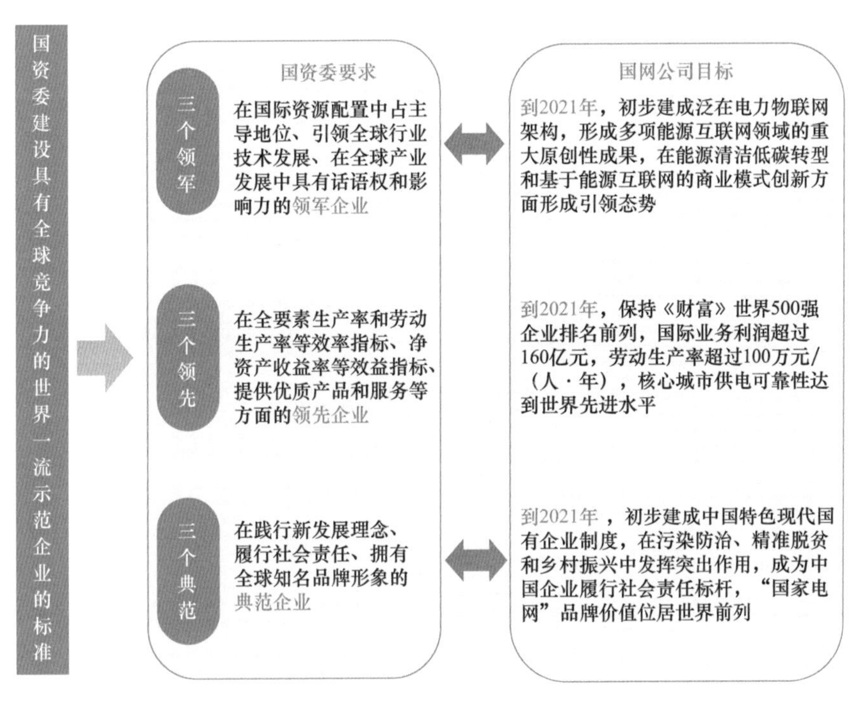

图 2-4　国资委世界一流示范企业的标准

“三个领军”是指在国际资源配置中占主导地位、引领全球行业技术发展、在全球产业发展中具有话语权和影响力的领军企业。“三个领先”是指在全要素生产率指标、净资产收益率和资本保值增值率等效益指标、提供优质产品和服务等方面的领先企业。“三个典范”是指在践行新发展理念、履行社会责任、拥有全球知名品牌形象的典范企业。

（四）“两网”与“三型”

“两网”是电网企业运营的资源基础，“三型”是在资源基础上开展运营的行为特征和模式。“三型两网”是一个有机整体，两者是特征与基础的关系，也是手段与目标的关系，国网公司将通过建设运营好“两网”实现向“三型”企业转型。

“两网”是“三型”的重要物质基础与核心载体，“三型”是“两网”的重要价值体现与充分发挥，两者的融合覆盖了电力服务价值链，将实现电网状态全息感知、运营数据全面连接、公司业务全程在线、客户服务全新体验、能源生态开放共享，创新了电网新一代商业模式，发挥了互联网时代的电网特性与最佳价值。“三型”与“两网”之间的关系如图 2-5 所示。

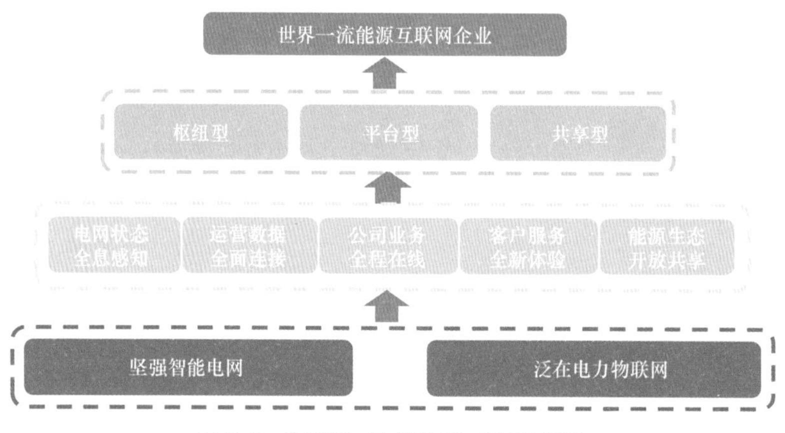

图 2-5 “三型”与“两网”之间的关系

（五）“两网”与“能源互联网”

1.“两网”无缝对接和深度融合

“两网”融合的本质是物理网和互联网融合，即物网合一。基于电网各个环节的物理连接，通过对各环节核心装备、装置的状态感知，提高供需匹配度，有助于决策与控制，实现能源流、业务流、数据流的“多流合一”。

泛在电力物联网是坚强智能电网发挥建设成效的保障，可以为坚强智能电网的安全经济运行、提高经营绩效、改善服务质量以及培育发展战略性新兴产业，提供强有力的数据资源支撑。与此同时，泛在电力物联网是坚强智能电网实现生态互联的技术支撑手段，“两网”的融合发展将使电网从传统工业系统向平台型系统转变。从发输变配用的能源流动环节看，高效连接发电企业及其设备、电网企业及其设备、各类新能源发电与储能设施、电力用户及其设备、电动汽车等新兴用电设备，可实现“源—网—荷—储”互动、电能替代、能效互动等多元素和差异化的服务，实现供给侧和消费侧的高效匹配。从电网企业周边看，可以将电工装备企业及其设备连接起来，通过信息广泛交互和充分共享，以数字化管理大幅提升能源生产、能源消费和相关装备制造的安全水平、质量水平、先进水平、效率效益水平。

2."两网"深度融合形成能源互联网

结合前一章能源互联网的定义和内涵，更深层次看，能源互联网是以电为中心，以坚强智能电网与泛在电力物联网为基础平台，深度融合先进能源技术、现代信息通信技术和控制技术，实现多能互补、智能互动、泛在互联的智慧能源网络。承载电流的坚强智能电网和承载数据流的泛在电力物联网，相辅相成、融合发展，共同构成能源流、业务流、数据流"多流合一"的能源互联网，如图 2-6 所示。

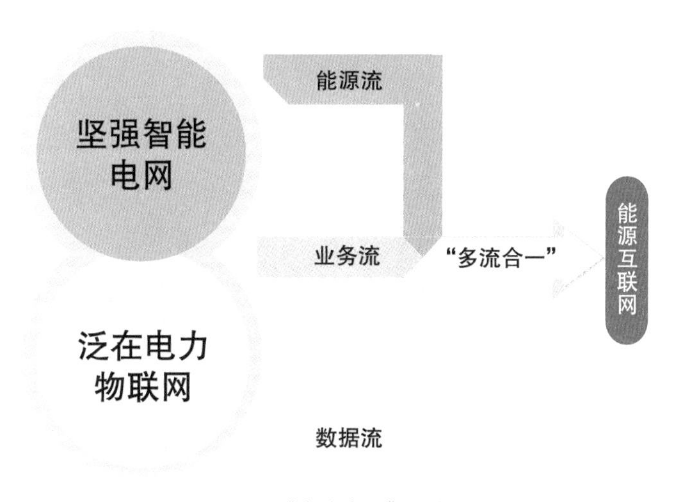

图 2-6 "多流合一"示意图

坚强智能电网和泛在电力物联网是能源互联网的具体实现形式。形象地讲，坚强智能电网更像是人体的骨骼、肌肉和血管，是支撑电力系统"能源流"安全稳定传输的物质基础；泛在电力物联网更像是人体的神经系统和脉络，实现电力系统"源—网—荷—储"各环节"信息流"的末梢采集和归集处理。两者紧密配合才能真正实现能源互联网的经济、高效、安全运行。

二、战略路径

建设"三型两网"世界一流能源互联网企业，需要沿着清晰明确的战略路径，坚定不移向前走。根据党的十九大精神和全国国有企业党建工作会议精神，国网公司综合考虑当前实际和未来趋势，实施新时代发展战略的基本路径可以概括为"一个引领、三个变革"，即：强化党建引领，发挥独特优势；实施质量变革，实现高质量发展；实施效率变革，健全现代企业制度；实施动力变革，培育持久动能。

强化党建引领，就是在推进世界一流能源互联网企业建设中，始终把坚持党的领导、加强党的建设作为“根”和“魂”，把旗帜鲜明讲政治融入国网公司各项工作，把服务党和国家工作大局作为重要出发点和落脚点，树牢“四个意识”，坚定“四个自信”，坚决做到“两个维护”，始终在思想上政治上行动上同以习近平同志为核心的党中央保持高度一致，确保国网公司沿着正确的方向前进。落实两个“一以贯之”要求，着力推动党的建设与改革发展同向聚合、相融并进，充分发挥党的创造力、凝聚力、战斗力，以一流党建引领保障一流企业建设，真正把国有企业党建优势转化为创新优势、竞争优势和发展优势。

实施质量变革，就是在推进世界一流能源互联网企业建设中，始终坚持高质量发展这个根本要求，强化精准投入、精益管理、精细作业，推动国网公司发展方式从规模扩张型向质量效益型转变。强化精准投入，以科学规划为指导，突出安全、质量、效益、服务，全面履行政治责任、经济责任、社会责任，着力补短板、强弱项，不断提升投入产出水平。尤其要加大清洁能源消纳和中西部农村地区电网建设改造投入，消除电网薄弱环节。强化精益管理，树立全寿命周期理念，纵深推进多维精益管理体系变革，全面推行量化分析、标准化建设和全过程质量管控，统筹推动城乡、区域电网协调发展以及各业务板块协调发展。强化精细作业，弘扬工匠精神，把严谨细致的理念贯穿生产、建设、运行、营销等各个环节，严格执行制度规程，全方位提升工作质量和安全生产、优质服务水平。

实施效率变革，就是在推进世界一流能源互联网企业建设中，始终以供给侧结构性改革为主线，深入落实电力改革和国企改革部署，大力推进企业内部改革，破除制约国网公司效率提升的体制机制障碍，不断完善中国特色现代国有企业制度。按照中发〔2015〕9号文件确定的电力改革方向，坚持“管住中间、放开两头”的体制架构，坚持电网统一规划、统一调度、统一管理的体制优势和“准许成本+合理收益”的输配电价核定模式，推动构建全国统一电力市场体系，营造有利于电网可持续发展的监管环境。贯彻中发〔2015〕22号文件部署的改革任务，着力推进混合所有制改革，引入战略资源、改进资本结构、优化企业治理、转换经营机制，不断提升国有资本运营效率，增强国有资本的带动力和影响力。坚持控股型与生产经营型相结合的集团定位，动态优化集团管控模式，根据不同业务特点，分类推进“放管服”改革，调整国网公司总部与各单位职责界面，合理分权授权，压紧压实各单位责任。总部层面大幅压减事前审批事项，强化事中、事后监管，重点履行好战略规划、统筹协调、制定标准、监督考核等职责，并从提供资源支持、搭建交流平台、协调解决问题等方面为各单位做好服务。电网业务强化分级管理，一级对一级负责。对市场化单位，强化出资人管理，落实企业法人财产权和经营自主权，试点推行基于集团统一战略的负面清单管理制度。

实施动力变革，就是在推进世界一流能源互联网企业建设中，始终把创新作为第一动力，通过创新破解发展难题，培育核心优势，为实现基业长青源源不断注入新动能。面向重大战略需求，统筹内外部创新资源，优化科研布局，完善创新体系，打通创新链条，高效配置各类创新要素。加强基础前沿和关键核心技术攻关，不断巩固和扩大电网技术领先优势，突破泛在电力物联网技术瓶颈，为能源互联网建设运营提供强大支撑。统筹推进业务创新、业态创新和商业模式创新，以新理念、新技术改造提升传统业务，大力挖掘“两网”价值，积极培育和发展战略性新兴产业，建设能源互联网产业集群，打造一批具有较强竞争力和成长性的“独角兽”企业。营造鼓励创新、宽容失败的良好环境，建立健全以创新能力、绩效、贡献为导向的科研人才评价和激励机制，充分释放创新创造活力。

第二节　战略价值与意义

“三型两网、世界一流”战略是国网公司立足于国家发展要求、行业发展趋势、自身发展需求作出的重大战略安排，内涵丰富、意义深远、前景广阔。“三型两网、世界一流”战略的价值与意义如图 2-7 所示。

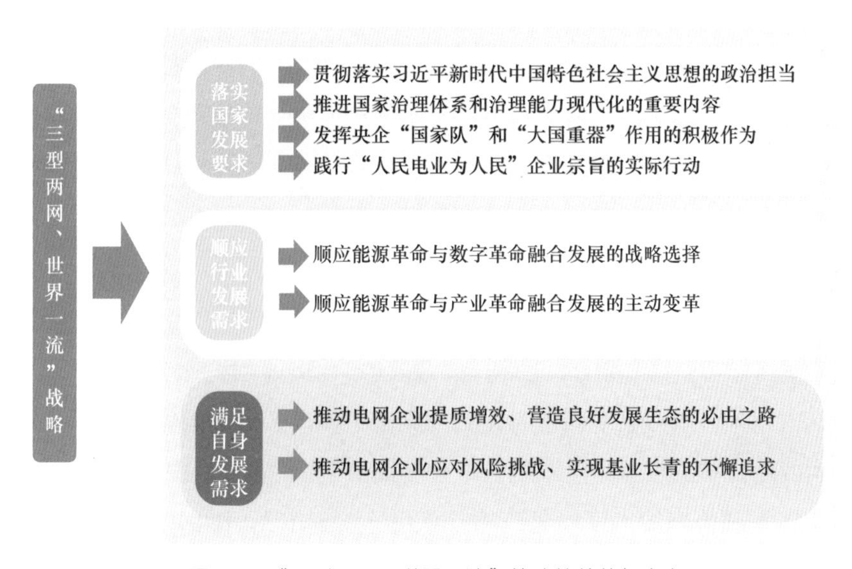

图 2-7 “三型两网、世界一流”战略的价值与意义

一、落实国家发展要求

（一）"三型两网、世界一流"战略是国网公司贯彻落实习近平新时代中国特色社会主义思想的政治担当

党的十九大对做强做优做大国有资本、培育具有全球竞争力的世界一流企业、推进能源生产和消费革命等提出明确要求。习近平总书记提出的"四个革命、一个合作"能源安全新战略，是我们党历史上关于能源安全战略最为系统完整的论述，是新时代指导我国能源转型发展的行动纲领。这为国网公司各项事业发展指明了前进方向，也提出了新的更高要求。

随着能源清洁低碳转型的深入推进，可再生能源大规模开发利用，分布式电源、储能、电动汽车等交互式能源设施快速发展，各种新型用能形式不断涌现，简单延续以往电网发展思路已经无法适应。要实现"两个50%"（预计到2050年，我国能源发展会出现"两个50%"，即：在能源生产环节，非化石能源占一次能源的比重会超过50%；在终端消费环节，电能在终端能源消费中的比重会超过50%），必将面对电网功能形态的革命性变化。加快建设"三型两网"，以数字技术为传统电网赋能，不断提升电网的感知能力、互动水平、运行效率，有力支撑各种能源接入和综合利用，持续提高能源效率，由"用好电"向"用好能"的转变，是实现电网跨越升级、助推能源生产和消费革命的必由之路。

"三型两网、世界一流"战略是国网公司学习贯彻习近平新时代中国特色社会主义思想的重要成果。建设"三型两网"，是推动习近平新时代中国特色社会主义思想在国网公司落地落实的过程；是持续深化能源革命、推动电网向能源互联网转型升级的过程；是坚持以人民为中心，不断满足经济社会发展和人民群众美好生活用能需要的过程；是践行新发展理念，服务美丽中国、数字中国、网络强国建设的过程。

（二）"三型两网、世界一流"战略是推进国家治理体系和治理能力现代化，进一步增强国有经济竞争力、创新力、控制力、影响力和抗风险的重要内容

党的十八大以来，以习近平同志为核心的党中央作出了推进国家治理体系和治理能力现代化的重大战略抉择。从党的十八届三中全会提出"完善和发展中国特色社会主义制度，推进国家治理体系和治理能力现代化"的"总目标"到十九届四中全会提出明确时间表、路线图的"总体目标"，目标更加具体、路径更加清晰。一场以市场化、法治化为主要方

向的国家治理革命正在持续深入推进，提高改革发展稳定等各方面能力，对推动社会主义现代化事业来说，具有重大而深远的理论意义和现实意义。

“三型两网、世界一流”战略加快公司治理体系和治理能力现代化建设。公司治理是国家治理、公共治理的子系统，核心是提升国有企业核心竞争力。推进“三型两网、世界一流”战略，积极抢占全球能源变革和能源互联网产业发展制高点，将切实提升国有企业市场占有的扩张力、关键技术的创新力、人力资本的聚集力、企业文化的感召力和国有资产的增值力，代表国家参与全球竞争中发挥央企“顶梁柱”作用。

“三型两网、世界一流”战略加快推进电力市场化机制建设。电力市场开放程度持续加大，国资国企改革步伐不断加快。中发〔2015〕22号文件提出“对特殊业务和竞争性业务板块要有效分离，独立运作、独立核算”，要求按照分类改革的原则，对竞争性业务积极推进混合所有制改革。新一轮电力改革进入攻坚期。中发〔2015〕9号文件提出“管住中间、放开两头”的改革方向，要求加快建设全国统一电力市场。“三型两网、世界一流”战略，将推进电力市场运营模式创新，营造公平竞争的市场环境，鼓励多元投资主体进入，充分发挥市场在资源配置中的决定性作用。

“三型两网、世界一流”战略助力提高政府、社会、城市治理能力。在服务政府科学监管方面，通过对全社会能源电力生产消费信息的全息感知和汇聚整合，支撑政府开展企业能效、环保生产、税务稽查等方面的监测评估；促进能源电力行业生产成本、服务质量等信息更透明，推动行业监管质效提升。在服务社会治理方面，通过汇集不同时间、产业、地域等多维度电量数据，分析研判社会运行情况，感知社会、经济、民生状态。通过电力数据看经济、电力数据看社会服务，支撑政府精准施策、科学调控，使社会治理更加精准、更有预见性。在服务智慧城市建设方面，通过促进能源电力系统与政务、交通、电信等领域深度融合，建设城市能源大数据中心，推出产业用能分析、园区活跃度分析等能源大数据应用，打造“城市智慧能源大脑”，提升城市统筹管理和协同治理能力。

（三）“三型两网、世界一流”战略是发挥央企“国家队”和“大国重器”作用的积极作为

国有企业是中国特色社会主义的重要物质基础和政治基础，是我们党执政兴国的重要支柱和依靠力量。国网公司作为国有重要骨干企业，在保持国家经济社会大局稳定中地位重要、责任重大。在国际形势复杂多变的背景下，需要更加自觉地将自身工作融入党和国家工作大局、服务党和国家工作大局。

“三型两网、世界一流”战略更好服务实体经济高质量发展。“三型两网”建设以电网平台为枢纽，将把电网相关的人和物连接起来，畅通资源端、生产端和消费端，是国家新型基础设施的重要一极。以客户需求和业务痛点为导向，发挥市场决定性作用，国网公司可推动资源要素重组重构，优化配置能源、数据、设备、技术、资本、人才等要素，让更多市场主体参与能源经济的价值创造和分享，为全行业发展创造更大机遇和空间，当好国民经济持续健康发展的“稳定器”“压舱石”。

“三型两网、世界一流”战略引领能源新经济新业态发展。电网是覆盖范围最广的网络，“三型两网”建设将连接海量主体、集聚海量数据，借助先进技术孵化大量的新业务新业态新商业模式，包括能源与数字经济的混合产业，形成新的经济增长点。以电为中心向电力生产和消费两端延伸价值链，有效汇聚各类资源，创新引领能源服务业务业态，促进经济社会发展和运行效率整体提升。

“三型两网、世界一流”战略助力提升自主创新能力，抢占世界能源电力技术和产业制高点。电网是技术密集产业，是先进技术需求最广泛、最集中的行业之一。建设“三型两网”为新技术发展和应用搭建一个新舞台和大型试验场，以创新驱动提高全要素生产率。围绕先进能源电力技术和先进通信与信息技术短板，通过产业谋划布局，加大研发投入，带动社会研发力量联合攻关，推动产业关键核心技术实现自主可控。

（四）“三型两网、世界一流”战略是践行“人民电业为人民”企业宗旨的实际行动

进入新时代，我国社会主要矛盾已经转化为人民日益增长的美好生活需要和不平衡不充分的发展之间的矛盾。人民对美好生活的向往更加强烈，用好电也是美好生活的重要体现。人们对供电服务的期待越来越高，希望能够享有更快速的服务响应、更便捷的服务体验、更高标准的供电质量。作为全球最大的公用事业企业，国有大型骨干企业，供电服务人口超过 11 亿人的国网公司，以优质高效的服务满足国家治理、社会发展和人民美好生活用能需要成为其根本任务。

“三型两网、世界一流”战略创新客户服务模式。建设“三型两网”将改变传统预设用户需求的工作模式，通过客户画像等新兴手段，与用户共同设计挖掘需求，用人民喜闻乐见的服务方式满足用户个性化需求。建设“三型两网”有利于持续深化供电服务与“互联网 +”融合，拓展服务渠道，推广“网上国网”等，加快线下服务向互联网线上服务模式转变，因地制宜全面推广企业接电“三省”“三零”服务，确保办电环节、平均接电时间兑现服务承诺，降低客户平均办电成本，优化营商环境，持续提升客户需求响应速度和

优质服务水平。

“三型两网、世界一流”战略提升客户服务体验。通过停电信息主动通知、可视化抢修等主动服务，可实现停电自动判断，故障精准定位，主动派发工单，跟踪抢修轨迹，回传抢修情况，提升协同效率和服务质量。推动办电、交费等用电行为全过程在线，可实现自助预约、进度查看和催办评价，为客户带来更优质、智慧的管家式服务。通过智能高效的服务方式，将及时向客户提供用电提醒、节能分析、能效诊断、远程控制、撮合交易、能源金融等个性化、多元化增值服务，增强用户获得感。

二、顺应行业发展趋势

（一）“三型两网、世界一流”战略是国网公司顺应能源革命与数字革命融合发展的战略选择

以移动互联网、大数据、物联网等信息技术为特征的数字经济席卷全球，成为全球经济发展的新动能、新方向。产业周期正在进入各行业开始数字化的信息化周期，企业面临的共同问题是如何跨入数字化产业周期。对于能源行业而言，数字化被视为实现能源转型的重要途径。能源数字化指的是利用数字技术，引导能量有序流动，构筑更高效、更清洁、更经济的现代能源体系，提高能源系统的安全性、生产率、可及性和可持续性。

“三型两网、世界一流”战略加快传统能源企业数字化转型趋势。随着分布式电源、储能、电动汽车等交互式能源设施快速发展，多能联供、综合服务、智慧用能等各种新型能源需求不断涌现，能源流、业务流、数据流“多流合一”的能源互联网成为未来发展方向。在互联网时代，“三型两网”建设通过搭建数字平台，推动能源全产业链，从生产、运输、销售和服务等各环节与数字化深度融合，运用高效计算、海量数据、即时通信等技术，服务能源清洁低碳转型，可提升清洁能源消纳水平，实现能源企业的加速转型。

“三型两网、世界一流”战略搭建电网设备资产和信息基础设施之间重要的桥梁。“三型两网”建设，以泛在电力物联网平台将电网物理世界信息化，为本无生命且孤立的装备、设备、物体赋予多维标签和智能性，并纳入数字化、智能化的系统中，实现物理资产的数字资产化，构建联系物理世界和数字世界的重要媒介和桥梁，完成产品服务、资产运行与业务流程这三个关键连接，从而实现新的数字驱动业务模式，为提高电力系统运行水平、电网资产运营效率开辟一条新路。

（二）“三型两网、世界一流”战略是国网公司顺应能源革命与产业革命融合发展的主动变革

新一轮科技革命和产业革命尤其是以人工智能、量子信息为代表的新一代信息技术加速突破应用，技术之间交叉融合，产业界限越来越模糊。未来国家产业革命发展的趋势呈现出智能化、互联网化、低碳化的特征，新能源、节能环保、电动汽车等低碳产业和智能制造、智能电网、物联网等智能产业，在未来产业结构中的重要性日益凸显。工业革命历程如图 2-8 所示。

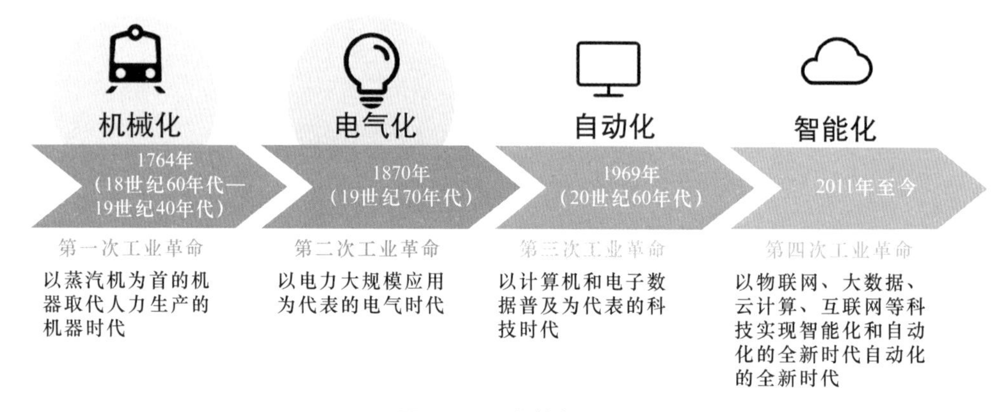

图 2-8　工业革命历程

“三型两网、世界一流”战略推动传统电网产业转型升级。“三型两网”建设，广泛应用大数据、云计算、物联网、移动互联、人工智能、区块链、边缘计算等信息通信技术和智能技术，以及新能源高比例消纳、储能、能源转换、多能互补、先进装备和组器件、高性能材料等先进能源电力技术，将不断提升电网的感知能力、互动水平、运行效率，有力支撑各种能源接入和综合利用，推动传统电网向能源互联网升级。

“三型两网、世界一流”战略推动能源产业链现代化。“三型两网”尤其是泛在电力物联网广泛连接用户、电网企业、装备企业等多元主体及其设备，辐射社会经济众多行业，能够承载新能源大数据服务、能源电力装备智能制造、储能业务、综合能源服务等涵盖“源—网—荷—储”产业链各环节的能源互联网新型业态，是汇聚各类产业要素的综合体。“三型两网、世界一流”战略构建产业生态圈，将促进产业链上下游企业之间供需精准对接和优势互补，为上下游企业创造更大发展机遇、挖掘更广阔市场空间。

三、满足自身发展需求

（一）“三型两网、世界一流”战略是推动电网企业提质增效、营造良好发展生态的必由之路

随着国际贸易争端持续深化，政府监管日趋严格，跨界融合加速推进，依靠传统垄断优势、市场地位优势以及引进消化吸收再创新的发展模式已经难以为继。随着电力改革向纵深推进，增量配电和售电市场竞争日益激烈，依靠输电业务扩张和收取过网费的发展道路也越走越窄。国网公司需要充分发挥能源、网络、用户、数据、信誉等独特资源优势，开拓数字经济这一巨大蓝海市场，始终保持战略主动。

“三型两网、世界一流”战略促进电网企业提质增效。在电网安全可靠方面，通过推动电网数字化转型，全面提升电网的感知能力、互动水平、运行效率和自愈能力，使设备管理更高效，调度控制更灵活，供电质量更优质，电网运行更安全。在电网友好互动方面，通过泛在互联和深度感知，汇集各类资源参与电力系统调节，促进源网荷储协同互动，实现削峰填谷，推动“源随荷动”模式向“源荷互动”模式转变。在电网开放共享方面，通过开放电网基础资源、实验室研究资源等，与政府、社会及相关行业实现共享，激活、引导和连接各类社会资源，支撑设备、数据、服务的互联互通，提高电网资源利用效率和精益管理水平，推动各方共享共赢。

“三型两网、世界一流”战略助力提升企业管理水平。在信息化建设的基础上，“三型两网”建设通过网络不断延伸、万物广泛互联、数据深度应用，将使企业对内外部环境感知更为实时、客观、全面、准确，实现经营管理全过程的可视可控、精益高效，对企业经营态势、运营情况、潜在风险做到超前研判，从而推动更高质量、更有效益、更可持续的发展。

“三型两网、世界一流”战略营造企业发展良好生态。“三型两网”，特别是泛在电力物联网建成后，电网物理形态将向更高级演进，电力系统进入万物智能互联、人机实时交互的新阶段。电网企业作为运营商有非常好的条件发展独具特色的产业互联网，能够成为继互联网企业构建消费互联网和制造企业构建工业互联网之后的又一新的平台形态，兼具在线化、数字化、软件化、服务化、智能化的普遍特征和数据流、业务流、能源流多流合一的专有特征，形成闭环正反馈的良好生态。

（二）“三型两网、世界一流”战略是推动电网企业应对风险挑战，实现基业长青的不懈追求

在瞬息万变的互联网时代，打败一个企业的往往不是同行竞争对手，而是来自不相关的行业。近年来，大批互联网企业、高科技企业看中能源互联网的巨大价值和发展潜力，纷纷快速进军能源领域，市场竞争愈加激烈。

“三型两网、世界一流”战略巩固外部市场优势地位。移动互联网与平台经济时代，互联网平台企业通过打造微信等即时通信工具，依托移动、联通等运营商的宽带网络发展自己的业务，直接面向用户提供服务和计费，占据运营商与用户的接口，对运营商传统市场业务造成较大冲击。在输配电价改革不断落地、电力市场改革持续深化的大背景下，“三型两网、世界一流”战略通过形成“泛在物联 + 平台化 + 开放合作体系”的商业模式，提前布局面向客户的数据驱动业务，持续深入感知和挖掘终端用户需求，提升服务黏性，延伸服务链条，把握市场竞争主动权。

“三型两网、世界一流”战略提供企业强劲发展内生动力。当前，国网公司既面临前所未有的风险挑战，也面临转型升级、浴火重生的重大机遇。推进“三型两网”建设，以建设泛在电力物联网为主攻方向，有利于加快技术创新和商业模式创新，改造提升传统业务，同时发挥电网企业的平台和资源优势，培育增长新动能和竞争新优势，突破发展瓶颈，为持续做强做优做大注入强劲动力。

第三节　战略实践模式

战略的生命力在于落地实践，在推动新战略落地过程中，国网天津电力对内提高思想认识，强化责任担当，开展系统布局；对外加强开放合作，凝聚广泛共识，坚持开门搞建设，在国网公司战略指导下形成了“两工程一计划”（“1001 工程”、“变革强企工程”、“9100 行动计划”）战略实践模式，走出了一条具有天津特色的战略实践之路。可以说，“三型两网”典型实践的过程是推动习近平新时代中国特色社会主义思想，尤其是能源革命思想在津沽大地落地落实的过程；是国网公司与天津市携手共进、打造新时代政企合作新典范的过程；是国网天津电力践行初心使命，运用互联网思维迭代创新，全力打造能源革命先锋城市的过程。

一、“两工程一计划”实践路径

2018年5月24日，为深入贯彻落实习近平新时代中国特色社会主义思想和党的十九大精神，加快推进美丽天津建设，服务天津市率先建成高质量小康社会，支持“五个现代化天津”取得突破性进展，实现社会主义现代化大都市建设目标，国网公司与天津市政府在天津签署《加快美丽天津建设战略合作框架协议》，“十三五”期间，国网公司在津投资643亿元，主要用于加快坚强智能电网、农村电网升级改造、清洁取暖“煤改电”等工程建设和产业发展。

2019年1月16日至18日，习近平总书记在京津冀考察，主持召开京津冀协同发展座谈会并发表重要讲话，要求从全局的高度和更长远的考虑来认识和做好京津冀协同发展工作，增强协同发展的自觉性、主动性、创造性，保持历史耐心和战略定力，稳扎稳打，勇于担当，敢于创新，善作善成，下更大气力推动京津冀协同发展取得新的更大进展。期间，习近平总书记参观了滨海—中关村协同创新展示中心。在调研过程中，总书记对参展的带电作业机器人、智慧电网、车联网等工作给予重点关注并提出重要指示。国网公司和天津市把学习贯彻习近平总书记重要指示精神作为头等政治大事和首要政治任务，这也成为双方深化战略合作的重要契机。

2019年2月1日，国网公司与天津市委市政府举行高层会谈，就推动电网高质量发展、助力智慧城市建设、促进京津冀协同发展等展开深入交流。会谈后，国网公司主要领导参加国网天津电力领导班子民主生活会，要求国网天津电力争当学懂弄通做实习近平新时代中国特色社会主义思想的先锋、争当实现高质量发展的先锋、争当锐意改革创新的先锋、争当打造坚强电网铁军的先锋。争当“四个先锋”要求国网天津电力具有强烈的争先率先领先意识和创新创造创业精神，不仅要为国网公司战略转型探索经验、提供范式，还要在引领能源转型、支撑智慧城市建设、打造一流营商环境等领域主动作为，更要在强化自主创新、推动经济社会高质量发展等方面有所作为。

2019年8月14日，为贯彻落实习近平总书记“四个革命、一个合作”能源安全新战略，积极推进京津冀协同发展重大国家战略实施，服务天津市经济社会高质量发展，服务国网公司实现“三型两网、世界一流”能源互联网企业战略目标，国网公司与天津市政府在天津签署全国首个“三型两网”建设战略合作协议，将在天津打造全球首个能源革命先锋城市、世界首个“三型两网”落地典范城市。

作为肩负先锋使命的省级电网公司，国网天津电力通过“两工程一计划”（“1001 工程”、“变革强企工程”、“9100 行动计划”）构建承接“三型两网”建设的主要实践载体，力争“三型两网、世界一流”战略目标在津率先落地，如图 2-9 所示。

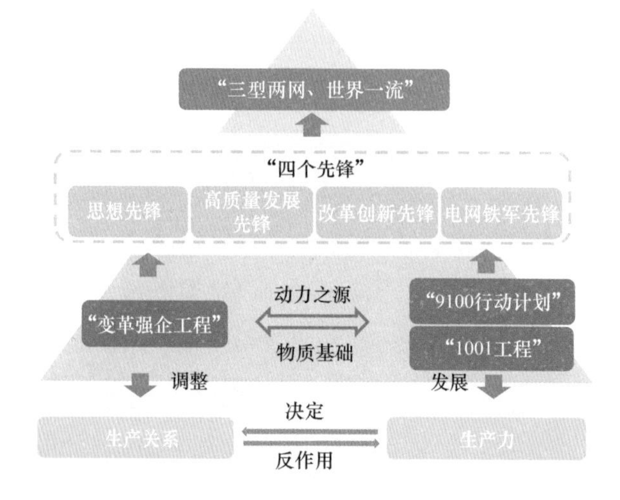

图 2-9　国网天津电力“三型两网”实践路径

“9100 行动计划”（包括九大行动计划共百项工程）是落实《加快实施“三型两网”建设“五个现代化天津”推进京津冀协同发展战略合作协议》的有效载体和有力支撑，强调抓创新、谋长远，建设泛在电力物联网。

“1001 工程”（“1001”含义为在建党 100 周年初步建成世界一流能源互联网）是落实《加快美丽天津建设战略合作协议》的有效载体和有力支撑，侧重打基础、补短板，建设坚强智能电网。“9100 行动计划”与“1001 工程”二者相辅相成，前后衔接，主要解决的是“三型两网”建设中的生产力问题。

“变革强企工程”是落实争当“四个先锋”目标要求的重要载体，核心是企业内部的体制机制变革、管理和业务转型升级，重点解决“三型”企业建设方面的内部生产关系优化调整问题。

二、“9100 行动计划”目标与任务

“9100 行动计划”紧密围绕天津市“一基地三区”（全国先进制造研发基地、国际航运核心区、金融创新示范区、改革开放先行区）定位，推进国网公司“三型两网、世界一流”战

略与“五个现代化天津”建设深度对接，全面打造“三区两高地”（泛在电力物联网综合示范区、智慧能源支撑智慧城市发展先行区、能源互联网新业态新经济试验区、能源产业优化升级集聚高地、能源技术与商业模式创新高地），引领科技跨越发展、产业优化升级、生产力整体跃升。该计划涉及深化坚强智能电网建设、加快泛在电力物联网建设、加快提升城市电气化水平、建设智慧能源生态、加快建设能源大数据基地、营造一流电力营商环境、建设一流科技创新体系、集成高端产业融合发展、优化安全供用电环境九大行动计划共百项任务。

1. 总体目标

2019 年创新突破。在滨海新区建成“两网”融合综合示范区，在和平、河西区建成世界一流能源互联网示范区；在中新天津生态城开展能源大数据应用试点；优化电力营商环境，实现电力业务办理“零要件”；完成天津市“煤改电”和新一轮农网升级改造，基本实现城乡电网一体化发展；建成配网带电作业机器人产业制造基地，迭代研发系列产品，加速天津市智能制造产业发展。

2020 年示范引领。全面建成“1001 工程”，打造安全可靠、结构坚强、设备先进、绿色低碳、友好互动的一流现代化智能电网；建成“生态宜居”和“产城融合”两种典型智慧能源小镇；建立能源数据共享机制，拓展天津市能源大数据中心服务功能；持续优化电力营商环境，构建京津冀一体化办电业务新体系；建成国内首个省部级电力物联网实验室；组建智慧能源产业联盟，智慧能源服务体系基本形成，促进天津市能源生产消费模式优化升级。

2021 年全面领先。充分发挥 500 千伏“目”字型双环网作用，持续提升清洁能源消纳水平和外受电能力，优化天津市能源生产结构，实现清洁能源占一次能源比重达到 35%；持续提升电气化水平，优化天津市能源消费结构，实现电能占终端能源消费比重达到 40%；建成智慧路灯系统等重点基础设施工程，支撑智慧城市“底座”建设；初步建成世界一流能源互联网，打造“三型两网”落地示范城市，助力天津智慧城市发展。

2025 年实现世界一流。进一步扩大 500 千伏“目”字型双环网，实现 500 千伏变电站延伸至负荷中心供电；建成各级电网协调发展的坚强智能电网和状态全面感知、信息高效处理、应用便捷灵活的泛在电力物联网，实现“两网”融合发展，全面提升天津能源资源配置能力和智能化水平；实现城乡电网一体化发展，供电可靠率、电压合格率等指标达到世界发达城市水平；到“十四五”末，清洁能源占一次能源比重力争达到 50%，电能占终端能源消费比重力争达到 50%，支撑“五个现代化天津”建设，建成能源革命先锋城市。

2. 行动计划

“9100 行动计划”分解为 9 项行动计划，如图 2-10 所示。

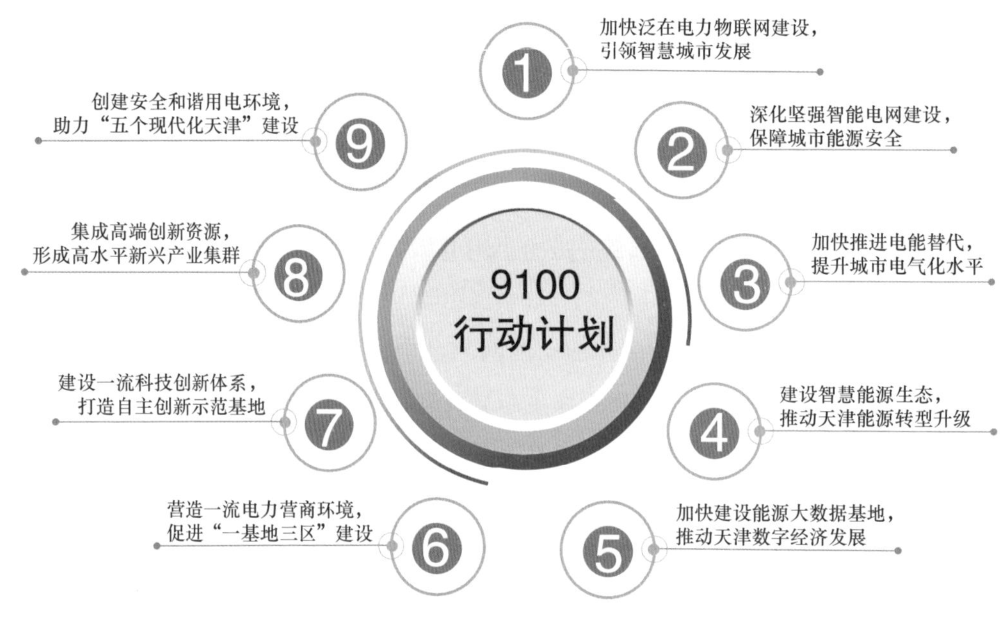

图 2-10　国网天津电力“9100 行动计划”

行动计划一：加快泛在电力物联网建设，引领智慧城市发展

包括示范建设滨海新区“两网”融合工程、示范建设世界一流能源互联网、推广绿色低能耗建筑等 13 项任务。重点是推动“大云物移智链”、5G 等现代信息通信技术与电网深度融合，构建城市能源数字化网络，推进智慧能源与城市基础设施融合发展，打造智慧城市“底座”。推广智能量测、配电物联网、多表合一、虚拟电厂等技术应用，建设中新天津生态城惠风溪和北辰大张庄两个智慧能源小镇。在滨海新区先行先试，打造“两网”融合综合示范工程。拓展路灯杆功能，运用 5G 等技术建设城市多功能智慧路灯系统，推广应用场景。

行动计划二：深化坚强智能电网建设，保障城市能源安全

包括率先建成世界一流城市配电网、率先完成“煤改电”工程、持续提升清洁能源消纳水平等 9 项任务。重点是实施天津南特高压变电站主变扩建工程，依托特高压电网，建成 500 千伏“目”字型双环网，形成多方向、多通道受电格局，提升天津电网外受电能力，建成世界一流电网。2019 年率先完成新一轮农网升级改造和“煤改电”。大力实施清洁能源替代，提高清洁能源入津比例及本地消费量，促进能源结构转型。

行动计划三：加快推进电能替代，提升城市电气化水平

包括积极实施清洁高效绿色校园、全力打造绿色交通出行、推广“供电 + 综合能源”

整体解决方案等 10 项任务。重点是推动绿色能源消费理念“进校园、进家庭、进农村、进企业”。推广集中（蓄热）式电供暖，挖掘乡村产业、居民生活等领域电气化提升潜力，优化能源消费结构，提高全市电气化水平，使电能在终端能源消费占比达到国内先进水平。在城市公交、物流运输、政府公务用车等领域推进新能源替代，加快“绿色交通、绿色港口、绿色机场”建设，在居民区推广电动汽车智能有序充电，提高充电保障能力，倡导全电气化公共交通出行。发挥电能在智慧城市建设与治理中的核心驱动作用，推进“供电 + 综合能源”一体化能源消费，推动“绿色能源项目”认证评价。

行动计划四：建设智慧能源生态，推动天津能源转型升级

包括组建智慧能源产业联盟、成立天津市需求侧响应中心等 13 项任务。重点是整合政、企、学、研、商资源，在津建设智慧能源产业联盟。以国网天津综合能源服务中心为平台，汇集多种市场主体，通过技术创新、商业合作、系统集成等方式，打造国内一流的能源生态体系。推动智慧能源数据创新应用国际论坛、泛在电力物联网高峰论坛和能源互联网产业技术、产品博览会在津举办。构建智慧能源服务平台，加快培育天津综合能源市场，推进技术、人才、市场创新。

行动计划五：加快建设能源大数据基地，推动天津数字经济发展

包括建设城市能源云平台、建立京津冀电力联动战备指挥中心、建设能源计量基础设施等 17 项任务。重点是加快建成京津冀大数据综合试验区，启动天津城市能源大数据中心及京津冀电力联动战备指挥中心建设，实现电力、燃气等各类能源数据与“天网”、天津市政务数据等资源共享共用。构建能源大数据“运营服务基地、协同创新基地、产业聚集基地”，开展能源供应保障、综合能效分析、经济态势分析等辅助决策服务。联合共建网络与信息安全实验室，开展网络信息安全防护，推进信息安全专家、技术和安全防护信息共享。

行动计划六：营造一流电力营商环境，促进“一基地三区”建设

包括建立不动产权权属与电力信息联动变更机制、健全电力信息系统客户实名制体系、推进构建京津冀一体化办电业务新体系等 10 项任务。重点是推动“一制三化”审批制度改革在电力能源领域有效落地，持续加快最优审批政策在高压电力客户接入工程细化实施，进一步压缩接电时间，达到国内领先水平。畅通政务平台与供电服务信息通道，构建“环节精简、标准统一、异地通用”的京津冀一体化供电服务新体系。深化“政务一网通”平台应用，实现三地客户证照信息数据共享、业务异地通办；提高供电可靠性和电价透明度，持续提升客户用电“获得感”。

行动计划七：建设一流科技创新体系，打造自主创新示范基地

包括加强能源互联网应用技术研究、建设天津市电力物联网企业重点实验室、打造京津冀双创示范基地联盟等10项任务。重点是开展能源互联网应用技术研究，推动技术创新与模式创新融通发展。推进天津市与国网公司科研资源开放共享，围绕先进适用技术联合开展科技创新，共同培养高水平科技创新人才。深化京津冀双创示范基地联盟合作，强化创新成果孵化、转化与应用。

行动计划八：集成高端创新资源，形成高水平新兴产业集群

包括研发配网带电作业机器人及系列产品、建设研发制造基地、实施交易中心股份制改造等10项任务。重点是推动国网公司有关产业布局天津，建设配网带电作业机器人产业化基地，助力打造电力装备中国智造天津基地。推动天津市与国网公司在国有企业混合所有制改革等领域强强合作，促进双方产业转型升级和布局优化。

行动计划九：创建安全和谐用电环境，助力“五个现代化天津”建设

包括加强区级电力行政执法体系建设、将电力设施保护纳入立体化社会治安防控体系建设等8项任务。重点是强化政、警、企协同联动，推进“三电”基础设施保护，优化电力设施保护行政执法体系建设，强化政企资源共享的立体化社会治安防控体系建设，构建天津市安全供电环境。增强社会用电安全意识，营造守法用电、安全用电的良好氛围，提高安全用电设施标准，构建全市安全用电环境，助力平安、法治天津建设。

三、“1001工程”目标与任务

“1001工程”围绕天津在京津冀协同发展中“一基地三区”的战略定位，坚持“创新、协调、绿色、开放、共享”发展理念，以满足用电需求、提高供电质量、促进智能互联、提升服务水平为目标，实施“外电入津”战略，着力解决区域电网发展建设不平衡不充分的问题，提高新能源接纳能力，推动装备提升与科技创新，打造与天津现代化大都市城市定位相匹配的坚强智能电网，满足天津人民群众美好生活对绿色能源的消费需求，为天津率先建成高质量小康社会和“五个现代化”发展目标提供坚强电力保障。该工程主要聚焦建设坚强智能电网，网架优化为基础，装备提升为关键，新技术应用为保障，涉及主网架完善提升、世界一流配电网建设、农村电网升级改造、“煤改电”配套电网建设、助推营商环境优化、绿色出行保障、能源绿色发展保障、“互联网+”服务水平提升、智慧园区和智慧小镇等九项工程共924项建设任务。

1. 总体目标

2020 年将建成安全可靠、结构坚强、设备先进、绿色低碳、友好互动的坚强智能电网，持续提高电网供电能力、服务质量和管理水平，构建形成全民覆盖、城乡一体的电力服务体系。建成 500 千伏双环网结构，提高天津市外受电规模，可再生能源发电装机占比达到 9%，清洁能源消纳比例 100%，完成冬季清洁取暖“煤改电”改造，推动天津市能源结构持续优化；加大城乡配电网建设改造力度，城市地区供电可靠率达到 99.99%，农村电网户均容量提升至 4 千伏安，配电自动化、配电通信网、智能电能表覆盖率达到 100%，电网发展核心指标达到国际先进水平；建成全市“0.9、3、5”充电服务网络，“电十条”措施落地实施，实现全业务线上办理，用户接电效率提高 20% 以上，平均接电成本下降 30% 以上，供电服务水平持续提升。

2. 建设任务

“1001 工程”的建设任务分为 9 项，如图 2-11 所示。

图 2-11 国网天津电力“1001 工程”

任务一：主网架完善提升工程

优化完善天津电网主网架结构，提高接受区外来电能力，为美丽天津建设提供安全、清洁、经济、高效的能源电力保障。推动天津南特高压变电站主变扩建等工程，形成多方向、多通道受电格局。加快推动双青、渠阳等 500 千伏输变电工程建设，形成覆盖全市负荷中心和主要电源点的双环网；重点推动板桥至中船东线路工程、板桥至万年桥等线路工程，持续优化 220 千伏网络结构和供电范围，形成分区科学、结构合理的供电网络。

任务二：世界一流城市配电网建设工程

逐步优化电压等级序列，形成“强简有序、高度互联、结构坚强”配电网结构，中压配电线路联络率达到100%；深化配电自动化系统实用化，实现负荷“一键转移”，城市地区供电可靠率提高至99.99%；推广智能巡检机器人、无人机巡检技术应用，研究不停电作业机器人的深度应用，计划检修不停电作业率提高至98%。到2020年，配电自动化、配电通信网、智能电能表覆盖率达到100%，天津市配电网进入世界一流城市配电网行列。

任务三：农村电网升级改造工程

服务乡村振兴战略，实施乡村电气化工程，补齐农村电网短板。适度超前增加电源布点，重点加强负荷增长较快、供需矛盾突出地区的电网建设力度，彻底解决城乡电网发展不平衡的问题，农村电网户均容量提升至4千伏安。着力解决重过载线路台区、线路“卡脖子”和低电压问题，缩短供电半径，提升联络率和N–1通过率，农村电网供电可靠性提高至99.934%；架空绝缘化率提高至80%。实现城乡电网一体化。

任务四：“煤改电”配套电网建设工程

贯彻北方清洁取暖战略，如期完成农村“煤改电”配套电网建设任务。因地制宜推广集中蓄热电供暖模式，鼓励低谷用电，提高电网资源效率。遵循差异化原则，通过对电采暖区域的供电能力加强、网架结构优化和装备水平提升，不断提高电网灵活性及可靠性，确保电供暖用户温暖过冬。全面加强供电安全保障，制定“一线一案、一村一案、一台区一案”应急预案体系，保障“煤改电”用户持续安全可靠供电。

任务五：助推营商环境优化工程

支撑“津八条”落实，助推天津营商环境优化。实行“7×24”和“预约上门”服务，用电业务“一证办理”“一次办好”，客户办理简单用电业务“一次都不跑”，复杂业务“最多跑一次”；高、低压客户办电环节不高于4个和2个；10千伏、400伏非居民客户平均接电时间不高于60个工作日和15个工作日；为企业配备专属客户经理，提供节能方案和用电优化建议，降低企业能耗，客户平均接电成本下降30%以上。

任务六：绿色出行保障工程

以配电网、交通网、车联网“三网融合”为统领，构建“0.9、3、5”充电服务网络。完善市内高速公路充电服务网络，实现市域高速公路服务区全覆盖；支撑纯电动公交车推广，结合市公交集团交直流、大功率等多样化充电需求开展充电设施建设。充电设施接入智慧车联网平台提高至8200台，通过“e充电”手机APP为客户提供“互联网+”充电服务，推动充电网络向能源互联、高度智能、深度融合方向发展。

任务七：能源绿色发展保障工程

扩大清洁能源开发利用规模，统筹做好新能源项目并网服务工作。加快清洁能源接入配套送出工程建设进度，推动送出工程与发电项目同步建设、同步投运，实现可再生能源发电装机占比提高至 9%。优先消纳清洁能源发电上网电力，推动抽水蓄能和燃气调峰机组建设，确保清洁能源消纳比例 100%。推进先进制造等 12 个领域电力清洁替代，打造具有特大型城市特色、体现未来能源利用形态的综合能源示范基地。

任务八："互联网 +" 服务水平提升工程

构建"互联网 +"服务渠道，统一建设开放、互动的线上智能互动平台。加强手机 APP 等应用推广，实现线上功能全覆盖和融合应用，全业务线上办理、全环节互联互动、全过程精益管控。推广应用先进能源管理技术和综合能源信息公共服务平台，为企业开展用能咨询、能效管理等新型业务，降低企业用能成本。构建电网、公众、企业共同参与、优势互补的服务格局，让企业和群众办电更方便、更快捷、更有效率。

任务九：智慧园区和智慧小镇（电力部分）示范工程

推动智能电网新技术、新模式和新业态发展，服务智能产业发展，促进风电、光伏发电等清洁能源高效利用，支撑天津智慧城市建设。建设高可靠供电智能配网、智能充电网、多表合一等重点工程，实现示范区供电可靠率达到 99.999%。充分利用"大云物移智链"等先进技术，实现风光气、冷热电等多种能源的信息采集、耦合优化和互补利用，降低综合供能建设成本 5%~10%。

四、"变革强企工程"目标与任务

"变革强企工程"以马克思主义关于生产力和生产关系矛盾运动规律和精益管理为理论基础，以"变革创新、紧盯质量、务求实效"为理念，全面实施变革管理。该工程围绕"思想建设、高质量发展、改革创新、电网铁军建设"四个方面，重点实施 27 个攻坚项目，聚焦楷模先锋精神培育、"放管服"改革、业务业态和模式创新、数据管理、依法治企、电力市场改革等领域。

1. 总体目标

利用 3 年时间，推动发展模式、管理模式、业务模式全面升级，在体制机制变革、示范模式构建、运营效率提升等方面形成一批天津模式、天津方案，资产质量、安全发展能力、经营管理水平、创新发展能力、企业发展活力迈上新台阶，核心竞争力大幅提升，对外影响力和话语权显著增强，为国网天津电力争当"四个先锋"提供坚强支撑。

2. 建设任务

“变革强企工程”建设任务主要分为四个方面，如图 2-12 所示。

图 2-12 “变革强企工程”建设任务

（1）思想建设方面。

始终坚持把政治建设摆在首位，坚持以习近平新时代中国特色社会主义思想武装头脑、指导实践、推动工作，弘扬时代楷模精神和改革先锋精神，着力提升基层组织力，夯实法治化管理基础，健全审计监督机制，努力打造“五好”“五铁”纪检监察体系，探索国有企业治理与管理现代化的先进范式，争当学懂弄通做实习近平新时代中国特色社会主义思想的先锋。

（2）高质量发展方面。

突出安全质量效率效益，强化精准投资、精益管理、精细作业，加强全过程管控，压降非生产性开支，不断提高投入产出水平。持续优化营商环境，继续压缩环节、减少时间、降低费用，不断提高供电可靠性和服务品质，增强用户获得感。深刻把握公司的产业属性、网络属性和社会属性，深入推进内部管理变革，推动管理模式由传统粗放向更精益、更简洁、更高效转型升级，争当实现高质量发展的先锋。

（3）改革创新方面。

充分发挥智慧能源小镇、智慧城市建设引领示范作用，大力推进业务、业态和商业模式创新。按照改革“再出发”的部署要求，在新一轮输配电价核价、交易中心股份制改造、混合所有制改革、“放管服”改革等方面实现新突破。在建设运营好“两网”上发力，促进“两网”融合发展，加快推进“三型企业”建设，争当锐意改革创新的先锋。

（4）电网铁军建设方面。

全面落实新时代党的组织路线，紧紧围绕公司发展的中心任务，系统谋划干部选拔、培育、管理和使用各环节工作，树立鲜明的选人用人导向，激励干部新时代新担当新作为。以狠抓作风建设为突破口，以领导干部、本部员工、基层中层“三支队伍”为关键，激发全员干事创业激情。以服务专业队伍建设需求为中心，以前瞻型、市场型、复合型等紧缺人才培养为重点，打造技能精湛、竞争力卓越的一流人才队伍。在学习先进、争当先进方面走在前列，争当打造坚强电网铁军的先锋。

第四节　战略实施重点

“三型两网”建设是重大的理论和实践创新，是一条前人没有走过的路，没有现成的经验可供借鉴，需要在实践中探索。许多工作需要边摸索、边总结、边完善，以改革创新破解难题，创造性开展实践。

一、实施原则

“三型两网”建设是系统性工程，需要把握原则、明确方向。国网天津电力按照“四个坚持”的实施原则，推进战略落地，如图 2-13 所示。

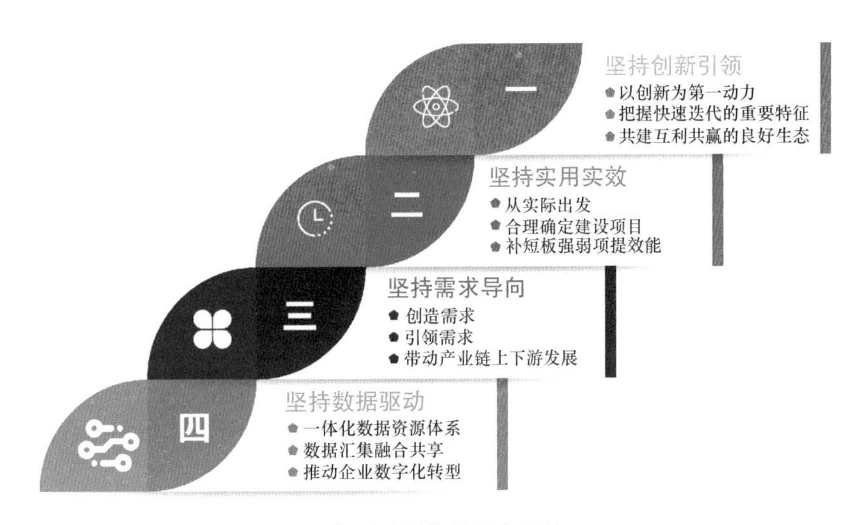

图 2-13 “四个坚持”的实施原则

（一）坚持创新引领

“三型两网”建设是一场突破现状的全新实践，没有先例可循，面临的挑战前所未有，需要始终把创新作为第一动力。按照这一原则，为了推动创新体系变革，激发创新活力，不断为“三型两网”建设赋能，国网天津电力成立了科创中心，并出台创新激励“双八”举措。同时，坚持将技术创新与商业模式创新深度融合，充分发挥虚拟电厂、新型智能电能表、能源路由器等技术创新的基础驱动作用，通过综合能源服务、电力需求响应等商业模式创新有效推动新技术转化应用，助力技术创新开辟更广阔的发展空间。

快速迭代是互联网时代企业创新的重要特征，其内涵是积累、总结、创新、改进、升华，是个螺旋上升的过程。建设“三型两网”，需要主动求变、敢于试错、小步快跑，聚焦价值创造，在实践中找真理，在探索中找方向，通过不断迭代逼近目标。比如，天津智慧能源小镇建设就是一个不断迭代、逼近目标的过程，在项目实施中，建设方案、技术内容、运营模式等都是在与政府、企业、居民等客户碰撞中不断创新优化、逐步完善，并最终满足客户需求，实现价值共享。

“三型两网”建设不仅涉及电网企业内部各专业、各环节、各流程，而且涉及电力系统上下游，涉及所有的经济活动，涉及众多利益相关方，需要集合全社会的力量；要敢于站在前人的肩膀上搞创新，广泛吸纳和应用业界先进的成果与经验，注重加强与外部先进企业技术与资本合作，打造创新联合体，构建优势互补、互利共赢的良好生态。比如，在天津建设的省级综合能源服务中心和省级综合能源产业联盟，其根本目标就是聚合各方面的创新资源推进“三型两网”建设，并将建设成果惠及整个能源生态圈。

（二）坚持实用实效

“三型两网”建设作为国网公司转型发展的重要创新举措，本就有“改革”基因，需要始终从实际需要出发，不能为建而建，需要精准投资，确保投必有效。需要立足于现有网络基础设施和各类系统，不搞推倒重来、大拆大建，不搞低水平重复建设，切实抑制投资冲动，坚决防止盲目“上项目、铺摊子、建系统”的不良倾向。需要以能够解决问题、创造价值为目标，缺什么补什么、需要什么做什么，合理确定建设项目，补短板、强弱项、提效能。按照这一原则，国网天津电力在海光寺 220 千伏变电站建成省级数据中心，实现多站融合理念落地，更充分利用了现有变电站资源。

（三）坚持需求导向

互联网业务最显著的特点是应用驱动，应用成效好坏取决于能不能有效满足需求。"三型两网"建设需要充分考虑客户需要什么、喜欢什么、满意什么，积极为客户创造价值，实现"满足需求"到"创造需求""引领需求"的转变。比如，国网天津电力聚焦用户需求，打造"供电＋综合能源服务"一体化服务体系，为客户提供"一揽子"能源解决方案；聚焦服务品质提升，推广运营"网上国网"，实现业务办理"零要件"，全面优化电力营商环境，这些都是满足甚至创造用户需求的典型实践。

坚持需求导向，重点是围绕提高电网效能、强化精益管理、培育新兴业务、拓展增值服务等方面，全面梳理业务需求、客户"痛点"、服务"盲点"，把需求导向、应用驱动贯穿"三型两网"建设始终，促进管理升级、服务升级、业务升级，让电网运行更安全、规划更科学、投资更精准、服务更优质、客户体验更满意、管理更精益，更好引领和带动产业链上下游发展。按照这一原则，国网天津电力把对外实现故障抢修可视化应用作为检验标准，让客户实时掌握抢修动态，以外部评价倒逼营配全面贯通；聚焦基层减负，全面推广报表统一管理，实现一线班组线下报表自动生成，打造了量价费损等特色报表应用。

（四）坚持数据驱动

数据是重要的战略资源和生产要素。国网公司拥有的数据资源覆盖电力发输变配用各个环节、渗透各行各业和千家万户，具有巨大的应用潜力和价值。"三型两网"建设需要加快形成跨部门、跨专业、跨领域一体化数据资源体系，推进数据汇集融合共享，实现"一次录入、大家共用"和"一个数据用到底"。着力提高数据分析应用水平，深挖大数据价值。坚持用数据说话、用数据管理、用数据决策、用数据创新，推动企业数字化转型，实现高质量、有效益、可持续的发展。按照这一原则，国网天津电力狠抓数据管理，构建一体化数据资源体系，以数据同源为重点，通过数据管理变革打破泛在电力物联网建设基础瓶颈；挂牌投运城市能源大数据中心，推动水电气热、市政、经济等领域数据接入共享，电力看经济已经成为政府定制化产品。

二、推进策略

"三型两网"建设涉及各层级、各领域、全业务，涉及电网企业发展的方方面面，实施过程需要讲究策略，把握节奏、系统推进。国网天津电力按照“三个同步”的推进策略，推进战略实施，如图 2-14 所示。

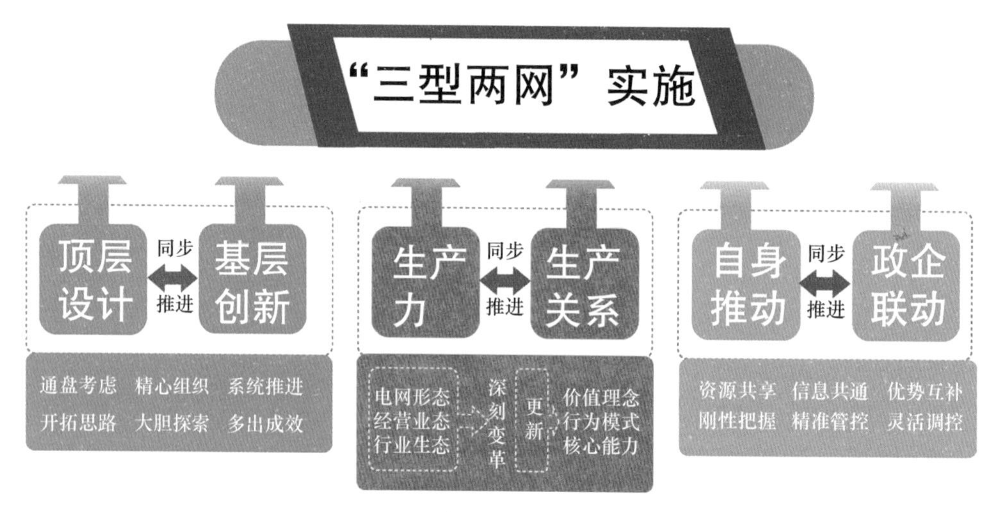

图 2-14 “三个同步”推进策略

（一）顶层设计与基层创新同步推进

开展“三型两网”建设，内在关联性和互动性很强，需要树立一盘棋思想，通盘考虑、精心组织、系统推进。需要做好政策机制的顶层设计、基础设施建设的合理规划和业务体系的提前布局，建立完整的项目内在机理和协同机制，提高整体推进的系统性、协调性，确保项目集群发展，才能产生“聚变”效应。同时，需要动态跟踪外部环境变化和行业发展趋势，及时对项目实施方案进行动态修正。

作为基层单位，担负着为“三型两网”建设探索路子的任务，需要主动担当担责，在不破底线的前提下，大胆开展突破性尝试，既要把握原则要求、确保“规定动作”精准到位；又要解放思想、开拓思路，创新“自选动作”，大胆探索多出成效。需要调动发挥基层首创精神，鼓励基层员工特别是“听得见炮火”的青年员工发挥聪明才智，大胆创新创造。需要通过“放管服”改革，加快建立放管结合、责权对等、协同高效的业务运转体系，把各层级的积极性和主动性调动起来、把活力和创造力激发出来，凝聚起建设“三型两网”的磅礴力量。

（二）生产力与生产关系同步推进

生产力和生产关系之间既对立又统一，相互依存、相互作用。生产力决定生产关系，是生产关系形成的前提和基础，生产关系是适应生产力发展要求建立起来的，是生产力的社会形式。生产关系对生产力有重大的反作用。当两者发展要求相适合时，生产关系会有力地推动生产力的发展；当两者发展要求不相适合时，它会阻碍甚至破坏生产力的发展。

“三型两网”建设既是生产力的大发展，也是生产关系的大调整，是全息全域的变革创新，需要生产力与生产关系同步推进。各种新技术、新业态、新模式加快涌现，电网形态、经营业态、行业生态深刻变化，电网企业传统的生产组织方式和管理模式已不适应新形势新情况，生产关系急需配套跟进优化，需要以自我革命的勇气冲破体制机制束缚，特别要下大力气解决好部门之间、专业之间开放性、协同性不够，条块分割、“自我封闭”等问题，随着“三型两网”落地，数据成为能源电力行业新的生产要素，传统电网向能源互联网转型升级，能源基础设施将进行一次深刻变革，带来能源电力行业生产力的整体跃升。

“三型两网”建设，生产力和生产关系调整的前提是思想观念的大解放。“三型两网”建设，尤其是泛在电力物联网建设不是简单地延续过去信息化建设的模板，也不是社会互联网企业实践的翻版，而是一项没有先例可循的崭新事业，不仅技术、商业模式要持续迭代，思维方式更要持续迭代。需要勇于打破格式化、套路化的思维定式，坚决消除因思想封闭、理念迟滞导致的工作恐惧症、倦怠症，树立敢破框框、敢闯新路的进取意识，不断开创新局面。需要更新价值理念，重塑行为模式，催化形成企业可持续发展的文化土壤，在前所未有的开放竞争环境里走出一条新路，在改革中重塑核心能力、实现浴火重生。

（三）自身推动与政企联动同步推进

政府是宏观战略和政策的制定者、经济资源的调控者、公共服务的购买者，企业是宏观战略和政策的执行者、经济资源的使用者、公共服务的提供者，更是经济发展中的核心力量和组织单元。在区域经济发展过程中，地区政府有发展区域经济的强烈愿望，而该愿望的实现需要落实到企业发展实践中，与此同时，驻地企业也有做强做优做大的目标，而该目标的实现需要稳定有利的政策环境，企业和政府有着相同的目的，即发展。基于发展，企业和政府可以实现合作，从而构建利益共同体，进而服务经济社会高质量发展。

政企合作就是指政府与企业以直接、间接或者混合等多种形式进行有益合作与频繁互动，并在宏观经济层面和微观经营层面实现资源共享、信息共通、优势互补，最终取得双赢的过程。对于电网企业来讲，因其自然垄断和央企特性，以及在整个能源体系中的枢纽地位，与政府深化合作具有必然性和必要性。“三型两网”建设涉及方方面面，需要各界力量的广泛参与，尤其需要政府在政策支持、资金保障，项目审批、外协推动、电力设施保护等方面给予帮助。通过把“三型两网”战略与城市发展战略有效对接，努力将企业战略融入城市命运、上升为政府意志，转化为全社会和人民共同追求，实现政企联动是战略落地的关键。

“三型两网”建设作为一项系统性工程，要确保各项工作高效推进，需要详细制定任务书、时间表、路线图，并配套建立一套完整的管控和保障体系，实现任务的刚性把控、精准管控和灵活调控。在任务设计、实施推动、成果提炼的全过程中，需要着力强化专业协同配合、内部上下联动，建立起以业务流程上下游“客户”为中心的工作理念，不断提升工作质效。需要建立任务调整、协同推进、过程监督与评价考核机制，突出对阶段成果的质量管控。

三、政企合作共建

“三型两网、世界一流”战略的实施对经济社会发展、能源产业走向影响深远，涉及众多利益相关方，不能仅仅依靠自身技术、资金、人才力量。特别是战略落地初期，需要紧紧依靠政府这只有形的手，通过规划引领、政策支持、典型政企合作项目开题破路，才能为“三型两网”建设打开局面、赢得先机。政企合作共建典型模式如图 2-15 所示。

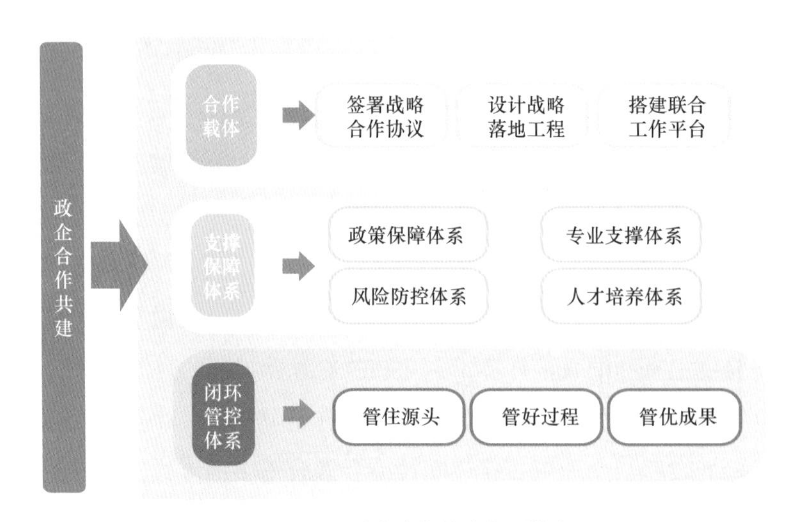

图 2-15 政企合作共建典型模式

（一）合作载体

围绕“三型两网”开展政企合作，是为贯彻落实习近平总书记“四个革命、一个合作”能源安全新战略、服务地方经济社会高质量发展，双方以签署战略合作协议等形式进行有益合作与互动，在宏观经济层面和微观经营层面充分实现资源共享、信息共通、优势互补，最终取得双赢的全过程。

1. 签署战略合作协议

签署战略合作协议是企业与政府深化共赢合作的一种重要方式，也是推动企业战略落地的重要载体。

找准共赢点是前提。进入新时代，城市发展逐步呈现出经济数字化、产业智能化、能源清洁化等一系列新特征，智慧城市建设成为各级政府普遍选择。电清洁化程度最高，并且所有能源均可转化电，电处于能源革命中心环节，电网连接生产和消费环节，是能源传输和转换利用的枢纽网络，在能源革命中处于引领地位。通过向能源互联网升级，主导打造智慧能源系统，并开放接口，推动市政、交通等城市子系统接入集成，完全有条件为智慧城市开发提供基础平台。同时，双方在同推动数字经济发展、培育壮大能源互联网产业、打造智慧能源发展高地、建设智慧城市等方面，具有广阔合作前景和空间。

达成共识是关键。充分考虑政企双方利益关切，沟通对接发挥互补优势，努力将合作方向细化为合作目标、合作原则、合作内容以及保障措施等，形成可衡量、可操作的协议文本，是实现共赢合作的总纲领。比如，在天津市政府与国网公司签署《加快实施“三型两网”建设“五个现代化天津”推进京津冀协同发展战略合作框架协议》中，就将推进“三型两网、世界一流”新时代战略与“五个现代化天津”建设有效对接，提出建设“三区两高地”，打造能源革命先锋城市、“三型两网”落地典范城市的总目标，明确了坚持政治统领、突出创新引领、遵循共建共享、实现优势互补的“四项合作原则”，确定了加快泛在电力物联网建设引领智慧城市发展等“八大合作领域”，以及“3+3”（国网公司 3 项承诺和天津市 3 项承诺）承诺保障和高层定期协商等 3 项合作机制。

2. 设计战略落地工程

把落实战略合作协议作为服务党和政府工作大局、带动企业实现跨越式大发展的重大工程实践，从战略的高度策划实施重大载体工程，系统梳理明确发展目标、重点任务、阶段安排，将协议内容转化为工作总抓手，推动“三型两网”战略生动实践。比如：为落实国网公司与天津市两次战略合作协议，国网天津电力分别提出“1001 工程”和“9100 行动计划”，分别将“到建党一百周年时初步建成世界一流能源互联网”“打造能源革命先锋城市、‘三型两网’落地典范城市”作为总目标，分别细化设计了目标清单、责任清单、任务清单，明确了节点时限、成果要求和阶段安排，形成系统完善的“时间表”“路线图”和“任务书”。

3. 搭建联合工作平台

建立政府搭台、联合推进工作机制，电网建设发展由以往企业为主的“单兵作战”转变为政企联动的“联合作战”，是实现协议落地的重要保障。

（1）成立联合指挥系统。以政府名义下发实施方案，将建设任务纳入政府督办体系。由省级政府领导挂帅，相关委办局和地（市）县政府参与，成立战略合作协议落地工作领导小组，负责指导总体方案的制定及优化完善，定期听取工作情况汇报，研究决策涉及的重大问题；对接国网公司总部和天津市委市政府，协调解决重大问题。同时，下设领导小组办公室，负责日常协调运转等工作，包括协调沟通工作推进中遇到的难点问题、对任务进度质量进行监测督办等，保障各项工作顺利推进。比如，在推动“1001 工程”落地实施过程中，成立了由天津市分管电力副市长挂帅、18 个委（办、局）、16 个区政府参与的“1001 工程”指挥部，并下设办公室，选派 34 名骨干力量与国网天津电力“1001 工程”办公室联合办公；16 个区全部组建由主要负责同志牵头的领导小组，深度对接“1001 工程”属地实施。

（2）建立配套运转机制。建立高层定期协商机制，政企双方高层领导定期磋商，研究合作事项，协调解决推进过程中出现的问题，推动互利共赢战略目标的实现。部门衔接落实机制，双方分别指定牵头委办局、属地公司承担日常联络工作，负责具体衔接，细化合作内容，把握项目进度，推进合作事项落实。比如，在推进“1001 工程”中，天津市和国网公司联合召开“1001 工程”指挥部第一次会议，分管副市长和国网公司相关副总经理出席，第一批 683 项任务并全部纳入天津市督察督办体系。在推进“9100 行动计划”中，天津市市长和国网公司总经理共同出席启动部署会，对“9100 行动计划”高质量推进提出明确要求。

（二）支撑保障体系

坚持跳出“就项目论项目”，注重从安全质量、工期进度、政策支撑、人才培养、风险防控等全方位布局、多条线跟进，深思做实各类各项配套保障，是确保协议安全、高效、规范、廉洁落地的重要支撑。

1. 政策保障体系

出台配套政策支持体系，在规划、审批、财税等方面给予必要支持，是保障政企合作项目高质高效建设的关键。比如，纳入城市发展相关规划，有利于迅速形成政策引导，凝聚共识合力；优化审批流程、开辟“绿色通道”，有利于项目快速建设等等。

为保障“9100行动计划”高效实施，天津市明确将“三型两网”建设纳入城市能源发展规划和智慧城市发展规划，支持国网公司在津建设一批有影响力的“三型两网”示范工程，在滨海新区等条件较好的地区开展“两网融合”方面的先行先试项目，通过示范项目形成带动引领效应；明确支持泛在电力物联网建设投资纳入输配电有效资产，科学核定天津电网输配电价定价参数，确保准许收入和输配电价水平合理、稳定，促进天津电网可持续发展；明确对基于“三型两网”的新技术、新应用和新业态发展以及综合能源服务、智能制造，依法给予财税、投融资、项目审批、技术创新、知识产权保护、人才培养引进及市场环境培育等方面政策支持。

为保障“1001工程”高效实施，天津市政府累计出台“一会五函”等支持政策23项，其中天津市规划局、国土局等13个委（办、局）联合实施《天津市电网工程项目联合审批流程实施方案》，涉及简化土地、规划、施工许可审批流程等7个方面22条措施，电网工程项目审批时限缩减30%；天津市审批办联合市建委、工信委、规划局等12个委（办、局），推动《关于进一步优化电网工程建设审批流程的实施意见》，市政府常务会审议通过。市政府明确电网工程不再办理施工许可、绿化许可等审批事项，160千瓦及以下低压工商业所有外部电源工程不再办理建设工程规划许可、临时占用绿化用地许可、占地挖掘道路许可等审批事项。

2. 专业支撑体系

作为“三型两网”建设主体，企业内部需要加强配套措施支撑。在资源配置、内部审批、技术攻关等各个方面进行优化，组织模式等方面进行适应性调整。比如，针对“1001工程”“9100行动计划”，围绕人财物资源配置、前期工作堵点、施工建设难点、项目管理需求，先后推出“两个前期”一体化运作、“1+6”财务保障方案（1项总方案和资金供应、提升有效资产等6项子方案）、“物十条”等20余项配套保障措施；综合部门分别围绕过程监测、督办考核、氛围营造、成果评价，先后推出劳动竞赛、党员建功、专项监督、主题宣传、项目后评价等系列举措，形成了完善的支撑保障体系。

3. 风险防控体系

充分考虑安全、监审、法律、环保等风险，出台专项防控措施，将风险降到最低。安全保障方面，坚持领导带头，借鉴“河长制”模式，领导班子分片包干，常态化深入现场检查督导；坚持铁腕整治安全，设置安全违章曝光台，引入第三方安全稽查，“加重一级”

严惩习惯性违章和重复性违章。廉政保障方面，将“1001工程”“9100行动计划”纳入重点监督，围绕资金使用、工程分包等领域，以组建专项审计团队、开展“机动”巡察等方式实施专项监督。法律保障方面，全面梳理“1001工程”“9100行动计划”法律隐患，强化合规性审查，及时发布预警。修订制度质量评价标准，对“1001工程”“9100行动计划”涉及的制度开展评估和“废改立”工作。环保保障方面，在各单位组建“1001工程”“9100行动计划”环保专项工作组，建立环保任务责任清单和“日自查、周检查、月抽查”三级风险防控体系，杜绝环保违规。

4. 人才培养体系

把“1001工程”和“9100行动计划”作为人才培养的“练兵场”，通过制定相关培养计划，确保既出精品工程、更出优秀人才。健全干部培养机制。推行干部梯队“继任”培养计划，选派优秀干部到“1001工程”“9100行动计划”实践锻炼，成熟一个使用一个，打造干部队伍“活水”生态。健全定向培养机制。依托“1001工程”“9100行动计划”，搭建建设、管理、服务等领域实践平台，把在重大发展实践中积累的业绩纳入人才评价内容，锻炼一批、选拔一批、晋级一批。健全专项考评机制。制定专项考核方案，修订《综合考核评价办法》，将“1001工程”“9100行动计划”的工作业绩作为重点考核内容；考核结果与职务晋升、职员晋级挂钩。健全容错纠错机制。针对“1001工程”“9100行动计划”“险”和“难”的特点，对照“三个区分开来”建立容错纠错机制，划好“容和不容”的红线，为负责者负责、为担当者担当。

（三）闭环管控体系

从任务设计、过程管控、成果优化等关键环节入手，构建全流程闭环管控链条，动态调整资源配置和推进策略，抓严抓实全寿命周期管控，以“全程管控”打造百年精品工程，是协议内容落地落实的重要保障。

1. 管住源头

将协议内容细化到项目，实施目录清单式管理，列入政府实施目录清单进行管理，所有任务享受各委（办、局）、各区给予的全部支持政策。对目录清单实施动态管理，建立分级优化调整规则，按程序实施“增调并减”，其中重大工程调整需经领导小组会议审议通过。严格执行销项制度，工作质量、目标成果达不到预期的，不予结项。

2. 管好过程

建立全过程监测督办考核评价体系，强化项目全生命周期管控。强督办，实行政府和企业双重督办，编制统一监测模板，在线发布任务看板，通过运营监测等手段，及时对异动问题预警通报。强考核，综合节点完成率、任务单完成率、任务完成率、认定成果数量等指标，对任务推进情况开展量化评价，结果与过程考核、企业负责人考核挂钩。强评价，坚持问题导向，系统分析项目规划前期、建设、运营等全过程，倒逼提升精准投资决策水平。

3. 管优成果

围绕“什么是能源互联网”“如何评价能源互联网”，超前开展能源互联网功能形态、评价内容、核心指标等研究。依托省电力公司智库，与国网能源院等科研单位深化合作，及时跟踪应用最新研究成果，推动“1001 工程”“9100 行动计划”边建设边优化。适时开展中期评估、结果评估和后评估，形成可复制、可推广典型经验模式。

四、企业管理变革

变革是新时代的主题。当前我国正处于新一轮改革开放大格局中，全面深化改革纵深推进，经济社会深度转型，新旧动能深刻转换，能源电力行业深刻变革。纵观电力工业四十年改革史，国网公司经历了厂网分开、主多分开、主辅分离以及“三集五大”等变革，之所以成长为全球最大的公用事业企业，靠的就是变革创新。2019 年初，国网公司在职代会上提出的“一个引领、三个变革”战略路径，围绕混合所有制、“三项制度”“放管服”、多维精益管理等作出一系列改革部署，目的就是要更好地适应形势变化需要，及时对体制机制作出调整。要实现世界一流能源互联网企业目标，需要同步推动企业变革，构建与生产力相适应的新体制机制。为此，国网天津电力提出“变革强企工程”，坚持党建统领，全面实施体制机制、管理模式、业务模式、队伍建设变革，推动传统电网企业向“三型”企业转型。

（一）任务设计

“变革强企工程”注重顶层设计，坚持聚焦战略落地，以“变革创新”为路径、“强基强企”为导向，围绕战略重点和领导指示要求统筹策划工程实施重点项目，“变革强企工程”的任务设计原则如图 2-16 所示。

1. 突出顶层设计

坚持整体策划、系统推进，全面梳理“变革强企工程”项目间界面划分和支撑关系，

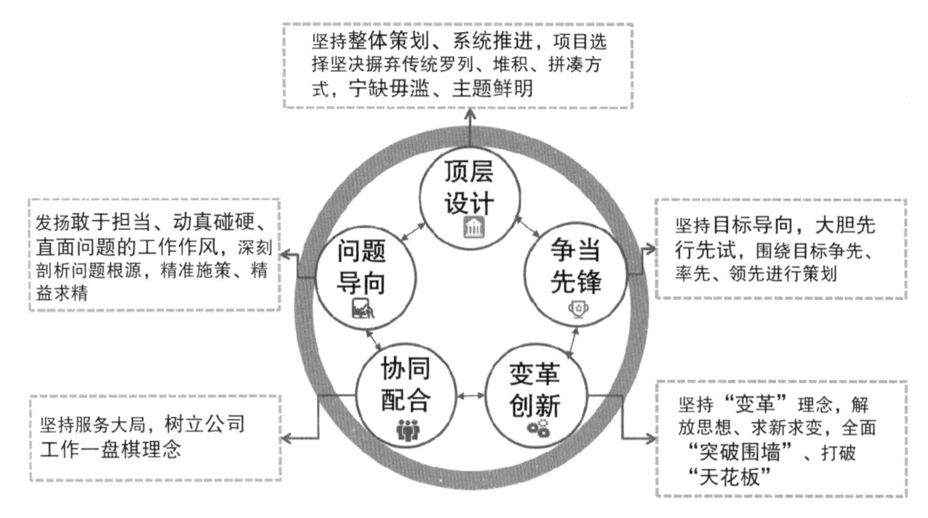

图 2-16 “变革强企工程”的任务设计原则

确保边界清晰、衔接高效。项目选择坚决摒弃传统的罗列、堆积、拼凑方式，宁缺毋滥、主题鲜明。

2. 突出争当先锋

坚持目标导向，大胆先行先试，项目选取首要考虑是否符合争当先锋要求，围绕目标争先、率先、领先进行策划，力争在各领域建设一批标杆项目、形成一批典型经验、推出一批制度标准、打造一批“天津模式”。

3. 突出变革创新

坚持“变革”理念，打开脑袋上的“津门”，解放思想、求新求变，全面“突破围墙”、打破“天花板”。各项目均以体现“变革”要素作为立项依据，在总体目标、实施路径、过程管控等方面创新开展工作，确保指向清晰。

4. 突出协同配合

坚持服务大局，树立全公司一盘棋思想，项目总体策划注重统筹任务布局，明确配套的“人财物”资源；项目研究部署注重任务间的交叉配合和协同，形成“网式联动”的工作局面；项目具体实施注重上下贯通，凝聚合力。

5. 突出问题导向

发扬敢于担当、动真碰硬、直面问题的工作作风，针对影响企业变革发展的薄弱环节、历史遗留问题等，深刻剖析问题根源，精准施策、精益求精，明确提升目标和实施路径，为国网天津电力高质量发展奠定坚实基础。

（二）实施策略

“变革强企工程”涉及党建、管理、改革、创新等方方面面工作，实施过程中需要统筹处理好以下“四个关系”。

1. 统筹处理好变革与稳定的关系

稳定是变革的前提。对照变革任务，深入评估风险源和风险点，健全配套防控措施。对方案广泛开展宣传解读，做好正面引导。加强职工意愿研究，消除职工面对改革新生事物的不适感，使他们放下思想包袱，理解接受并积极参与。提前做好人财物保障，早计划、早准备，打有准备之仗。

2. 统筹处理好全局与重点的关系

“变革强企工程”是一项系统性复杂工程，需要坚持正确的方法论，既要注重整体推进，又要敢于重点突破。统筹抓好各专业、各层级、各领域之间的衔接配合，注重工程推进的整体效果，防止顾此失彼。盯住关键领域、关键业务、关键环节，努力做到全局和局部相配套、渐进和突破相衔接，实现整体推进与重点突破相统一。

3. 统筹处理好夯基与争先的关系

推进“变革强企工程”，需要坚持打基础与争先锋“两手抓、两手都要硬”。打基础上“做减法”，持之以恒减问题、减风险、减隐患，补齐管理短板，为企业发展守底线、托腰杆；争先锋上“做加法”，适应改革发展形势，聚焦“放管服”改革、综合能源等重点领域，加快培育新模式、新业态、新动能，打造发展新优势。

4. 统筹处理好当前与长远的关系

习近平总书记指出，当前有成效、长远可持续的事要放胆去做，当前不见效、长远打基础的事要努力去做。企业和电网时刻在发展变化，在推进“变革强企工程”各项任务时，既需要立足当前，从改革、经营、安全等最迫切的问题入手，抓住关键环节，找准切入点，打好基础、增加动力；更需要着眼未来，聚焦高质量，运用战略眼光做好变革发展的预见性和前瞻性研究，谋划长远、增加定力。

（三）推进机制

在“变革强企工程”推进中，创新项目管控方式，建立评价、监督、考核、推进、调研、调整工作机制，突出对项目成果的节点和质量管控，确保圆满完成预期目标。

1. 建立跨专业协同推进机制

构建协同推进组织机构。借鉴大部制改革经验，成立四级组织机构，“变革强企工程”领导小组下设策划小组和工作办公室，策划小组以省电力公司总经理助理、副总师为主，负责方案设计、重难点问题协调和任务成效评估；工作办公室负责工程实施的质量管控和过程督导；各单位、各专业分别设置专门机构、配置专人负责相关工作开展。充分发挥各专业横向协调、机关本部和基层上下联动的优势，持续优化企业管控模式和运行机制。

健全协同联动工作机制。构建完整的推进、监督、评价、考核管控体系，确保落实责任部门及单位主体责任，保证工程推进系统性和有效性。搭建形成人、财、物、信息等资源需求的资源池和需协调解决运营管理痛点的问题池，推动跨部门跨专业协调，形成联席会议、会商机制，同时构建本部与基层两级联动机制，通过课题研讨等方式深度挖掘问题及解决措施，针对重点事项广泛开展系统内外调研，全面保障变革强企任务攻坚高效顺畅。“变革强企工程”项目动态管理及协调推进机制如图 2-17 所示。

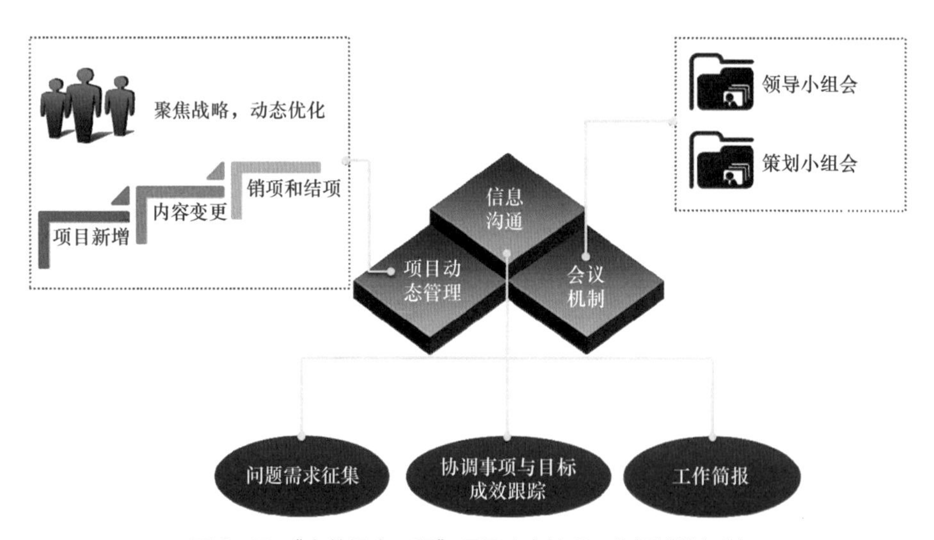

图 2-17 “变革强企工程”项目动态管理及协调推进机制

2. 建立问题协调反馈闭环机制

畅通多种诉求反馈渠道。组建覆盖所有基层单位的 24 名变革强企联络员和 50 名一线年轻信息员队伍，形成“变革强企工程”办公室、基层单位“变革强企工程”办公室、一线信息员三层联动的信息互动网络。通过每月“变革强企工程”成效跟踪公告收集、组织基层单位畅谈研讨、深入一线开展推动工作调研、联合工会开展为基层减负调研及微信平台等线上线下 6 种渠道，全面畅通基层问题建议快速收集渠道。特别是直面基层一线、直奔班组现场调研交流，收集未经基层职能部门层层把关筛选的第一手资料，切实了解职工真实声音、真正诉求。

实施问题受理首问负责。实行首问负责，对所有问题建议逐条分类梳理，列出协调事项任务清单、提出人员及联系方式，结合调研沟通明确相关牵头责任部门、协同配合部门及责任处室，对所有事项分专业进行专人跟踪协调，实行问题公开、挂牌督办，坚决不允许不沟通不调研“轻易说不”。每周反馈问题协调进度情况及存在的问题与难点，每月定期通报问题解决成效。

发挥“第三方”跟踪协调优势。完全站在有利于推动企业发展的第三方视角，跳出专业看专业，树立动真碰硬、一盯到底的鲜明导向，深挖问题根源。针对制度要求宏观、基层执行不一等专业管理不到位问题，组织相关部门细化指导依据；针对“管理打架”等跨部门问题，组织多专业联席协调；针对影响广、风险大等重难点问题，省电力公司总经理助理、副总师带队开展多方调研，组织变革强企策划小组专题研究推动，积极为企业高质量发展建言献策。

固化问题协调解决成果。所有完成协调解决的事项，向问题建议提出人员一对一反馈成效。影响基层工作质量提高、效率提升、活力激发、风险防控的各类管理问题，尤其是基层反映集中的共性问题，以会议纪要或“变革强企工程”办公室与专业部门联合发布公告的形式，明确问题解决措施、对应责任部门，组织各单位及时做好宣贯落实。需要向上级协调且暂时难以解决的问题，纳入持续攻坚项目，做到“事事有着落、件件有回音”。

开展“本部作业、基层打分”的活动。组织基层一线问题建议提出人员，对机关本部解决问题过程及成效逐项打分评价，并及时向专业部门反馈评价结果。协调解决不力、回复措施基层不满意的不予结项，继续推动协调解决，直到给出满意答复。从过程考核激励导向上，鼓励基层多提严重制约基层工作开展的深层次问题和历史遗留问题，鼓励各部门多解决基层共性问题和跨专业协调难点问题。

3. 建立变革创新领域评价激励机制

制定变革强企专项评价激励机制，如图 2–18 所示。面向攻坚项目，从强企指数（包括突破系数、引领系数、影响系数）、进度质量、领先水平、实际成效、特殊贡献五个方面。开展季度评价和年度评价，并在月度工作例会、协同办公系统定期发布，如图 2–19 所示。

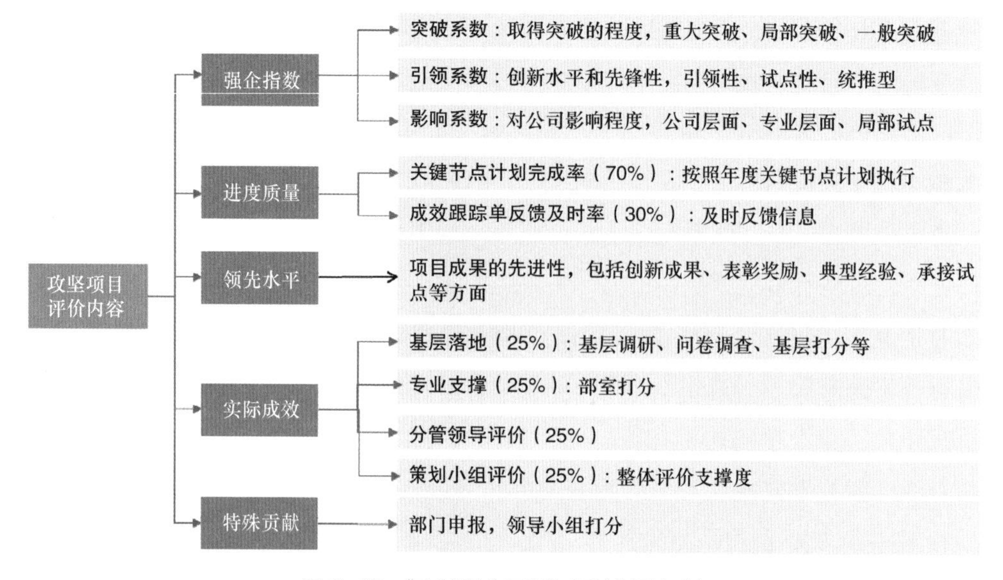

图 2-18 "变革强企工程"评价激励机制

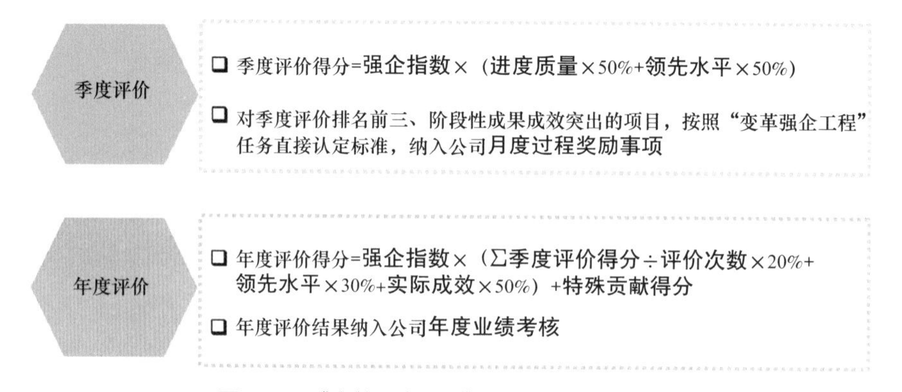

图 2-19 "变革强企工程"季度、年度评价机制

从标准化、智能化、便利化、效能性四个维度，编制发布变革强企成效 14 项自评清单，激发各专业、各单位自主性与主动性，推进变革强企攻坚项目持续优化提升。面向各部门、各单位，制定"变革强企工程"过程考核事项认定标准和企业负责人业绩考核评价标准。

第三章

坚强智能电网建设

坚强智能电网作为远距离、大范围能源配置的最优载体，是多能转换利用的枢纽，是能源互联网的关键物质基础。国网公司紧紧围绕国家能源战略的总体部署，适应社会发展需要，依托先进技术，大力推进坚强智能电网建设，为全面建成“三型两网、世界一流”能源互联网企业打下坚实物质基础。

第一节 坚强智能电网发展

我国电网发展经历了从孤立电网到全国互联电网再到坚强智能电网的逐步升级，电压等级不断提高，电网规模不断扩大，电网结构不断加强，智能化水平和供电可靠性不断提升。随着“四个革命，一个合作”能源安全新战略提出，习近平总书记在联合国发展峰会倡议构建全球能源互联网，我国电网全面迈入向能源互联网发展转型阶段。坚强智能电网作为能源互联网的“骨骼肌肉”，是支撑未来城市高质量发展的重要能源枢纽。

一、主要特征

相对于传统电网，坚强智能电网具有坚强可靠、经济高效、清洁环保、透明开放、友好互动等主要特征，具体如图 3-1 所示。

（一）坚强可靠

坚强可靠的实体电网架构是坚强智能电网发展的物理基础。快速增长的用电需求以及发电能源与用电负荷逆向分布的特点，决定了坚强智能电网必须具备坚强的网架结构、强大的电能输送能力和安全可靠的电力供应，同时能够抵御多重故障、外力破坏、信息攻击等风险。

图 3-1 坚强智能电网主要特征

（二）经济高效

经济高效是坚强智能电网发展的基本要求。通过信息整合及共享，对系统运营的控制、设备全寿命的优化，提高电网运行和输送效率，降低运营成本，提高运行和输送效率，促进能源资源和电力资产的高效利用。

（三）清洁环保

清洁环保是应对气候变化、实现能源可持续发展的根本要求。通过鼓励清洁能源的接入，构建清洁能源消纳通道，推动能源发展方式从传统化石能源主导向清洁能源主导转变，促进可再生能源发展与利用，提高清洁电能在终端能源消费中的占比，降低能源消耗和污染物排放。

（四）透明开放

透明开放是坚强智能电网的发展理念。通过构建开放的实施平台和透明的市场规则，实现各类电源和用户的灵活接入。充分利用电网资源向用户、社会提供高品质服务，促进电源、电网、用户的信息透明共享。利用社会公共资源提高综合资源利用率，提升电力行业和其他产业的核心竞争力，保证电网的无差别开放。

（五）友好互动

友好互动是坚强智能电网的主要运行特征。通过设备智能升级、集成应用、信息互通等手段，依据实时运行状态和多维约束条件，灵活调整电网运行方式，在信息大范围交互条件下，友好兼容各类电源和用户接入与退出，满足各类用户的多元需求。通过双向互动，激励电源侧、用户侧主动参与电网安全运行，实现发电及用电资源优化配置。

二、发展趋势和要求

在新一轮能源革命的背景下，“两网”融合发展对坚强智能电网的智能化水平、友好互动水平等提出了新要求、新挑战。坚强智能电网发展模式急需突破现有的范畴，以网架优化为基础、装备提升为关键、新技术应用为保障、运维管控为抓手、用户服务为导向，提升电网供电能力和服务品质，促进清洁能源消纳，充分发挥在能源体系中的枢纽作用，具体如图 3-2 所示。

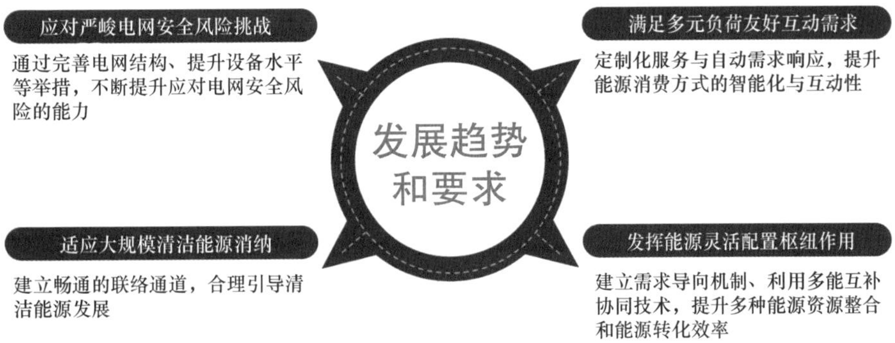

应对严峻电网安全风险挑战
通过完善电网结构、提升设备水平等举措，不断提升应对电网安全风险的能力
满足多元负荷友好互动需求
定制化服务与自动需求响应，提升能源消费方式的智能化与互动性
发展趋势和要求
适应大规模清洁能源消纳
建立畅通的联络通道，合理引导清洁能源发展
发挥能源灵活配置枢纽作用
建立需求导向机制、利用多能互补协同技术，提升多种能源资源整合和能源转化效率

图 3-2　坚强智能电网的发展趋势和要求

（一）应对严峻电网安全风险挑战

近年来，纽约、伦敦等部分世界主要城市发生了严重的大停电事故，对社会经济发展造成重大损失。现代电网规模的逐渐扩张和设备复杂程度的加剧，对电网的安全运行提出了更高的要求，同时电网安全已经上升到国家安全、政治安全的高度，大停电已经成为现

代社会的灾难，是不能承受之重。这些都要求通过完善电网结构、提升设备水平等举措，不断提升应对电网安全风险的能力。

（二）适应大规模清洁能源消纳

近年来清洁能源的高速发展，缓解了能源资源紧张趋势。以风电和光伏发电为代表的清洁能源接入电网后，改变了传统电网结构和运行方式，其随机性和间歇性的特点对电网潮流平衡产生了较大影响。大规模清洁能源的消纳成为电网面临的全新挑战，因此需要合理引导清洁能源发展，适应当前能源发展形势，不断提高能源利用的清洁化水平。

（三）发挥能源灵活配置枢纽作用

随着能源多元化的发展，水、电、气、热等能源转化的需求不断提升，电作为各种能源之间高效转化的媒介，在能源生产、转化、分配、消纳等环节的作用愈发凸显。需要建立需求导向机制、利用多能互补协同技术，实现能源梯级利用和高效配置，提升多种能源资源整合和能源转化效率。

（四）满足多元负荷友好互动需求

现阶段的能源消费与服务方式，不再是传统的单向供应模式，而是双向互动模式，这要求电网公共服务信息更加透明化，消费者参与度更高、更加方便进行监督与管理。通过定制化服务与自动需求响应技术应用，提升能源消费方式的智能化与互动性，满足用户对灵活电力市场和先进能源消费方式的需求，实现从“主要能源供应者”向“互动资源提供者”的转变。

三、发展思路

国网天津电力依托“1001 工程”推进坚强智能电网建设，有序推进主网架完善提升、世界一流城市配电网建设、农网改造升级等工程，全面提升电网的安全稳定水平、清洁能源消纳能力、经济运行效率和用户服务水平，构建更加安全、环保、高效、互动的现代电网，使电网成为资源优化配置的能源枢纽、满足用户多元需求的服务平台。至 2020 年，天津电网将形成 500 千伏双环网结构，实现城乡一体化服务，电力供应、资源配置能力实现历史性突破，电力营商环境排名全国前列，全面支撑“五个现代化天津”建设和京津冀协同发展。坚强智能电网发展思路如图 3–3 所示。

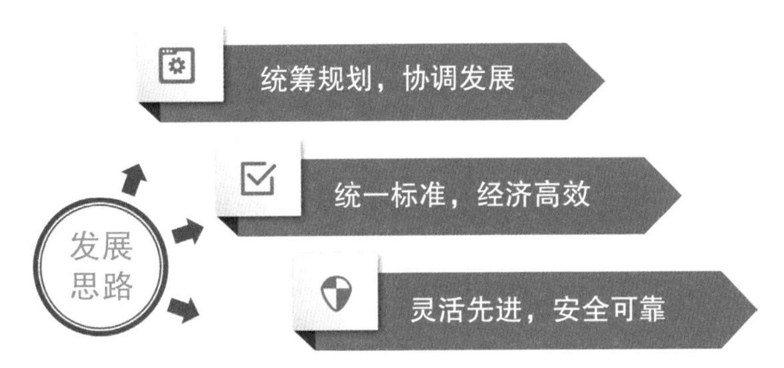

图 3-3 坚强智能电网发展思路

（一）统筹规划，协调发展

结合地方经济社会发展的新形势、新要求，做到电网规划与地方经济社会发展规划之间紧密衔接，做好城乡电网、输配电网、一次与二次、存量与增量、近期与远期之间相互衔接，协调发展；坚持建设与改造并举，建设时序紧凑合理。

（二）统一标准，经济高效

落实电网建设技术规范、标准和典型设计，推广应用“三通一标”，规范和简化设备选型，重视设备质量；贯彻全寿命周期管理要求，导线截面一次选定、廊道一次到位、变电站土建一次建成，加强投入和产出分析，深化技术经济论证，优化资源配置，提高资产利用效率。

（三）灵活先进，安全可靠

有序推进配电通信网、配电自动化建设应用，推广新技术、新材料、新设备、新工艺，提升电网智能化水平；构建强简有序、标准统一的网架结构，提高故障自愈和信息交互能力，抵御各类事故风险，保障可靠供电。

“1001 工程”实施以来，天津电网结构更加完善，缓解了电力供电能力紧张，推进了薄弱地区电网基础设施补强，建设投资精细化水平不断提升。主要成效包括：基础建设规模翻倍增长，网架结构显著优化，“十三五”电网基建投资是“十一五”的 1.2 倍，“十二五”的 1.6 倍，近两年天津电网 35 千伏及以上工程投产 162 项，开工变电容量、线路规模均达到 2016 年的 1.4 倍，联络通道逐步完善。电网安全供电水平大幅提升，2019 年度夏期间，天津电网最大负荷 1544 万千瓦，创历史新高，在此期间始终保持了安全稳定运行和电力可靠供应，连续 14 年没有拉闸限电。全面推进农网升级改造，基本实现散煤清零，推进天津地区1342个村农网升级改造，有效解决了农村配电网供电能力不足问题，极大满足了农村居民生活用电需求，大力实施"煤改电"工程，累计"煤改电"用户达到45万户，供暖面积达到4553平方米，直接减少燃煤消耗约41.5亿吨。

第二节 主网架优化完善

结合城市发展趋势和电网实际情况，国网天津电力以目标网架为最终目标，按照"适度超前"原则逐步构建坚强的电网结构，最终逐步建成安全可靠、经济高效的城市骨干网架。

一、概述

主网架是能源电力大规模远距离传输的重要载体。网络结构清晰、联络可靠紧密、大规模新能源接纳能力强的主网架，是保证电网安全经济运行的重要基础。现阶段，我国城市500千伏骨干输电网多采用双环网结构，提升了多方向输电能力，增强了站间支援能力；220千伏电压等级的主网架采取分区策略，满足了城市定位需求，优化了负荷分配，提高了分区综合可靠性。经过近几十年的高速发展，我国主要城市主网架规模逐步扩大，可靠性显著提升。但随着经济高质量发展、产业高端化转型不断加快和清洁能源供应需求的不断提升，对加快能源大规模、高效率的优化配置提出了更高要求，急需建设更加坚强的主网架结构，提升大范围安全供电能力。

国网天津电力坚持最高标准、最优设备的原则，加强特高压交直流外部输电通道建设，增强接纳外部电力的能力，建成超高压输电网双环网结构，形成高压输电网系统独立或联合分区的供电方式；按照"强—简—强"的网络分层结构原则，建设结构相对简洁的网架结构，逐步推进主网架优化完善，促进清洁能源大规模消纳，实现各级主网架协调发展。

二、发展重点

主网架优化完善包括优化电网网架形态、加强大电网安全控制、适应大规模新能源消纳等3个方面，如图3-4所示。

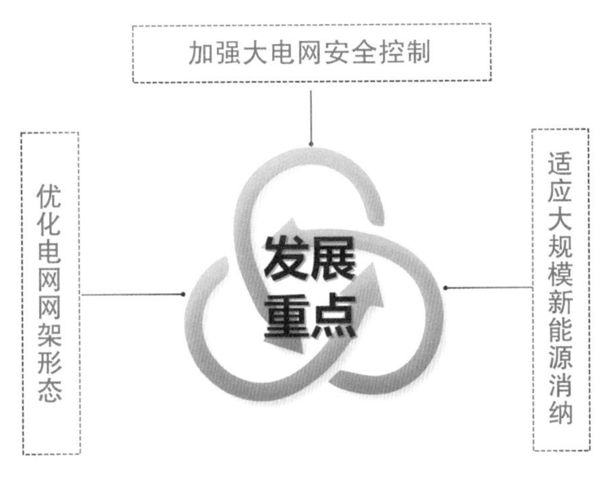

图 3-4 主网架发展重点

（一）优化电网网架形态

主网架是电网各电压等级协调配合的通道，影响范围大。因此需要结合技术发展、外部需求的变化，融合现代信息技术，集成各电压等级网络全流程规划。通过电网建设、结构优化或智能化技术手段，挖掘已有线路潜在输电能力，充分发挥新建线路的输电能力，提高电网规划的前瞻性，优化电网形态。

（二）加强大电网安全控制

电能生产转化和传输关系到地区的能源安全和经济发展，大电网安全控制的重要性与日俱增。因此需要构建未来电力系统认知技术，建立稳态控制、运行评价和故障防御体系，建设全域信息感知的设备状态及运行评价体系，利用智能高效的输变电装备，精准控制，高效协调，建成以局部自治为主，具备自我校正、全网协防的全景安全稳定防御系统，提升大电网的安全稳定水平。

（三）支撑大规模新能源并网

充分利用优化控制等技术为大规模新能源并网、调度提供保障，为集中式和分布式新能源集群并网、精细化控制和稳定运行提供基础支撑。坚强的主网架促进新能源与负荷中心之间形成紧密连接，可为清洁能源消纳提供畅通、高效、安全、稳定的基础平台，实现新能源大范围高效消纳。

三、典型实践与成效

（一）实践路径

1. 加强省际电网通道建设，提升外受电能力

近年来，随着清洁能源的要求不断提升，城市大气治理工作力度不断加大，北京、天津等大城市，在确保城市供电、供热安全的基础上，大幅压减本地电厂发电量。由此出现的严重电力供给缺口，需要通过提高外受电比例解决。天津外受电比例明显低于同为能源输入型城市的上海和北京。考虑到天津电网负荷刚性增长需求、地区资源禀赋特点，天津电网需要建设更多对外联络通道进一步提高外受电比例。

天津电网现有 500 千伏电网共通过 5 个通道、9 回线路与周边电网联络。其中，通过 3 回线路与北京电网联络，4 组双回线路与冀北电网联络，2 组双回线路与河北南网联络。根据规划，天津电网将建成 10 个 500 千伏通道与北京、冀北、河北南网形成联络，并通过特高压交直流站点接受特高压电力，外受电能力将提高 2 倍以上。

2. 完善 500 千伏电网，形成“目”字型双环网

从国内外先进城市电网发展看，围绕主要大城市建立的受端电网主网架结构大多已形成双环网结构，这种结构有利于从多方向受入电力，通过环网通道实现功率的再分配及事故时的相互支援。但如果环网较小，系统的短路电流水平控制将成为主要问题。天津电网自身属于典型的受端电网，但同时作为华北电网组成部分，承担着部分潮流转移功能。借鉴其他城市电网发展经验，结合天津“南北跨度大”的特征，适宜建设 500 千伏“目”字型双环网结构。

目前，天津 500 千伏电网仅为局部双环网，部分线路为单回线路，随着“1001 工程”建设不断加快，将陆续解决以上问题，到 2020 年，形成覆盖全市负荷中心和主要电源点的双环网。未来将进一步完善 500 千伏电网网架结构，双环网进一步扩大，形成覆盖全市负荷中心和主要电源点的“目”字型双环网，电力消纳能力将提高 3 倍以上。

3. 优化 220 千伏网络，形成分区合理的电网结构

分层分区运行是 220 千伏电网发展的一种典型模式。DL 755—2001《电力系统安全稳定导则》中明确指出：当高电压等级电网发展到一定阶段时，应该考虑将下一电压等级电网分区运行，即将原电压等级的网络分成若干子系统，辐射形接入更高一级电网。结合天津电网发展现状，中心地区 220 千伏电网形成以 500 千伏变电站为中心的供电格

局，采取分区互联供电模式，即某一分区有两座或多座500千伏变电站，一座500千伏变电站带一片220千伏区域电网，220千伏电网为互联状电网，不断提升主网架供电可靠性水平。

受经济发展、地理特点、电网基础等多种因素制约，与国内先进城市电网相比，天津电网呈现不同的特点。相较于北京电网，天津电网网内电源密集，220千伏短路水平整体偏高；相较于上海电网，天津地域大，负荷密度低，500千伏变电站布点少，站间距离远；相较于深圳电网，天津地理条件以平原为主，500千伏变电站之间容易形成220千伏联络通道。

天津现有220千伏电网形成了7个分区，根据500千伏变电站的布点及电源规划情况以及分区供电能力研究，为保证天津电网的短路运行水平控制在合理范围内，未来将形成"链式自环网"和"互联式自环网"结构，如图3–5、图3–6所示。具体来看，220千伏骨干网架以500千伏变电站为中心，建设形成14个互联式自环网结构和16个链式自环网结构，形成13个互联分区，各分区之间保持一定的联络通道，每个分区并有一定容量的电厂，分区间事故支援能力不低于100万千瓦。通过这些手段，解决局部电网供电能力不足、分区内链式结构较长的问题，提升电网安全可靠程度。

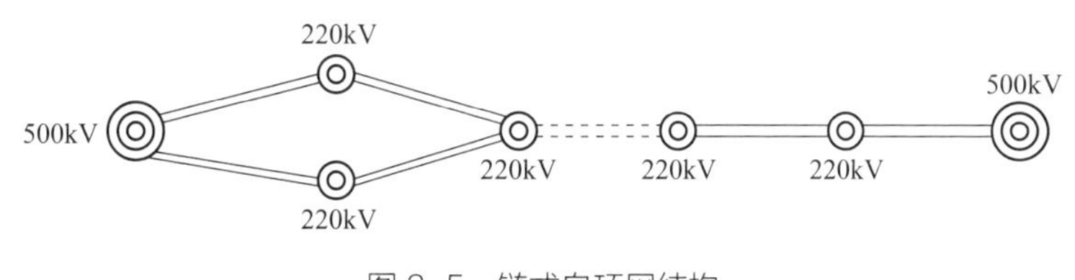

图3-5　链式自环网结构

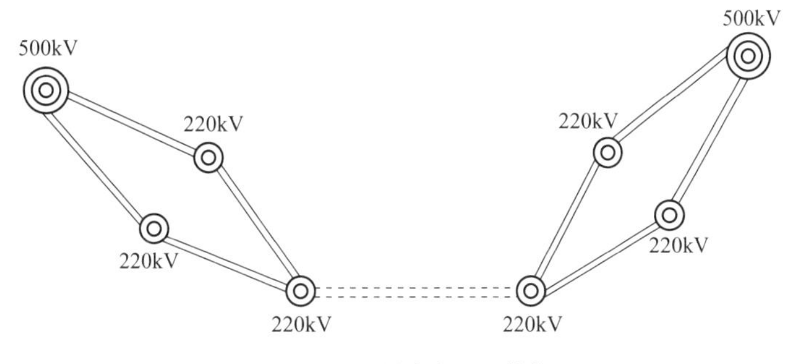

图3-6　互联式自环网结构

4. 采取合理措施控制短路电流

随着电力系统电源的逐年增长、网络规模的不断扩大、联网规划的实施，电力系统的短路电流逐年增大，系统的输电容量和短路电流的矛盾越来越尖锐。随着未来电网建设速度加快，系统规模不断扩大，局部短路电流将逐渐接近甚至超过其断路器的遮断容量，危及电气设备安全。在解决措施方面，传统上靠更换大容量的断路器或装设限流设备缓解输电容量和短路容量的矛盾，但缺点是设备造价高、工期长、占地多，不利于在城市实施大规模改造。另一种手段是采用改变运行方式的方法，充分利用现有的资源，节约设备投资、占地费用，避免了设备安装、检修等一系列问题，杜绝了限流设备自身发生故障时可能引发的故障连锁反应。

天津地区为典型的受端电网，随着特高压网架不断加强，天津市地域狭小且接入电厂较多，变电站布点日益密集，500 千伏短路水平逐步升高，控制难度不断加大。为合理控制短路电流，在目前局部双环网的结构、全合环运行方式下，采取部分环网线路断环备用措施，使各厂站短路水平均控制在 63 千安以下。未来双环网建成后，全合环运行方式下，采取环网部分线路断环备用、加装串联电抗器等短路电流控制措施，将天津 500 千伏电网短路水平控制在断路器额定遮断容量以下。220 千伏通过合理分区的方式，将短路电流控制在 50 千安以下。

（二）预期成效

1. 主网架结构完善，满足大型城市安全供电要求

通过完善 500 千伏电网网架结构，形成覆盖全市负荷中心和主要电源点的“目”字型双环网。优化 220 千伏网络结构和供电范围，形成分区合理的电网结构。电网安全可靠程度不断提升，预计到 2021 年，天津市全市供电可靠率达到 99.98%，其中城市供电可靠率达到 99.99%，满足大型城市对安全可靠供电的要求。

2. 供电能力提升，满足经济社会发展需求

“十三五”期间，新增 500 千伏变电站 4 座，变电容量 870 万千伏安；新增 220 千伏变电站 18 座，变电容量 1251 万千伏安。500 千伏和 220 千伏电网短路水平分别控制在 63 千安、50 千安以下，这不仅满足京津冀协同发展和天津经济社会发展带来的电力增长需求，还满足人们对清洁用能的需求。

3. 外受电能力提升，实现大规模清洁能源消纳

形成多方向、多通道受电格局，提高了受电能力，实现了外来清洁能源大规模输入。增加特高压下网潮流，提高了天津电网特高压潮流疏散能力，实现特高压输电能力“可用尽用”。

第三节 世界一流城市配电网建设

国网天津电力以供电可靠性提升为主线，全面优化城市配电网结构水平、设备水平、技术水平、管理水平和服务水平，打造可靠性高、互动友好、经济高效的世界一流城市配电网。

一、概述

世界一流城市配电网是实现城市能源高效利用的重要载体，承担着实现城市可靠供电、优质服务、提升居民电气化水平等电力供应使命。建设世界一流城市配电网，重点聚焦配电网发展不平衡不充分问题，落实以可靠性为中心、资产全寿命周期管理、差异化规划、标准化建设等先进规划理念，从结构、设备、技术、管理等方面入手，推动配电网由高速增长阶段转向高质量发展阶段。

国网天津电力以适度超前的理念，推进世界一流城市配电网管理提升三年行动计划，制定《天津电网规划设计技术原则（2018 版）》，以提升供电可靠性为主线，落实配电网结构、设备、管理、服务等方面重点任务，全面提升配电网精益管理水平、配电网智能化运营管控能力，高质量、高标准建设世界一流城市配电网。

二、发展重点

世界一流城市配电网建设是一项系统工程，需要通过技术进步、管理提升 2 条主线，形成相互依托、依次递进的层级架构；应用先进的技术和管理理念，根据城市自身特点和电网所处阶段，逐步实现一流配电网的建设目标。世界一流城市配电网建设总体实施框架如图 3-7 所示。

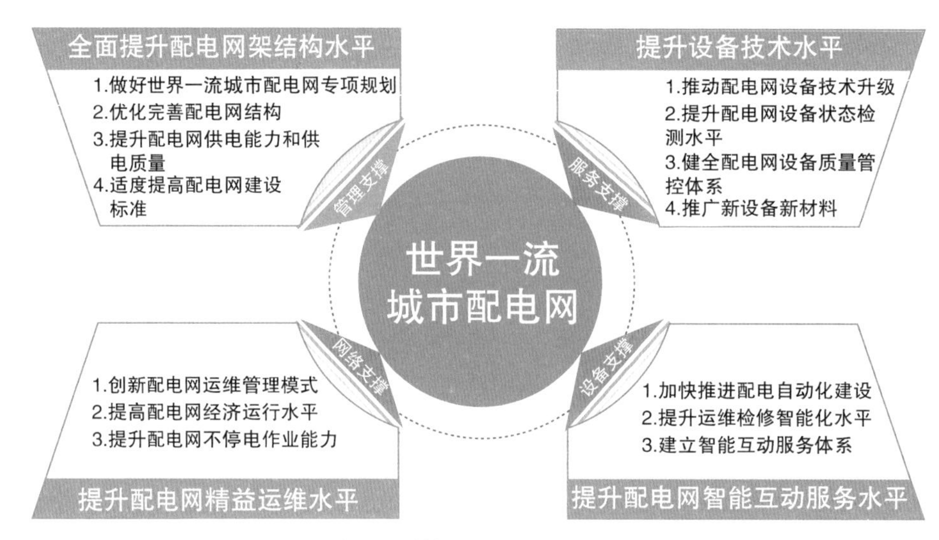

图 3-7 世界一流城市配电网建设总体实施框架

（一）全面提升配电网架结构水平

1. 做好世界一流城市配电网专项规划

从供电能力、网架结构、装备水平、智能化技术等方面，全面诊断配电网现状，吸取世界一流城市配电网在供电可靠性管理、全寿命周期管理等方面的先进理念，提出城市配电网发展水平提升措施，以规划引领配电网建设发展。结合市政规划等特点，研究网格化规划方法，合理划分供电网格和供电单元，科学制定各供电网格标准统一的目标网架及过渡方案；按照“远近结合、分步实施”原则，逐年落实规划项目和计划安排，确保网架规划顺利实施。

2. 优化完善配电网结构

根据区域发展和可靠性要求，做好配电网与主网架之间有序衔接，依据《配电网规划设计技术导则》《配电网技术导则》，构建各类供电区域的典型目标网架。合理布局电源点，推进高压配电网标准接线模式，形成链式、环网、双辐射为主的网架结构，提高供电可靠性。以供电网格目标网架为引领，按照规划分区形成电缆环网、架空多分段适度联络等标准中压网格结构。加强中压线路站间联络，构建坚强的负荷转移通道，提高站间负荷转移能力。

3. 提升配电网供电能力和供电质量

通过增加变电站布点、新增出线、切改负荷、加装无功补偿装置等手段，消除供电半径过长、线路重载、短时低电压高电压等问题，采取“小容量、密布点、短半径”的方式，优化配变的供电范围、缩短低压供电半径、均衡配变负荷负载。

4. 适度提高配电网建设标准

根据不同区域的可靠性需求，推行设备分级选型，适度提高设备配置标准，实施差异化设计、招标采购与建设改造。针对不同的地理气候特点，制定差异化建设标准，提升配网设备防雷、防台、防风、防涝水平。开展架空线路全绝缘化改造，在符合条件的区域，结合市政建设，提升电缆化水平。将配电网规划纳入城市规划和土地利用规划，预留站址和目标网架的廊道。适度提高电力电缆通道建设标准，根据建设规模和地区情况选择隧道、排管、沟槽等敷设方式。

（二）提升设备技术水平

1. 推动配电网设备技术升级

按照“成熟可靠、技术先进、节能环保”原则，精简设备类型、优化设备序列、规范技术标准，提高配电网设备通用性、互换性。注重节能降耗、兼顾环境协调，采用技术成熟、免（少）维护、低损耗、小型化、具备可扩展功能的设备。完善智能设备技术标准体系，引导设备制造科学发展，推进配网设备二次融合，提升设备本体智能化水平，推行功能一体化、设备模块化、接口标准化。采用先进技术实现设备、通道及运行环境的在线监测，提高配电设备安全可靠运行水平。

2. 提升配电网设备状态检测水平

加强带电检测技术的推广应用，深入研究应用介损测试等技术，有效评估电缆线路绝缘状态，合理确定剩余寿命，降低全寿命周期成本。加强架空线路在线监测终端的应用和改进，提前预警线路隐患缺陷，提高运维工作针对性。

3. 健全配电网设备质量管控体系

健全分级设备质量管控体系，加强设备入网检测、到货抽检、现场验收、运行评价的全过程质量监督管理。推进配电网设备标准化检测体系建设，扩充质量检测监督人才队伍，探索建立大批量、流水线检测模式。完善检测方法和手段，逐步实现主设备和主要元器件检测全覆盖。

4. 推广新设备新材料

扩大成功试点新设备、新材料推广应用比例，提高配电网安全可靠运行水平。在中雷区及以上地区推广绝缘横担应用，在强雷区及以上地区试点应用固定外串联间隙避雷器、多腔室吹弧式线路保护装置等先进防雷产品，提升线路防雷水平。推广应用电缆中间接头防爆盒、气溶胶等防火产品，提升电缆通道抗火灾风险能力。推广全绝缘变台应用，提高配电台区安全运行水平。对大风区配电线路开展防风改造，推广应用窄基铁塔，提高线路防风水平。

（三）提升配电网精益运维水平

1. 创新配电网运维管理模式

优化配网运营指挥管理模式，推进配网运营指挥一体化建设，建成集营配调资源调动和业务运转于一体的供电服务指挥中心。整合配电网运维、检修资源，按照合理作业半径和供电服务承诺响应时间要求，分片设置配电运检班组，满足配电设备运行巡视、带电检测、常规检修的业务需求，实现配电设备运维检修一体化。分级设置标准化抢修驻点，全面建成覆盖城市和县域配电网供电范围的网格化抢修体系，加强营配末端业务协同配合，积极推行低压设备抢修一体化，实现单支队伍完成全流程低压抢修业务，提升抢修效率。

2. 提高配电网经济运行水平

规范可靠性和生产管理系统区域划分对应规则，为规划、运检部门开展建设成效分析提供支撑。贯彻资产全寿命周期理念，在规划设计、建设改造、运维检修各环节实现配电网资产的整体优化，降低全寿命周期成本。加强配电网无功规划和运行管理，实现各电压层级无功就地平衡，减少电能传输损失。全面开展 10 千伏同期分线线损管理工作，建设高水平线损管理示范区，提升线损管理水平。

3. 提升配电网不停电作业能力

建设配网不停电作业示范区，按照“能带电、不停电”原则，积极拓展架空线路三、四类和电缆不停电作业，在县域配电网全面普及一、二类简单作业项目，逐步实现全面不停电作业。加大不停电作业车辆、装备及电源车配置，强化不停电作业人员培训，切实提升不停电作业能力。加强不停电作业培训基地建设，提高实训基地培训能力，满足内部培训需求。

（四）提升配电网智能互动服务水平

1. 加快推进配电自动化建设

采取“主站一体化、终端和通信差异化”的模式，全面推进配电自动化建设。建设新一代配电自动化主站，实现配网可观、可控，全面提升配电网管控水平。对新建配电网同步实施配电自动化，已有配电网开展差异化改造。根据供电可靠性要求，合理选择高端、常规、简易三种配电自动化模式；根据电网结构和设备状况，合理选用“三遥”“二遥”终端等配电终端类型；根据实施配电自动化区域的具体情况，选择合适的通信方式。推广应用智能配变终端，加强对低压配电网的综合监控和统一管理，实现低压故障快速定位和处理。

2. 提升运维检修智能化水平

与泛在电力物联网建设深度融合，推进 PMS2.0 数据治理，全面完成 0.4 千伏“配变—低压线路—接入点—表箱”台区电网地理图形绘制和维护，提高图形拓扑连通率和基础数据准确率。建设基于大数据平台和配电网统一信息模型，深度融合营销、运检、调控等系统数据，涵盖配电网运营管理、客户服务等各项业务的智能化供电服务指挥系统，提升配电网“资源统筹能力、事件预警能力、快速响应能力和服务管控能力”。依托增强现实、人工智能、虚拟现实、物联网等先进技术，广泛开展智能巡检。试点应用智能机器人巡检和无人机巡线技术，及时发现配网设备设施缺陷，提高巡检工作质量，提升工作效率。抓好客户和设备异动管理，深化可视化抢修报修、停电信息报送、业扩交互等应用。充分应用掌上电力，抢修、报修 APP 等移动应用终端，实现现场作业和人员痕迹化、规范化管理。

3. 建立智能互动服务体系

与泛在电力物联网建设深度融合，推广应用新能源发电功率预测系统、即插即用并网设备等技术，满足新能源发电、分布式电源广泛接入的要求。有序建设直流配电网、主动配电网、分布式多能源互补等示范工程，提高分布式电源与配电网的协调能力。做好配电网规划与用户接入充换电设施规划的衔接，加快配套电网建设与改造，确保充换电设施及时接入电网。加快建设电动汽车智能充换电服务网络，推广电动汽车有序可控充电、充放储一体化运营技术，实现城市充换电设施的互联互通。探索以配电网为支撑平台、多种能源优化互补的综合能源供应体系，实现能源、信息双向流动，逐步构建以能源流为核心的“互联网 +”公共服务平台，促进能源与信息的深度融合，推动能源生产和消费革命。基于电网图形、配网监测、停电计划、可开放容量等信息，实现客户办电便捷化、故障报修可视化、停电范围分析自动化、客户服务主动化，满足客户多元化、个性化的服务需求，做好最后一公里供电服务，提高供电服务品质。

三、典型实践与成效

（一）配电自动化示范项目

1. 概况

2017 年，国网天津电力启动了新一代一体化配电自动化管理信息大区主站建设项目，采用“生产控制大区分散部署、管理信息大区集中部署”方式，按照“地县一体化”升级建设新一代配电自动化主站系统，实现主站建设“功能应用统一、硬件配置统一、接口方式统一、运维标准统一”，实现天津地区配电自动化全覆盖建设要求。

新一代配电自动化主站选用标准化、通用型软硬件。地市生产控制大区应用部署在各地市服务器上；地市的管理信息大区应用集中部署在信息管理大区配电主站上。系统以电网运行与检修为应用主体，具备横跨生产控制大区与管理信息大区一体化支撑能力；系统基于信息交换总线，实现与能量管理系统（EMS）、PMS2.0、配电自动化主站管理信息大区云平台等系统的数据共享。国网天津电力新一代配电自动化系统体系架构如图3-8所示。

2. 主要内容及成效

结合天津地区配电网及配电自动化建设现状与需求，主要从主站建设、终端建设和设备改造几个方面开展配电自动化改造。**在主站建设方面，**根据天津地区配电网规模和应用需求，采用“配电主站+配电终端”两层结构。基于信息交换总线，实现与多系统数据共享，具备图模数据、实时数据和历史数据的对外交互功能，支撑各层级数据纵向、横向贯通以及分层应用。**在终端建设方面，**按照“电缆段+站点”作为自动化控制单元，对配电线路每隔一个站点进行“三遥”改造，实现配电线路站点“准一户一控”。按照“2兆伏安一分段”原则，线路分段点、分支点及联络点按“三遥”配置终端，其他站点按“二遥”配置。按照“3兆伏安一分段”原则，线路分段点、重要分支及联络点按“三遥”配置终端，其他站点按“二遥”配置。**在设备改造方面，**实施配电自动化改造的“三遥”站点，其内部一次设备满足改造要求时，进行返厂轮换改造添加电动操动机构等装置；不满足改造要求的老旧设备实施整体更换；对于接近报废年限设备，暂不改造，等报废后新建。“三遥”和“二遥标准型”改造站点添加配电终端单元（DTU）、馈线远方终端（FTU）、通信装置等设备。“二遥基本型”改造站点添加具有通信功能的故障指示器。

主要成效如下。

（1）配电自动化覆盖率显著提升。

随着配电自动化的逐步实施，配电自动化覆盖率显著提升，配电网的智能化水平及设备的健康水平得到提高。2018年实现天津电网配电自动化覆盖率达到100%；到2021年天津所有新建的10千伏线路均为配电自动化线路，配电自动化覆盖率将保持100%。

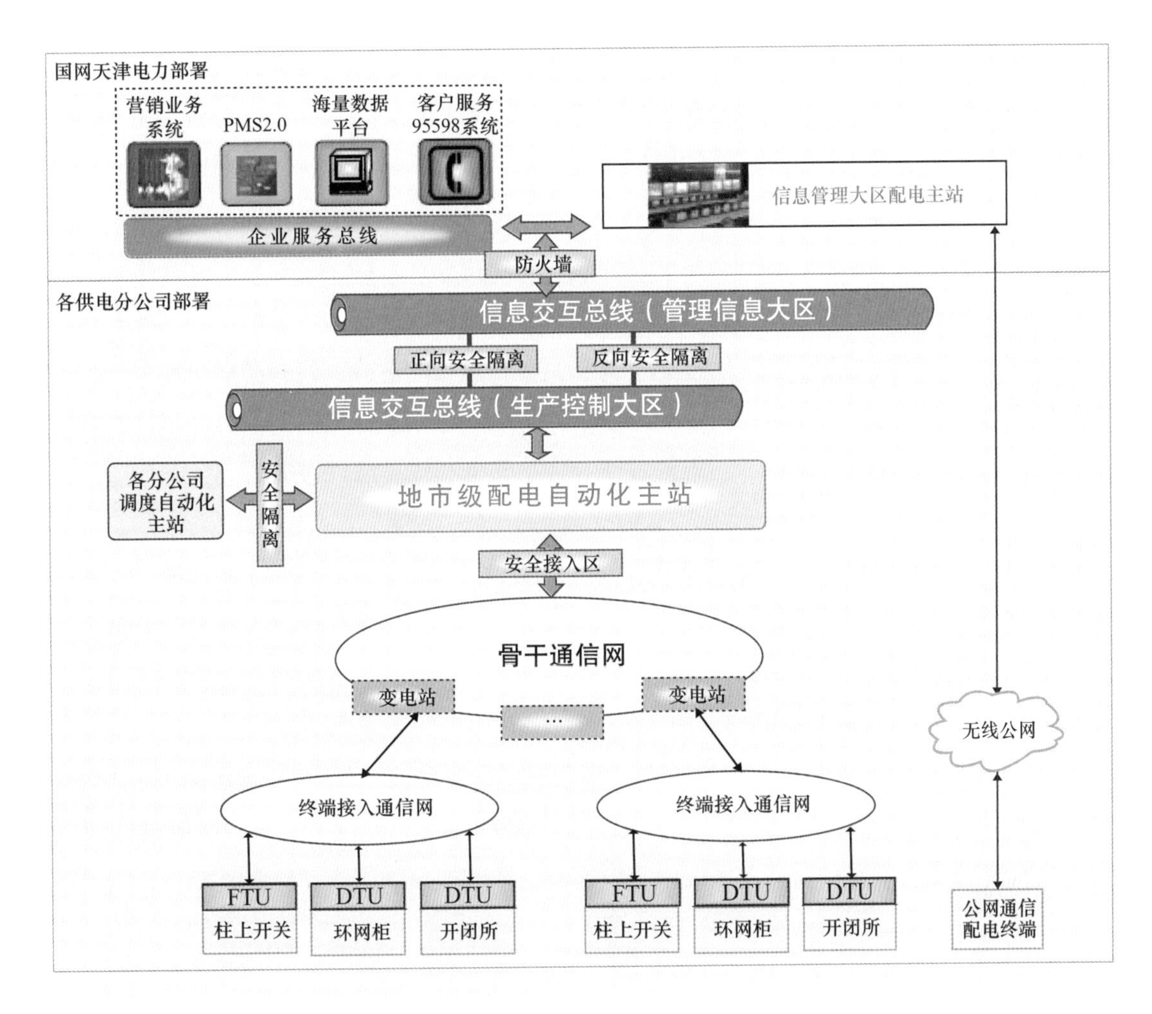

图 3-8　国网天津电力新一代配电自动化系统体系架构

（2）供电可靠性逐年提高。

随着配电自动化系统的逐步应用，配电线路安全运行和故障处理水平大幅提升。通过配电自动化系统的故障研判功能，大大缩短故障处置时间，提高供电可靠性，到 2021 年城市供电可靠率达到 99.99%。

（3）线损率逐年下降。

实施配电自动化后，通过在线理论线损分析，结合与用户集抄、需求侧管理、营销管理系统等信息交互，针对性解决高线损线路问题。同时，对线路实行实时监测后，可以及时发现窃电行为，使窃电的可能大大降低，提高线损管理水平，降低线损率。

（4）电压质量显著改善。

通过配电自动化系统的在线监测功能，及时发现线路电压质量问题，结合网络运行方式优化及配电网新建改造工程，使得配电网综合电压合格率逐年提高。到 2021 年，城市综合电压合格率 99.99%。

（5）标准的配电网运营管理信息交互体系基本建成。

以改造区配电网建设为契机，建成面向坚强智能电网的信息交互总线，实现各系统之间实时信息、准实时信息和非实时信息的交互，为多系统间业务流转和功能集成提供数据支撑。在信息交互总线的基础上，以松耦合的方式实现应用系统之间的信息共享，实现配电网规划、建设、运行、维护、营销等各业务信息共享和管理流程再造。

（6）企业管理水平得以提升。

通过总线整合配电信息，外延业务流程，扩充和丰富配电自动化的应用功能，支持配电网运营各项业务的闭环管理，为配电网安全和经济指标的综合分析以及辅助决策提供服务，进而提高电网智能化水平，减少电网公司运营成本。

（7）客户满意度逐年提高。

10 千伏及以下配电网具有数量庞大、覆盖面广、社会关注程度高等特点，通过配电自动化的建设，可以为客户提供持续的供电和可靠的供电抢修服务，客户满意度逐年提升。配电自动化可以提高局部地区配网建设运维、即时快速响应的互动服务能力，确保用户满意。

（二）供电服务指挥平台

1. 概况

供电服务指挥平台是基于全业务统一数据中心（数据中台前身）的开放式服务系统，辅助实现设备状态管控、运维管理管控、运检指标管控、应急管理管控、供电服务指挥、客户服务指挥等功能应用，满足省、地市和班所各级配网管理人员的不同需求。

在建设过程中，采用标准通用的软硬件平台（SG-UAP V2.8 开发平台、统一推广的大数据平台），并对平台底层进行完善形成准实时平台，在准实时平台中实现数据展示、业务流程管理、电网模型拼接和分析管理；基于全业务统一数据中心分析域开展数据分析，实现各业务数据的汇总和分析；信息安全基于统一权限管理平台（ISC），实现统一身份验证和权限管理；整体架构满足配网供电服务指挥及配网业务管理的要求和发展方向，如图 3-9 所示。

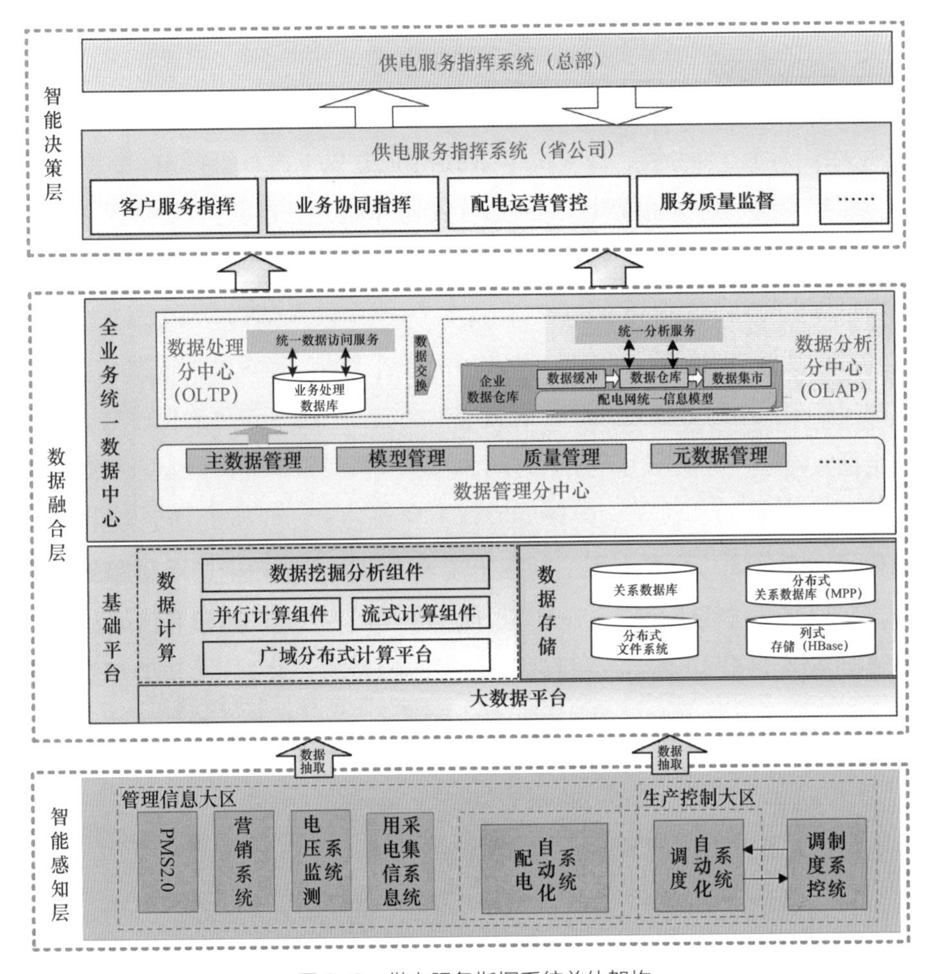

图 3-9　供电服务指挥系统总体架构

智能感知层是将 PMS2.0、配电自动化系统、调度自动化系统、电压监测系统调度控制系统、用电信息采集系统、营销系统等相关基础数据系统，通过消息推送、数据总线、数据抽取等方式接入全业务统一数据中心。

数据融合层是源端系统数据进入全业务统一数据中心后，通过数据清洗转换，构建配电网统一信息模型。全业务统一数据中心是大数据平台的具体实现，在大数据平台上构建基础数据服务和统一分析服务，为业务应用的开展提供了数据服务的支撑。

智能决策层是在大数据云计算和微应用服务的基础上，运用大数据深度挖掘和人工智能技术，根据生产、营销和配调等各类业务管控的需求构建供电服务指挥系统，实现配电网供电服务指挥。

同时，供电服务指挥平台也对“两网”融合发展，特别是泛在电力物联网建设进行了初步的探索，为深化应用提供了条件。

2. 主要内容及成效

以国网天津滨海公司为例，该单位于2018年成立供电服务指挥中心，依托供电服务指挥系统，实施营配贯通优化提升、供电服务指挥系统开发建设、95598工单管控、配网运营管控和停电信息管理等方面的工作。主要成效包括：

（1）用户停电时间大幅降低。

自主开发计划停电提级管控功能，并在国网系统上线。提级管控依据能带不停、能转必转的原则，实现供电可靠性过程管控前置于生产过程管控环节，确保停电的必要性、合理性，防止重复停电，可减少用户停电时间30%。

（2）客户服务效率大幅提升。

通过梳理“端到端”业务流程，以客户需求为出发点，在生产活动和服务事件统筹指挥资源，实现服务过程快速响应，最终满足客户需求。截至2019年9月，派单及时率100%，派单准确率提升30%，接受投诉同比降低40.12%。建立了工单管理台账，三日未回复工单催办，微信备案和日、周、月的周期统计制度；协同完成跨区域、跨专业工单，促进专业管理优化完善。

（3）停送电信息报送更加精准。

供电服务指挥中心承担了所有10千伏停送电信息的报送工作，与调控运行班建立了沟通联络机制，确保停送电信息的及时性和准确性，实现停电信息分析到户，提升停电信息精益度。

（三）中新生态城智能电网综合示范项目

1. 建设内容

中新生态城位于天津滨海新区，规划面积34.2平方千米，是中国、新加坡两国政府为应对全球气候变化、节约资源能源、建设和谐社会倡建的重大合作项目。按照生态城总体规划，可再生能源利用比例不小于20%，100%为绿色建筑，绿色出行比例达到90%，人均能耗比国内城市人均水平要降低20%以上，为世界其他同类地区提供借鉴和参考。

中新生态城智能电网综合示范工程遵循“能复制、能实行、能推广”的总体思路，基于六大环节一个平台（发电、输电、变电、配电、用电、调度和通信信息平台），从电源侧、电网侧和用电侧三个方面建设分布式电源接入、微网及储能、智能变电站、配电自动化、设备综合状态监测、电能质量监测、用电信息采集系统、智能小区 / 楼宇、电动汽车充电设施、通信信息网络、可视化平台、智能营业厅等 12 个子项工程，如图 3–10 和表 3–1 所示。

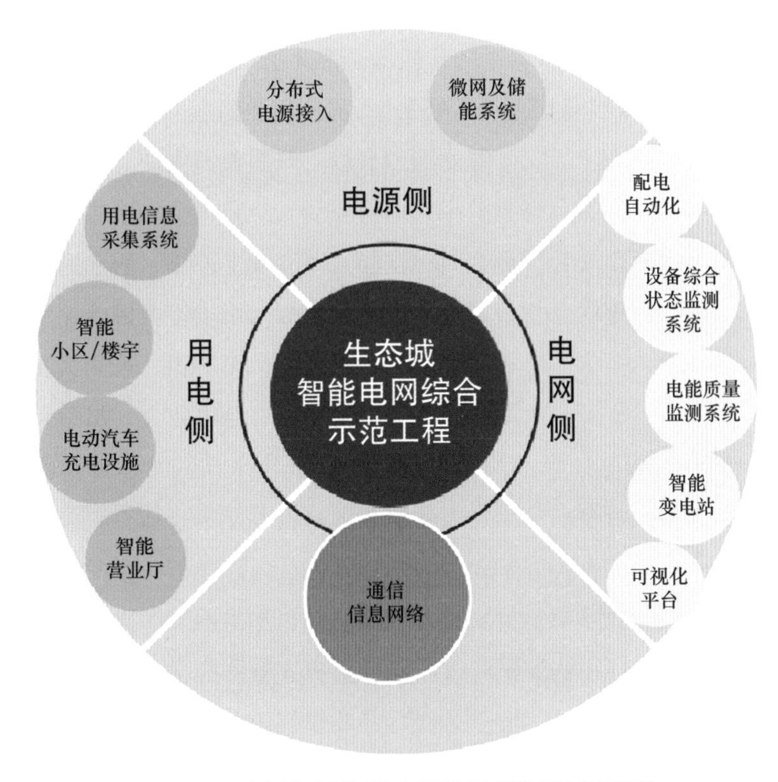

图 3–10　中新生态城智能电网综合示范工程总体架构

表 3–1　中新生态城智能电网综合示范工程建设内容

子项名称	建设内容
分布式电源接入	建设蓟运河口 4.5 兆瓦风电项目、中央大道 5.5 兆瓦光伏项目北部高压带 4 兆瓦光伏项目
微网及储能系统	在智能营业厅建设 30 千瓦光伏发电、6 千瓦风力发电和 15 千瓦 ×4 小时储能系统以及 15 千瓦负荷，构成小型微网
智能变电站	采用智能化、网络化一二次设备，实现分布式电源的友好接入。建设和畅路 110 千伏智能变电站 1 座

续表

子项名称	建设内容
配电自动化	支持大规模分布式电源接入和配网自愈。建设 2 个 10 千伏双环网，82 个开关站，配电自动化线路 22 条
设备综合状态监测系统	建设生态城智能电网设备综合状态监测平台，实现变压器、开关等设备状态的实时监测和状态检修
电能质量监测系统	实时监测变电站、分布式电源、充电设施、重要用户等电能质量，进行快速分析和控制
用电信息采集系统	安装智能电能表，覆盖全部用户，实现低压电力用户的“全覆盖、全采集、全费控”
智能小区 / 楼宇	建设嘉铭智能小区，建设电力光纤到户、智能家居等。实现用户与电网的双向互动
电动汽车充电设施	建成永定洲 1 座大型电动汽车充电站，105 个电动汽车充电桩。满足快、慢速充电的需求
智能营业厅	建成智能营业厅智能用电互动平台，打造实体、自助、网上和手机营业四位一体的营销模式
可视化平台	接入其他子项系统，对生态城智能电网进行全程、全景、全维度地展示
通信信息网络	打造生态城一体化光纤通信平台，实现 100% 光纤到户，并建立完整的信息安全防护体系

2. 主要成效

通过中新生态城智能电网综合示范工程建设，形成了一套可复制、可实行、可推广的技术标准和建设管理模式，并在国网公司系统内全面输出。在发电侧，实现 15 兆瓦分布式电源的友好接入与全额消纳，满足了生态城 20% 清洁能源利用比例的目标。在电网侧，建成智能变电站、配电自动化和生产抢修指挥平台，可靠性达到 99.999%。在用户侧，实现居民光纤到户，用电信息全采集、全覆盖。具体建设成效如图 3-11 所示。

中新天津生态城智能电网综合示范工程的建设经验和基础条件，为深入推进泛在电力物联网建设，特别是惠风溪智慧能源小镇和滨海“两网”融合示范创造了条件。

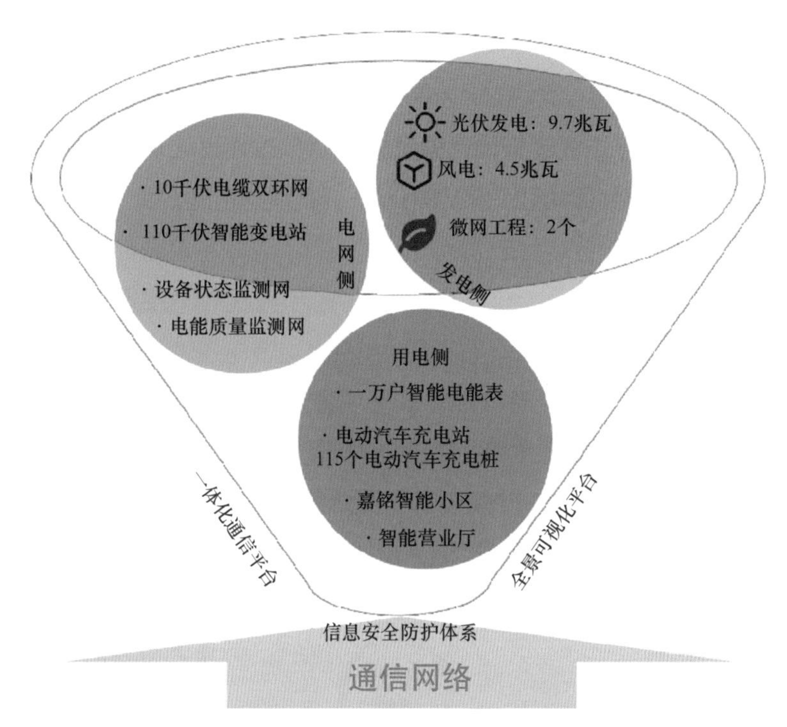

图 3-11　中新生态城智能电网综合示范工程建设成效示意图

第四节　农网改造升级

实施农网改造升级工作，是贯彻落实十九大精神、服务“美丽乡村”振兴战略促进农村经济社会发展的重要举措。农网改造升级需要加大投资力度，推进农村电气化，补齐农村重要基础设施短板，推动城乡基本公共服务均等化发展，扩大有效投资效益，提升农村电力消费能力，提高农村居民生活质量。

一、概述

2016 年我国启动实施了新一轮农网改造升级工作，建设与美丽乡村发展相适应的新型农网，把重点放在解决农网发展不均衡不充分的核心问题上，突出服务民生的社会责任，建设暖心的“最后一公里”电网，因地制宜选取特色发展之路，推动农村地区从“有电用”向“用好电”全面转变。

国网天津电力主动服务乡村振兴战略，认真落实《中共中央国务院关于实施农村振兴战略的意见》和国家《乡村振兴战略规划》，抢抓“1001 工程”实施机遇，积极适应农业生产和农村消费需求，结合天津“大城市、小农村”的直辖市农网管理特点，以提升农网供电能力和户均容量为工作主线，完善农网网架结构，提升农网设备水平，推动农网智能升级，实现农村清洁取暖，促进乡村能源生产消费升级，为促进农村经济社会发展提供电力保障。

二、发展重点

以支持新型城镇化、农业现代化和美丽乡村建设为出发点，提升农村供电能力和供电质量，解决重过载线路、配变台区，解决线路“卡脖子”和低电压问题，缩短供电半径，提升联络率和 N-1 通过率，提高架空线路绝缘化率和户均容量，消除电网薄弱环节，为农村新型经济发展和消费升级提供支撑。农网改造升级发展重点如图 3-12 所示。

图 3-12　农网改造升级发展重点

（一）提升农网供电能力

加强农村地区用电需求分析，针对春节、农忙等季节性负荷特点，远近结合、多措并举保障农村生产生活用电。加大困难村电网建设改造力度，全面解决用电瓶颈问题，增加配变布点，缩小低压供电半径，改造小截面导线，彻底消除季节性负荷引起的“低电压”问题，提高农村居民户均供电容量和供电质量。

（二）完善农网网架结构

构建结构简明、布局合理的农村配电网网架结构，满足农村各类用电负荷增长的需求。合理确定线路分段点、联络点和导线截面，优化联络关系，提高站间互济互带能力和故障负荷转移能力，确保农网运行安全可靠。

（三）提升农网装备水平

按照全寿命周期管理要求，加强配电站房、废旧杆塔、电力电缆的综合治理，提高架空线绝缘化率，更换高耗能配电变压器，选用技术先进、节能环保、环境友好的设备设施，提高农网安全性。优化设备序列，简化设备类型，推行功能模块化、接口标准化。采用先进物联网、现代传感和信息通信等技术，实现设备运行状态及外部环境的在线监测，提高设备预警能力和信息化水平。

（四）推动农网智能升级

有序推进农网配电自动化建设，提升农网智能化水平。加强光纤等通信网基础设施建设，提高通信传输可靠性。加快智能电能表换装及用电信息采集大数据的应用，农村用电信息采集实现“全覆盖、全采集、全费控”。完善覆盖农网的一体化用电信息平台，实现核心供用电业务的数据集成、共享和融合，为电能质量在线监测、线损管理、低电压治理等提供源数据支持，全面提升农网现代智能化管理水平。

（五）实现农村清洁供暖

因地制宜选用集中和分散供暖方式，大力推广使用蓄热式、集中式电供暖，在具备条件的地区发展热泵供暖。根据各地气候特点，结合“电采暖”设备负荷特性，精准预测电供暖负荷发展趋势，按照差异化原则配置建设“煤改电”配套电网，科学合理确定电源布点方案。做好与现有电网规划衔接，改造与新建相结合，充分利用原有设施，加强设备梯次利用。通过合理布局，选用智能调容变压器等设备，全面提升“煤改电”地区供电保障能力和季节性经济运行水平。

三、典型实践与成效

（一）农网改造升级

1. 基本概况

国网天津电力以“1001 工程”为抓手，着力破解城乡电网发展建设不平衡不充分等问题，紧密围绕农村居民“煤改电”、困难村帮扶等基础设施建设重点领域，通过农网电气化，全力打造安全、可靠、绿色、高效的现代化农村电力供应网络，不断满足农村人民群众美好生活对绿色能源的消费需求，持续提高农网供电能力、服务质量和管理水平，构建全民覆盖、城乡一体的电力服务体系，为天津市率先全面建成小康社会提供坚强电力保障。

2. 主要内容

国网天津电力在改造升级过程中，结合了“煤改电”用电需求，梳理区域高低压配电网网架结构，开展网架与设备改造，理清示范村内线、变、户关系，遵循“小容量、密布点、短半径、先布点、后增容”原则，实现户均 4 千伏安，进一步提升区域供电可靠性。严格遵循典型设计原则要求，提升工程标准化设计水平；实施不停电作业，压降工程停电时户数。设备类型覆盖全面，改造内容包括高低压线路、柱上变台、箱式变电站等，部分作业内容具备实施不停电作业可行性，建设经验具有推广价值。

以下以天津市宝坻区八门城镇欢喜庄示范村建设为例，说明农网改造升级的思路及方法。欢喜庄村行政区域面积 5000 亩，户数 193 户，属于典型的农村地区，2018 年完成集中式煤改电改造，区域内共有配电变压器 2 台，总容量 715 千伏安，户均容量 3.70 千伏安。

（1）网架优化。

电源方面，现有 1 座 110 千伏变电站为该村供电，为满足地区农村负荷增长需求，该站增容至 2×50 兆伏安，电源线采用双侧辐射结构，保证供电可靠性。网架方面，该村 10 千伏线路主要为架空线，为加强农网供电能力，考虑采用多分段、适度联络结构，如图 3-13 所示，分段数一般为 3 段，并根据用户数量或线路长度在分段内适度增加分段开关，缩短故障停电范围。联络点设置方面，根据周边电源情况和线路负载大小确定联络点数量，一般不超过 3 个。

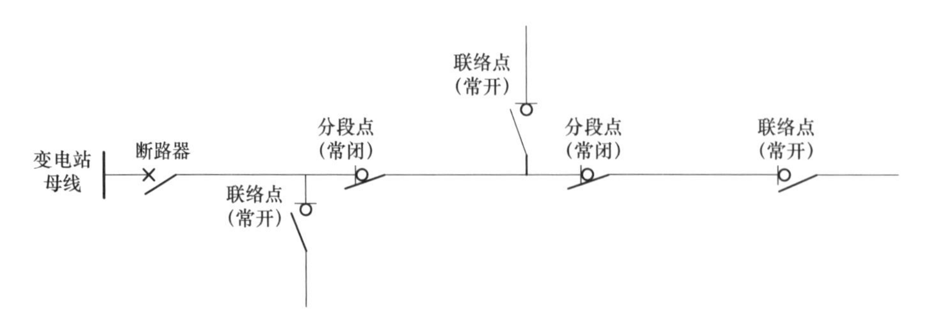

图 3-13　10 千伏架空多分段、适度联络网架拓扑图

（2）台区改造。

台区配变方面，新增 1 座 400 千伏安箱式变电站，改造后总容量 1115 千伏安，户均容量提升至 5.78 千伏安，提升 50% 以上。低压线路方面，主干线采用 15 米电杆，分支线采用 12 米电杆，以满足导线及下户线对地距离要求；保护配置方面，低压下户线处依据负荷合理配置二级漏电保护装置，二级漏电保护装置和户表放置在电杆上，采用“飞户”方式接入墙上接头盒后再入户，有效缩短故障范围；电能质量优化方面，加装三相不平衡装置，以解决因三相负荷不均导致的低电压、配变重载等问题，降低线路损耗，改善用电质量。

（3）设备改造。

按照《国网天津市电力公司配电网典型设计标准物料目录（2018 版）》等标准要求，做好设计方案比选、设备材料选型。每台变压器配置 1 台配电变压器监测终端（TTU），满足各台区采集的运行信息、环境信息处理与决策；每个出线回路及下户线处安装 1 组线路终端设备（LTU），采集低压出线回路和分支的综合信息；加装智能开关、智能电容器，提高设备监测和低压线路运行监测水平；在箱站加装温湿度传感器，采集周围环境数据，提高低压配网全息感知能力，为系统高级应用提供数据基础。

（4）运维保障。

设备保护方面，在已建成的集中式煤改电基础上，进一步配合区域发展，通过加装变台、箱站围栏，地面硬化，箱站外观喷涂等方式，有效预防相关设备遭受破坏、腐蚀。故障应急方面，加装低压快速接入装置，并在不同低压供电分区之间通过独立档预留接头的方式提高应急发电和故障恢复速度。流程标准化方面，通过在配变处装设工具箱、低压接线图、拓扑图、巡视记录等，提高低压运维规范性和便利性。

3. 主要成效

“1001 工程”实施后，农村配电网整体水平大幅度提升，供电能力进一步提高，网络结构进一步完善，智能、环保型设备得到广泛应用。

（1）供电能力和安全水平大幅提高，故障抵御能力显著增强。

构建结构简明、方式灵活的农村配电网，彻底消除单线单变、单辐射线路等供电薄弱问题，110（66）、35 千伏电网容载比分别达到 2.05、2.02，保持在合理水平，户均配变容量提升至 4 千伏安，有效解决农村配网供电能力不足问题，满足农村居民生活用电需求及产业发展要求。合理确定线路分段点、联络点和导线截面，优化联络关系，提高站间互济互带能力和故障负荷转移能力，110~10 千伏 $N-1$ 通过率达到 100%，满足供电安全标准要求和负荷转供需要，农村供电可靠率达到 99.889%，农村综合电压合格率达到 99.978%。

（2）提升装备设备水平，供电保障能力全面升级。

更换老旧设备，优化设备序列，淘汰落后产品，高损配电变压器“清零”，架空线路绝缘化率提高至72%。全面应用通用设备，新建和改造设备标准化率达到100%，推广先进适用技术，提升电网装备水平，满足配电自动化和带电作业需要。

（3）智能化水平持续升级，用户服务满意率大幅提升。

安装智能电能表23万具，接入“多表”用户7.6万户，配电自动化、智能电能表基本完成市域全覆盖，实现电网设备在线监控、用电信息自动采集。建成“0.9、3、5”充电服务网络，实现农村公共服务充电半径小于5千米，满足电动汽车在农村地区出行无忧。构建形成基于“互联网+”的多元化多渠道用电互动服务平台，电e宝、掌上电力等线上缴费比例达到70%，用户服务满意度大幅提升。

（4）推动能源低碳绿色发展，农村电气化率不断提升。

实施电能替代，在农业生产、乡村居民生活、交通运输、民宿旅游、文化教育等重点领域，累计完成替代电量35亿千瓦时。推广农村屋顶光伏发电，实现农村可再生能源接入比例12%，推动农村能源清洁绿色转型发展。

（二）农村清洁取暖“煤改电”

1. 基本情况

为全面实现《大气污染防治行动计划》目标，切实改善京津冀环境空气质量，2016年6月，国家环保部与京津冀三省市联合印发了《京津冀大气污染防治强化措施（2016—2017年）》，制定了空气质量目标，天津市PM2.5年均浓度达到60微克/立方米左右，其中武清区、宝坻区、蓟县分别达到或低于全市平均水平。按照措施要求，天津市作为责任主体之一，要与北京市、河北省共同防控大气污染，划定禁煤区和煤炭质量控制区，以“煤改电”“煤改气”等多种方式实现清洁化替代。国网天津电力积极开展用能方式调研和分析，研究落实“煤改电”电网项目建设工作，取得了显著成效，截至2019年10月，已完成全市45万户“煤改电”配套电网改造工程，实现“煤改电”清零目标。

2. 主要做法

国网天津电力在推进“煤改电”工作中，根据建筑规模、建筑类型、使用功能、电供暖设备类型、供电条件、费用以及国家相关政策等情况，制定了空气源热泵、集中蓄热电锅炉、蓄热电暖器、碳晶等技术为核心的电采暖配置方案，基本覆盖了国内当前所有成熟的“煤改电”技术模式。其中采用空气源热泵的主要包括滨海新区部分区域、北辰区、津南区和武清区等地的农村地区；采用集中式蓄热电锅炉的地区为静海区、宁河区等地的农村地区；采用蓄热式电暖气的主要包括河北区、和平区等地的城镇用户；采用分散直热式电供暖的主要包括滨海新区部分地区、河东区、东丽区、河西区等地的城镇用户。

根据各种供暖方式的实施成效来看，蓄热电锅炉集中供热方式优势更明显。**工程推广方面，**该方式可以实现散煤清零“一步到位”，配套工程能够确保建设进度，使人民早日使用；**供热可靠性方面，**供热设备不受极端气候影响，直接供热到户，供热可靠性和舒适性较好，人民省事省心；**运行维护方面，**蓄热电锅炉主要在电网低谷时段运行，削峰填谷作用明显，有效提升现有电力设施利用率，显著增强对风电等新能源电能的消纳能力。总体来说，针对北方农村平房多、户型较大、大部分挨户集中居住的特点，从农村城镇化进程、农村生活水平提升等长远发展看，在农村集中居住区（100户以上），以村为单元推广蓄热电锅炉“区域小管网”集中供热，有利于实现多方共赢，具备在北方地区进一步推广的价值。

以下以天津市西青区郭庄子等地区为例，说明集中式蓄热电锅炉的配置及运行情况。天津市西青区郭庄子等12个村，位于天津西南部，距离中心城区约20千米，周边尚无市政热网和气网。村民按照村落集中居住建筑以平房为主，12个村共6105户村民，总建筑面积约40万平方米。由于该地区采暖需求较为集中，供暖舒适度要求较高，有条件建设供热管网，因此适合采用水蓄热电锅炉集中供热方式。

（1）供热设备配置。

郭庄子等地采用部分负荷蓄热方式，按户均供热负荷120瓦/平方米标准配置，按照户均采暖面积100平方米考虑，户均用电指标为12千瓦。12个村共建设蓄热电锅炉集中供热站5座，电锅炉总容量8.1万千瓦，蓄热水箱容积11650立方米，循环水管网长度220.8千米，示意图如图3-14所示。

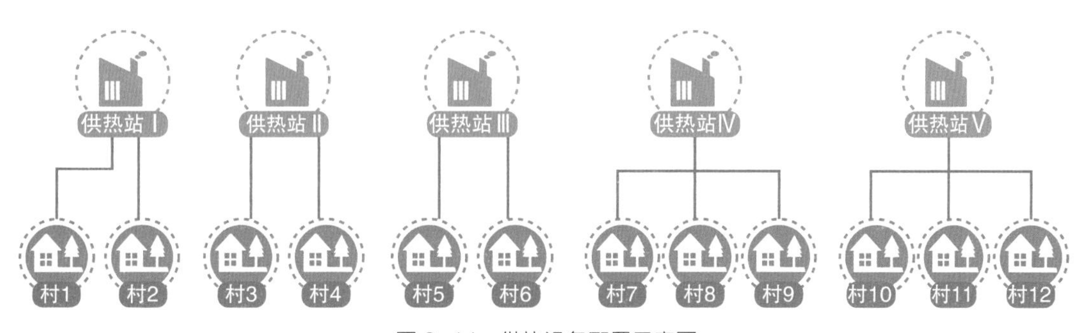

图3-14　供热设备配置示意图

（2）电网侧配置。

每座供热站配套建设锅炉房，安装预制式变压器，根据锅炉数量，由2路到3路10千伏电源供电，一路电源供一台变压器和一台电锅炉，具体如图3-15所示。运行时间为每天20：00~次日8：00的低谷电价时段，锅炉、水泵等设备全开，利用低谷电完成夜间供暖及日间供暖蓄热；8：00~20：00时段，蓄热材料放热供暖，仅运行水泵等辅助设备，当遇有极寒天气的情况，可白天补热，即开启部分锅炉。

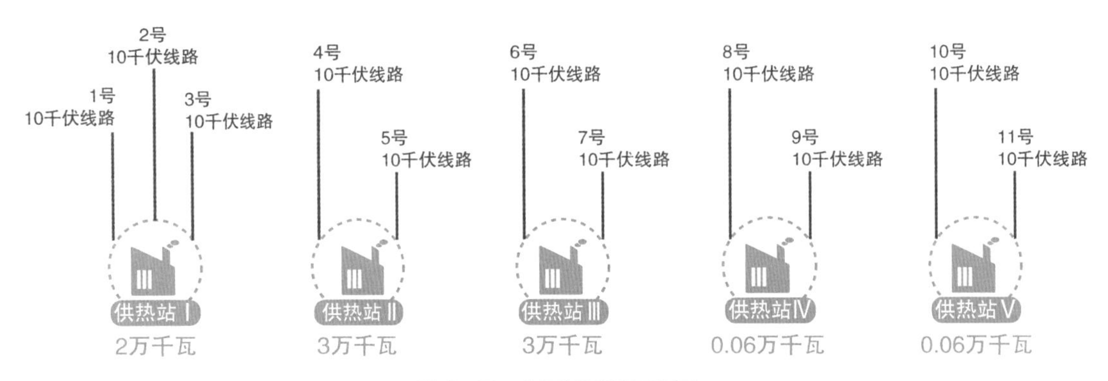

图3-15 电网侧配置示意图

（3）运维保障。

国网天津电力创新实行“工厂化预制”等作业模式，按期完成“煤改电”配套工程建设任务。建立共享应急保障联动机制，开展“煤改电”台区全天候监控，增加抢修驻点，投入大量人次、车次开展隐患排查治理，缩短配电直供线路及台区巡视周期，发放电采暖安全指南，并同步解决营业厅售电、采集运维、线损治理、反窃电、用电检查等任务，做到采暖保障有力、运行平稳。

3. 建设成效

截至2019年10月，天津市累计“煤改电”用户达到45万户，供暖面积达到4553万平方米，推动全市清洁取暖率累计提升9个百分点，冬季供暖的用能结构得到明显改善。预计整个供暖季“煤改电”用户用电量将达到10.9亿千瓦时，按照我国未来分品种能源消费量及其单位耗能的污染物排放水平测算，可减排二氧化碳约108.72万吨，减少散烧煤消耗41.5亿吨，提高社会整体能效水平。北方地区清洁取暖的实施，将助力打赢蓝天保卫战，提高居民生活水平，为推动我国生态文明和美丽中国建设作出积极贡献。

第四章

泛在电力物联网实践

泛在电力物联网通过新一代信息技术，实现信息广泛互联和充分共享，以数字化大幅提高能源产业的安全水平、质量水平、先进水平、效益效率水平。现阶段，重点围绕提高电网效能、强化精益管理、培育新兴业务、拓展增值服务等内容，以营配贯通推动信息融通，以企业中台推动数据共享，以智慧能源推动业务升级，推进泛在电力物联网落地建设。

第一节　总体设计与实践布局

泛在电力物联网在技术上包括感知、网络、平台、应用四层架构。在功能上，通过泛在互联和深度感知，整合各类信息掌握电网运行态势，汇集各类资源参与系统调节，促进“源—网—荷—储”协调互动，提高电网资源配置能力。在业务上，以优质服务满足客户需求，以电为中心延伸价值链，加快发展综合能源服务，拓展增值服务业务。在管理上，以数据贯通加快流程优化，以流程优化促进管理变革，以管理变革强化价值创造。

一、总体设计

（一）总体目标

2019 年初，国网公司发布了泛在电力物联网建设大纲，提出泛在电力物联网的建设目标与任务是：充分应用“大云物移智链”等新一代信息技术、先进通信技术，实现电力系统各个环节万物互联、人机交互，大力提升数据自动采集、自动获取、灵活应用能力，对内实现“数据一个源、电网一张图、业务一条线”“一网通办、全程透明”，对外广泛连接内外部、上下游资源和需求，打造能源互联网生态圈，适应社会形态、打造行业生态、培育新兴业态，支撑“三型两网、世界一流”能源互联网企业建设。

总体来看，国网公司泛在电力物联网建设总体目标可分为对内业务、对外业务和基础支撑三个部分，如图 4–1 所示。

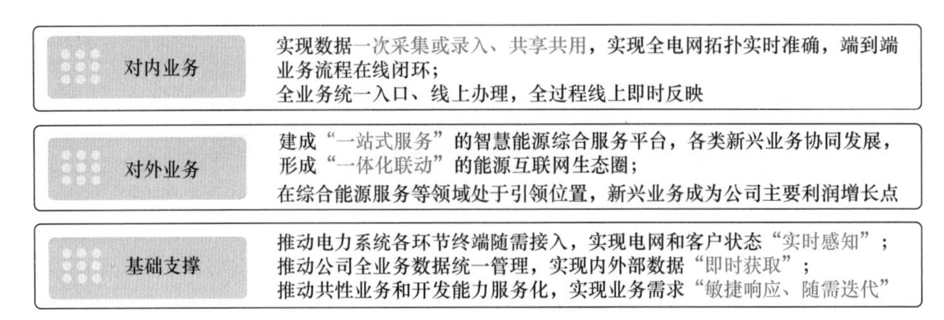

图 4–1　泛在电力物联网总体建设目标

在总体目标框架下，泛在电力物联网建设分为以下两个阶段目标：

第一阶段，到 2021 年初步建成泛在电力物联网。

对内业务方面：基本实现业务协同和数据贯通，电网安全经济运行水平、经营绩效和服务质量显著提升，实现业务线上率 100%，营配贯通率 100%、电网实物 ID 增量覆盖率 100%、同期线损在线检测率 100%、统计报表自动生成率 100%、业财融合率 100%、调控云覆盖率 100%。

对外业务方面：初步建成企业级智慧能源综合服务平台，新兴业务协同发展，能源互联网生态初具规模，实现涉电业务线上率达 70%。

基础支撑方面：初步实现统一物联管理，初步建成统一标准、统一模型的数据中台，具备数据共享及运营能力，基本实现对电网业务与新兴业务的平台化支撑。

第二阶段，到 2024 年建成泛在电力物联网。

对内业务方面：实现全业务在线协同和全流程贯通，电网安全经济运行水平、企业经营绩效和服务质量达到国际领先。

对外业务方面：建成企业级智慧能源综合服务平台，形成共建共治共赢的能源互联网生态圈，引领能源生产、消费变革，实现涉电业务线上率 90%。

基础支撑方面：实现统一物联管理，建成统一标准、统一模型的数据中台，实现对电网业务与新兴业务的全面支撑。

（二）总体架构

泛在电力物联网建设总体架构如图 4–2 所示。通过电源侧、电网侧、用户侧和供应链的全面感知和泛在连接，并基于边缘智能技术，构建物联管理中心和企业中台两大模块；通过数据汇聚、需求导入、数据服务、应用服务，开展对内业务和对外业务建设；在相关保障体系的支撑下，与外部合作伙伴开展广泛接入与合作，共同构建能源生态，打造 7 个生态圈，为内外部用户提供全方位服务，建设开放共享、合作共赢的能源互联网。

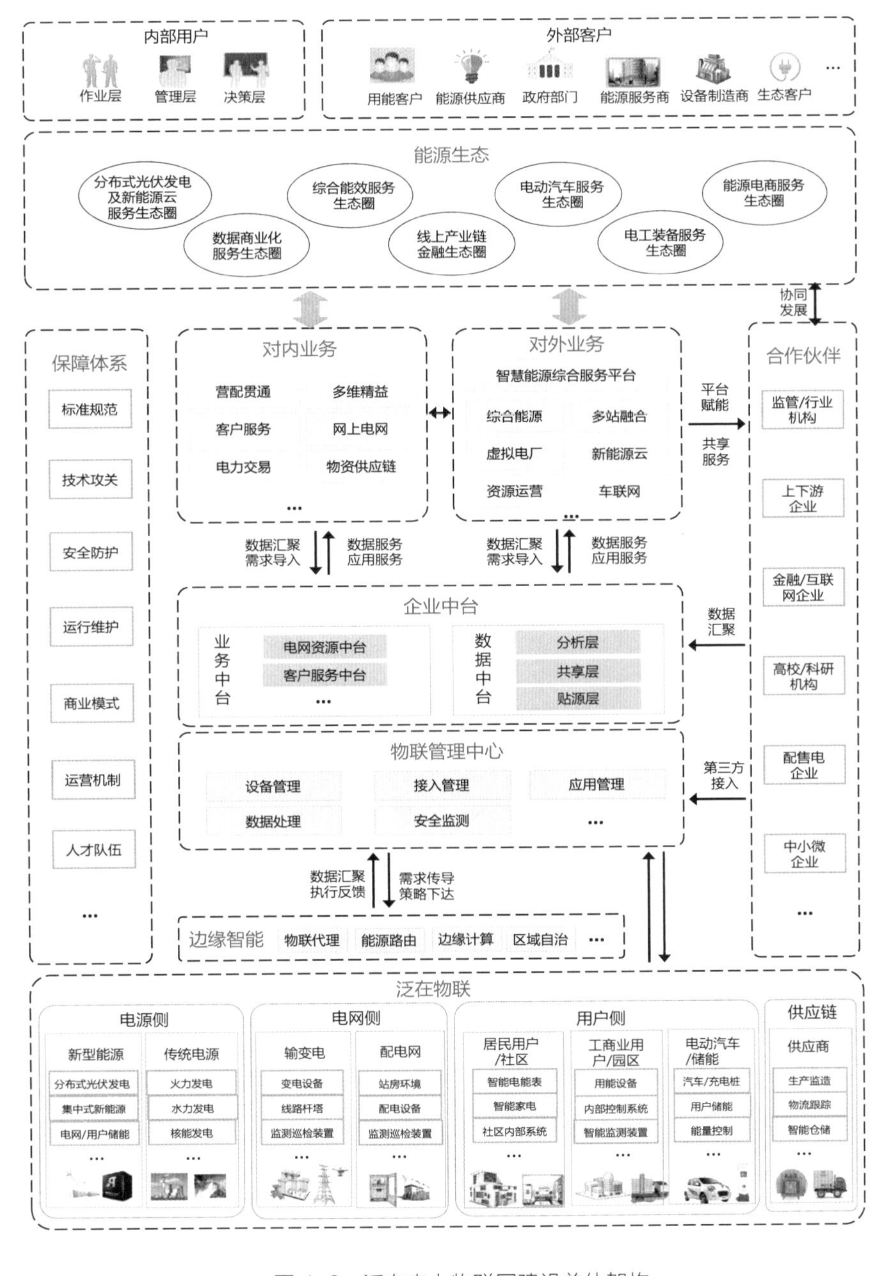

图 4-2　泛在电力物联网建设总体架构

（三）重点建设内容

从技术层面看，泛在电力物联网技术架构包括感知层、网络层、平台层、应用层、网络安全、运行维护 6 个部分，共 20 个方面，如图 4–3 所示。其中，感知层实现泛在智联，网络层实现全时空覆盖，平台层实现开放共享，应用层驱动业务创新，网络安全保障可信互动，运行维护保障全程在线。

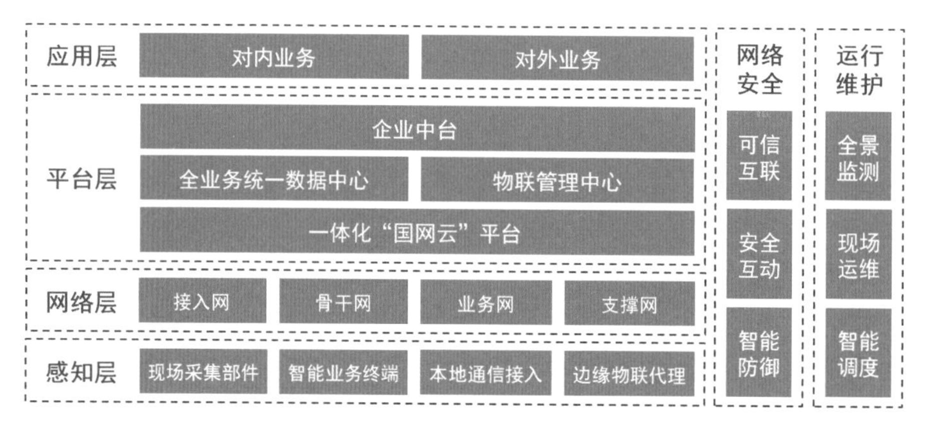

图 4–3　泛在电力物联网总体技术建设架构

二、实践布局

国网天津电力结合自身实际，围绕对内质效提升、对外融通发展两条主线，以营配贯通推动信息融通，以企业中台推动数据共享，以智慧能源推动业务升级，挖掘提升电网的终端感知能力、泛在接入能力、平台共享能力和业务融合能力，争当泛在电力物联网建设引领者。

（一）主要思路

以“9100 行动计划”为抓手，坚持深打基础与争创示范并重，坚持自主创新与广泛合作并举，坚持系统布局与重点破局并进，着力推动管理变革、深化融合创新、挖掘数据价值，加快推动产业链升级，重点打造“两区两镇两中心”综合示范，全力推进泛在电力物联网建设。主要思路如图 4–4 所示。

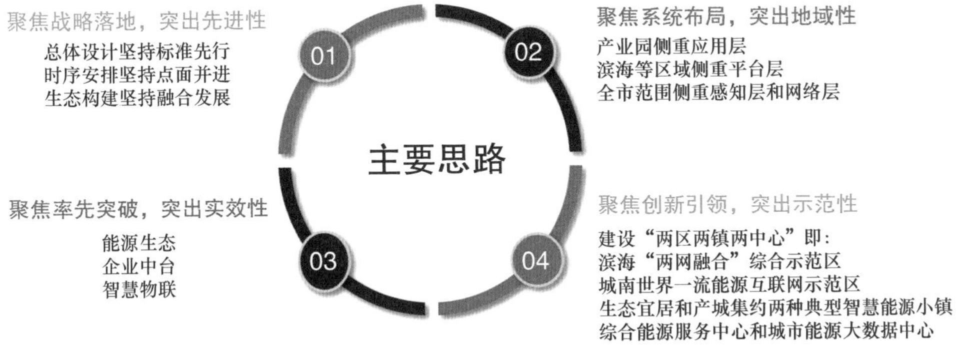

聚焦战略落地，突出先进性
总体设计坚持标准先行
时序安排坚持点面并进
生态构建坚持融合发展

聚焦系统布局，突出地域性
产业园侧重应用层
滨海等区域侧重平台层
全市范围侧重感知层和网络层

主要思路

01 02 03 04

聚焦率先突破，突出实效性
能源生态
企业中台
智慧物联

聚焦创新引领，突出示范性
建设“两区两镇两中心”即：
滨海“两网融合”综合示范区
城南世界一流能源互联网示范区
生态宜居和产城集约两种典型智慧能源小镇
综合能源服务中心和城市能源大数据中心

图 4-4　实践布局主要思路

1. 聚焦战略落地，突出先进性

总体设计坚持标准先行，高水平构建目标、架构、任务和评价体系，做到标准统一，避免重复建设，确保精准投入、先进实用。时序安排坚持点面并进，打破由点到面常规范式，局部先行先试关键技术和平台，同步全面推进基础架构建设，提高建设效率。生态构建坚持融合发展，抓住天津智慧城市大发展机遇，推动“两网”与其他城市基础设施融合，提升电力网全息感知、泛在互联、融合创新能力，支撑社会公共治理，促进新兴业务拓展。

2. 聚焦系统布局，突出地域性

结合天津地域较小、资源集约的特点，分“园、区、市”三个层面统筹技术与空间布局，进行全域建设。产业园侧重应用层，树立迭代思维，建设园区级综合能源服务等示范项目，打造关键技术、平台和模式应用示范；滨海新区侧重平台层，以智慧能源为突破口，打造“两网融合”综合示范；全市范围侧重感知层和网络层，推进无线网络、光缆等基础设施建设，奠定“第二张网”物质基础。

3. 聚焦率先突破，突出实效性

加快在能源生态上实现突破。按照“平台 + 生态”思路，以打造智慧能源综合服务体系为抓手，统一对外业务门户和入口，通过“引流 + 赋能”打造能源互联网生态圈。加快在企业中台上实现突破。以业务和需求为导向，统筹推进业务中台和数据中台建设，为前端业务提供高效的业务应用和数据支撑。加快在智慧物联上实现突破。统一终端功能设计、接入标准和功能规范，推进源网荷储各类型终端标准化接入、跨专业资源共享共用。加快在关键技术上率先突破。深化大云物移智链、边缘计算、能源路由器等技术应用，突破技术瓶颈。规模应用新型智能量测系统、智能电能表远程误差校准等关键技术。

4. 聚焦创新引领，突出示范性

坚持既出成果，也出经验，更出标准，加快能源互联网技术、管理和服务标准体系开发，构建工程建管模式、“两网”融合模式、政企合作模式和产业生态构建模式，争取形成一批国际标准和先进经验，打造“两区两镇两中心”综合示范。建设滨海“两网融合”综合示范区，打造输变配电物联网、源网荷储协调控制等一批示范成果，实现设备状态精准感知、全网态势实时捕捉、用户需求高效响应。建设城南世界一流能源互联网示范区，实现城市核心区营配贯通全覆盖，建设世界一流配电网，在主动抢修、负荷感知、客户服务等方面达到世界先进水平。建设生态宜居和产城集约两个智慧能源小镇，在多能互补、绿色出行、智慧社区方面发挥积累优势，建成主动配电网、智能量测、虚拟电厂等一批标志成果。建设综合能源服务中心和能源大数据中心，健全综合能源服务体系，健全政企数据共享机制，打造能源互联网数字化产品。

（二）实践路径

以“坚定一个目标、围绕两条主线、聚焦三大领域、提升四种能力”为具体实践路径，如图 4–5 所示。

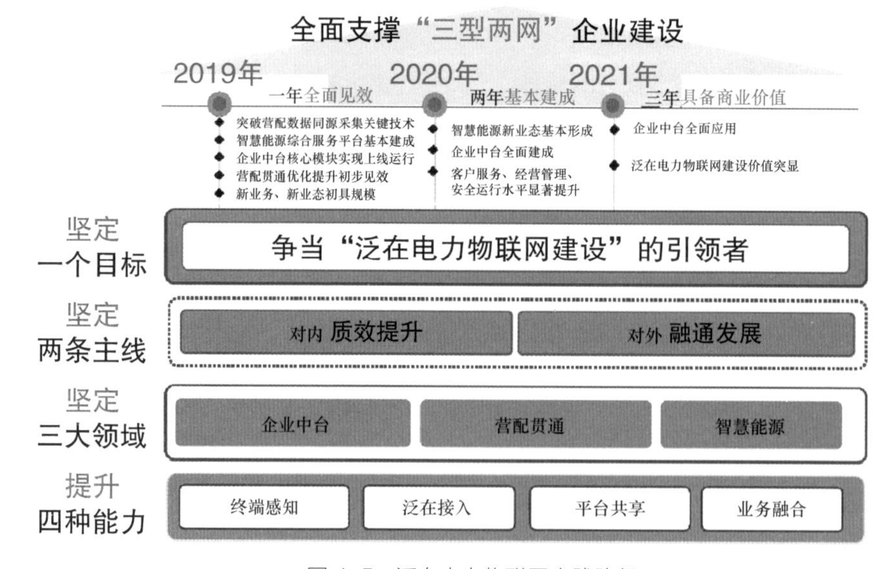

图 4–5 泛在电力物联网实践路径

1. 坚定一个目标：争当泛在电力物联网建设的引领者

按照泛在电力物联网在津“一年全面见效，两年基本建成，三年具备商业价值”的目标分阶段开展建设。一年全面见效：2019 年突破营配数据同源采集关键技术，智慧能源综合服务平台基本建成，企业中台核心模块上线运行，营配贯通优化提升初步见效，新业务、新业态初具规模。两年基本建成：2020 年推广营配贯通优化提升经验，智慧能源新业态基本形成，企业中台全面建成，客户服务、经营管理、安全运行水平显著提升。三年具备商业价值：2021 年精益化管理水平全面提升，智慧能源生态圈形成规模，企业中台全面应用，泛在电力物联网建设价值突显，“三型”企业建设初见成效。

2. 围绕两条主线：对内质效提升、对外融通发展

对内，以企业中台建设为重点，促进企业数字化转型，推动电网转型发展，实现高质量发展；优化管理流程，驱动业务变革，健全现代企业制度，培育持久动能。对外，以电网为枢纽，发挥平台和共享作用，以智慧能源综合服务平台为重点，为全行业和更多市场主体发展创造更大机遇，拓展新兴业务，提供价值服务。

3. 聚焦三大领域：企业中台、营配贯通、智慧能源

以企业中台为核心的基础平台是泛在电力物联网建设的基础，通过企业中台先行建设、快速迭代，为传统业务转型和新兴业务拓展提供强大的平台支撑。营配贯通是推动多业务部门数据共享的第一道关口，是提升电网运营效率和客户服务水平的关键，通过营配贯通实施，为同期线损、低压供电可靠性提升、可视化运维等内部业务提供重要的数据支撑。智慧能源是泛在电力物联网在客户侧的延伸，利用电网枢纽作用，搭建智慧能源服务平台，为综合能源服务等新业务拓展提供灵活的服务支撑。

4. 提升四种能力：终端感知能力、泛在接入能力、平台共享能力、业务融合能力

在感知层重点提升终端感知能力，对电网运行监测、智能终端等设备进行全息源端数据采集，满足上层业务应用需求。在网络层重点提升泛在接入能力，从骨干网、接入网两方面为数据流提供全面的物质承载基础，实现“云管边端”网络全覆盖。在平台层重点提升平台共享能力，建设涵盖数据中台、业务中台的企业中台，为应用层提供高效便捷的数据管理、决策分析、图像辨识等统一公共服务；对感知层和网络层进行统一物联管理，实现基于企业信息模型的各专业数据全景整合，实现对业务需求的灵活构建、快速迭代和敏捷响应。在应用层重点提升业务融合能力，为客户服务、企业运营、电网运行、新业务拓展提供应用支撑，实现数据融通，促进管理提升和业务转型。

（三）实施重点

在具体实施层面，分步骤、分阶段开展落地建设。实施重点是：感知层重点推进智慧物联，网络层重点强化通信网络，平台层重点构建企业中台，应用层重点打造业务管理应用体系。同时，大力夯实网络安全基础，强化专业协同和基层应用，着力促进源网荷储协同互动，推动智慧能源综合服务和能源大数据应用，构建能源互联网产业链。

1. 协同推进智慧物联

智慧物联体系的总体框架包括物联管理平台、边缘物联代理、各类型终端标准化接入及其保障体系、合作伙伴等内容，如图 4–6 所示。

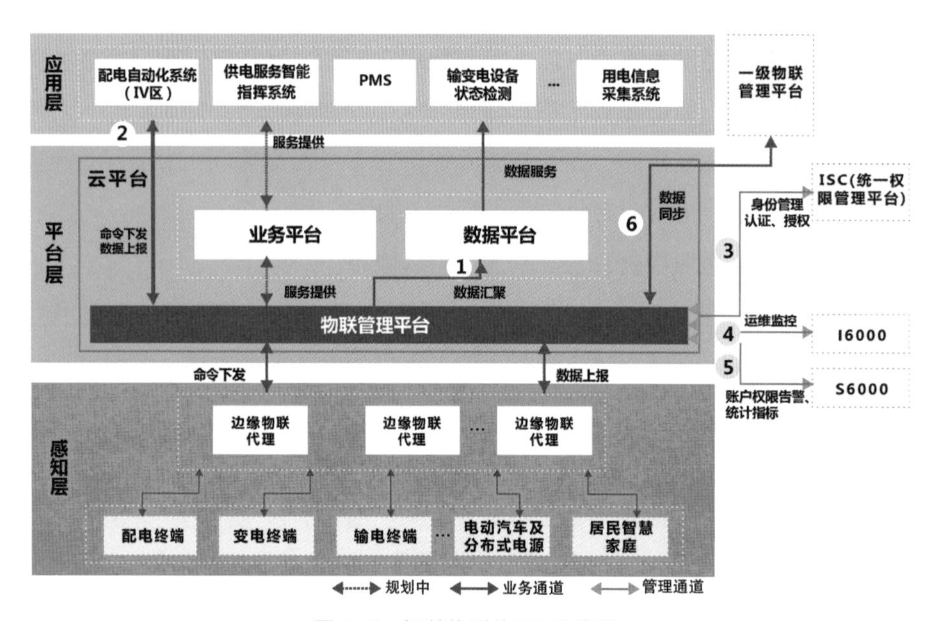

图 4–6　智慧物联体系目标架构

（1）构建智慧物联感知体系。

智慧物联感知传感体系包括采集（控制）终端、汇聚节点（汇聚终端）、边缘物联代理三类核心设备。采集（控制）终端主要部署在电源侧、电网侧、用户侧以及供应链等终端侧，对设备或客户的状态量、电气量和环境量等进行采集量测，具有数据处理、控制和通信功能。汇聚节点（汇聚终端）具有数据转发和数据汇聚功能，对输电线路或变电站数据进行汇聚和转发，具备阈值告警、趋势预警等简单边缘计算能力，可满足灵活组网和不同场景覆盖需求，兼容各类有线、无线等主流接口接入及协议。边缘物联代理作为智能化专有装置，部署于感知层的网络连接设备，实现采集终端与物联管理平台之间的互联、边缘计算及区域自治等功能。

（2）建设物联管理平台。

物联管理平台部署在云端，重点对企业各专业、各类型边缘物联代理和智能终端进行在线管理和远程运维，对各类型采集终端进行统一管理，主要包括设备管理、连接管理、应用商店、模型管理、数据处理等功能，重点满足输变电物联网、配电网物联网、综合能源服务三大应用场景数据接入需求。

2. 持续强化通信网络

（1）骨干通信网。

完成光传送网（OTN）和通信传输网业务承载，将现有骨干传输带宽由10G提升至400G。开展综合业务数据网改造，大幅提升网络数据承载能力和对新兴业务的承载能力，支撑泛在物联网数据交互。同步建设通信网网管系统，根据需求对各网管服务器实现多节点部署，提升网管可靠性；建设网管信息统一展示平台，实现全景监视，宏观上可监视通信网络整体运行情况，微观上体现具体业务、设备在网络中的运行状态，实现整体与局部动态联动，提升监视监测效率。

（2）终端接入网。

大规模推广量测系统宽带载波通信（HPLC）网络升级。充分发挥宽带载波通信带宽大、传输速率高的优点，基于统一物理层、数据链路层、应用层协议开发，实现不同芯片供应商的产品在同一网络下混合组网，保障混合组网通信效率。完成配电自动化“三遥”站点的光纤全覆盖，主要采用以太网无源光网络（EPON）和工业以太网交换机技术，承载控制类业务。紧密跟踪5G等先进通信技术的进展，开展基于5G的分布式配电自动化、分布式电源接入等试点工作。

3. 迭代打造企业中台

企业中台是一种实现企业核心资源共享化、服务化的理念和模式，整体架构如图4–7所示。从管理视角上能够破除系统建设的“部门级”壁垒，将资源、系统和数据上升为“企业级”，建立信息系统建设“企业级”统筹建设机制。从技术视角上强调“服务化”，对企业共性的业务和数据进行服务化处理，沉淀至企业中台，形成灵活、强大的共享服务能力，以微服务技术为基础，供前端业务应用构建或数据分析直接调用。企业中台包括业务中台和数据中台，业务中台主要沉淀和聚合业务共性资源，实现业务资源的共享和复用；数据中台主要汇聚企业全局数据资源，为前端应用提供统一的数据共享分析服务。

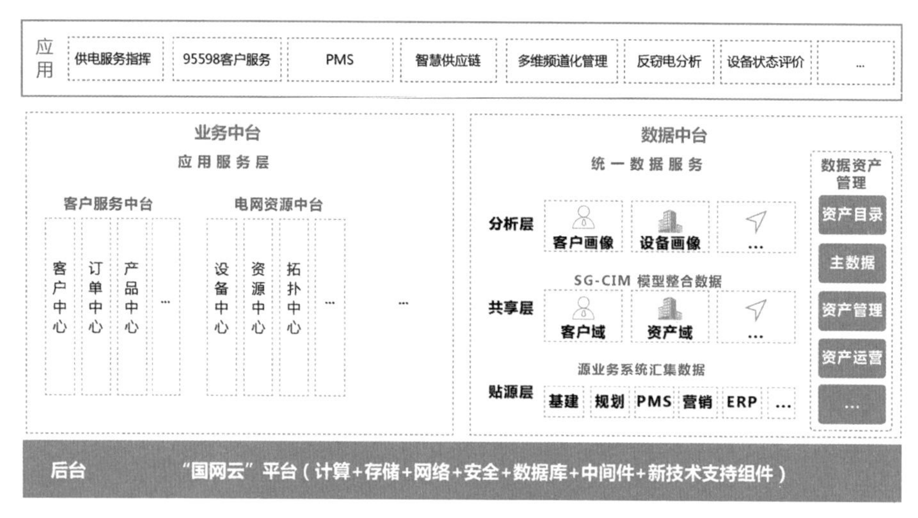

图 4-7 企业中台架构

（1）统一数据模型。

数据模型是企业中台建设的基础。主要采用国网公司统一数据模型（SG-CIM4.0）开展全域数据模型整合。基于现有源端业务系统，应用 SG-CIM4.0 物理模型和数据资源手册，梳理形成数据资产目录。结合营配贯通、多维精益、报表统一管理等重点工作任务开展本地数据清洗转换、数据质量核查等数据整合，支撑分析应用场景构建，促进模型深化应用。

（2）后台建设。

“国网云”平台具有计算、存储、网络、安全、数据库、组件等底层功能，将为企业平台提供强大的后台支撑。在现有数据中心基础上，全面完成云平台组件部署及扩容，重点业务系统迁移及云上部署，统一云管平台进行管理，构建完善运维、运营体系，实现平台架构坚强、支撑有力、响应敏捷，资源全局调度、灵活共享、高效应用，支撑应用及运维向“企业级”转变，提升业务创新和业态创新能力。

（3）数据中台建设。

以数据中台为核心推进企业中台建设。数据接入方面，实现源端数据实时接入及数据横向和纵向级联数据传输；数据存储计算方面，全面实现数据基于统一数据模型转换存储，支撑分析型应用批量计算、流计算及内存计算需求；数据服务方面，建成标准数据服务体系，提供安全、稳定、敏捷、友好、可控的数据开放共享服务，实现对数据服务统一访问；运营体系方面，完成运营团队组建，明确运营工作内容、组织方式、职责分工、配套机制及相关制度规范，全面建成数据中台运营体系。

（4）业务中台建设。

在数据中台基础上加快部署业务中台，围绕企业核心业务需求，沉淀企业共性业务和数据资源，迭代形成企业级共享服务，解决跨专业协同和数据共享难题，敏捷响应需求变化，快速支撑业务创新。业务中台主要包括客户服务中台和电网资源业务中台。客户服务中台主要是聚合客户服务资源、服务能力和渠道入口，融合跨专业流程，形成共享服务；电网资源业务中台主要是按照“模型统一、资源汇集、同源维护、共建共享”的原则，整合分散在各专业的电网设备、拓扑等数据，构建“电网一张图”。

4. 构建创新应用体系

在应用体系建设方面，以“两区两镇两中心”综合示范等工程建设为抓手，推动电网运行转型升级、企业经营质效提升，加快拓展客户服务能力。

（1）电网运行转型升级。

以营配贯通为基础，打造电网到用户信息连通的最后一公里，提升与用户紧密连接的中低压配电网数字化水平。建成输、变、配物联网，提高电网设备状态智能感知，提高电网的运维检修能力。通过源网荷储协调控制和友好互动手段，从电源调控转变为电源调控与负荷调控相结合，提升能源的优化配置能力。

（2）企业经营质效提升。

充分发挥企业中台的数据支撑、业务融合能力，在企业人力资源管理、资产管理、物资管理、规划建设等业务领域，通过实物 ID 应用、系统功能完善、全业务线上流转、内外网移动应用等方式，加强数据管理和流程管控，做好数据精细分析，以精益管理促进企业经营绩效提升。

（3）拓展客户服务能力。

联合政府建设城市能源大数据中心，促进能源市政数据归集与融合应用，辅助政府决策、企业经营、用户用能。以智慧能源服务平台建设为重点，推动综合能源服务、大数据运营、光伏云网、车联网、能源金融等新兴业务生态发展，促进上下游业务贯通，提升产业链协同能力。建设“网上国网”，以客户为中心，实现营销数据全面共享、业务全程在线，满足客户一次注册、“一网通办”，改善服务质量，提升客户参与度和满意度，促进光伏发电、电动汽车等新兴业务发展。

5. 同步夯实安全防护

统筹技防、人防、物防，夯实泛在电力物联网网络安全基础。收缩整合各类网络边界，减少网络暴露面，严守国网公司网络安全“三道防线”。在互联网大区建设统一互联网出口，禁止私设。加强第三方专线管理，设立第三方接入区，对政府、银行以及其他企业等第三方专线统一防护。建设网络安全分析室、网络与信息安全实验室，通过部署网络安全态势感知平台、攻击溯源平台等技防设备，结合流量、日志、资产等信息，深入研判各类攻击告警信息，及时发现威胁事件，发布网络安全预警。

第二节　基础平台建设

按照泛在电力物联网基础平台建设要求，统筹推进云、数据中台和物联管理平台建设，全面提升数据资源的接入整合、存储计算、共享分析、运营管理等能力，有效支撑电网业务和新兴业务的创新发展。

一、实施背景

“十二五”期间，国网天津电力建成了横向集成、纵向贯通的一体化信息平台，但随着泛在电力物联网新型业务形态的构建，电网业务部署模式正在发生巨大改变，传统的基础平台已经无法满足业务发展的需求，主要体现在四个方面。

（一）数据中心规模化、智能化、精益化需求日益迫切

数据中心是基础平台的物理基石。在能源流、业务流、数据流“多流合一”的背景下，泛在电力物联网建设对数据中心实时保障能力、专业服务品质要求越来越高，急需通过智能化手段提升系统运行保障能力，强化运行管理水平，全面实现 IT 信息基础环境的智能化、精益化，更高效地支撑电网生产和企业经营。

（二）传统信息化架构无法满足应用快速构建、建运一体需求

传统的物理服务器架构和资源池存在业务应用上线部署周期长、支撑业务负载变化能力差、响应业务需求变化慢、运维复杂度和成本较高等问题，无法满足“互联网 +”新业态要求。急需引入云技术，以满足资源调配弹性灵活、服务集成统一高效、应用开发快速便捷的需要，全面支撑泛在电力物联网建设。

（三）海量数据共享和融通困难制约电网企业数字化转型

随着泛在电力物联网理念的提出和发展，生产管理、社会服务等方面的海量数据接入需求及多样的业务创新随之激增，传统业务系统之间存在专业数据不共享、业务难融合的问题。急需建设企业级数据中台，突破传统架构存在的性能瓶颈，存储海量数据，提升现有业务处理速度，实现数据集中管理、统一服务，支撑多部门之间的数据交换。同时，将企业共性的数据进行服务化处理，沉淀至数据中台，形成灵活、强大的共享服务能力，助推数据高效运营和企业数字化转型。

（四）海量终端接入和信息采集需要标准化统一管理

传统业务模式下，各业务场景信息采集、状态监控设备种类多，部分功能和业务存在交叉重叠；采集数据类型和通信协议类型多、安全防护不一致，不同专业数据采集过程缺乏统一管理。急需打造全面感知、高效处理、应用灵活的企业级智慧物联体系，推进输变电、配用电、客户侧等“源—网—荷—储”各类型终端标准化接入和统一物联管理。

二、主要内容

为进一步提高基础平台运行、服务与管控水平，更高效地支撑电网生产和企业经营，国网天津电力于2019年10月建成投运海光寺数据中心。在海光寺云化区域搭建一体化“国网云”平台，构建了IT资源统一管理、最优配置、业务灵活部署的“一朵云”。以云平台为底座，构建企业中台和物联管理平台。其中，企业中台包括业务中台和数据中台，业务中台定位于为核心业务处理提供共享服务；数据中台定位于为各专业、各基层单位提供数据共享和分析应用服务；物联管理平台负责对物联设备的管理和数据采集，采集数据同步到数据中台。基础平台总体架构如图4-8所示。

（一）海光寺数据中心

海光寺数据中心部署微模块13套，机柜162面，可容纳1800台IT设备。数据中心整体分为A区和B区，其中A区定位于云化区域，主要用于云化业务应用部署，规划为三级等保区域；B区定位于外网、存储、网络、传统服务器区域。机房整体规划为传统架构区和云化架构区域，进一步完善了信息机房整体架构，充分满足泛在电力物联网终端数

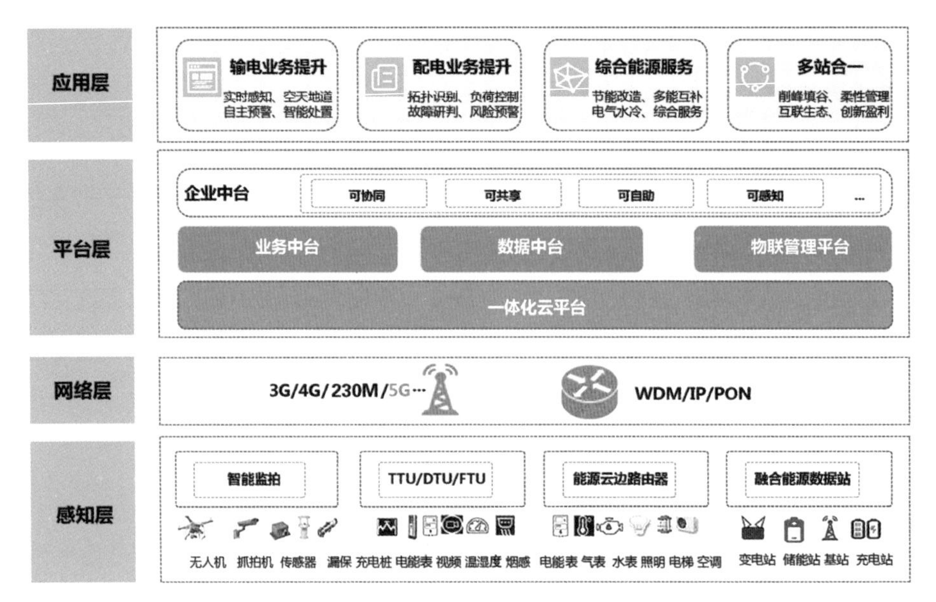

图 4-8　基础平台总体架构

据大带宽、大容量、大平台的接入需求。通过数据中台、物联管理平台、电网资源业务中台、客户服务业务中台等集中部署，实现泛在电力物联网的终端感知、电网运行、客户服务等海量数据在数据中心进行实时交互和处理，打通数据壁垒，满足多业务灵活部署需求，保障数据的高效应用和增值服务，为传统业务和泛在电力物联网新型业务开展提供安全可靠的数据平台。

（二）一体化“国网云”平台

一体化“国网云”平台为泛在电力物联网和信息化建设提供存储、计算、网络等基础资源，相比传统信息化架构更安全可靠、扩展性更好、运维管理更高效，具有信息系统自动化部署、存储和计算资源灵活配置、系统运行故障快速自愈、运行监控更集约等特点。

一体化“国网云”平台为业务应用、业务中台、数据中台、物联管理平台提供统一的运行支撑和基础资源，实现数据中台、物联网管理平台和各类业务应用快速上云；同时，提供云平台基础运营和运维能力，实现用户角色灵活分配、基础资源自动化纳管、业务应用自动化上云部署、自动化巡检等能力。一体化“国网云”平台整体能力如图 4-9 所示，主要包括基础设施服务、平台层服务、统一云管、运营管理、运维管理、安全服务、持续构建等七大能力。

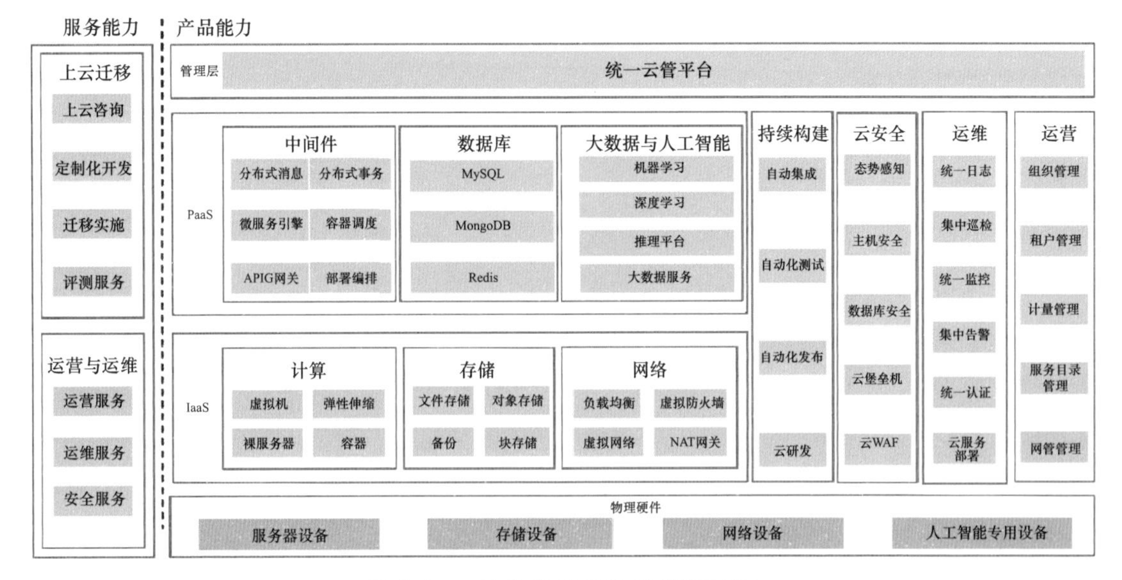

图 4-9 一体化“国网云”平台整体能力

基础架构即服务（IaaS）：该层是云平台的基础，由服务器、网络设备、存储磁盘等物理设备组成，为上云业务应用和技术组件提供运行所需的基础资源环境。运行过程中，云平台基础资源会根据业务应用的实时运行要求动态伸缩调整存储、计算和网络等资源。

平台即服务（PaaS）：该层提供对基础资源和服务的访问通道和平台，为各类业务应用提供上云的自动化部署、弹性伸缩、日志、监控、数据库和组件应用等服务。主要包括中间件服务、数据库服务、大数据服务等，其中中间件服务包括消息服务、容器调度、微服务管理、消息中间件、分布式缓存、接口网关等。数据库服务包括关系型数据库（MySQL）和非关系型数据库（MongoDB、Redis）等数据库服务。平台即服务层为业务应用提供中间件和数据库的部署环境的搭建和管理，业务应用无须像传统信息架构那样再进行中间件、数据库等方面的日常运行和运维。

统一云管平台：该层是整个云平台的唯一入口，管理员、业务系统用户和运维人员都要通过此入口登录到云平台。统一云管平台为各类用户角色提供云平台服务目录，管理员和业务系统用户通过操作服务目录来调用云平台服务，运维人员通过服务目录导航到云平台运维页面进行云平台的自动化巡检和日常维护。

运营管理：该模块主要实现云平台租户、用户角色、资源权限和统计、配额等一系列日常管理工作。运营管理模块通过统一的运营门户入口来实现，主要提供云服务申请，同时支持虚拟化数据中心（VDC）管理（即通过虚拟化技术将物理资源抽象整合，动态分配和调度资源，提高资源利用能力和服务可靠性）、租户管理、服务目录、服务控制台、计量等运营管理等功能。

运维管理：该模块是最大限度地方便运维人员更便捷、高效地管理、运维整个平台，主要包括资源管理、告警管理、拓扑管理、性能管理以及统计报表等功能，主要提供从基础资源、平台组件、云上应用到日志、监控、巡检等一系列整体运维能力。

云平台安全：包括云平台边界安全防护和云平台侧的安全防护，主要有态势感知（主要作用是实时监控和感知整个云平台的安全动态）、数据库安全、虚拟防火墙（主要用于子网安全防护）、云 WAF（云网站应用防火墙，可以防止恶意访问者攻击入侵网站）、云堡垒机（云服务器运维的唯一入口，实现运维访问安全控制）等安全服务。

持续构建：该能力主要针对应用开发、部署和运维一体化，主要包括代码托管、代码检查、流水线、编译、构建、部署、测试、发布等，覆盖软件交付的全寿命周期，从需求下发到代码提交与编译，测试与验证到部署与运维，打通软件交付的完整路径，提供软件研发端到端支持。

（三）数据中台

以业务需求为导向，构建企业级数据中台，可为各专业应用提供统一、高效的数据共享服务和分析决策服务。数据中台能力如图 4-10 所示，重点围绕数据接入整合、数据存储计算与分析、数据服务、数据资产管理和数据运营管理五个方面开展建设。

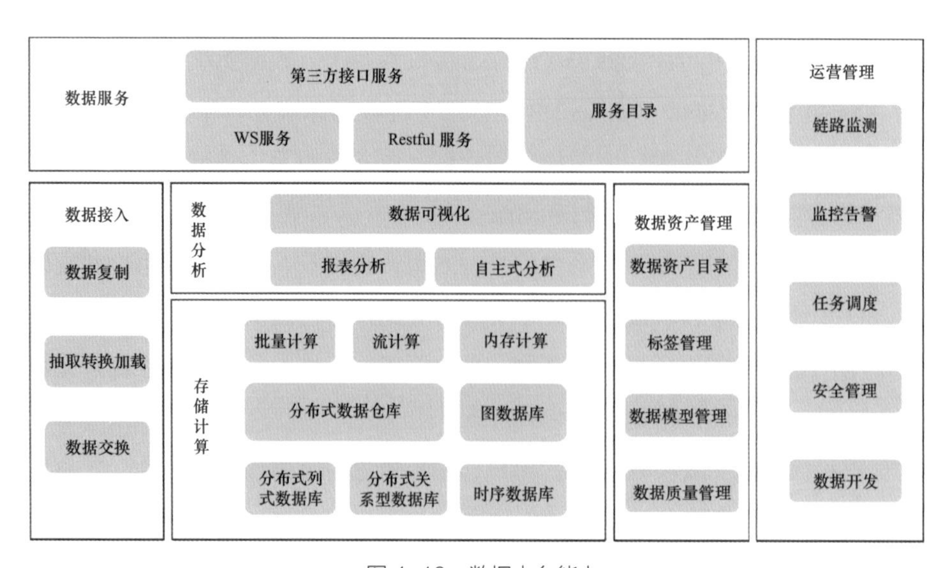

图 4-10　数据中台能力

数据接入整合：负责支撑全量、增量、实时数据采集，支持结构化、非结构化和量测类数据的接入。

数据存储计算：包括分布式数据库和大数据平台，提供海量数据的存储、计算能力。

数据资产管理：包含数据资产目录、数据质量管理、元数据管理、标签管理、模型管理等相关的产品和服务，实现对贴源层、共享层、分析层数据资产的统一管理，确保数据在共享和使用过程中的完整性、准确性、一致性。

数据运营管理：包含基于统一的运营管理体系实现数据开发、链路监测、任务调度、统一监控和数据安全等相关的产品和服务。

数据服务：数据中台的数据可以以 Restful、WebService 等 API 接口形式在对外服务平台上注册、发布，第三方应用以订阅的方式对服务进行访问。

按照数据中台五大能力，重点开展以下 8 项建设工作：

（1）贴源层数据接入汇聚。根据数据接入标准化流程，各业务系统、业务中台、物联管理平台等作为数据源全量授权与接入贴源层，分级分批逐步实现数据全量接入汇聚。贴源层数据与源业务系统数据结构保持一致，长期保存历史数据，支撑共享层及以上各层数据溯源，屏蔽源系统数据变化影响。

（2）共享层数据整合转换。根据业务部门应用场景需求，基于 SG-CIM4.0 模型标准，按需开展模型部署，将贴源层数据进行整合、转换，形成标准化明细数据存储于共享层；通过数据模型验证、模型部署、数据清洗转换、数据质量管理和应用场景构建等工作，实现模型标准落地应用。

（3）分析层数据标签化及实体画像。基于共享层汇聚整合的各专业数据，结合业务应用需求，在分析层开展分析模型、数据标签及画像构建。原则上，数据中台不提供源数据，仅提供数据服务或数据分析结果。

（4）统一数据模型管理。基于 SG-CIM4.0 设计成果，结合统建业务应用需求，组织开展本地数据溯源和物理模型扩充完善设计，并将设计成果上报，实现两级模型协同。

（5）数据资源目录构建与运营。利用数据资源目录元数据采集工具实现在线、自动化元数据采集，形成全量数据资源目录。通过常态运营维护和专项运营两种方式，推动数据资源目录的不断优化完善，实现全量数据资源的可视、可查、可溯源。

（6）数据服务构建与目录管理。利用数据中台的数据接入、整合转换、分析计算等能力，快速构建易查找、可复用、标准化、规范化的数据服务；通过分类、编码、标准化等方法进行梳理，研究形成企业数据服务目录，为企业内外部提供数据服务检索，实现数据服务可视、可查、可管，建成数据服务目录常态管理运营机制，实现对数据服务目录构建、发布、维护、更新的全寿命周期管理。

（7）数据质量管理。从数据源端抓起，围绕具体应用场景，对数据流转全过程进行监控，重点监控数据完整性、一致性、准确性、及时性等，制定并动态配置数据质量规则，形成动态构建质量核查规则库；动态创建质量核查任务，根据调度策略，执行核查任务，生成数据质量分析报告和改进建议。根据各阶段数据质量问题，动态更新数据校验规则，按策略推进数据治理。

（8）数据商品化及运营。依托能源大数据中心，运用海量数据，探索新型商业化数据运营模式，创造商业价值。

（四）物联管理平台

物联管理平台以业务需求为导向，全面开展端侧设备接入和管理，对各类型边缘物联代理和智能终端进行在线管理和远程运维。通过统一物联信息模型，汇聚各类型采集感知数据，进行模型转换和数据预处理。在此基础上，构建业务应用体系，推动各类业务场景端侧设备的安全接入，打破各业务系统之间数据采集和共享壁垒，支撑各类业务数据统一管理。物联管理平台具有南向接入（设备接入）、北向能力开放（平台对接）、平台功能、运维管理四大类功能，如图 4-11 所示。

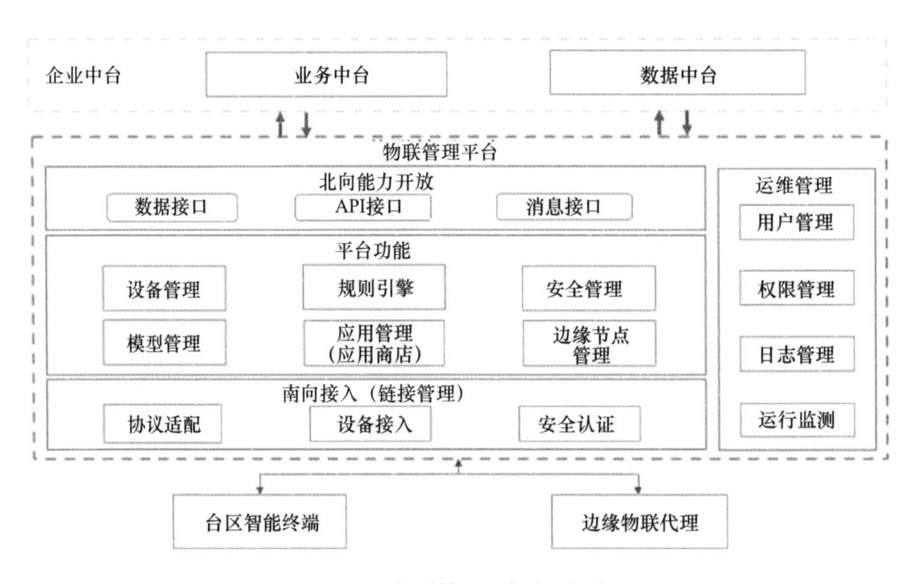

图 4-11　物联管理平台建设架构

南向接入：即向下连接海量设备，具有安全可靠的连接通信能力，支持 MQTT/CoAP 等协议，端侧设备可以使用 MQTT 协议或集成设备端 SDK 将设备接入物联管理平台，实现消息上报和指令下发。

北向能力开放：即向上对接相关系统平台，通过消息接口、API 接口等方式开放数据，实现采集数据开放及设备的控制指令下发功能。

平台功能：包含设备管理、模型管理、应用管理、规则引擎、安全管理、边缘节点管理，提供端侧设备管理、软件远程升级、容器及应用管理等功能。

运维管理：包含用户管理、权限管理、运行监测、日志管理等，提供可视化界面展现和管理设备状态查询、信息统计、用户管理等功能。

三、实施成效

1. 数据中心基础支撑能力大幅提升

海光寺数据中心是国网天津电力近年来建成的规模最大的机房，整体数据存储能力可达到 10PB 级别，较现有的存储能力提升 100 倍，后备电源支撑时长扩展到 2 个小时以上。数据中心部署了智能面部识别门禁管理、3D 可视化智能管理平台、封闭冷通道等技术的应用，实现了数据中心的安全性、可靠性和能源利用效率大幅提升，为数据中心安全稳定运行提供了坚实保障。

2. 数据资源调配管理水平大幅提升

建设的云和数据中台基础平台，可提供 1288 物理核、10900G 内存的计算能力，150TB 业务数据存储能力，实现 IT 信息化建设、应用及运维向“企业级”转变。资源调配更加弹性灵活，实现了 IT 资源的统一管理、弹性调配、智能化服务、自动化运维，满足业务系统一键部署、弹性伸缩和故障自愈的需要。服务集成更加统一高效，构建服务的统一注册、发布与运行环境，实现了分布式服务集成，为“多场景、微应用”提供支撑。应用开发更加快速便捷，提供应用在线开发、测试和发布全过程服务能力，支撑微应用、移动应用建设，实现了应用“云端开发、敏捷交付、灰度发布”。数据运营管理更加高效，促进了大数据在电网企业的应用价值，提升运营管理水平，满足各专业、各基层单位和外部合作伙伴提供敏捷开放的数据分析和共享服务，提升了企业智慧运营和新业务创新能力。数据共享更加开放，在统一的数据中心数据分析域平台基础上构建统一的数据决策管理，能够避免数据处理、智能决策系统的重复建设，节约各业务部门建设成本。

3. 智慧物联体系基本形成

通过物联管理平台建设，支撑企业对各类边缘物联代理和端侧设备进行统一管理，实现了对设备的远程调试、远程监控和远程维护，有效促进了智能设备运行维护管理水平提升，实现了采集装置、通信资源、边缘计算、数据资源跨专业复用并推进各专业共建共享。平台的设备接入能力、边缘计算应用管理能力、模型解析能力、业务编排能力和远程设备运维能力均得到了大幅提升。

第三节　营配贯通优化提升

营配贯通作为基础数据保障，是提升电网运营效率和客户服务水平的关键，将有力推动“电网一张图、数据一个源、业务一条线”，为泛在电力物联网建设提供有力支撑。营配贯通优化提升是泛在电力物联网建设初期需要先手突破的重点领域。

一、实施背景

营配贯通就是要将营销数据（主要是用户电能表数据及用户信息）、配电（网）数据这两类分布在电网企业不同业务部门、不同信息系统中的数据系统性地关联起来，在地理信息系统上绘制出贯通高压变电站、线路、配电变压器、用户电能表的电气连接拓扑，从而实现从输电网一直延伸到用户的“全网一张图”，打通泛在电力物联网数据贯通的“最后一公里”。由于电力用户规模大、分布广，配电网设备庞杂、拓扑随城市建设而动态调整，实现全网营配贯通面临诸多技术和管理上的挑战。

自 2012 年以来，国网天津电力在城南公司打造营配贯通试点，结合运检、营销、调控专业数据异动、线损管理、用电采集、配电自动化等业务持续开展营配贯通工作。2017 年，在城南公司、滨海公司等所属供电单位开展业务集约融合，成立市区、市郊供电服务中心，实现网格化管理和台区经理制；成立供电服务指挥中心，实现基础数据集中管控、营配业务末端融合，从基础数据和业务应用两方面持续提升营配贯通水平。

针对泛在电力物联网建设的新要求，为进一步推动营配贯通深化提升，从数据模型、存量数据、增量数据、业务应用、管理体系等五个角度开展了广泛调研和深入分析，梳理出营配贯通领域尚存在的问题主要包括以下五个方面。

1. 营配基础数据模型不完善，缺少统一数据标准

长期以来的专业化管理模式导致营配调各部门间条块化现象明显，不同专业在业务系统建设、数据模型搭建上标准不同。不同专业关注点存在差异，业务系统存在"信息孤岛"，导致营配基础数据缺少统一完整的数据模型、设备信息无统一维护标准，阻碍"数据一个源、电网一张图、业务一条线"的实现。

2. 营配贯通存量数据质量尚需提升

经过多年营配贯通基础数据治理，10 千伏中压"站—线—变"拓扑关系相对准确，0.4 千伏低压"变—户"质量提升明显。但是，部分台区，尤其是平房、底商区域，"变—箱—户"关系以及设备地理位置与现场实际不一致，存量数据质量尚无法有效支撑营配协同业务深入开展。

3. 营配贯通增量数据缺乏规范管控

在现有业务信息系统条件下，缺少固化的基于统一数据模型的线上流程，主要依靠线下方式实现营配数据异动流程跨专业、跨系统流转。但营配调各专业协同性不足，跨专业联动不够，营配增量数据缺乏规范标准管控，导致营配贯通从源端产生增量数据质量问题。

4. 营配数据价值挖掘不够，应用深度不足

目前营配贯通工作更多的管理重点放在不同业务信息系统之间的数据对应性，但对统一数据的应用较少。营配数据应用场合单一、应用深度广度不够，停电信息分析到户等业务应用开展深度不足，导致运检、营销工作人员对营配贯通数据质量关注不够，难以依托应用迭代维持和提升营配贯通水平。

5. 营配贯通缺少全方位长效管理

长期以来，营配数据仅依靠营销专业营配调贯通管理成效指标进行管控，管理手段单一，管理力度薄弱，营配数据异动机制缺少过程管控、数据质量缺少有效校验手段、基础数据缺少闭环稽查管控。

新形势下，电网企业精益管理和优质服务水平面临新的挑战，这对营配贯通工作提出了更高要求，需要进一步加强营配调专业协同，打造共享、交互的信息化系统平台，实现营配调各专业数据信息精准、高效贯通，推进台区线损治理、故障抢修可视化、停电信息精准推送、低压可靠性提升等基础工作，以便有效提升企业精益化管理水平、客户供电服务能力和平台支撑共享能力。

二、主要内容

营配贯通主要思路是“定标准、去存量、控增量、促应用、建体系”，如图 4–12 所示。统一规范营配模型与数据标准，形成标准化工作模式；全面开展存量数据治理，形成全过程闭环管控模式；建立增量数据规范准入机制，确保营配数据“前清、后不乱”；持续深化应用营配贯通数据成果，以应用倒逼营配全量数据质量提升；建设营配数据全面质量管理体系，实现营配贯通水平长效提升。此外，创新性融入智能移动作业方式，实施营配贯通标准化、精益化、全方位创新管理与实践，有效优化基础数据质量，提升营配贯通管理水平。

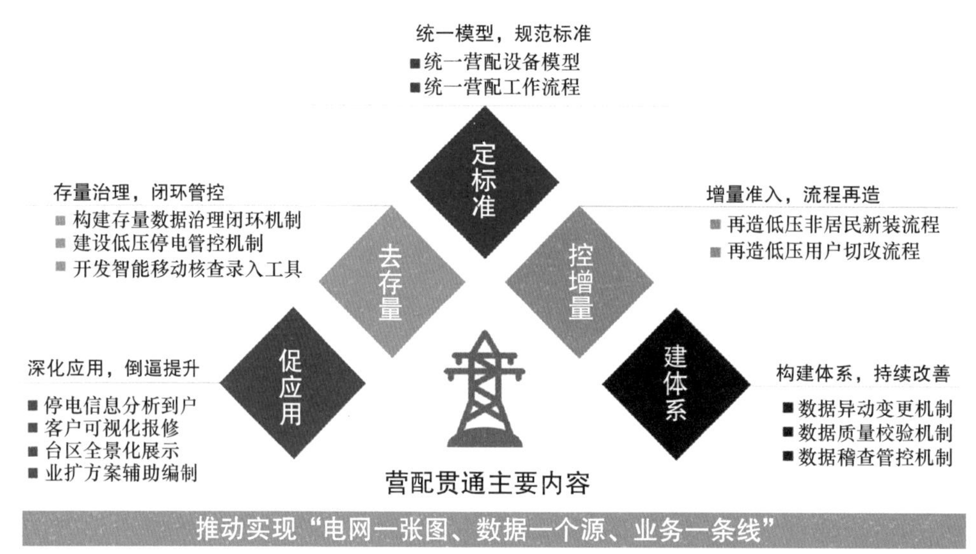

图 4–12　营配贯通主要思路

（一）统一完善营配数据模型，规范工作标准

1. 统一营配设备模型

遵循 SG–CIM4.0 标准，结合现场实际，围绕统一营配数据模型，建立“变压器—配总—低压配电开关—低压配电箱及隔离开关（末基低压杆塔及分线盒）—用户接入点—计量箱—用户”的完整拓扑结构；对每类设备，从设备定义、设备命名规范、拓扑关系维护标准、地理图形维护标准四个方面进行规范，从而形成统一的营配贯通低压数据模型。

2. 统一营配贯通工作流程，建立标准化作业模式

对营配贯通工作流程进行统一规范，细化分解成 3 大项、12 小项作业任务，对每类

任务细化作业步骤与作业方法，制定标准化核查资料、现场核查标准化作业指导书以及标准化系统数据治理指南，形成标准化作业模式，提高现场核查人员与数据治理人员作业规范程度，提升营配贯通工作可复制性、可控性。营配贯通标准化工作流程如图 4–13 所示。

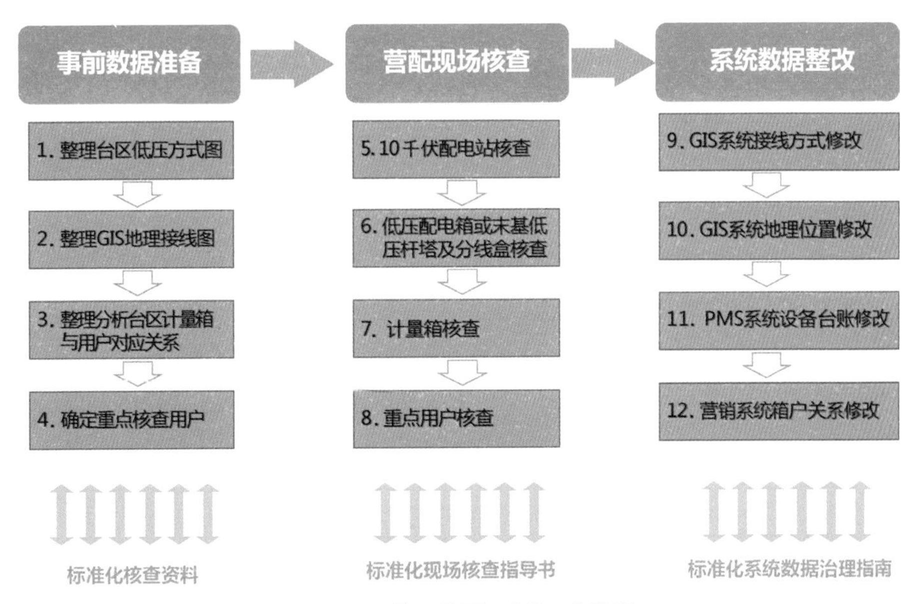

图 4–13 营配贯通标准化工作流程

（二）开展存量数据治理，实现全过程闭环管控

1. 构建营配贯通存量数据治理的闭环工作机制

按照计划—试验—实施—检查—改进五个阶段开展数据治理。计划阶段，按照营配贯通工作目标，倒排工期，按不同工作阶段、治理区域明确总体节点计划，以周为单位明确具体实施计划。试验阶段，试点先行先试，选取高可靠性供电区域作为试点示范区域，从示范区入手，对平房、多层、高层、底商等四类典型用户开展试验，检验提升数据模型与工作流程可操作性，固化工作方式。实施阶段，由示范区展开至其他区域，以周为单位具体实施存量数据治理，将治理完成台区形成营配贯通台区公示周看板，将遗留问题加入“营配贯通台区与用户问题集”。检查阶段，结合台区线损、营配调贯通管理成效周指标等手段对营配贯通公示台区“变—箱—户”营配贯通一致率进行检查。改进阶段，对营配贯通问题集中台区与用户进行查缺补漏，采用阻波式台区识别仪等技术手段，充分利用抢修改造等停电机会，校验台区“箱—户”关系，持续改进存量数据质量。

2. 建设低压停电管控机制

针对营配贯通台区用户，特别是问题集用户，建立低压停电管控机制。供电服务中心充分利用故障抢修处缺、计划停电等时机，采用分步分路送电方式，对"变压器—低压开关—低压开关箱隔离开关—用户"关系开展校核验证，以校核结果开展营配数据现场一致性整改，形成低压停电校核管控机制。

3. 创新作业方式，开发营配智能移动核查录入工具

针对传统营配贯通数据治理存在的问题，加强技术创新，开发新型移动智能核查录入工具，应用移动作业终端开展现场设备信息采集，精准定位开关箱、计量箱位置，精确核实"变—箱—户"关系，实现拓扑核查、设备信息、位置采录、影像采录同步完成。完成现场信息采录后，直接应用营配数据核查整理工具，将现场采录信息高效导入系统，实现GIS图形自动沿布、设备台账自动生成。

（三）建立增量数据规范准入机制，源端消除错误问题

1. 再造低压非居民新装流程

根据存量数据治理结果分析，营配贯通超过80%的问题集中在低压非居民用户。为从源头解决低压非居民用户系统信息与现场不一致的问题，对低压非居民新装流程重新规范，由供电服务指挥中心开展流程管控，解决由于低压开关箱电缆走向牌缺少绝大部分低压非居民用户标识，非居民用户计量表计寻找难度高问题。

2. 再造低压用户切改流程

根据低压用户不同变更类型，对切改流程进行细化规范，解决低压用户切改存在营销业务系统"台区—用户"关系变更后，未同步修改营销"计量箱—用户"、GIS系统"变压器—计量箱"关系问题，避免切改流程不完整，营配变更不一致。

（四）深化应用营配贯通成果，以应用倒逼营配全量数据质量提升

在推进营配业务协同应用的同时，按照"数据服务应用，应用校验数据"的思路，以应用校验营配数据，倒逼数据质量持续提升。典型应用场景如下。

应用场景一：停电信息分析到户

依托供电服务指挥系统，形成停电影响用户清单，通过掌上电力客户端、微信公众号、短信等渠道将停电信息精准推送到户，根据客户对停电通知准确性、停送电执行时间的反馈，核查变—户关系、客户联系方式、客户用电地址等基础数据质量，持续提升营配

数据准确性。

应用场景二：客户可视化报修

对外完善“网上国网”APP停电报修可视化功能和地图服务功能应用，支持客户通过客户编号、地图坐标、用电地址、智能电能表条码等信息进行停电报修和抢修服务过程评价；对内应用客户报修地理信息，在供电服务指挥系统部署故障地点精准定位、故障信息精准研判、抢修工单智能派发功能，提升抢修人员现场作业效率，提升客户报修一次解决率。

应用场景三：台区全景化展示

综合台区到户所有数据治理、全方位指标监测、用户管理与异常信息在线监测等数据信息，形成台区全景图形化展示。通过台区可视化展示，精准掌握台区在线运行情况与台区基础信息，利用大数据分析技术，多维度分析台区基本属性、台区关系属性、台区运行特征、台区供电可靠性、台区电能质量、台区服务水平、台区经济效益等数据信息，为供电服务指挥中心提供全方位监控和台区经理单台区管控手段，实现台区在线精益化管理。

应用场景四：业扩方案辅助编制

基于“电网一张图”，应用配网设备标准化物料和典型供电方案设计，在营销业务应用系统和营销移动作业应用开发供电方案及工程造价估算编制功能，整理完善基础数据需求、系统集成方式、数据处理流程、信息安全防护设计等内容，形成功能设计方案、信息系统设计文档等材料，依托移动作业终端，开展业扩方案辅助编制，助力营商环境优化。

以实体化供电服务指挥中心为载体，依托停电信息、故障研判、客户报修、台区展示等应用，检验营配贯通工作质量，及时发现营配基础数据质量问题，形成营配贯通验证评价闭环管理机制，以应用倒逼全量数据质量持续提升。营配贯通验证评价机制如图4-14所示。

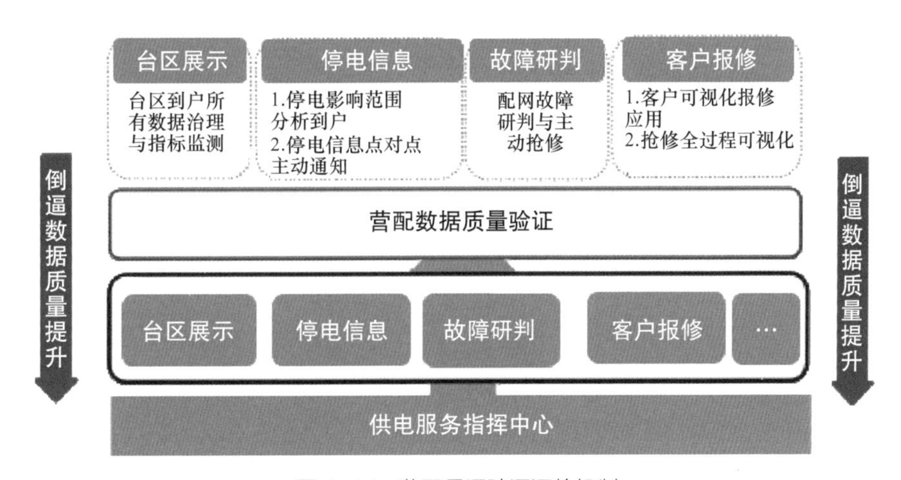

图4-14　营配贯通验证评价机制

（五）构建营配数据全面质量管理体系

为解决数据流程不贯通、营配工作缺少长效管理的问题，依托供电服务指挥中心，构建包括营配数据异动变更机制、营配数据质量校验机制、营配数据常态化稽查管控机制等在内的全面质量管理体系，持续提升营配全量数据质量。

1. 营配数据异动变更机制

目前配电侧数据异动来源主要包括 10 千伏以及 0.4 千伏技改、大修、电网改造、异常台区治理以及抢修处缺等。营销侧数据异动来源主要包括：业扩报装，包括高压新装、高压增容、低压居民新装与增容、低压非居民新装与增容、低压批量新装、装表临时用电等业务；用户乙类业务，包括销户、减容、迁址、暂停、暂换、更名等变更用电业务。

经梳理，数据异动来源包括配电侧 5 项业务，营销侧 23 类业务。根据数据异动信息来源，规范 10 千伏配网设备异动、0.4 千伏配网设备异动、10 千伏业扩交互异动、0.4 千伏业扩交互异动和营销乙类业务共五类营配数据异动流程，形成跨专业、全电压等级的营配基础数据异动流程体系，建立营配数据异动变更机制；明确部门职责分工，确定业务流程环节归属，确保基础数据同源维护，异动流程贯通交互；明确流程环节时限要求，从流程保证营配系统数据及时变更、同步更新；明确数据异动入归口管理部门，统一协调流程，确保数据异动进度与质量可控。

2. 营配数据质量校验机制

对于数据异动变更，建立增量数据全面校验机制，从数据规范性、合理性、一致性等方面出发，结合线损合格率，健全校验规则，实现增量数据质量校验。

依托数据异动流程，建立流程内数据维护质量自动强制校验，对图数一致性、图形拓扑联通性、台区供电半径合理性等方面进行校验。

在营配异动流程归档前，加入校验环节，对营配系统间高压用户“站—线—变—户”一致率、低压用户“变—户”一致率、计量箱“变—户”一致率、计量箱—接入点关系属性等方面进行即时校验。

结合线损管理、电压监控、用电采集等工作，建立数据辅助校验，对线损合格性、电压曲线分布合理性等方面进行辅助校验。

3. 营配数据常态化稽查管控机制

加强设备台账错误、用户档案信息错误、图形拓扑关系错误、营配数据不一致等基础数据异常问题稽查、督办，形成营配数据稽查治理工单，建立基础数据闭环整改机制。

依托供电服务指挥系统，建立全过程营配调基础数据异动流程管控机制，通过指挥系统异动流程透明化，对异动流程关键环节进行监测，及时发现流程梗阻环节，开展催督办与整改。

以10千伏同期线损、台区线路、营配调贯通管理成效等指标为导向，对营配数据质量开展全面分析，及时发现图形拓扑关系错误、图模属性关系错误、高低压用户营配不一致等问题。

结合供电服务指挥中心停电信息报送、95598工单分析、配变异常监控、采集监控、频繁停电监测分析、可开放容量计算等业务开展，建立指挥中心横向贯通工作模式，总结发现各业务运转过程错误数据，及时发现营配数据异常问题。

协同营配调专业，不定期开展数据现场抽查，以点带面，发现营配数据存在问题。

三、实施成效

通过持续深化营配贯通业务应用，拓展桌面端、移动端、互联网端应用，以应用不断倒逼基础数据质量提升，实现对内管理精益化、对外服务可视化、移动作业智能化，增强对用户诉求的主动服务能力，有效提升客户服务水平与配网运营效率。

（一）基础数据质量显著改善

通过开展营配存量数据治理，健全增量数据规范准入机制，有效改善了基础数据质量，GIS系统设备地理定位准确率、拓扑连接关系准确率，地理图形规范性、准确率，营销业务系统“箱—户”规范率，营配系统低压“变—户”一致率均得到明显提升。通过基础数据治理工作，重点示范区“变—箱—户”准确率提升至98.7%，2019年内实现天津城市核心区全域“站—线—变”准确率达到100%，“变—箱—户”准确率不低于96%。开展增量数据规范准入流程以来，营配增量数据维护及时率与准确率均达到100%。存量数据质量显著改善、增量数据及时准确维护，有效支撑“数据一个源、电网一张图、业务一条线”的泛在电力物联网建设与应用。

（二）营配贯通管理水平全面提升

统一完善营配数据模型，形成《营配贯通数据标准》与存量数据治理标准化作业模式；创新作业方式，开发智能移动核查录入工具，营配贯通存量数据治理时间压降85%，有效提升营配贯通工作效率。建立增量数据规范准入机制，形成《低压用户变户关系变更操作指南》；建立营配数据全面质量管理体系，实现营配贯通全方位长效管理。

（三）改善服务质量与提升运营效益成效明显

通过夯实营配贯通数据质量、提升营配业务协同应用水平，打造营配贯通多维业务应用，全面提升配网运营效率效益、客户服务水平与企业核心竞争力。在国网天津城南公司开展的系列试点应用，推动了台区可视化管控，改变了台区经理传统作业方式，可实时掌握台区异常信息，实现台区在线精益化管理，台区线损合格率由年初 58.44% 提升至 80.20%。推广客户可视化报修，实现抢修进程、人员信息、地理位置等信息即时采集与共享，客户服务满意率达到 99.43%，同比提升 1.18 个百分点。推广停电信息分析到户，实现客户服务精准指挥，客户投诉工单数量同比下降 75.6%。开展业扩方案辅助编制，依托移动作业终端，提升现场服务水平。完成单个台区的数据治理时间由 10 个小时缩短到 1.5 个小时。

第四节　城市能源大数据中心

能源数据大多采集于用户侧法定计量装置，具有数据准确度高、覆盖面广、类型多样、与社会经济发展紧密联系等特征。对能源大数据的分析是准确把握能源供销格局、洞悉经济社会发展态势、延伸电网服务能力的重要手段。能源大数据中心基于“互联网 +”理念，满足城市能源变革实际需求，融合城市交通、建筑、工业、天气、宏观经济等不同品类、主体的能源数据，构建“开放、智能、互动、高效”的城市多类能源数据基础支撑与综合服务平台。

一、实施背景

近年来，天津市出台多条关于促进大数据发展应用的政策法规，为能源大数据中心建设提供了政策支持；同时天津市政府建立了信息资源统一共享平台，为能源大数据中心建设奠定了数据汇集及应用基础。天津市能源企业已积累海量能源数据，并实现如“居民水费缴纳、报修”“能源监测管理平台”等典型成果，为能源大数据中心构建实施提供了良好支撑。但是，从全市范围内看，能源领域的信息化建设、能源数据管理、能源大数据应用还存在以下问题和需求。①标准规范不统一。能源数据管理缺乏统一模型规范与集成标准。如电、水、气、热等能源客户无统一标识对应关联。②共享渠道不畅通。各类能源数据共享交互需求迫切，但尚未建立安全、高效的信息融通渠道，城市运营管理与能源监控管理之间缺乏汇聚融合平台。③共享机制不健全。政务数据共享相关法规、政策正逐步完善，但能源数据分散在多个企业，相关共享法律法规、体制机制尚未建立。④物联基础待提升。非电能量数据采集覆盖率低，存储分散，集成应用低效，仍存在线下表格方式提供数据的情况。各能源企业独立建设能源物联网，建设成本较高、覆盖范围较低、技术能力不足、运行核查烦琐。⑤对外服务不统一。各类能源数据对外提报没有统一服务出口支持，同一能源数据需要重复提供给不同需求方。

天津市高度重视能源大数据中心建设，将其纳入政府重点工作，形成了由市发改委、市委网信办牵头，国网天津电力具体承建，各委（办、局）、能源企业参与的联合共建机制。按照“一年试点突破，两年初步建成，三年全面推广，长期打造产业生态”的建设规划，力求打造天津智慧城市能源智慧大脑。

二、主要内容

（一）总体思路

天津市能源大数据中心秉承“以泛在物联、标准统一为基础，以数据汇聚、精准赋能为方向”的建设理念，按照“一中心，两主线，三平台，四需求，五模式”设计总体功能架构，如图 4-15 所示。

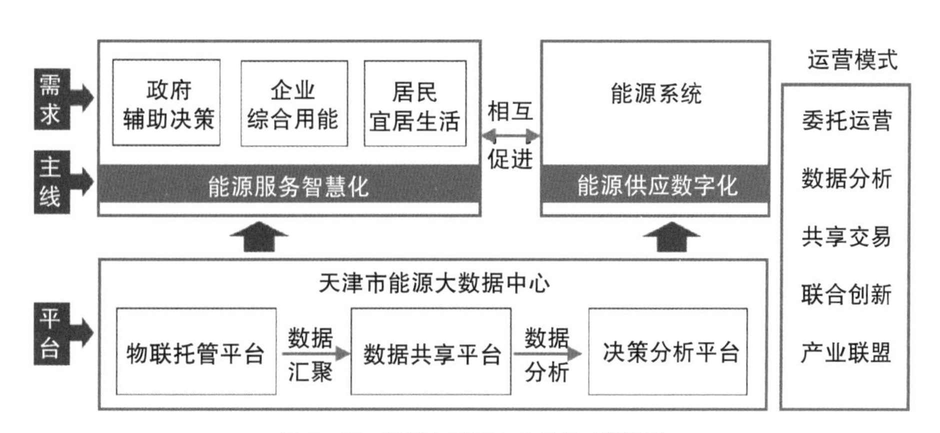

图 4-15　能源大数据中心总体功能架构

一个中心：建设能源大数据中心。融通多源数据，构建业务场景，强化数据挖掘分析，服务政府决策，服务产业升级、服务社会发展。

两条主线：紧抓“为政府等客户提供智慧能源服务”“为以电力为中心的能源行业发展提供更广泛数据支撑”两条服务主线。通过智慧能源服务做精、做实智慧能源互联网应用服务；通过数字驱动服务助力天津市城市大脑，为城市多个领域提供数据挖掘分析、智慧物联应用等服务。

三大平台：打造物联托管、数据共享、决策分析三大平台。依托物联托管平台支持物联感知数据接入，依托数据共享台支持多源数据的汇聚、存储和分析，依托决策分析平台支持数据服务的运营。

四方需求：满足政府部门、企业、居民、能源系统多方用户需求。通过三大平台，汇聚政府、能源、城市其他领域相关数据，联合天津市信息资源统一共享平台，为政府部门、企业、居民、能源系统提供全方位、高价值的服务。

五个运营模式：建立委托运营、数据分析、共享交易、联合创新、产业联盟五种运营模式。通过政府、企业等授权建立委托运营模式，结合用户需求建立共享交易与数据分析模式，围绕数据产业上下游业务建立联合创新与产业联盟模式，带动能源数据价值链和能源数据产业链良好发展，同步围绕五种运营模式开展制度标准与运营机制建设。

（二）业务架构设计

为实现能源数据的规范采集汇聚、统一融合应用，构建物联托管、数据共享和决策分析三大平台，有效接入市政数据及电、水、气、热、油等能源数据，将天津市能源数据资源转化为能源数据资产，实现能源数据融合与深化应用。天津市能源大数据中心总体业务架构如图 4-16 所示。

（三）平台建设

天津市能源大数据中心包括物联托管、数据共享、决策分析三个平台。

物联托管平台作为城市电、水、气、热等现场侧的能源设备与上层数据整合和分析平台的中间层，将能源设备的传感数据进行汇聚，针对不同类型设备的能源特性、分析要求和管理策略制订通信协议、接口方式和传感类型和采集方案，实现对各种设备的连接管理，在此基础上实现设备管理、应用管理、标识管理等服务。物联托管平台总体架构如图 4-17 所示。

数据共享平台实现能源大数据中心全域、全量和全维度数据的打通和治理，通过贴源层、共享层、分析层实现数据匹配、清理、整合、打通和资产化封装，实现整个服务能力封装的微服务化，以便于决策分析平台根据业务优化场景进行快速地服务编排和重构，以

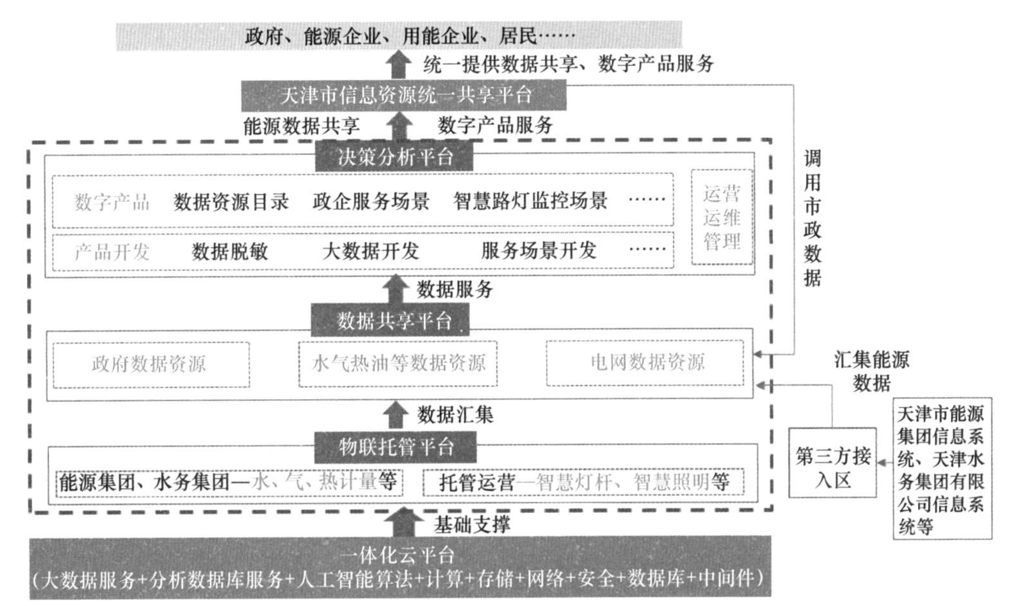

图 4-16　天津能源大数据中心总体业务架构

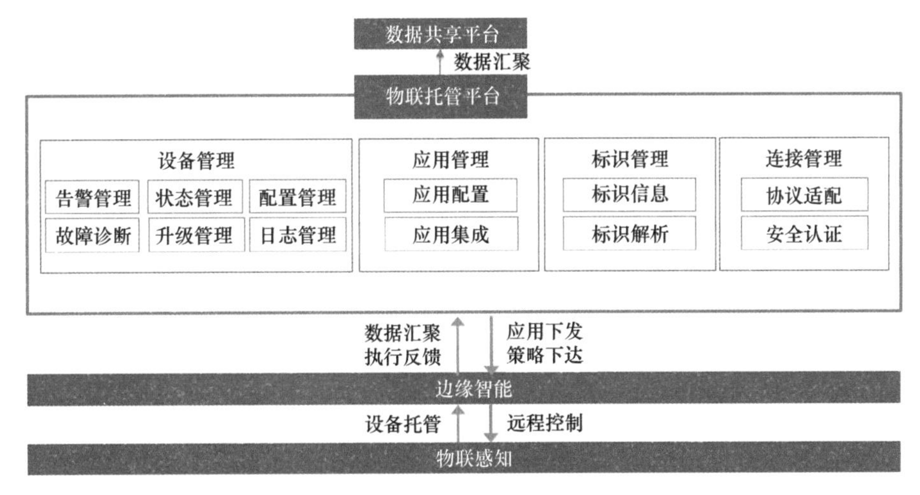

图 4-17　物联托管平台总体架构

快速响应服务端快速变化的数据服务要求。数据共享平台总体架构如图 4-18 所示。

决策分析平台作为能源大数据中心的服务窗口，为政府、企业、社会大众等提供数据共享交互、数据服务场景等数字产品服务以及第三方的数据增值服务。决策分析平台将建设数字产品生产加工、开发管理和运营后台管理三大业务模块。决策分析平台总体架构如图 4-19 所示。

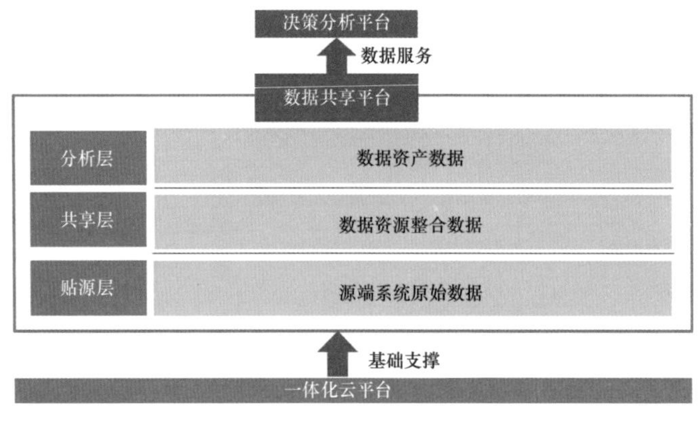

图 4-18　数据共享平台总体架构

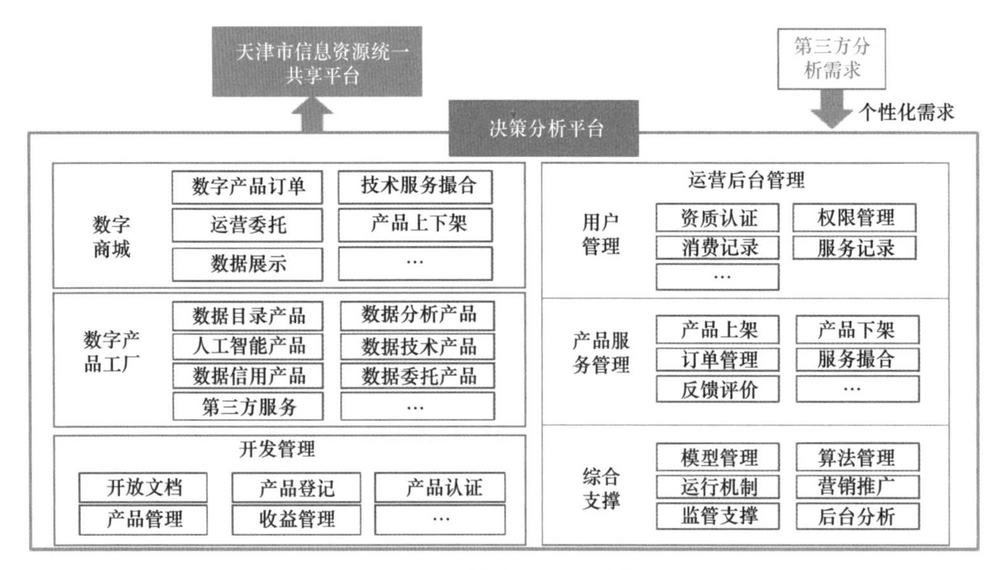

图 4-19　决策分析平台总体架构

（四）场景开发

能源大数据中心的价值体现依托于服务场景的应用，能源大数据中心可持续发展的关键也在于有效支撑特定的业务应用服务场景，因此服务场景是能源大数据中心运营的重点建设内容之一。

政府、用能企业、居民、能源企业等多方需求是开发能源大数据应用场景的出发点。其中，对于政府而言，推进智慧城市建设，发展数字化经济，需要依托数据分析实现精准决策管理；能源是城市数据融通的基础，通过能源数据可以全面反映城市各领域发展现状和制约因素，有效支撑政府决策。对于用能企业而言，为了快速准确响应市场需求，取得综合竞争优势，需要数据分析服务以便作出精准决策；企业自身数据也需要专业机构提供数据委托服务；企业在数据收集方面的权限和渠道有限，需要共享交易平台，并需要通过能源数据信用分析等技术支持确保交易可靠性。对于能源企业而言，能源系统复杂度日益增加，用户对清洁低碳、安全高效能源需求以及综合能源差异化需求增加，从内外两个层面要求提高能源数据分析能力，应对能源互联网发展需求。对于居民而言，追求更高品质的美好生活，迫切需要更智能、更完善、更便利的公共服务设施，急需数据分析服务提供颠覆性的创新动力；数字经济时代下的数字生活，对数据共享也有更高的需求。

针对上述需求分析，建设政府应用服务场景 3 类 12 个，企业应用服务场景 2 类 8 个，居民应用服务场景 2 类 5 个，能源应用服务场景 3 类 11 个，共 36 个应用服务场景，如图 4–20 所示。

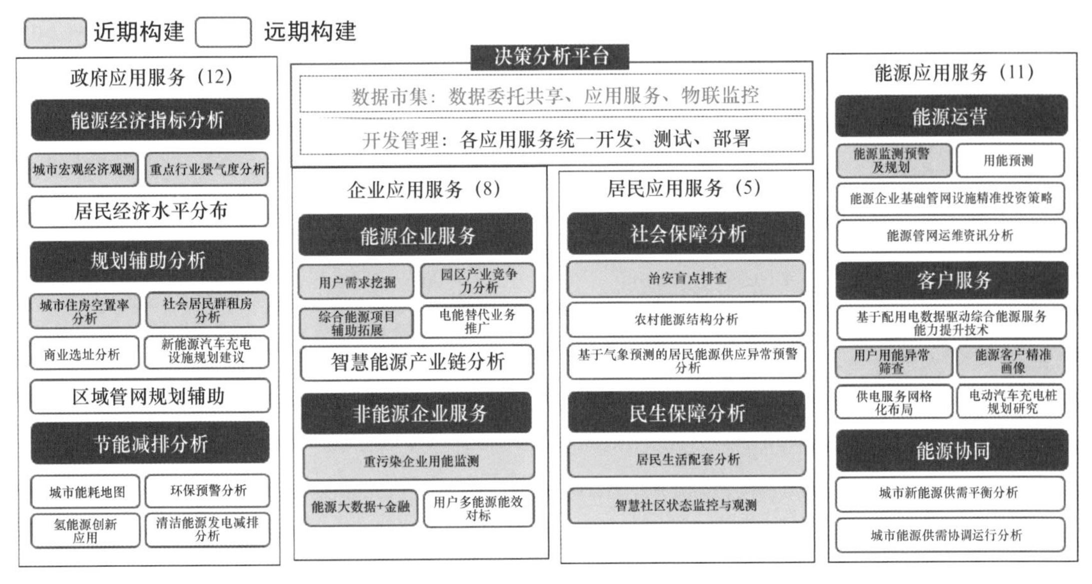

图 4-20　服务场景

针对企业，从能源企业服务、非能源企业服务两方面构建 8 个应用场景，典型场景有园区产业竞争力分析、用户需求挖掘、综合能源项目辅助拓展。如依据区域经济、区域产业发展的需要，构建园区产业竞争力排行榜，筛选出综合竞争力强的园区，可作为能源服务企业的重点业务拓展对象。

针对居民，从社会保障和民生保障两方面，构建基于能源大数据的 5 项居民应用场景，服务社会治安管理，改善农村能源结构，提供智慧交通出行方案，保障能源供应稳定可靠，优化居民生活配套设施，构建智慧社区，提升居民幸福指数。如基于居民生活大数据，对社区信息、居民消费趋势进行分析，为政府提供社区消费水平宏观观测；建立基于用能监测的社区养老应急服务平台，提升民生保障质量。

针对政府，从能源经济指标分析、规划辅助分析、节能减排分析等 3 个方面，构建基于能源大数据的 12 项政府应用服务场景，为政府在基础设施、智慧环境、智慧治理、智慧经济、智慧民生、精准扶贫等智慧城市指标方面提供决策支撑。如基于用能（电水气热油）、业扩报装、用电负荷、经济指标等数据，构建分析模型，反映宏观经济运行状况，预判经济运行走势，观察宏观政策效果。目前，国网天津电力定期向天津市定期报送“电力看经济”大数据分析产品，为政府分析宏观经济走向提供信息支撑与决策支持，已成为能源大数据中心的常态化品牌。“电力看经济”可提供以下维度的数据分析。

（1）产业维度：提供覆盖市、区以及重点开发区的一、二、三产和城乡居民用电分布情况，透析产业分布特点、区域热点、变化规律、发展趋势。

（2）行业维度：提供 11 大行业、制造业 31 个细分行业的用电量分布情况，对重点行业用电历史和地理分布演进情况进行跟踪分析，结合宏观经济环境和政策变化，洞察行业繁荣及演变进程，掌握周期规律，预测未来走势，并协助政府对高耗能、高污染等行业的有效调控，为政府开展供给侧结构改革及产业升级引导措施提供参考。

（3）企业维度：提供规模以上企业、重点小微企业、外贸企业的售电量、报装规模、接电时长等数据，透过企业生产经营变化、招商引资规模质量等数据，分析地方经济内生动力变化，了解营商环境优化效果，预测未来经济潜力，提前做好电力服务与电费回收预警。

（4）区域维度：提供重点商圈、产业园区、居民社区、涉农区的用电量、用电负荷、用电时段、用能规模等数据，分析商圈活跃程度、产业园区腾笼换鸟效果、住房空置率、乡村振兴带动作用等。

三、运营模式

天津市能源大数据中心运营模式根据客户关系可分为委托运营、数据分析、共享交易、联合创新和产业联盟五种模式。通过用户授权委托进行数字产品交易、提供数字产品衍生服务，最终打造涵盖数据业务产业链上下游多类型经营模式的产业联盟。

（一）委托运营

能源大数据中心数据委托运营服务是数据资产管理概念的延伸，利用数据资产全方位、多角度承接数据运营开发方面的服务委托。能源大数据中心可接受政府、企业等多方托管授权，结合用户委托需求，提供数据采集、物联感知体系构建、智慧能源衍生功能方案制定以及运行维护等多种定制化服务。能源大数据中心委托运营模式如图 4–21 所示。

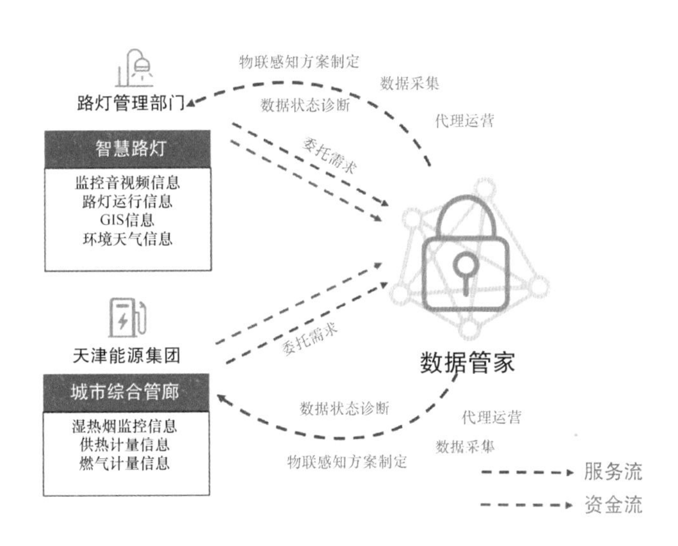

图 4–21 能源大数据中心委托运营模式

（二）共享交易

汇集政府、企业委托授权的可交易数据以及水、热、电、气等多方能源数据，基于数据授权与分级建立阶梯式共享机制，形成数据资源目录，通过政务信息资源统一交换共享平台为政府及企业用户等提供共享服务。开展数据处理与价值估算，提供数据供需双方数据交易服务，为用户提供定制能源数据套餐。根据交易协议，提供数据下载、数据接口等服务。能源大数据中心共享交易模式如图 4–22 所示。

（三）数据分析

通过能源—政务数据的集成分析，为政府提供宏观角度的城市经济观测、区域规划辅助等数据分析服务；通过大数据挖掘分析，建立应用标准模型，为能源企业提供违规用能筛查、城区供电服务网格化布局研究等数据分析服务；围绕客户需求，通过智能手段对数据进行收集、整理、过滤、校对、分析、挖掘，提炼基于客户诉求的关键信息，建设适合不同业务领域的应用场景，为用能企业提供综合用能分析、企业客户群体画像等数据分析服务；通过城市场景物联感知与检测，结合政务数据与能源数据分析挖掘，为居民提供治安盲点排

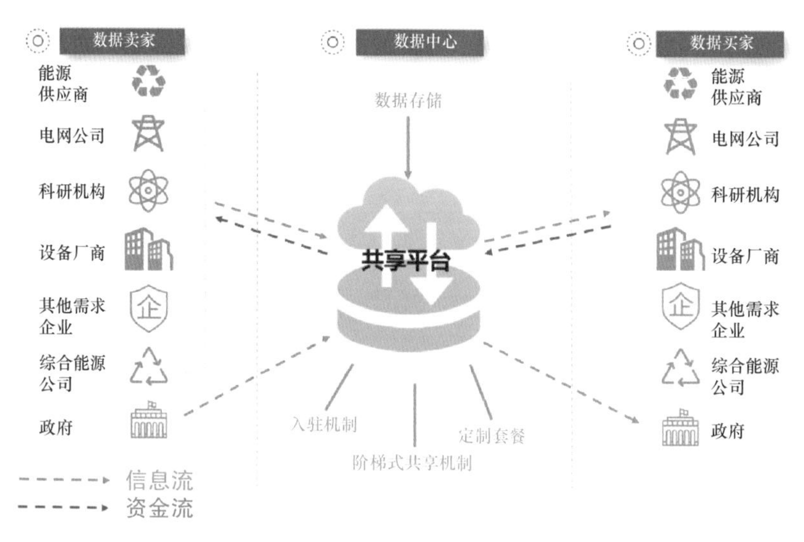

图 4-22　能源大数据中心共享交易模式

查、智慧社区状态监控与观测等服务。能源大数据中心数据分析模式如图 4-23 所示。

（四）联合创新

与政府、企业、金融机构等利益相关方达成联合创新协议，明确合作投资模式，能源大数据中心整合数据资源、平台资源和团队资源，联合高校、科研院所等机构对数据挖掘、

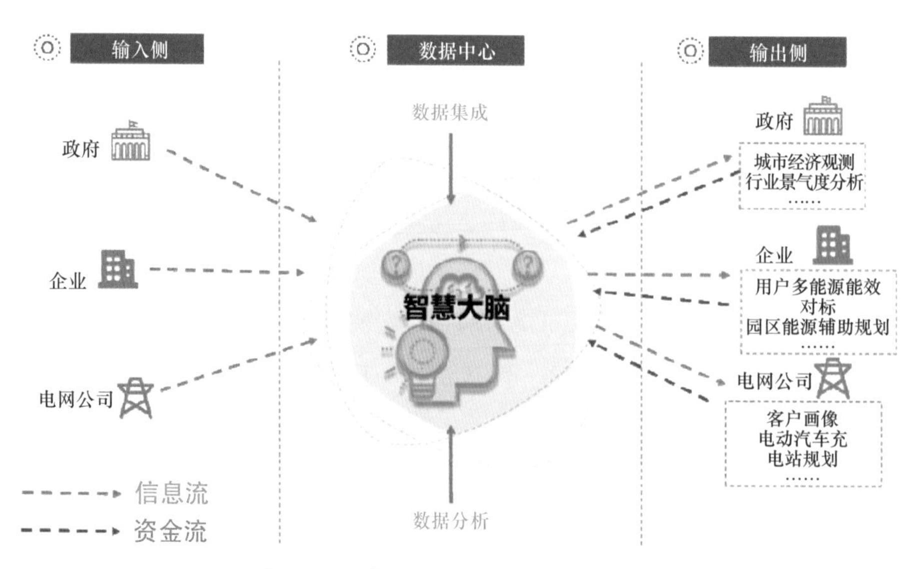

图 4-23　能源大数据中心数据分析模式

物联感知等技术进行研发，并收取一定的管理费、测试费或者与投资方进行股权分成。通过与多方的资源交换和利益共享，形成能源数据产学研用联合创新机制，加速数据创新成果转化，打造能源大数据联合创新基地。能源大数据中心联合创新模式如图 4–24 所示。

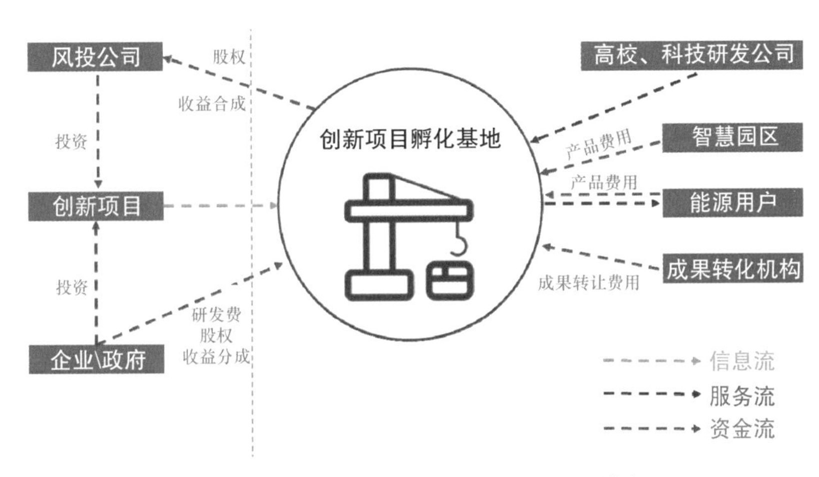

图 4-24　能源大数据中心联合创新模式

（五）产业联盟

依托天津市能源大数据中心，搭平台、建生态，通过数据、服务等方面的开放，广泛吸纳智慧能源产业生态的各方参与者，通过平台提供的服务挖掘数据价值，让能源产业链的各相关方来共享数据资源和智慧成果，实现软件模型开发、数据分析挖掘、物联设备供应、项目建设运营等多环节的产业良性循环。最终建立产业联盟，带动数据价值链和数据产业链发展，实现生态共生共赢。能源大数据中心产业联盟模式如图 4–25 所示。

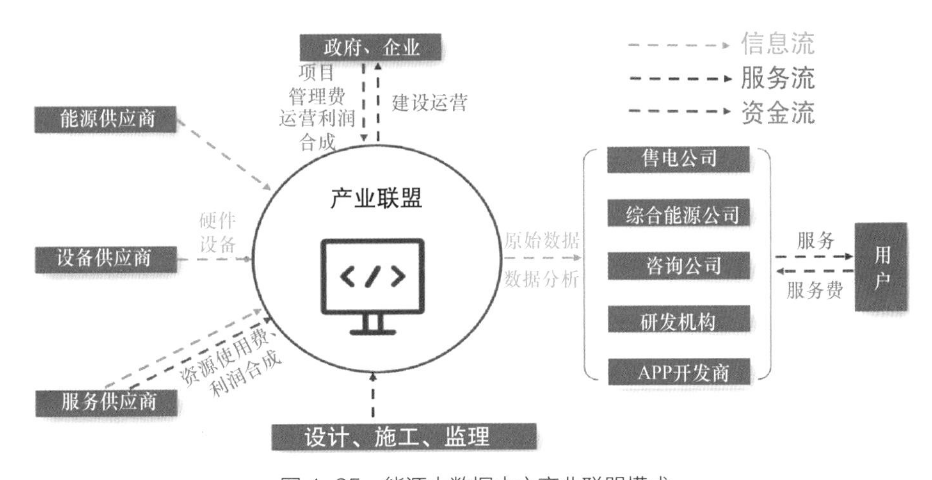

图 4-25　能源大数据中心产业联盟模式

四、预期成效

能源大数据中心利用全时空、全类型、高价值密度数据和高度集成、快速迭代、友好互动的智慧分析平台，为政府、能源供应商、其他企业提供城市经济观测、行业景气度分析、园区能源辅助规划、典型用户画像分析等业务，实现多元数据的融合共享，促进能源大数据服务客户“引流”、业务“赋能”，为智慧城市建设提供数据基础和技术支持，助推天津市打造跨专业数据共享共用的能源互联网生态圈。

1. 促进不同品类能源的协同发展

依托电网的枢纽性特征，打通因行业隔阂造成的能源信息系统割裂、数据分布各自为政的局面，填补市政平台在能源数据归集方面的空白，促进各类能源系统互补融合，实现能源生产与消费、新能源与传统能源、能源一次与二次的统筹建设，为实现城市绿色低碳、安全高效的现代能源体系建设提供决策支撑。

2. 促进智慧城市建设发展

城市能源大数据中心充分运用云计算、物联网、移动互联等新技术，能够实现能源数据与交通、气象、金融等数据的融合和集成开发，最终成为“城市能源大脑”，为地方政府政策制定、城市规划、行业布局等提供决策支持。

3. 有效带动产业转型升级

通过加快数据资源的开放共享和挖掘应用，将有力带动能源上下游产业发展，通过创新大数据应用商业模式，挖掘数据价值创造潜力，将使大数据产业成为推动城市高质量发展的新增长极，转化为产业转型升级的发展动能。

第五节　综合示范工程

为加快推动泛在电力物联网技术落地、模式创新、业态培育，国网公司选择智能电网基础条件好、通信管网等公共基础设施优越的区域，先行打造一批泛在电力物联网综合示范工程，面向园区、县、地市、省等各级行政区域，探索可复制、可推广的泛在电力物联网实施路径、建设模式。国网天津电力发挥区位优势，抓住多种政策叠加机遇，加快打造“三型两网”综合示范。建设两个类型智慧能源小镇示范工程，探索智慧能源支撑智慧城市实现方式；建设滨海“两网融合”示范工程，探索泛在电力物联网与坚强智能电网融合发展路径；建设城南世界一流能源互联网示范区，打造城市核心区能源互联网样板。

一、智慧能源小镇创新示范工程

（一）实施背景

建设智慧能源小镇是能源变革、城市发展和企业转型需求的契合点。小镇作为实践载体，探索能源新技术和信息通信技术的集成应用，构建现代能源服务体系，推动能源变革在城市落地；作为示范平台，践行创新引领、绿色低碳的城市发展理念，进一步优化城市资源配置；作为基础单元，实现电网升级、企业转型和商业模式创新，进一步变革城市生活方式、促进城市产业转型和管理转型，推动城市高质量发展。

（二）主要内容

以能源与城市融合、协同发展为愿景，根据区域能源资源禀赋、利用现状和用能需求，选取中新天津生态城惠风溪小镇、北辰产城融合示范区大张庄小镇为示范区域，分别打造生态宜居型和产城集约型智慧能源小镇，形成智慧能源小镇典范和样板。天津智慧能源小镇创新示范工程总体构架如图 4–26 所示。通过小镇建设，实现城镇能源融合发展，电气冷热融合互补，网源荷储融合互动，建设运营融合推进，打造五个基地（智慧城市理

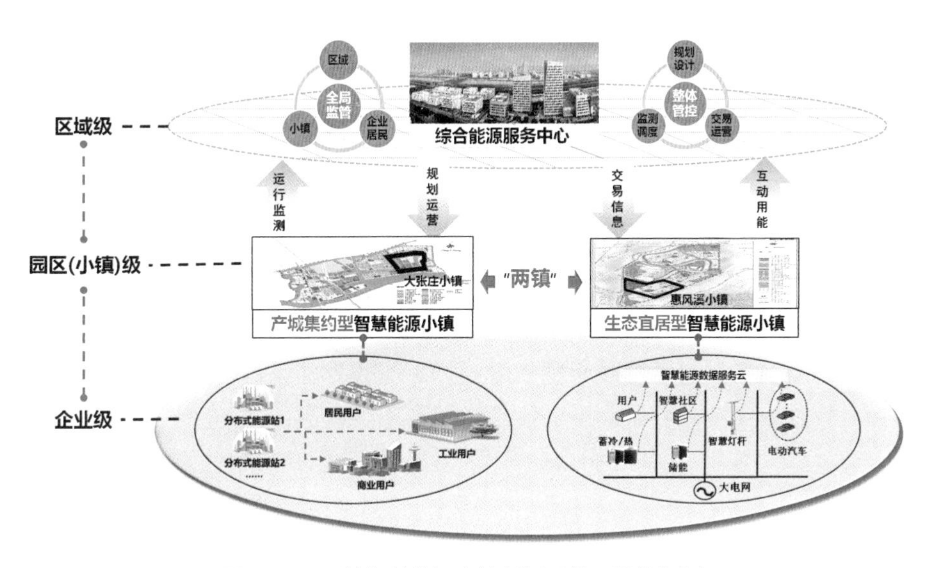

图 4–26　天津智慧能源小镇创新示范工程总体构架

念传播基地、智慧能源示范应用基地、商业模式创新实践基地、综合能源标准创新基地、行业创新人才培养基地），支撑智慧城市发展。

1. 中新天津生态城惠风溪智慧能源小镇

（1）小镇概况。

中新天津生态城已有相对完善的能源供应基础，2011 年国际上覆盖区域最广、功能最齐全的生态城智能电网综合示范工程建成投运。2017 年建成生态城智能电网创新示范区。生态城惠风溪智慧能源小镇 8 平方千米内具有分布式光伏发电 6.5 兆瓦，风力发电 4.5 兆瓦，冷热电燃气三联供 1.5 兆瓦，智能电能表实现全域覆盖。小镇配电网已与分布式能源、储能装置、柔性负荷等有机融合，中压配电自动化等应用系统覆盖较广，具备了主动配电网建设的基本条件，实现了“源—网—荷—储”协调控制、分布式电源安全消纳等部分功能。未来示范区配网组成元素将更加复杂、数据量更庞大，对配电网精益化运维与信息互动的需求更高，需要在“营配贯通”基础上推动物联网等“大云物移”新一代技术与智能配用电深度融合，对示范区主动配网功能进一步升级，真正实现配网主动运维管理，提升用户用能互动体验。

此外，生态城作为首批国家智慧城市一类试点，建设了一批智慧项目，涵盖交通、社区、公共服务等方面，建成了城市智慧中心、融合政府各部门信息的数据汇聚平台、城市基础设施物联网平台。随着入住人口不断增加、高科技产业陆续入驻，对智能感知和智慧用能提出了更高要求，已有智慧城市设施在满足居民对智慧社区、智慧交通、智慧服务的需求方面尚有差距，如图 4-27 所示。

能源信息网络智能水平与高效用能要求有差距	1.能源网络运维智能化不足 2.光伏发电就地消纳比例低
家庭用能智能化水平与舒适生活要求有差距	1.缺乏量测手段实现居民用能精细化分析 2.居民综合人均能耗偏高
公共交通智能化水平与绿色出行要求有差距	1.电动汽车充电设施不足（现有50个） 2.充电设施缺乏与电网的互动能力
公共服务智能化水平与便捷体验要求有差距	1.多能源数据融合深度不足 2.缺乏精准定制化能源服务

图 4-27　智慧小镇面临的问题

（2）建设内容。

惠风溪智慧能源小镇建设定位为“生态宜居”，以“智慧能源支撑智慧城市、服务智慧生活”为建设思路，围绕“能源更智能、生活更舒适，出行更低碳，体验更便捷”四大目标，在生态城已有智能电网和智慧城市的建设基础上，通过主动运维、智慧运检进一步提升能源供应网络基础设施；部署新型智能电能表、家庭能源路由器等装置，为居民提供智慧生活服务；通过电动车无线充电、高效充电技术应用，支撑小镇智慧出行；建设虚拟电厂，并通过多业态能源服务展示，打造“生态宜居”型智慧能源小镇。小镇各项目之间的关系详见图 4-28。

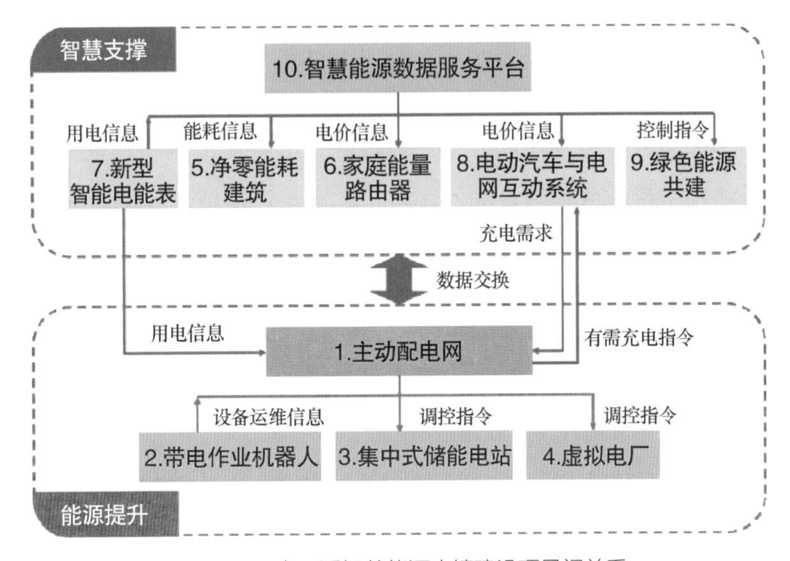

图 4-28　惠风溪智慧能源小镇建设项目间关系

小镇主动配网建设将与其他项目相协调，共同实现更丰富的主动配网功能。研制的配电带电作业机器人是主动抢修的重要实现手段；集中储能系统将提高小镇配网的主动控制能力以及分布式电源的渗透率；智能量测系统将为主动感知提供全面精细的基础数据。

基于小镇能源物理网建设虚拟电厂，其中储能装置可提供对外接口平台，上传系统的运行状态与其他相关必要数据，供虚拟电厂调度，利用储能的充放电快速、精确响应特性，参与需求侧响应，为提高电能运行管理水平和增强应急响应能力建立技术支撑。

建设所需能源 100% 自产的零能耗建筑。建筑面积约 100 平方米，融合绿色低碳建筑节能技术、被动房技术、智慧能源管控技术，应用集多端口交直流输入输出、能量综合管理于一体的家庭能量路由器，接入光伏发电、储能，实现建筑零能耗目标。

小镇无线充电、有线充电等多元化充电设施的建设使用，将构建小镇快速充电网络，并结合绿色能源公建和家庭能源路由器满足用户便捷化充电需求。建设电动汽车与电网互动系统，将电动汽车作为虚拟电厂负荷聚合商组成单元，引导电动汽车通过有序充电、分时充电，参与小镇智慧能源优化协调的同时，提高主动配电网运行安全，满足电动汽车随到随充的充电需要。电动汽车作为紧急电源，提高供电可靠性，满足楼宇紧急供电需要。

2. 北辰产城融合示范区智慧能源小镇

（1）小镇概况。

北辰产城融合示范区是天津市唯一的产城融合示范区，是具有新型城镇区域特色的北方经济重镇。大张庄智慧能源小镇位于北辰产城融合区内，根据“宜产宜城”的功能布局以及以产业带动城市发展融合的发展思路，智慧能源小镇的建设以综合能源发展方式，实现能源供应的充足化、高质化、合理化、便捷化和清洁化，满足区域内高端产业、大型研究机构、居民等多种用户类型的用能需求。通过综合能源供应网络建设，吸引更多的高端产业，以高端产业发展带动城市建设和人才落户，实现产城融合发展。

作为产城融合新城，大张庄智慧能源小镇对能源有着更高的需求：产城融合区基本单元（工厂和居民）能源需求特性各异，智慧供能程度有待提升；示范区内能源利用较分散，气热供应矛盾突出，产城互联、供能网络互联有待加强；多能源数据采集、信息传输互相割裂，能源信息融合程度需进一步提升；资源互补利用不足，综合能效偏低，产城能源需集约化管控。

（2）具体内容。

大张庄智慧能源小镇建设定位为“产城集约”，以“智慧能源支撑城市转型、服务产业升级”为建设思路，围绕“终端建筑智慧化、区域供能互联化、多能信息融合化、产城管控集约化”四大目标，重点打造综合能源协调优化与高效利用的智慧能源体系，开展10个项目建设，如图4–29所示。

在基本单元建设方面，将面向居民、产业等用户，建设智慧建筑、智慧工厂（见图4–30）、直流楼宇（见图4–31）和以相变蓄热为代表的分布式能源站，与小镇内现有的冷热电三联供、分布式光伏发电、风电、地源供热站等一起，构建智慧小镇的供能和用能基本单元。

在区域供能网络互联方面，将建设交直流柔性混合配电网，实现区域内交直流用户的互联，连接产业区和居住区的供电网络，通过电力潮流分配降低重负载线路的负载率水平，提升配电资产利用率，同时提供新能源直流接入端口，调节电能质量，满足区域供电“安全可靠、节能高效”的需求；建设分布式能源站互联群，以电力网、热网、气网为物理交换接口，实现冷热电气等多种能源的互联互济，提升多能源的互联水平；建设分布式储能系统，对用户的紧急用能场景提供支撑服务，实现支撑互联。

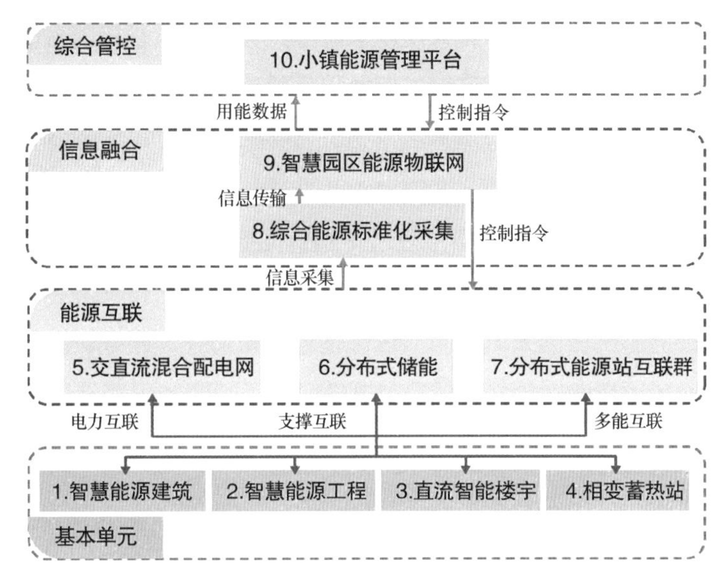

图 4-29　大张庄智慧能源小镇建设项目间关系

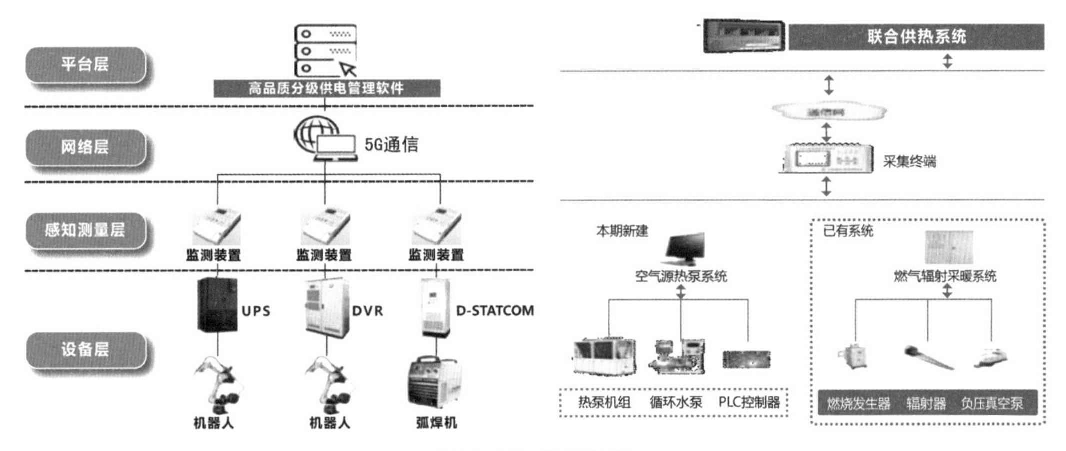

图 4-30　智慧工厂

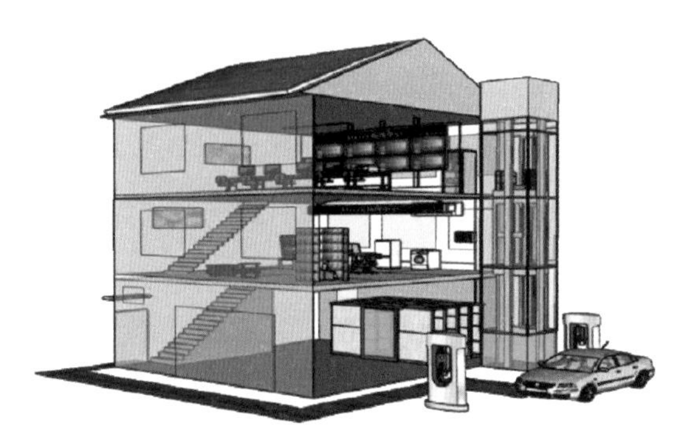

图 4-31　直流楼宇

在信息融合方面，将广泛部署综合能源采集终端，实现综合能源数据广泛采集、精准计量；建设智慧园区物联网，提供全时空覆盖立体通信网，实现信息交互快速通畅、安全可靠。其中，物联网体系是小镇能源管控平台、能源网络和终端供用能单元的连接纽带，实现用能数据的上传、控制指令的下发等功能。

在综合管控方面，将建设小镇能源管理平台，如图 4-32 所示。小镇能源管理平台对上接收天津市智慧能源服务平台的信息和指令，对下接收能源数据，应用多目标协调控制与多能互补技术，提供综合能源监测、能源优化、削峰填谷等服务。平台生成的控制指令将通过能源物联网传输至基本单元就地管控系统，通过管控装置实现设备动作执行。

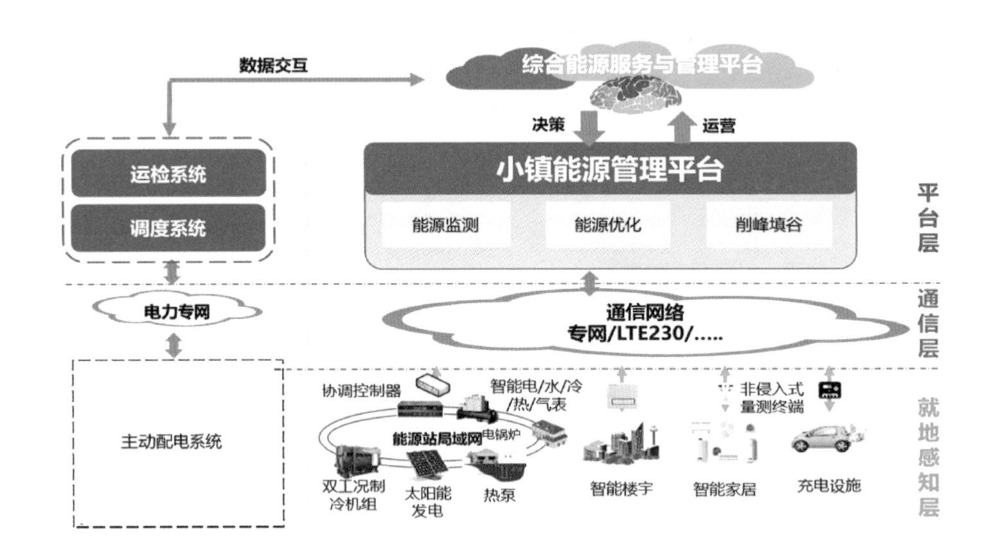

图 4-32 小镇能源管理平台

通过 10 个项目的建设，以智慧工厂、智慧建筑等为末端单元，能源互联网能量和信息通道，小镇能源管控平台为智慧中枢，打造产城智慧、互补、物联、集约的智慧能源小镇。

（三）建设成效

到 2020 年底建成 2 个智慧能源小镇，促进能源优化配置，促进产业结构转型升级，推动生态环境持续改善，促进生活方式改变，提升城市综合管理水平。

（1）技术创新方面：建设供电品质高、电能占比高、综合能效高、信息广泛感知、服务广泛覆盖、用户广泛参与的清洁低碳、安全高效的智慧能源小镇，用先进技术支撑小镇能源生产、消费方式转型升级，形成智慧能源小镇标准体系。

（2）模式创新方面：创新实践综合能源服务模式，推动智慧能源行业聚集壮大，支撑天津智能制造产业发展；建设智慧能源产学研联合创新中心、创业基地，打造国网综合能源技术创新、商业创新成果综合展示窗口。

（3）总体指标：实现示范区清洁能源消纳达 100%，供电可靠性大于 99.999%，电能占终端能源比重 45%，综合能源利用效率 80%，智能量测覆盖率 100%，数据融合类型多于 15 种，用户参与度达 100%。

（4）特色指标：惠风溪小镇建成全域可控资源融合的虚拟电厂和 10 兆瓦时综合储能系统，非侵入式负荷量测覆盖率用户超过 5000 户，市政数据与电网数据深度融合，提升用户参与度和社会感知度。大张庄智慧能源小镇实现风、光、气、地热 4 种一次能源互联融合，服务用户 320 户以上，互动电力负荷总容量不少于 60 兆瓦，互动分布式储能总容量 1.5 兆瓦时，能源综合利用效率提升 10%。

二、滨海“两网融合”综合示范区

（一）实施背景

滨海新区是天津发展的龙头和引擎，是京津冀城市群的重要组成部分。滨海新区五个经济功能区以及天津港“世界一流智慧港口”建设正全面提速，对绿色、安全、可靠的电力供应提出了更高要求，迫切需要探索电网建设新模式，助力现代化智慧海滨城市建设。

国网天津电力紧密结合地方发展实际，在滨海新区先行先试推进“两网融合”建设。夯实泛在电力物联网建设基础，提升坚强智能电网建设水平，变革企业经营管理模式，实现业务协同和数据贯通，推动新兴业务协调发展，探索实践“两网”融合发展路径。

（二）主要内容

围绕坚强智能电网和泛在电力物联网融合发展主线，在输变电物联网、“源—网—荷—储”多元协调控制等八个方面开展示范工程建设。滨海“两网融合”综合示范区主要建设内容如图 4–33 所示。

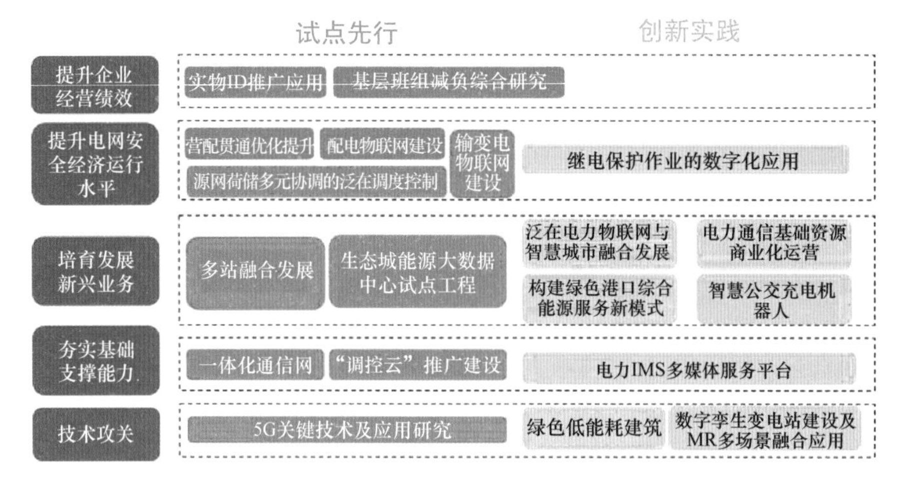

图 4-33　滨海“两网融合”综合示范区主要建设内容

1. 输变电物联网示范工程

通过在输电、电缆、变电设备本体及环境按统一标准部署各类微功耗感知终端与边缘计算终端，将感知数据集成接入至物联管理平台及运检智能分析管控系统，开发数字孪生智能变电站、输电运检、电缆运检等高级应用，实现智能巡检、设备与环境状态全面深度感知、隐患自主预警、检修辅助决策等功能。

2. 世界一流城市配电网示范工程

围绕营配调贯通业务主线，应用电网统一数据模型，构建电网一张图，实现“站—线—变—户”关系实时准确；部署配电设备智能感知终端，实现配用电设备广泛互联、信息深度采集；依托供电服务指挥系统，提升故障就地处理、精准主动抢修、三相不平衡治理、营配稽查和区域能源自治水平。

3. “源—网—荷—储”多元协调示范工程

通过开展“源—网—荷—储”多元协调技术研究应用，应用泛在电力物联网技术，提升示范区域内“源—网—荷—储”各个环节设备感知能力；对负荷、分布式光伏发电等负荷分时、分梯度调度，充分调用多种可用资源；应用 V2G 技术，实现电动汽车有序充电管理和反向电网支撑。通过开展全局优化与协调控制，实现集中式新能源、储能电站、虚拟电厂、分布式能源、柔性负荷等设备发电与用能精细预测、精准控制、多元协调，支撑示范区能源清洁化水平和电气化水平提升。

4. 一体化通信网示范工程

通过对通信设备、光缆资源进行升级改造和优化调整，大幅提升数据传输带宽、泛在接入能力和网络覆盖深度，为电网运行、客户服务、企业运营、新兴业务提供更为灵活、可靠的通信网络通道。同时充分利用5G技术，在分布式配电自动化、用电信息采集、智能运检、应急保障等典型业务场景试点应用，综合验证5G网络的多业务差异化安全承载能力。

5. 智慧能源支撑智慧城市发展示范工程

依托中新天津生态城智慧城市建设成果，与政府合作共建城市无人智能售货车、无人驾驶公交车系统，积极打造绿色能源共建，支撑智慧公共服务，提升居民智慧生活体验，引领清洁低碳发展新模式，实现泛在电力物联网与智慧城市的深度融合。

6. 综合能源服务示范区

依托滨海新区园区数量多、企业种类广等特点，分别从园区级、企业级、港口级、楼宇级等四个维度开展综合能源服务商业模式研究。以传统业务为“入口”，为客户提供菜单式综合能源服务，建立集政府、企业、能源服务商及设备供应商为一体的互利共赢的综合能源“朋友圈”，完善综合能源业务协同高效工作机制，将综合能源业务逐渐打造成企业核心利润增长点，实现综合能源业务持续、稳定、增长。

7. 基层减负提质增效示范工程

通过终端合并、业务电子化、数字化、报表智能生成，实现设备资产管理及各类作业全程在线，解决设备全寿命周期管理中存在的各环节连接不通畅、退役环节流程复杂、账—卡—物不对应、移动作业现场“一人多机”等问题，实现现场“一个终端解决所有作业需求”，实现各类报表“智能生成、一口报送”，解决报表数据重复录入的问题。打造基层信息化、数字化作业模式，节省企业人力物力，提升基层工作质效，实现基层班组减负。

8. 电力资源商业化运营

通过利用现有变电站、配电站房及电力通信通道资源，结合政府、电信及互联网运营商需求，建设边缘数据中心、中型数据中心及北斗、5G基站，推动开放共享、实现资源复用。

（三）实施成效

（1）在对内业务方面，实现“数据一个源、电网一张图、业务一条线”，“站—线—变—箱—户”一致率100%，增量设备实物ID覆盖率100%，故障换表效率提升70%，营销移动作业现场实现“一机通办”。试点区域配网智能感知覆盖率100%，清洁能源消纳率

100%，客户满意度100%。

（2）在对外业务方面，以政企合作的方式助力示范工程快速落地，促进泛在电力物联网与智慧城市协同发展；广泛连接内外部、上下游资源和需求，构建产学研联盟，打造共享共赢的行业生态圈；提升涉电业务线上率，提升引流赋能、源网荷储友好互动和协同服务水平，营造良好的营商环境。

（3）在基础支撑方面，积极推进输变配物联网建设、营配贯通数据治理、实物ID等体系建设，增强数据共享及营运能力，提升对电网业务与新兴业务的平台化支撑能力。

（4）在技术攻关方面，研究运用5G通信技术提升公网承载电力业务的适配能力；基于数字孪生云平台和混合现实（mixed reality，MR）智能巡检技术实现变电站检修部位快速定位与检修精准指引。

（5）在新兴业务拓展方面，依托生态城能源大数据平台挖掘能源大数据价值，实现数据变现。利用现有站点、铁塔、通信闲置资源，开展多站融合、电力基础资源商业化运营业务，实现资源变现。建立综合能源服务平台，打造区域综合能源服务集成商，探索企业级、楼宇级、港口级综合能源服务模式，实现服务变现。

三、城南世界一流能源互联网示范区

（一）实施背景

国网天津城南公司负责天津市和平、河西、津南三个区的配电网运营和用电服务工作。其中，和平、河西两个区是天津市政治文化与金融商贸中心，智能电网基础扎实，配电自动化水平领先，营配融合优势突出，实施“9100行动计划”，部署“在和平、河西全域实现营配贯通，率先初步建成世界一流能源互联网综合示范区”重点工作任务。

（二）主要内容

在天津城市核心区全面深化坚强智能电网建设，攻坚泛在电力物联网，实现营配数据贯通和业务融合应用，建设世界一流能源互联网综合示范区；在“新八大里—全运村”城市综合区域，突出“设备状态全面感知”与“服务体验全方位提升”两个重点，打造试点先行区域，形成一个全面推进与两个重点引领相结合的“1+2”建设模式（1—和平河西全面推进；2—试点区域两个重点）。在此基础上，总结形成“三型”企业发展理念在基层落地模式，全面推动世界一流能源互联网落地实践。

城南世界一流能源互联网示范区围绕“对内提高管理效率效益，对外提升用户感知体验”两个关键点，聚焦“客户服务、电网运行、企业经营、基层减负”四方面成效，重点实施“营配贯通、综合能源、智慧物联、智能调控、管理变革”五类重点任务。

1. 营配贯通

开展营配数据治理，开发营配贯通高级应用。推动可视化报修，客户通过“网上国网”即可在供电服务指挥系统实现抢修过程交互。开展台区可视化与线损溯源分析，通过供电服务指挥系统台区可视化视图，分层级对台区线损等指标进行常态管控，及时发现线损等指标问题。推动低压可靠性应用，应用供电服务指挥系统分区域统计低压可靠性指标，利用指标对片区班开展评价。开发地图沿布工具，应用沿布工具实现引导式营配数据录入，提升营配数据录入效率。开展供电方案及工程造价估算编制，在 PDA 端实现业扩方案与估算自动辅助生成。

2. 综合能源

客户侧泛在电力物联网建设方面，在城南全域上线智能电能表远程在线监测功能，通过大数据分析，全程监控电能表状态，发现超差表计，由到期检定转为失准更换，大幅节约运维成本。开展智能电能表非计量功能深化应用，安装 HPLC 模块与 4G 模块，达到分钟级数据采集，开展全息源端数据采集，实现停电事件主动上报、台区自动识别等功能。安装二次回路巡检仪与计量箱智能锁，通过终端数据比对及锁具状态的实时上传，及时发现客户用电异常。综合能源服务方面，开展区域用能分析，通过各区域、各行业电量数据分析研判，形成先行区用能热点地图等功能应用，实现区域能耗分析。开展以“多表合一”数据为基础的多种能源利用分析，直观展示居民终端用能构成。开展工商业用户 CPS 建设，安装 6 户 200 个点位 CPS 空调负荷监控终端以及 7 户 700 个点位的智能能效检测终端，以负荷需求响应为纽带，以需求响应平台为载体，搭建用电服务和用电需求市场，提供供电诊断、能源管理、设备托管、节能改造等增值服务。开展居民侧需求侧响应，与能源聚合商合作，实现用户负荷的主动响应及削峰填谷目标。建设 30 台充电桩，实现充电用户有序充电，结合分布式储能，实现示范台区削峰填谷综合应用。

3. 智慧物联

输变电物联网建设方面，应用输电线路无人机自主巡检，实现无人机影像在线分析、辅助决策等功能。在高压输电线路安装耐张线夹无线温度传感器、视频在线监拍装置，实现输电设备感知。在试点变电站应用智能管控平台、机器人巡检、一键顺控改造等功能，实现变电设备实时感知。配电物联网建设方面，安装 170 台智能配变终端，综合采集智能巡检机器人、电缆在线监测、局放监测等感知设备信息，应用边缘计算功能，实现在线信息实时监控、异常信息主动上送。选取 1~2 个配电站应用融合终端，实现营销、配电物联设备融合应用。应用 HPLC、TTU 两种方式，实现智能电能表信息主动上报，在供电指挥系统实现主动抢修。将配电自动化 2G 通信站点提升为 4G 站点，提升配电自动化应用水平。综合应用带电作业机器人（见图 4–34）、不停电作业线路改造，形成全区域不停电作业示范。

图 4–34　配电智能巡检机器人

4. 智能调控

开展电网调控智能化模块应用，应用人工智能技术，实现调控日志、操作票模块智能化升级。部署电网风险预警实时播报、拉路序位动态核校、负荷转供智能策略等应用，全面提升电网安全应急保障能力。基于大数据负荷结构解析开展负荷精准预测，建立精准负荷预测模型，提升负荷预测精度，为电网平衡经济运行、电力实时交易提供可靠数据基础。推广继电保护智能移动运维管控平台，实现继电保护和安全自动装置台账、图档资料及运维信息全过程线上管控。

5. 管理变革

建设营配深度融合型组织，打通营销、配电专业管理壁垒，实现营销服务、设备抢修一体化运作。深度融合配网调控与抢修指挥业务，应用营配贯通成果，一站式支撑前端客户服务。建设数据中心，实现营配数据集中管理、常态管控和协同共享。建设不停电作业中心，实现不停电作业等业务集中管理。

（三）实施成效

2019年底在和平、河西全区域实现营配贯通，率先初步建成世界一流能源互联网综合示范区，打造地市级能源互联网样板。

（1）营配贯通优化提升。和平、河西区域“站—线—变”准确率达到100%，“变—箱—户”准确率不低于99%，营配增量数据维护及时率达到100%。停电信息分析到户率达到98%，客户报修可视化率达到100%。

（2）供电可靠性全面提高。提升电网信息感知能力，深化配电自动化建设与应用，推广不停电作业模式。和平、河西A+类区域配电终端平均在线率不低于95%，馈线自动化成功率不低于90%，全运村区域供电可靠率达到99.999%。

（3）客户服务维度不断拓展。建设智能量测系统，感知分析客户数据。在全能型班组全面应用移动作业终端，提升客户服务智能化水平。试点区域台区在线监测率达到100%，停电事件主动上报成功率不低于95%。

（4）企业管理质效持续提升。全面应用泛在电力物联网建设成果，实现网上国网、网上电网及实物ID等应用全面落地，企业经营绩效和服务质量显著提升。移动作业业务覆盖率达到100%，线下报表在报表平台统一实施，班组减负取得实效。

第六节　其他典型实践案例

国网天津电力在加强感知层、夯实网络层、构建平台层的基础上，同步推进泛在电力物联网应用层建设，围绕电源侧、电网侧、用户侧、供应链侧资源及业务，在企业统一报表、输变电物联网和配电物联网、电网资产管理、供应链管理、用户在线服务等方面开展了一系列创新实践，打造业务管理应用体系，提升业务融合能力，实现提质增效。

一、企业统一报表

（一）概述

企业统一报表的核心内涵在于构建统一报表管理平台，解决由于专业条块化、部门壁垒造成的企业报表管理功能建设分散、内容冗余重复、统计结果失真等问题。基于数据中台，应用数据模型，构建报表统一管理平台，可实现报表出口统一、自助定制、集中管控。一方面，推进报表管理由“条块化”向“统一化”发展转变，形成单轨运行、便捷高效、自助定制、集中管控的报表管理新模式；另一方面，以报表统一管理为核心，确保数据归真一致，逐步形成数据共享共用模式，面向全公司、全专业提供可靠、开放、高效的数据应用平台，实现需求集中管理，报表结果统一提供，快捷响应内外部报表需求，提升企业报表管理水平，切实推动基层减负。

（二）主要内容

1. 创新报表统一管理机制，推动报表数据共享共用

目前，报表管理已逐渐发展到由以部门专业专项管理为主转向以开展企业级共享共用为主的阶段。在这个阶段，以统一出口、共享共用为核心的机制建设成为报表管理主要方面，如果报表管理平台仍旧是一个个相对分散、相对封闭的“报表自留地”，仍未建立长效的统一出口、共享共用机制，平台中报表管理、应用人员仍未强化合作共享意识，就不能称为真正意义上的共享共用、统一出口报表平台。现实中，报表管理真正实现共享共用面临一系列的约束条件如组织机构、管理职责、安全保障、平台能力等。

因此，围绕报表统一出口、共享共用管理核心目标，改变报表管理由企业信息化管理部门或某专业部门独立负责的传统机制，需要围绕“互联网 +”“中台化”“平台化”等管理思路理念，围绕“机制先行”原则，通过管理制度建设，融合报表分级分类管理、报表协同开放构建、报表安全共享共用等三项创新机制，有效推动报表统一出口、共享共用机制的落地执行。报表统一管理价值如图 4-35 所示。

图 4-35　报表统一管理价值

（1）制定办法，加强创新基础。

按照“机制先行”原则，以报表统一出口、共享共用管理机制落地为目标，开展制度体系化建设，编制《国网天津电力报表统一管理实施办法》。通过管理办法打破组织机构、管理职责、安全保障、平台能力等约束，明确报表统一出口管理模式的管理原则、组织机构设计、管理职责分工、安全应用管理、平台能力要求等事项，并统一发至各专业部门、基层单位执行。

（2）分级分类，有序共享共用机制。

报表开展共享共用、统一出口管理涉及多个专业部门、多个基层单位、多种专业领域、多类提报出口、多类报表模型等，为了实现统一管理、合作共享、协同创新，促进管理工作的制度化，创新采用报表“先分级、再分类”管理方法。既保障构建报表统一出口管理模式，也支持报表共享共用的创新性。

报表的分级管理机制。按照报表报送对象，分为企业级与部门级报表。统筹、统一管理企业级报表包括对外向国网公司、系统内其他单位和系统外单位等机构报送的报表，对内报送企业决策层的报表；共享共用部门级报表包括各专业部门（基层单位）部门内部使用或部门间报送的报表。

报表的分类管理机制。按照报表数据涉及专业情况，分为跨专业类报表与专业类报表。企业级跨专业报表，由于跨专业类报表是指报表数据来自不同专业的报表，因此采取统一管理机制。对企业级专业类报表，由于报表数据均来自同一专业，在统筹管理的前提下，由专业部门统一管理。

2. 营造报表应用众创生态，践行人人用数据的新理念

在传统的报表管理理念中，报表管理职能通常由信息技术部门来负责，是信息技术部门的一项工作，各专业部门、各基层单位负责提出报表需求即可。但随着报表分析与业务工作融合越来越深入，各专业部门、各基层单位必将成为报表管理的主角，在报表管理中扮演越来越重要的角色。在这种变迁背景下，报表管理的组织体系架构也面临革新，围绕互联网思维创新提出“营造企业报表管理应用的众创生态”。中台化报表管理流程如图 4–36 所示。

（1）报表应用众创生态服务模式。

面向企业战略和领导管理，基于明细数据自动生成核心指标，保障指标逻辑统一、结果唯一，可实现企业核心指标的在线监测分析，方便领导层快速准确掌握核心业务动态，定位经营管理短板。以领导力驱动报表统一管理有效执行，引领企业全员用数据说话，用数据创新，主动挖掘数据价值，实现数据共享共用。

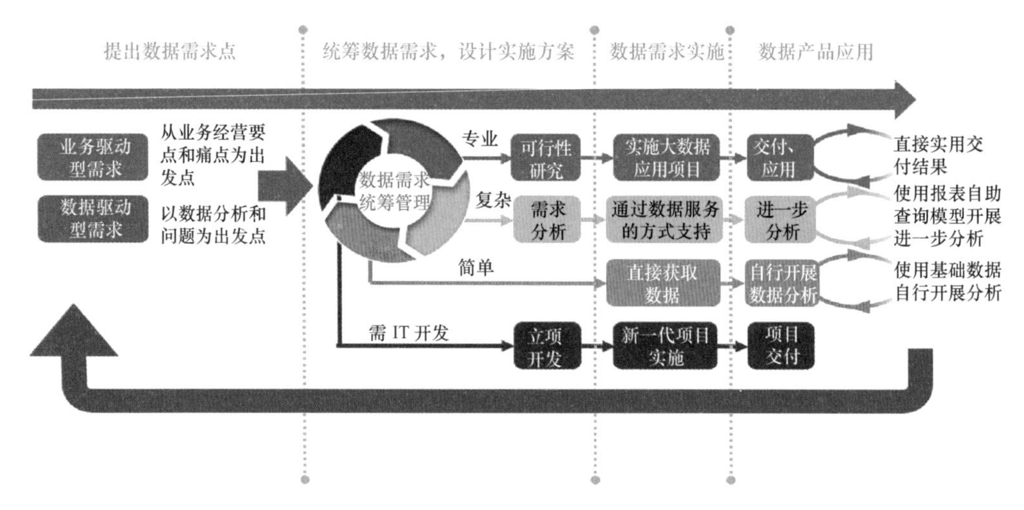

图 4-36　中台化报表管理流程

面向专业部门，提供跨专业的报表服务，充分汇聚企业报表数据应用成果，以报表统一管理平台为基础，梳理形成企业级报表目录，定义报表的共享等级、开放形式，方便跨专业及专业内部数据便捷引用，实现数据应用成果的快速共享，多次应用，促进数据应用结果标准统一，多角度提升数据应用价值。

面向基层单位，提供报表自动化应用成果，以便数据快速获取，持续响应数据应用需求，开展新增报表的固化完善工作；以业务宽表数据为基础，基于报表统一管理平台的自助化功能，支持以拖拉拽进行数据应用，为基层单位提供数据应用环境。

（2）报表应用众创生态组织形式。

报表统一管理工作中，明确各专业和基层单位的职责分工及工作范围。首先由数据管理部门搭建统一平台，负责提供技术支撑，提供报表应用共享基础，统筹管理企业级报表编制工作，各专业部门（基层单位）管理部门级报表编制工作；其次对于企业级专业类报表，数据管理部门和各专业部门（基层单位）均可参与实施，形成众创共维的模式，数据管理部门重点负责组织编制企业级跨专业类报表。

随着报表统一管理工作的持续深化，数据管理部门主要承担报表平台的运营技术支持、海量实时数据接入保障、智能技术的引入与应用、标准规范的统一管控等工作，全面开放、共享平台功能，让各专业部门、各基层单位、每位员工都可以自行编制或应用自助分析自行定制报表。

（3）人人用数据的应用形式。

在中台化的报表统一管理工作中，通过报表统一管理平台打造人人用数据的环境基础。一方面依靠自助化的服务能力，方便业务人员使用数据，以平台为载体实现数据在线应用，培养业务人员数据使用习惯。另一方面，由数据管理部门提供统一技术支撑，响应专业化、复杂化的数据需求，有效地解放人力，提高效率和精度，从技术角度全面支持数据应用开放创新共用的模式。

1）基于业务宽表的数据需求自助实现。通过对报表需求的调研分析，报表集中在电量电费、业扩报装、故障抢修、项目管理和人员管理等热点业务，上述报表的数据需求内容表现出高度的一致性，且报表生成逻辑简单易操作。为快速满足此类数据需求，按业务条线开展通用型宽表构建。以业务宽表为数据基础，报表统一管理平台的自助服务功能可支持业务人员通过托拉拽的方式，快捷实现报表数据的生成及报表的自动编报。

2）基于模型关联的数据逻辑快速生成。随着数据资源的集中归集，数据应用方式逐步向跨部门、跨专业转变，数据应用需求也从传统的单一业务需求逐渐延伸到多业务数据的关联分析，从而形成业务现象的溯源分析和影响分析。为满足此类数据需求，基于数据中台的数据管理组件，理清不同业务数据之间的关联要素，形成业务宽表间的关联视图，定义业务场景层次结构及数据支撑关系，支撑多业务需求的数据自助生成。通过构建业务宽表模型逻辑关联视图，基于报表统一管理平台的数据关系匹配功能，可支持业务人员自定义跨业务的数据集，高效实现复杂数据需求的快速生成。

3）基于定制服务的数据应用集中实施。随着泛在电力物联网建设任务的逐步推进，对数据价值挖掘、数据产品服务的需求逐步增多。各专业各自组织开展数据价值创新项目，大数据分析能力水平分布不均，数据挖掘成效难以有效定义，部分基层数据应用需求无法响应。针对定制化的数据应用需求，以报表统一管理平台为载体，基于数据中台数据加工实现大数据挖掘需求。

3. 以用促建提升数据质量，多渠道夯实报表数据基础

（1）全面开展报表源数据接入。

加强基础数据保障工作，打通一级数据下发通道，推进一级部署系统和自建系统数据接入，在ERP统推数据自动接入等方面取得突破；实现二级数据源头接入率100%，实现增量数据100%纳入数据资产目录管理；以报表应用为需求，按需采购外部数据，扩充报表自动化覆盖范围。

在一级系统数据接入方面，实行短期快速响应、中期自主定制、远期自动下发的步骤。首先，上报一级系统数据需求，采用FTP机制定期获得数据，快速响应报表一级数据需求；其次，基于ERP系统，以BW模块为中转，以业务宽表为形式，实现ERP系统数据的定制

接入；最后，争取一级部署系统数据下发通道试点工作，实现一级部署系统的自动接入。

在二级系统数据接入方面，依托数据中台开展全量二级系统数据接入工作，通过实时复制技术保障数据及时性，通过数据资源目录掌握数据接入范围，全面支撑报表自动化应用。

在外部数据接入方面，主要汇总报表应用中的外部数据需求，通过集中采购的方式定制外部数据接入接口，实现外部数据自动接入。

（2）体系化开展报表数据逻辑管理。

报表统一管理工作的关键环节在于报表溯源，分为业务溯源和数据溯源两步、业务溯源是向报表填报专责溯源业务系统前台取数逻辑，数据溯源是向厂商人员溯源业务系统后台取数逻辑。通过对报表溯源，深入数据内部，明确数据的计算方法和生成逻辑，确定报表数据项统计口径，可掌握企业数据资产核心内容。报表溯源流程如图 4–37 所示。

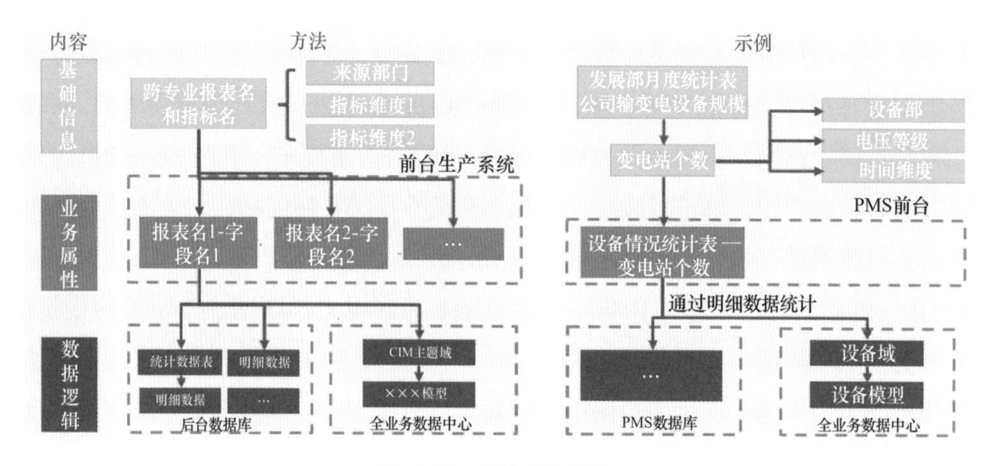

图 4-37　报表溯源流程

（3）以用促建推动数据质量提升。

除传统数据质量管理策略的定义外，在报表双轨运行期间可将相关核对校验策略纳入数据质量管理策略中，主要包括数据一致性校验、数据逻辑校验。通过接入报表结果数据，与基于报表统一管理平台的自动生成的报表进行比对，核查数据链路的稳定性，校验数据逻辑的准确性，以报表应用促进数据质量持续改进。

4. 构建全维度全属性宽表模型，支撑数据快捷应用

（1）基于报表需求的业务宽表模型。

业务宽表是基于某个实体分析对象而建立的一个逻辑数据体系，由实体的维度、描述信息以及基于这个实体的一系列度量组成，按业务主题相关的指标、维度、属性关联在一起的一张多字段数据表。这种宽表的设计广泛应用于数据挖掘模型训练前的数据准备。

通过对报表数据项梳理整合，以单个业务单元为主键，开展业务宽表的构建，主要包括宽表维度属性的归类和度量属性的聚集。同时开展不同业务单元关联关系的梳理，形成业务宽表关联视图，支撑不同业务之间的关联组合。

（2）支撑数据规范标准的 SG-CIM 模型。

报表数据模型按 SG-CIM 的要求分成概念数据模型、逻辑数据模型、物理数据模型三种类型。报表数据模型管理是指在报表构建时，参考业务模型，使用标准化用语、单词等数据要素来设计各报表数据模型，并在报表构建和运行维护过程中，严格按照报表数据模型管理制度审核和管理新建数据模型，对数据模型进行标准化管理和统一管控，以利于指导企业数据整合，提高报表数据质量。数据模型管理包括对数据模型的设计、数据模型和数据标准词典的同步、数据模型审核发布、数据模型差异对比、版本管理等。

5. 打造专业化报表平台，形成企业级报表统一出口

根据报表统一管理办法，按照各专业报表自动化应用需求，以数据中台为底座，遵循 SG-CIM 模型标准，选用成熟智能报表产品搭建报表管理平台，总体技术架构如图 4-38 所示。

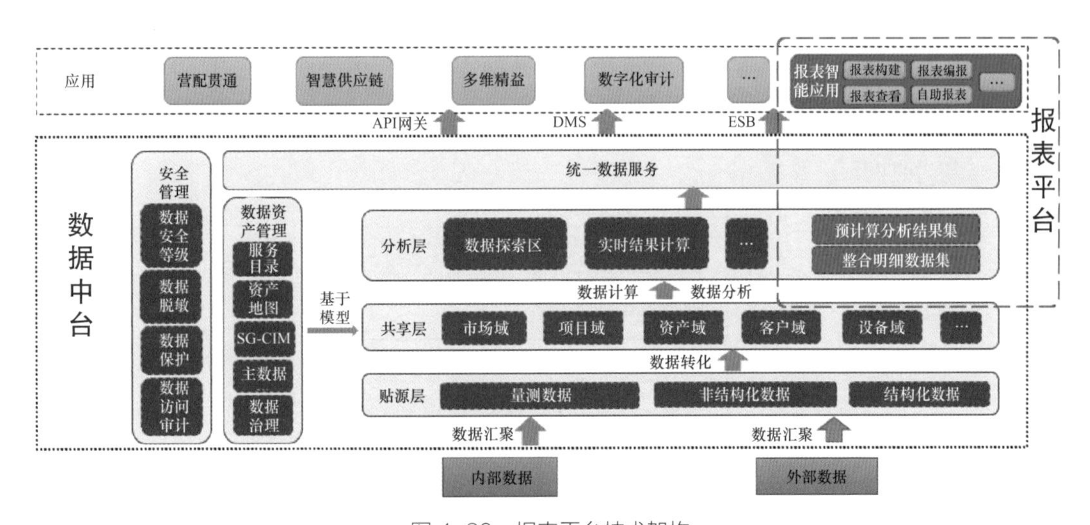

图 4-38　报表平台技术架构

（1）报表平台演进策略。

依据国网公司泛在电力物联网建设要求，结合数据中台演进路线，报表统一管理平台构建按照需求主导、快速成效、小步快跑、迭代演进的总体策略，分四个阶段演进实现，最终实现企业全量报表“单轨化”“统一化”管理。

第一阶段：需求主导，夯实报表管理基础。开展报表需求调研，应用数据中台梳理、接入全量数据，依据报表统一管理办法及流程，快速开发构建报表统一管理平台基础功能，探索报表自助生成方法与策略，选取部分报表开展试点验证。

第二阶段：快速成效，支持跨专业报表统一报送。由数据管理部门基于数据中台，部署成熟报表工具，进一步完善报表统一管理平台功能，实现报表分类管理，实现全量企业级跨专业类报表集中生成，统一报送。

第三阶段：小步快走，推进专业类报表管理单轨运行。调研各专业系统中台化改造进度，分析各专业类报表现有管理系统或模块功能，持续完善报表统一管理平台，迁移全量专业类中台化业务报表至报表统一管理平台，下线原有功能，初步实现由报表管理平台统一输出报表的单轨运行机制。全量中台化报表数据源和逻辑关系由数据管理部门统一管理。

第四阶段：迭代演进，实现全量报表“统一化”管理。实现总部、省公司两级联动的企业级报表统一管理，数据管理部门负责各专业全量报表统一报送。

（2）报表平台功能迭代开发路线。

依据报表平台演进策略，分步骤进行平台功能开发完善，主要分为两个阶段：①基础建设阶段，满足报表统一管理迫切需求，支持试点验证工作开展。②完善提升阶段，满足各专业类报表应用需求，满足全量报表统一管理的需求。报表平台构建基于成熟报表软件拓展开发，基于企业数据中台开展报表“微应用”服务。具体功能如图 4-39 所示。

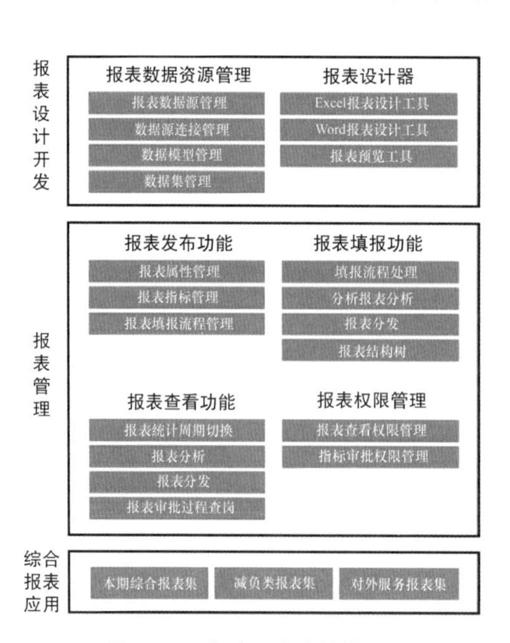

图 4-39　报表平台功能模块

（三）核心场景应用

1. 核心指标同期统计

依托数据中台的同源数据和计算能力，以月度例会发布指标为突破口，明确指标最小计算因子，开展企业级核心指标的同期统计生成，实现指标数据逻辑统一、出口唯一。国网天津电力月度例会指标数据表如图 4–40 所示。

月度例会指标数据表

2019年07月

业务领域	指标名称	责任部门	单位	当月			累计			评价
				计划值	完成	同比	年度计划值	完成	同比	
电网发展	固定资产投资	发展部	亿元							正常
	其中：电网基建	发展部	亿元							正常
电力经营	利润总额	财务部	亿元							正常
	净资产收益率	财务部	%							正常
	资产负债率	财务部	%							正常
	主营业务收入净额	财务部	亿元							正常
	主营业务成本	财务部	亿元							正常
	其中：可控费用	财务部	亿元							正常
	购电量	交易中心	亿千瓦时							正常
	平均购电单价	财务部	元/兆瓦时							正常
	售电量	营销部	亿千瓦时							正常
	平均售电单价	营销部	元/兆瓦时							正常

统计周期：2019年07月

部门	填报人
发展部	
财务部	
设备部	
交易中心	
营销部	

分析工具

分发工具

图 4–40　月度例会指标数据表

2. 线下报表线上生成

基于明细数据开展线下报表的线上生成工作，减少报表编制工作量，推动基层减负。按照线下报表数据逻辑、统计周期、报送方式，实现报表的全链路自动运行。同时支持文档型报表自动化，扩充报表自动化的范围。居民住房空置统计报表如图 4–41 所示。

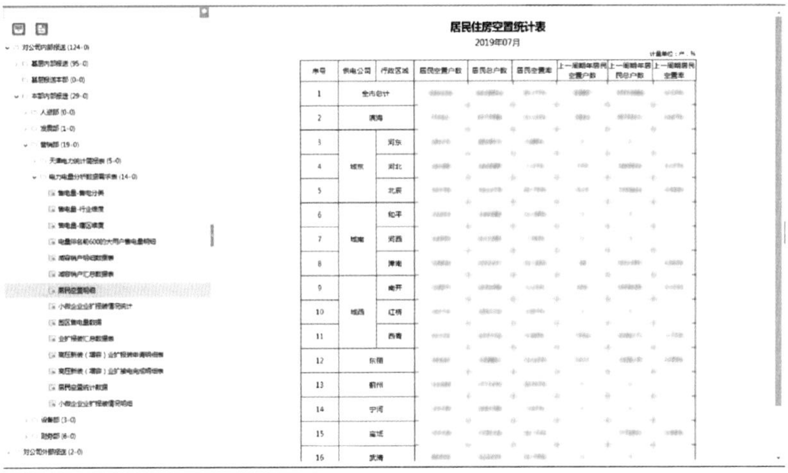

居民住房空置统计表

2019年07月

计量单位：户，%

序号	供电公司	行政区域	居民空置户数	居民总户数	居民空置率	上一期同期居民空置户数	上一期同期居民总户数	上一期同期居民空置率
1	全市总计							
2	滨海							
3	城东	河东						
4		河北						
5		北辰						
6	城南	和平						
7		河西						
8		津南						
9	城西	南开						
10		红桥						
11		西青						
12	东丽							
13	蓟州							
14	宁河							
15	宝坻							
16	武清							

图 4–41　居民住房空置统计报表

3. 个性报表自助生成

基于报表统一管理平台的自助化功能，支持以拖拉拽方式进行数据应用，让各专业部门、各基层单位、每位员工都可以自行编制或应用自助分析自行定制报表。报表平台自助分析界面如图 4–42 所示。

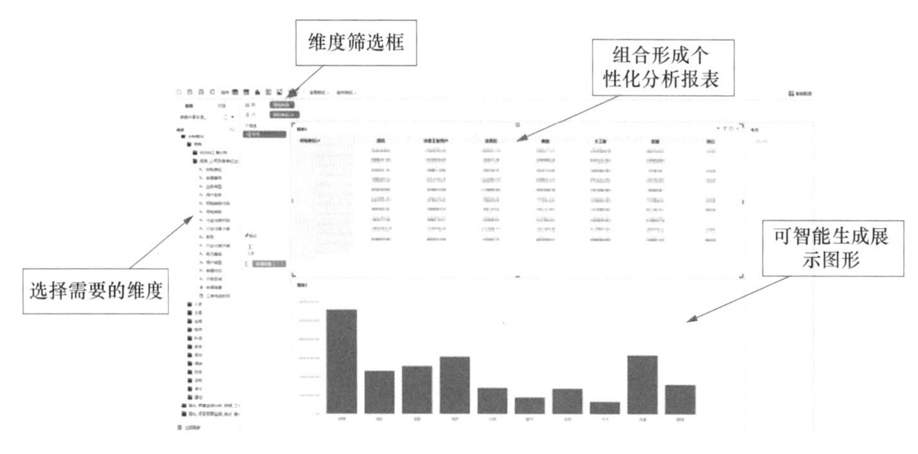

图 4–42　报表平台自助分析界面

4. 热点专题主动推送

针对关注较多的热点主题，以监测视角统计异动、展示相应明细数据为思路，实现如营配数据治理、同期线损管理等主题报表自动生成，并统一向各基层单位开放，助力基层专业人员快速定位业务问题，及时整改。

5. 企业级报表共享共用

基于数据中台数据汇聚成果，沉淀报表内容，共享报表目录及报表样式，分权限向企业各层级人员开放报表数据查询，充分发挥报表数据价值，体系化制定报表的目录管理、编码管理、标签管理、发布管理、版本管理、权限管理等标准或规范。

（四）实施成效

1. 实现跨专业报表自动生成，辅助管理决策

每月定期向领导层、专业部门管理层发布包括企业售电量、平均售电单价、受理容量、接电容量等核心指标报表。报表由各专业基础数据明细自动计算生成，无须线下跨专业流转，确保了指标的实时性和精确性。

2. 构建业务宽表，实现数据敏捷应用

通过构建面向业务应用的宽表（见图 4-43），形成业务变更宽表、电量电费宽表、配网故障抢修宽表等敏捷数据应用，支撑业扩报装管理、电费抄核管理、故障抢修管理等报表的自助编报，为业务开展提供辅助支撑。

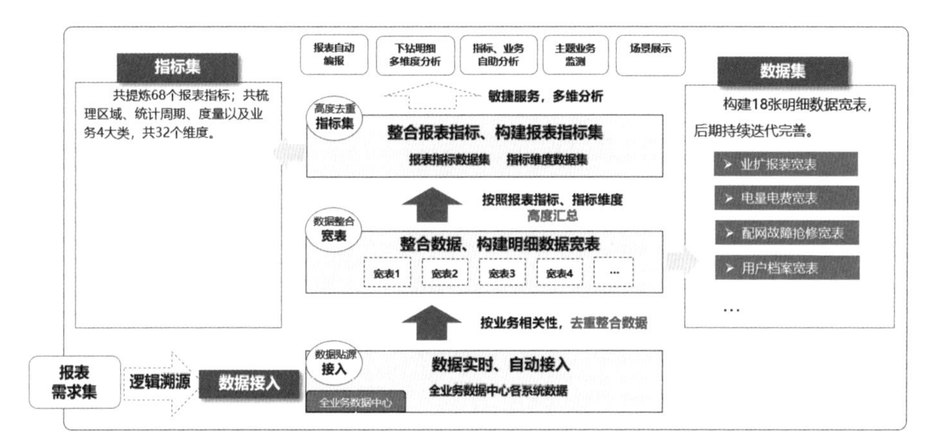

图 4-43　宽表自助分析演进

3. 降低基层班组报表填报负担

持续增强报表自助分析功能，每月由系统自动生成统一业务报表，转变了报表填报与上报的方式，压减业务报表的重复手工填报，每月可给 900 余个基层班组每个班组平均减负 3 工时。

4. 推动数据共享，拓展对内对外服务

通过统一报表的数据共享，实现跨专业报表的自动化、扁平化、集约化管理，改变员工跨专业要数、多系统找数、线下做表的惯例，创新实现个性化数据自助服务。挖掘电力数据价值，拓展对外数据服务等业务新模式。

二、输变电物联网

（一）主要内容

输变电物联网通过广泛部署在线监测传感器、视频监控系统等智能感知装置，对变电站和输电线路的环境、物理、状态等全量信息进行实时采集，实现对输变设备、站房环境、输电通道的全景感知和信息互联。在全面获取智能感知装置监测数据基础上，与相关

业务系统数据开展实时交互，利用输变电物联网开展边缘计算、多源数据融合计算分析、数据传输和数据共享，进而融合人工智能图像识别等技术，提高输变电设备运行风险防控措施和检修现场作业便利性。

（二）具体实践

1. 输电线路可视化监控

在输电线路及杆塔上部署智能摄像头，对监视范围内的杆塔、线路及通道进行定时拍摄、图像智能识别，主动预警可能出现的危险区行人闯入、施工作业外力破坏、林区树木过高、异物悬挂、邻近燃火等异常情况。

2. 输电线路无人机自主巡检

利用激光点云技术对输电线路进行三维建模，将巡视点位导入无人机，采用全自动通道巡视、树障巡视、精细巡视等多种智能作业模式，实现复杂地形条件下长距离、超视距多旋翼微型无人机自动控制，如图 4-44 所示。

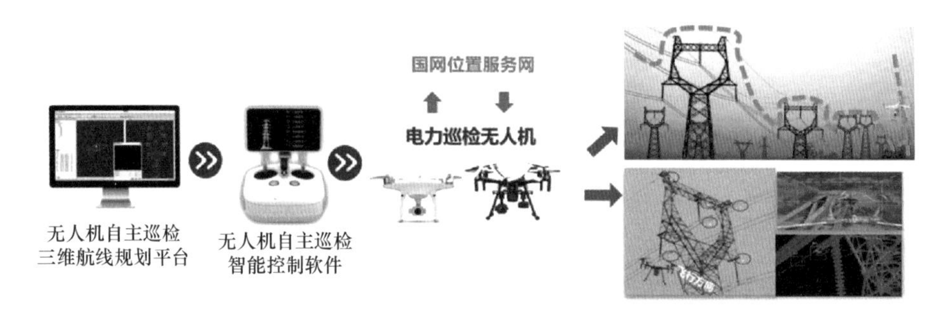

图 4-44　无人机巡检

3. 变电设备缺陷异常自动识别与预警

基于设备状态自动感知技术，充分发挥变电站内已有智能感知设备（如高清智能视频）协同工作的效果，结合边缘计算与云端学习技术，预测设备运行风险，及时发现故障隐患并主动给出检修建议。

4. 变电主辅设备全面监视及智能联动

主动调用带电检测、不良工况、运行信息等多状态量，实时获取同类设备的信息，实现历史数据纵向分析、各项设备和同类同型设备横向比较，通过边缘计算实现设备状态的自主快速感知和预警。对于设备异常、故障、火灾等情况，立体呈现现场运行情况和环境数据，实现主辅设备物物互联、智能联动、协同控制，为设备异常判别和指挥决策提供支撑。

5. 变电站一键顺控

通过位置接点、互感器、压力传感器等传感设备，实时采集变电站设备状态信息，传输至集控装置。通过边缘计算，利用阈值判断、模式识别等方法，判别设备分合闸状态和带电状态，实时传输至监控主机。监控主机根据判别结果分析操作条件是否满足及操作是否到位，替代传统操作中的人工现场确认，实现倒闸操作的远方自动顺序执行。

6. 电缆通道外力破坏预警

在电缆通道上安装具有边缘计算功能的摄像头，前端识别挖掘机、吊车等大型机械设备，自动判断外破隐患。当自动识别大型机械设备施工时，立即开启摄像功能，第一时间发送现场情况给后台。同时，当系统收到智能工井和智能电缆警示桩的报警信息后自动开启附近摄像头的拍摄功能，通过“摄像头—工井—警示桩”三级联动，实现外破隐患主动防御。

三、配电物联网

（一）主要内容

配电物联网建设基于统一云平台、企业中台和物联管理平台，按照“云、管、边、端”模式开展，总体架构如图 4–45 所示。“云”是基于统一的云平台、企业中台和物联管理平台，

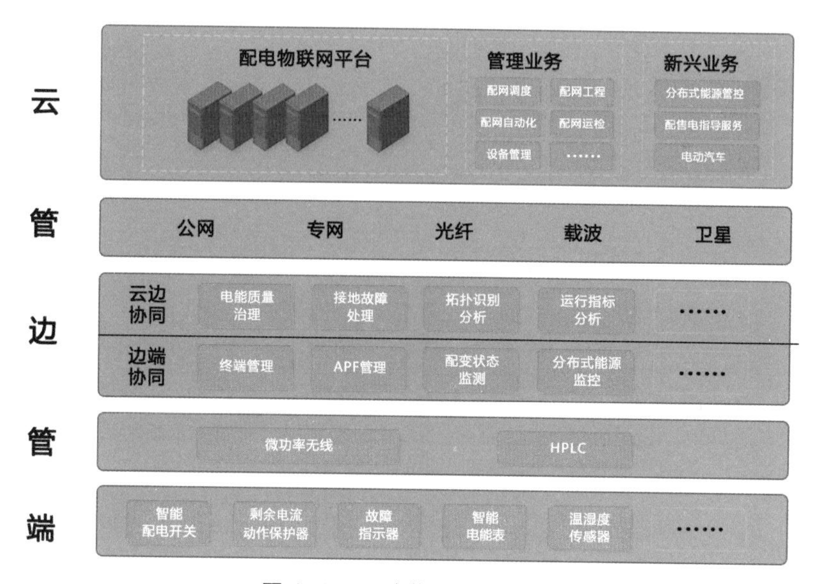

图 4–45　配电物联网总体架构

实现物联网架构下的配电主站全面云化和微服务化，满足需求快速响应、应用弹性扩展、资源动态分配、系统集约化运维等要求。“管”是为“云”“边”“端”数据提供数据传输的通道，通过微功率无线、公网等完成电网海量信息的高效传输。“边”即边缘计算节点，融合网络、计算、存储、应用核心能力，通过边缘计算技术提高业务处理的实时性，降低主站通信和计算的压力。“端”是配电物联网架构中的感知层和执行层，实现配电网的运行状态、设备状态、环境状态以及其他辅助信息等基础数据的采集，并执行决策命令或就地控制，同时完成与电力客户地友好互动。

（二）具体实践

1. 状态全息感知与信息融合贯通

在配电变压器、分支箱、户表、充电桩、分布式能源等关键节点应用低成本智能识别和感知技术，如图 4–46 所示，对配电网运行工况、设备状态、环境情况等信息全面采集，实现配电侧、用电侧各类感知终端互联互通互操作。通过线路拓扑、电源相位、户变关系的自动识别支持“站—线—变—户”关系自动适配，推动跨专业数据同源采集。

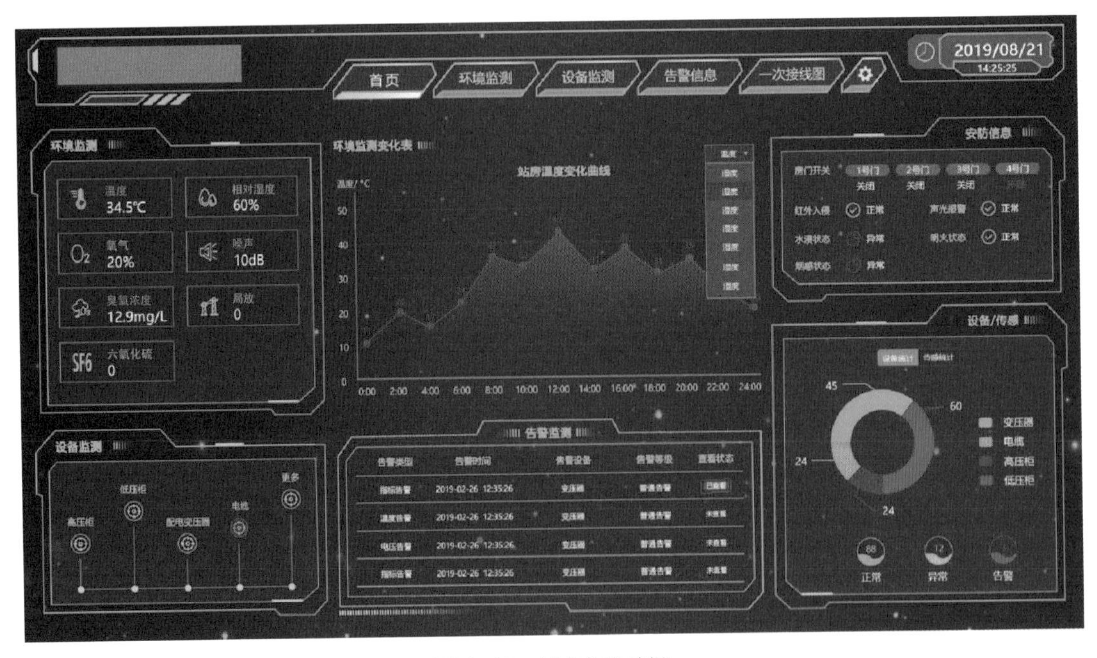

图 4–46 状态全息感知

2. 故障快速处置与精准主动抢修

发挥边端就地化计算和处置优势，快速处理区域内故障，同时通过边云协同实时跟踪分析，判断故障处理是否执行成功，提升配电网智能处置和自愈能力。云端结合电网拓扑关系和地理信息，开展故障停电分析，展示故障点和停电地理分布，综合考虑人员技能约束、物料可用约束，通过智能优化算法，制定抢修计划，变被动抢修为主动服务。配网主动运维流程如图 4-47 所示。

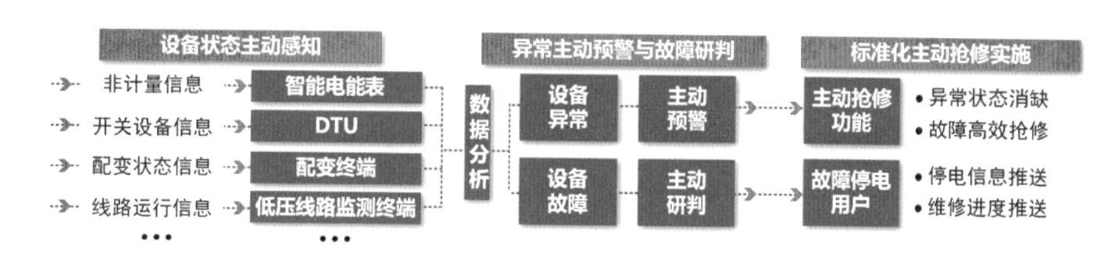

图 4-47 配网主动运维流程

3. 状态在线评价与设备预先检修

云端通过配电网及设备的基础信息、资产净值、资产折损率、故障历史情况统计等数据进行智能综合性研判分析，精确评估配电网及设备当前状态、智能预测未来趋势；利用配电网历史和现状的全息感知信息，针对异常开展分级评级，计算判断隐患风险，建立配电网及设备的动态风险管理和预警体系，依据生成策略或者预案组织针对性主动检修。

4. 线损实时分析与区域综合降损

通过配电网智能设备升级和有效覆盖、就地化集成台区总表、用户电能表等采集感知设备信息，实时获取电压、电流、有功等关键数据，利用边缘计算就地开展台区线损统计分析，及时上送异常等各类情况至云端后台，实现对中低压线损进行实时监管，有效支撑线损治理、窃电核查等工作开展。线损实时分析示意如图 4-48 所示。

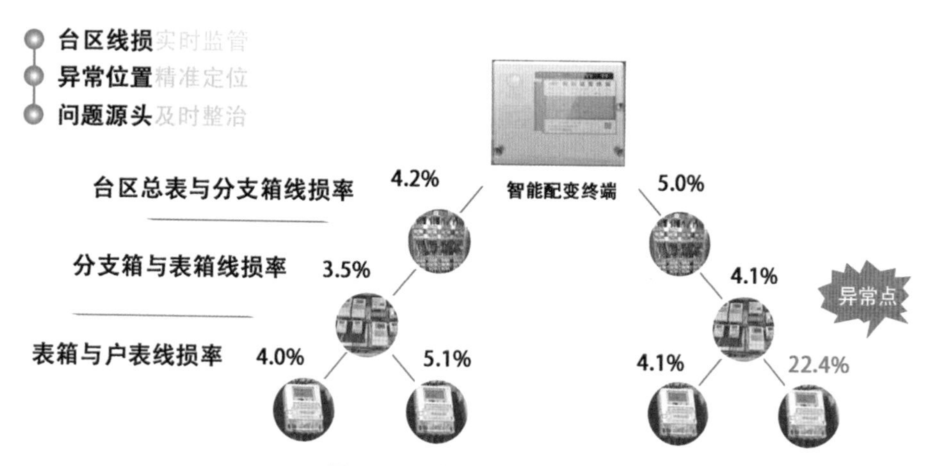

图 4-48 线损实时分析示意

5. 供电方案优化与用电可视化

依托配电物联网，通过中低压配电网全息感知，开展基于配网及设备承载能力的可开放容量综合计算，同时综合考虑客户用电需求及增长趋势、主配网规划计划、设备通道路径造价等，为客户提供最优供电方案。利用基于配电物联网的各类 APP 微应用，实现用电客户接入的线上全景展示和交互。

四、源网荷储协调调度控制

（一）主要内容

在地调层面建设源网荷储协调控制平台，通过部署数据采集模块，实现对各类资源的全景感知，实现各类供用能设备及主配网数据汇集处理。利用部署分析预测、精准控制、评估结算三大模块，对各类资源发电、负荷及可调潜力精准预测，计及调控成本，生成精准控制策略，实现主配网经济性及安全性目标，并通过对调节响应结果的分析，评估配电网运行状态及分布式电源承载力。

（二）具体实践

1. 电网削峰填谷

在冬季小负荷期间，充分利用储能、电动汽车及虚拟电厂等各类可控资源，增加各类资源在电网低谷时段的用电，提升电网低谷负荷。在夏季大负荷期间，减少各类资源在电网高峰时段的用电，消除电网尖峰负荷。通过可控负荷削峰填谷，解决低谷期间调峰困难问题，提升区域内机组备用容量，提升电网运行经济性。

2. 供用能资源可调潜力分析

结合气象因素、负荷可控类型、用户行为，预测参与负荷调控的各类设备的响应潜力。基于大数据聚合算法开展负荷线路和台区的负荷聚合。最终给出可控时段的负荷多目标分组预案、该控制时段的负荷可控时间以及恢复能力等曲线。供用能资源可调潜力分布及控制如图 4-49 所示。

3. 消除电网局部安全隐患

针对变压器及线路的潮流重载或者越限、局部电网电压稳定与大规模分布式电源脱网后的频率稳定问题，充分考虑源网荷储等各类新型供用能设备对电网影响。基于负荷预测信息，对未来时段内配电网安全问题进行评估，对存在用电缺口的地区进行预警，以便提

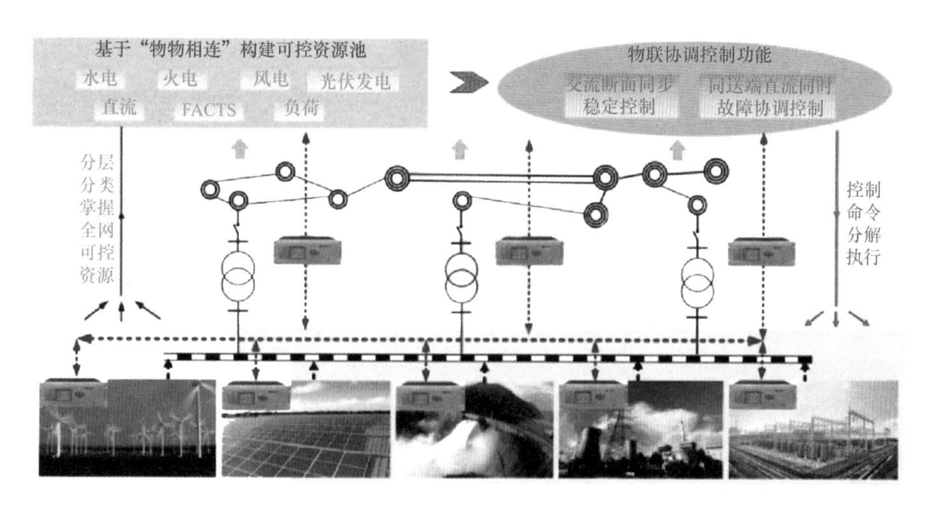

图 4-49 供用能资源可调潜力分布及控制

前采取转移负荷、调节源网荷储等各类可调资源等应对措施。

五、电网资产统一身份编码

（一）主要内容

创新应用资产全寿命周期管理理念和物联网技术，整合企业资产信息资源，推进资产数据规范统一、信息共享。重点包括设备赋码、流程优化、信息化改造三个方面，核心思路如图 4-50 所示。**设备赋码方面，**按照实物 ID 的唯一性和企业范围内可推广性的原则，

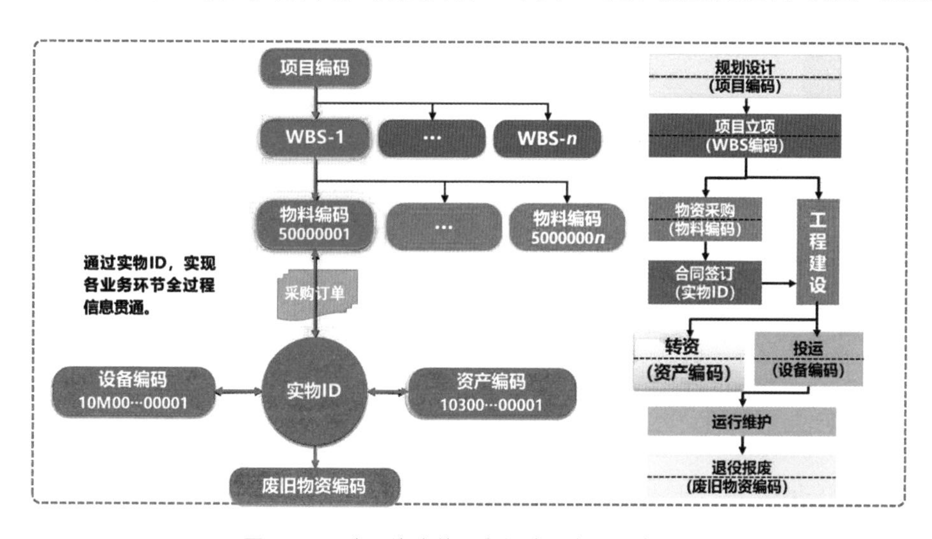

图 4-50 电网资产统一身份编码应用总体思路

统一制定24位组织特征码的编码规范，明确在物资采购、运行维护等不同环节生成实物ID的技术要求，满足新增资产和存量资产的共同需求，形成细化到单体的编码规则和管理要求。**流程优化方面，**结合实际需求，对现有业务流程进行整体优化和管理调整，打通电网企业部门间实物流、信息流的传递瓶颈。**信息化改造方面，**对ERP、PMS、ECP（电子商务平台）等多个业务系统开发相应功能，实现新增设备源头赋码，规范各专业应用场景，持续推广基于实物ID的巡视、财务盘点等移动应用和微应用。

（二）具体实践

1. 物资现场收发货

以实物ID为媒介，在物资收发货环节，应用移动手持作业终端与ERP系统相融合，实现物资扫码出入库功能，实时准确掌握仓储存储状态，确保物资实物与系统记录的信息一致，全面提升仓储作业效率和管理精益化水平，如图4–51所示。

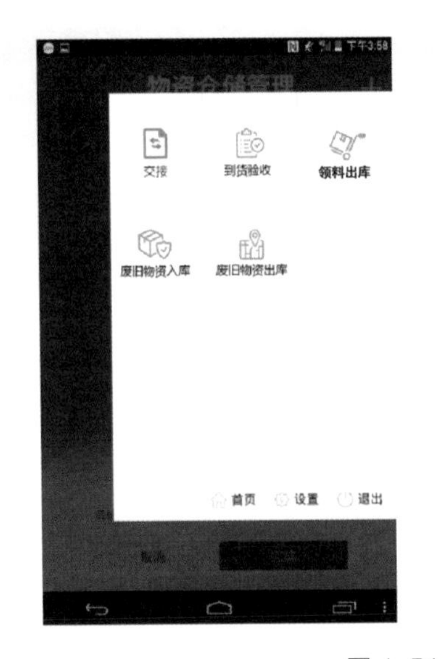

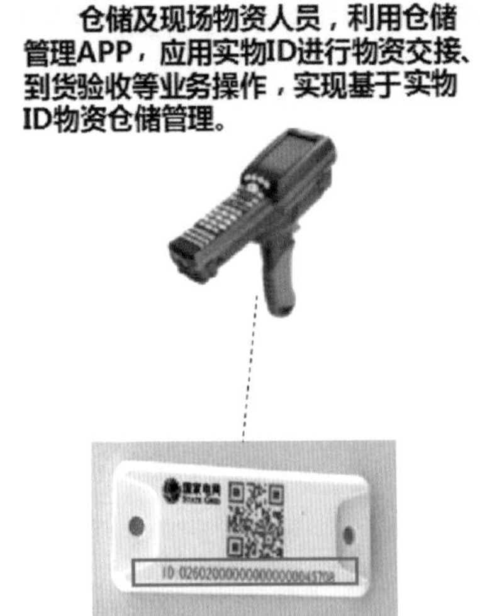

图4–51　物资现场收发货

2. 工程现场管理

在项目建设过程中，基于实物ID，实现设备现场到货验收、安装、调试、竣工验收过程中的信息结构化记录、追溯，并在基建投运后将相关设备安装信息移交生产部门，实现工程档案电子化移交。

3. 退役资产管理

通过实物ID移动管控APP与PMS系统集成，智能获取设备信息数据，减少退役工作流程环节和设备数据填写字段。为设备全寿命周期管理的多个移动应用提供统一入口，对不同阶段的关键数据进行分析和比对，以点带面，从线到片，将统计和数据监控相结合，简化工作模式，实现设备资产精益化管理。

4. 一次设备智能运维

融合实物ID与PMS变电巡视APP，升级原手持终端APP扫描模块，使其具备扫描实物ID超高频“RFID”标签功能，实现基于实物ID的变电精益化智能运维。

5. 二次设备智能运维

利用继电保护设备实物ID，开展二次设备台账信息核查整治，确保继电保护设备台账完整、正确，实现全寿命周期内信息共享应用，提升继电保护精益化管理水平。同时，基于实物ID在移动终端部署专业管理应用，实现继电保护现场工作全过程管控、智能防误和辅助决策，提升现场工作的安全、质量、效率。

六、智慧供应链

（一）主要内容

以资产全寿命周期管理为主线，整合供应链上下游资源，充分应用“大云物移智链”等现代信息技术，构建具有数字化、网络化和智能化特征的现代（智慧）供应链体系。依托国网公司一体化信息支撑平台，应用大云物移智等现代信息技术，升级建设新一代电子商务平台（ECP2.0）核心业务系统，构建智能采购业务链、数字物流业务链、全景质控业务链三大物资智慧业务链。智能采购业务链，以物资采购全过程为主线，整合采购标准、计划、采购、专家管理等业务，智能开展需求精准预测、计划科学安排、采购高效实施、标准全程贯通、专家资源统筹利用等核心业务创新。数字物流业务链，以物资供应全过程为主线，整合合同、仓储、配送、应急、废旧等业务，智能开展供需精准匹配、计划滚动编制、物流全程可视、标准动态优化、资源全局调配等业务创新。全景质控业务链，围绕供应商管理、质量监督业务，智能开展质量问题精准预判、检测计划精益管理、质量检测数据全程贯通、评价标准分级分类、检测能力合理布局等核心业务创新。

（二）具体实践

1. 智能采购

依托大数据、人工智能、移动应用、物联网等技术手段，在采购计划及招标文件审查、辅助评标、专家库资源配置、抽取方案校验，评标现场管理及智能化应用方面，实现采购评审智能化。智能采购业务链总体流程如图 4–52 所示，通过结构化采购标准，推进评标关键参数自动比对，加强供应商全方位评价在评标过程的应用，实现优选供应商，确保采购产品和服务质量。

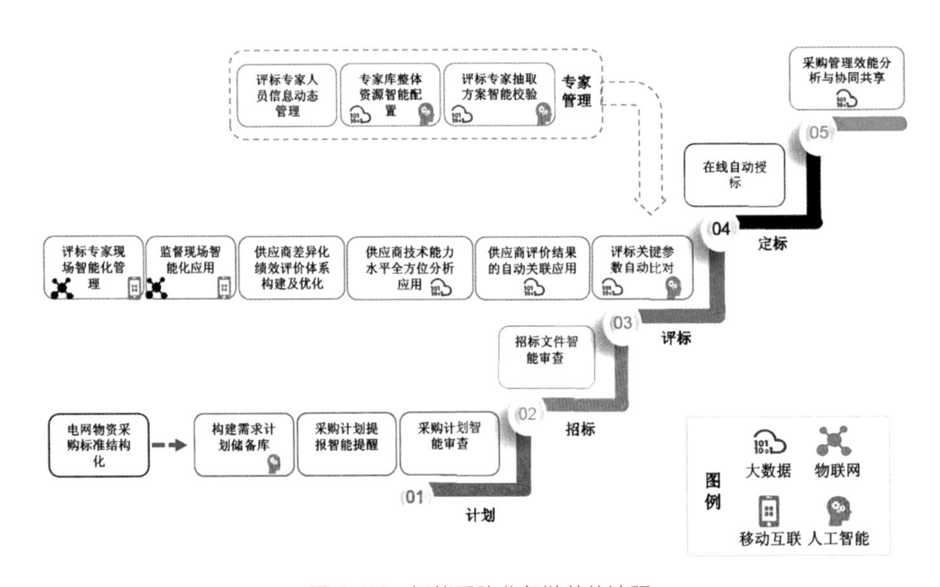

图 4–52　智能采购业务链总体流程

2. 数字物流

以物资供应全过程为主线，整合仓储、配送、应急、废旧、合同、供应、结算等业务，重点应用物联网、移动互联等技术，智能开展供需精准匹配、计划滚动编制、物流全程可视、标准动态优化、资源全局调配等业务创新，实现物资供应可视化更全、精准度更高、敏捷性更强。数字物流业务链总体流程如图 4–53 所示。

3. 全景质控

依托实物 ID 物资供应全过程应用，以“大云物移智链”新一代信息技术运用为纽带，通过远程监造、生产制造、试验检测等信息和供应商征信信息的智能或移动采集，开展信息多维度分析，优化检测资源配置，优化监造、抽检差异化管控策略及供应商核实策略，

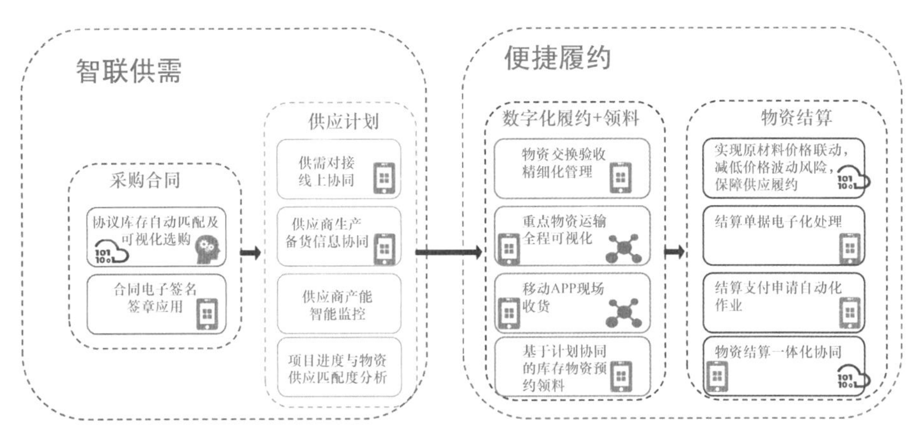

图 4-53　数字物流业务链总体流程

实现产品质量、生产进度、供应商信用风险智能辨识、动态评估及控制。全景质控业务链总体架构如图 4-54 所示。

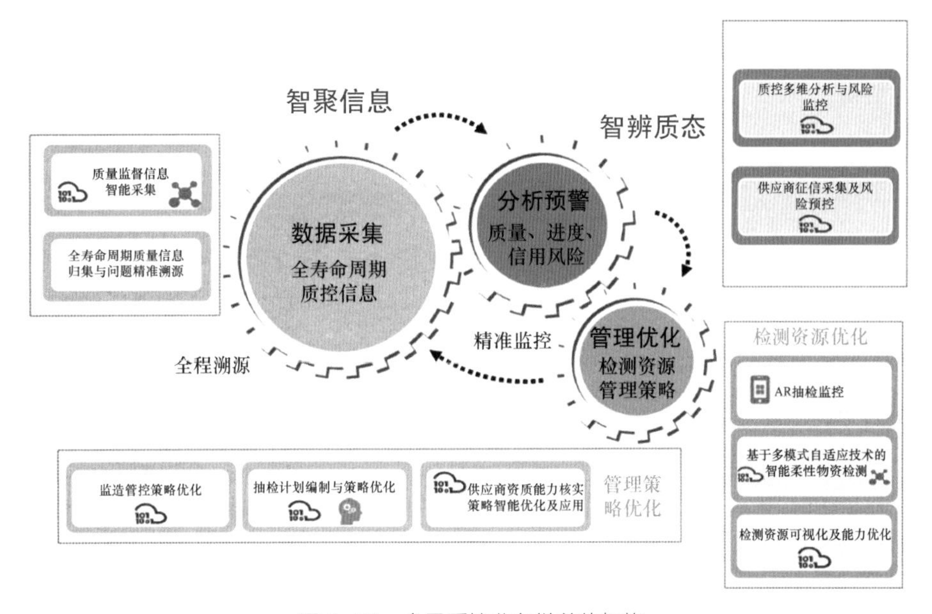

图 4-54　全景质控业务链总体架构

4. 内外协同

依托“数字国网”顶层设计，增强企业各业务之间的互通性、数据的可用性、资源的共享性。积极与供应商、质检单位、第三方物流、设计单位等供应链伙伴以及公共服务、行政监督等外部服务平台开展信息集成、业务协作和资源共享，实现和谐共赢。

5. 智慧决策

构建供应链智慧运营新模式，从采购、供应与质控三方面实现多维分析、业务预测、风险管控，全局实时监控并快速响应业务变化，提高物资业务链运作质量和效益，助力企业精准投资，提升精益化管理水平。同时，通过金融支持、对外服务、信用安全数据开放共享等，实现行业协同发展。智慧决策中心总体建设思路如图 4–55 所示。

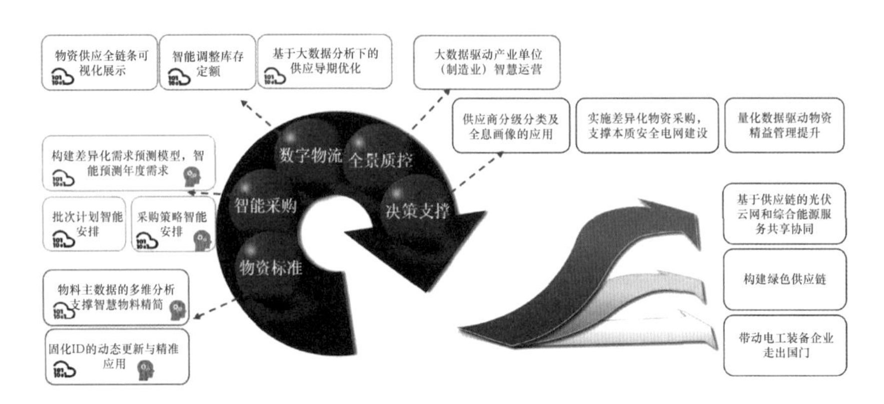

图 4–55　智慧决策中心总体建设思路

七、移动终端整合

（一）主要内容

多年来企业信息化建设虽然提升了工作效率，但由于尚未形成终端统筹机制，造成信息终端类型多、品牌杂，导致在基层班组移动应用中存在“一人多终端、一应用一终端、设备利用率低”等问题。国网天津电力从五个维度全面推进移动终端应用迁移整合。针对现场作业目标机型进行安装测试，对测试中发现的问题进行处理，实现一机多应用。在各单位进行移动应用整合推广，全面解决一人多终端问题。完成安全接入平台（VPN2.0）完善研发，并统一组织完成各单位安全接入平台升级，解决网络通道不稳定导致用户频繁登录的问题。开展移动应用运行平台优化完善，完成新版内网移动应用平台测试环境与生产环境的部署及联调测试，提升移动应用商店、移动终端设备的统一管理能力。从屏幕适配目标机型、统一认证方式（统一权限验证）、统一上架三方面对现有移动应用进行最小化适配改造。将分散在多个移动终端的存量移动应用迁移至单台移动终端，实现存量移动应用基于应用商店的统一上架、统一发布、统一认证，按需实现移动终端的统一管理和安全管控。

（二）具体实践

1. 移动巡检

移动巡检移动应用以 PMS2.0 业务功能为基础，针对输变配现场作业，提供包括巡视管理、作业文本执行、检测管理、检修管理、台账查询、运行记录等主要应用，如图 4-56 所示。利用无线通信技术和智能便携设备进行作业文本执行信息、运行记录、检测记录、检修记录等现场作业业务数据录入，并通过无线移动网络在线回传 PMS2.0，替代了传统纸质录入数据并手工填写录入业务系统的烦琐操作，提高了现场作业效率。

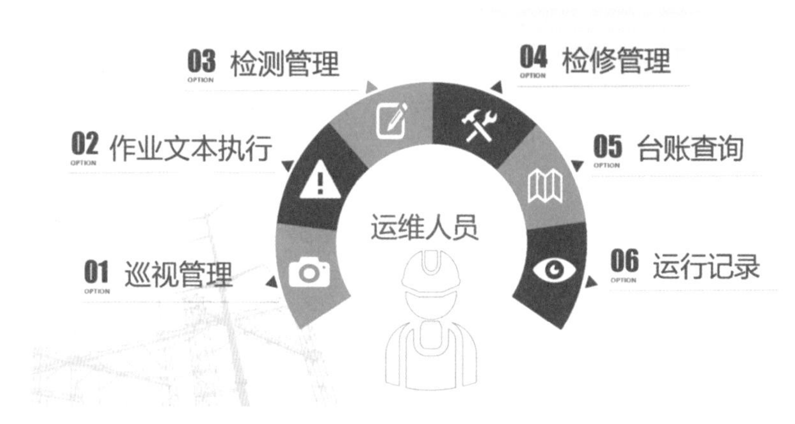

图 4-56　移动巡检业务链

2. 采集运维

采集运维现场作业以计量现场装接、现场检验、现场充值、现场电价调整、档案核查、用电检查、台区线损异常消缺等计量现场业务为基础，依托物联网、地理信息系统（GIS）等技术，结合现场作业终端，推进计量现场业务标准化，在采集运维闭环管理模块的基础上，搭建 APP 统一发布平台，建立计量现场各类业务 APP，实现现场作业互动，完善“互联网 +”计量全业务生态体系。如在现场调整电价时，远程电价调整失败的电能表可以工单的形式生成，由现场人员使用功能整合后的移动终端对电能表进行现场调整。

八、网上电网

（一）主要内容

“网上电网”核心思想是“大数据 + 可视化 + 网上作业”，将发展业务所需的全量数据统一集成到“网上电网”平台，打造图数一体、在线互动、人工智能的规划计划业务可视化应用平台，创新网上管理、图上作业、线上服务的新业务模式，如图 4–57 所示。

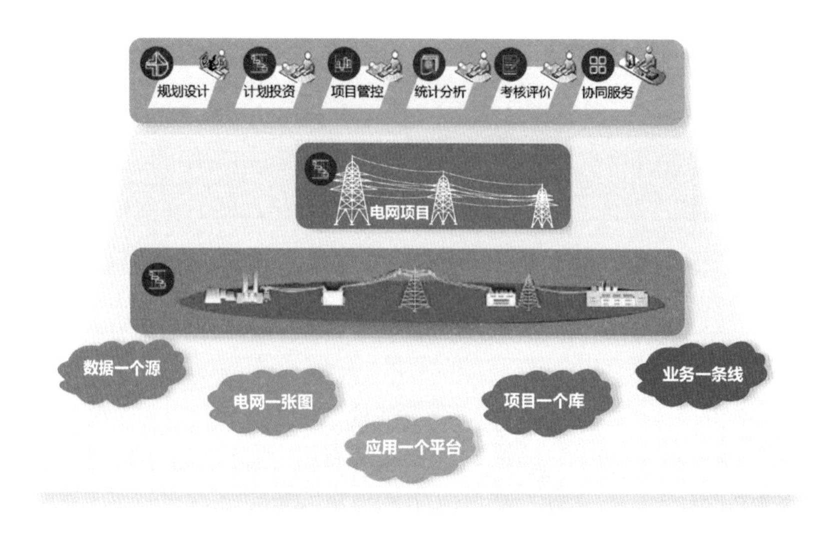

图 4–57 “网上电网”信息平台

（二）具体实践

1. 网上规划设计

基于可视化地图和海量运行数据，智能分析各级电网薄弱环节，预判发展需求；基于标准接线库、设备选型库，在网上开展布点规划、网架设计、仿真计算及多方案比选，改变以往规划线下编制、设计经验主导的工作模式，实现网上规划、网上设计、网上评审、实时追溯。

2. 网上计划投资

依据统一诊断评价体系，开展网上诊断分析、网上计划编制、网上执行管控。直观分析计划投资需求，形成计划投资策略，明确计划投资规模、计划投资类别，动态管控计划执行进度，预警计划执行偏差项目，结合计划投资成效，及时优化调整，实现网上计划动态跟踪，执行在线管控。

3. 网上项目管控

开展网上项目统一编码、网上可研审查、网上项目优选、网上进度监控，融合智慧工地、智慧供应链等成果，推动项目—设备—指标的关联贯通，支撑项目建设全过程由线下向网上转变，在线论证项目必要性，评估投资效益，实现电网项目可视化管理与全程闭环管控，如图 4–58 所示。

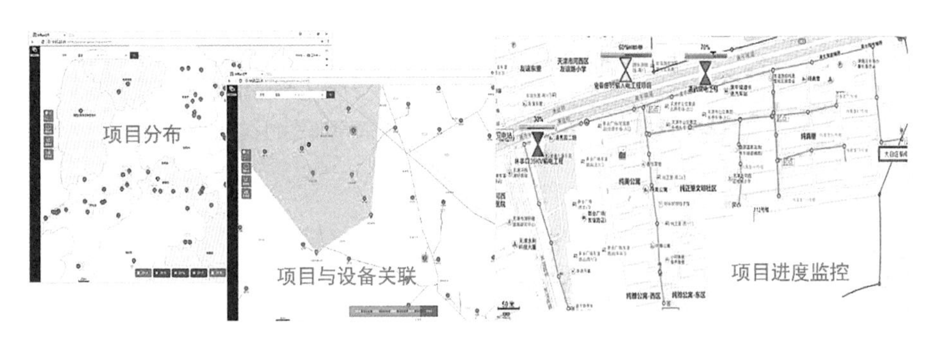

图 4-58　网上项目管控

4. 网上统计分析

基于源头自动采集数据，开展网上统计建模，自动生成统计报表。建立多源设备匹配档案，在线开展源网荷全量设备统计、可视化关口模型配置、供用电统计、同期线损统计、“三率合一”投资统计等；在线开展统计监测与分析，搭建经济活动分析模型，深化电力市场分析预测，不断丰富拓展统计指标范围、内容深度细度以及统计服务产品，提升统计分析质量。

5. 网上考核评价

基于系统自动生成指标，客观评估投资绩效与工作质量，在线生成考核评价结果。构建业务量化评价考核体系，包括数据质量、业务线上率、业务处理及时率、数据接入率等评价考核指标。基于系统实现考核评价指标数据的业务源头自动采集，自动计算，自动评价，杜绝人为干预，保证评价考核的针对性、客观性和公平性。

6. 网上协同服务（对内）

“网上电网”作为企业级平台，对内实现新能源规划、前期、建设、并网、运行、交易、后评估全过程全环节业务在线管理与分析决策，可开放共享电网运行工况、电网规划方案及规划项目建设进展情况等信息，同时提供在线的电源接入、大用户供电方案批复、地铁供电方案批复、增量配电网接入方案批复等服务，实现发展业务与调度、运维、营销等业务相关环节地有效衔接，促进电网业务的高效协同。

7. 网上协同服务（对外）

“网上电网”作为能源电力大数据汇聚平台，对外可以提供数据增值服务。通过挖掘电力大数据价值，分析用户用电行为特征，构建电力景气指数、行业景气指数、用户能耗指数等，为宏观经济、行业产业、企业用户等提供多维多样的信息数据。同时综合分布式电源、电动汽车、新能源、储能等新兴负荷信息，服务智慧城市建设、金融征信、基础设施和商业设施布局，架起电网应用与社会应用的桥梁，建立上下游生态链，如图 4–59 所示。

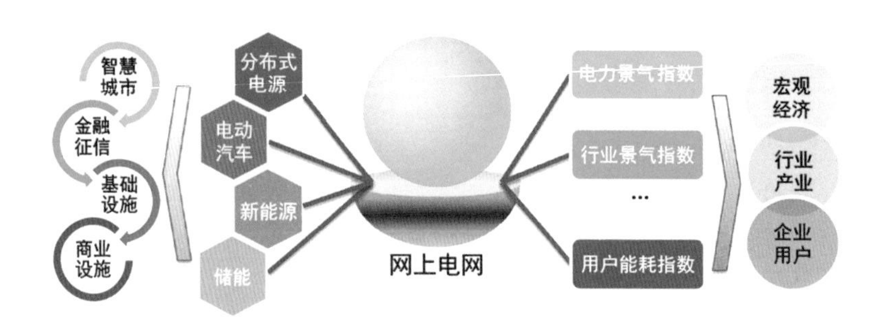

图 4-59 网上协同服务

九、网上国网

（一）主要内容

“网上国网”是基于国网云、微服务架构打造的统一在线服务平台。通过整合传统电力业务、电子商务、电动汽车、分布式光伏发电、能效服务等业务的线上、线下服务渠道，优化业务流程，创新服务模式，实现客户聚合、业务融通、数据共享、创新支撑。

1. 以客户需求为中心，构建 5 大服务场景

以“全需求、全领域、全场景”的客户视角，立足单一业务领域和跨专业领域服务场景，实施从传统业务驱动向客户需求驱动转变。采用“一户多面、千人千面”的设计理念，面向不同客户群体定制专属服务频道，提供差异化服务。借鉴互联网服务成功实践，全新推出“住宅、电动车、店铺、企事业、新能源”五大服务场景，如图 4-60 所示。

图 4-60 网上国网五大服务场景

2. 创新中台架构

以国网云、移动应用开发平台为基础，采用阿里中台建设理念、微服务架构、互联网相关技术，搭建了前、中、后台技术架构体系，如图 4–61 所示，构建“灵活可定制的应用前台、服务共享的业务中台、业务融通的运营后台、稳定可靠的支撑平台”。

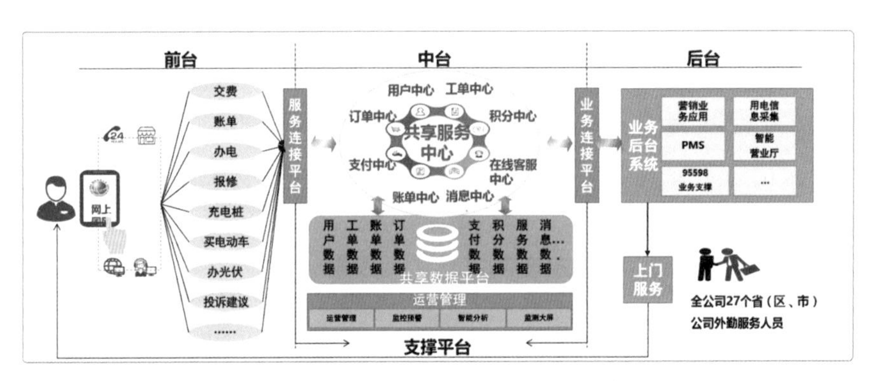

图 4–61 网上国网中台结构

（二）具体实践

1. 供电服务

供电服务主要是根据客户个性化需求，优化客户办电体验，实现价值共创。以电费交费业务为例对供电服务类场景进行说明，如图 4–62 所示。电费交费服务是将智能交费签约、签约代扣、交电费、交业务费、充值卡和电费红包业务入口进行整合，为不同客户提

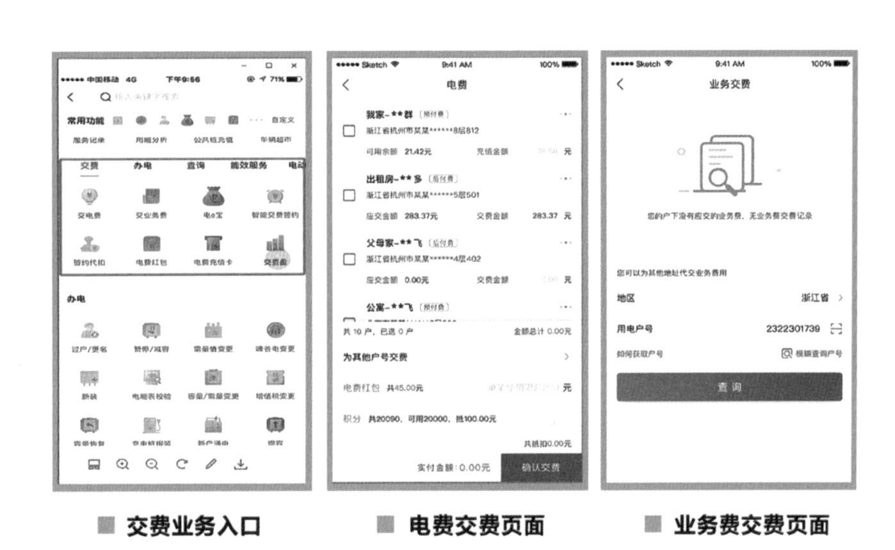

图 4–62 电费交费业务流程示意

供借贷记银行卡，以及交费盈、支付宝等多种电费支付方式，并实现多个户号、跨省的一键交费功能，满足客户便捷、安全的交费需求。

2. 新兴业务

新兴业务主要包括电动汽车、分布式光伏发电、国网商城、综合能源服务。分布式光伏发电服务（见图 4–63）主要实现分布式光伏发电建站咨询、设备采购、光伏发电运维、信息查询、光伏发电签约、光伏发电学院等功能，提供建站全过程服务。该业务模块可主动提供建站过程所需服务和产品，充分共享内外部运维资源，实现光伏电站服务资源整合利用。

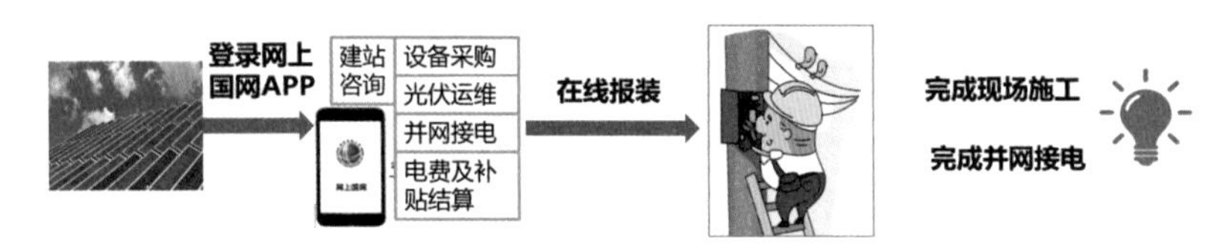

图 4–63　分布式光伏发电业务办理流程

电动汽车服务（见图 4–64）主要指客户通过“网上国网”APP 享受买车、买桩、装桩、办电、上线一条龙服务，一次都不跑完成业务办理。用户可通过 APP 全程跟踪、催办和反馈业务办理情况，并对电动汽车进行找桩充电、充电充值。

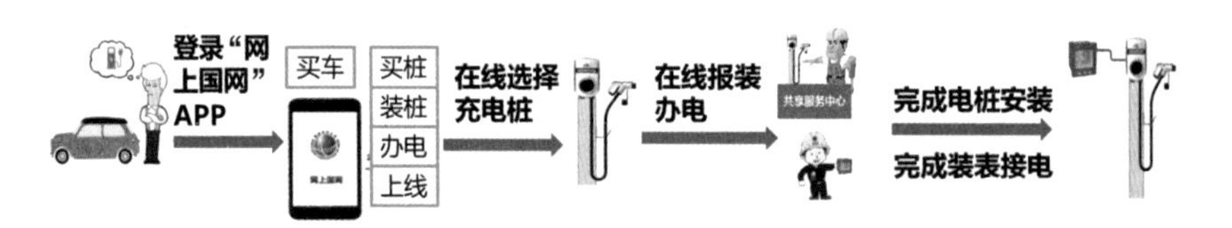

图 4–64　电动汽车业务办理流程

综合能源业务共 3 个场景（见图 4–65），提供用能分析、用能诊断、节能改造等能效服务。该场景通过融合线上入口与线下服务，构建高效快捷的服务体系，实现前端与后端能效服务平台的对接，可为用电客户提供更精准、更便捷的用能诊断和节能改造、能源托管服务。

3. 公共服务

以住宅场景为例，公共服务场景首页分为 7 个部分，如图 4–66 所示。头部功能区提供扫码、信息、在线客服接入功能。关键数据展示区全景展示“住宅”“e 车船”“店铺”“企

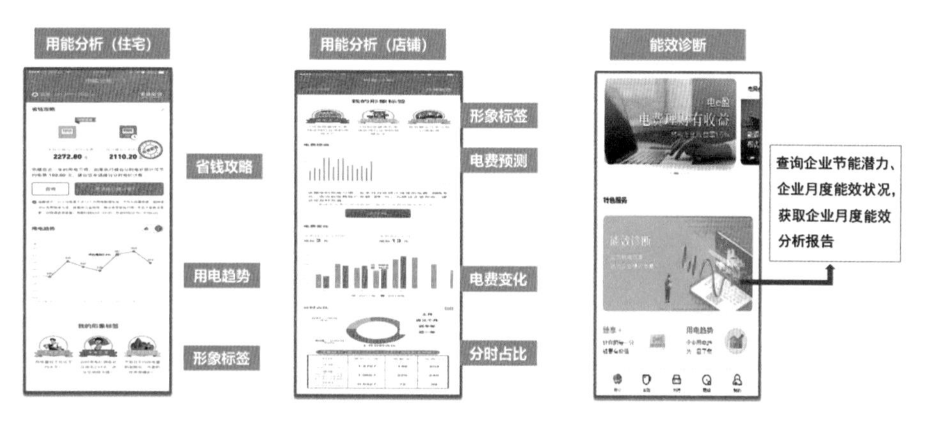

图 4-65　综合服务业务办理流程

图 4-66　公共服务业务模块

事业”“新能源”场景下用户最关注的信息。热点功能区展示 TOP8 的热点功能。业务进度区推送业务的办理进度。电力资讯区推送总部及各单位新闻资讯及定制化宣传活动。特色服务区展示省电力公司及产业单位创新服务。精品推荐区展示省电力公司、产业单位特色活动、服务、推荐商品。导航栏包括发现、商城及我的模板。

第五章

技术应用创新

能源技术是新一轮科技革命和产业革命的重要突破口，能源技术创新为能源转型提供不竭动力。"三型两网、世界一流"作为顺应能源革命和数字革命发展趋势的新战略，比以往任何时候都更加需要强大的科技创新支撑，以新理念、新技术改造提升传统业务，带动产业升级，为能源互联网建设不断注入新动能。

第一节 技术创新趋势与方向

清洁、低碳、电气化是未来能源发展的战略方向，电网在新一轮能源革命中将处于重要位置。一方面，需要持续提升电网的资源配置能力和智能化水平，适应电源基地集约开发和新能源、分布式电源、储能、交互式用能设施等大规模并网接入的需要；另一方面，需要充分应用移动互联、人工智能等现代信息通信技术，实现电力系统各环节万物互联、人机交互，实现状态全面感知、信息高效处理、应用便捷灵活。

一、能源转型背景下的技术创新趋势

世界主要国家和地区均把能源技术作为推动能源转型的重要抓手，从能源战略的高度制定各种能源技术规划，加快能源技术创新。

21 世纪初，欧盟第七科技框架计划（FP7）将能源列为独立的优先领域，目标就是要优化能源结构，提高能源效率，应对能源供应安全和气候变化，提高欧洲工业竞争力。2015 年 9 月，欧盟委员会公布了《欧盟战略能源技术计划》，聚焦能源转型面临的若干关键挑战与目标，围绕可再生能源、智能能源系统、能效和可持续交通四个核心优先领域开展十大研究与创新优先行动，包括开发高性能可再生能源技术及系统集成，降低可再生能

源关键技术成本，开发智能房屋技术与服务，提高能源系统灵活性、安全性和智能化水平，开发和应用低能建筑新材料与技术等。

德国一贯坚持以可再生能源为主导的能源结构转型，将可再生能源、能效、储能、电网技术作为战略优先推进领域，具体包括：新的智慧电网架构，转化储存可再生能源过剩电力，以高效工业过程和技术适应波动电力供给，以及加强能源系统集成创新等。

2009年，美国奥巴马政府上台后，高举“能源独立”旗帜，提出基础科学与应用能源研发融合的战略，变革美国能源体系，设立了三个能源研发平台和机构，支持页岩气开采、清洁电力等变革性能源技术开发，将美国由传统的能源进口大国转变为能源出口国。2017年，美国特朗普政府推出《美国优先能源计划》，延续了能源独立的基本思想，致力于降低能源成本，最大化利用国内能源资源，同时保持可再生能源产业和技术的世界领先地位。

日本在发生福岛核事故之后，于2014年发布新的《能源战略计划》，以“能源安全保障、经济性、环境适宜性原则和安全”为能源政策基础，举全国之力发展可再生能源。2016年，发布《能源环境技术创新战略》，确定了日本重点推进的五大技术创新领域，包括：利用大数据分析、人工智能、先进传感和物联网技术构建智能能源集成管理系统，通过创新制造工艺和先进材料开发实现深度节能，新一代蓄电池和氢能制备、储存与应用，新一代光伏发电和地热发电技术以及二氧化碳固定与有效利用。

从国际上看，清洁、低碳、新能源、新材料、电气化、智能化、数字化代表了未来能源技术的发展趋势，将对未来全球的能源供给和能源消费产生深远影响。

我国已成为世界最大的能源生产国和消费国，2018年，我国能源消费占全球能源消费量的23.2%和全球能源消费增长的33.6%，我国必将在全球能源变革中扮演至关重要的角色。虽然我国能源领域已经形成具有较强国际竞争力的完整产业链，但是与世界能源科技强国相比，在能源技术创新上还存在较大差距，突出体现在基础研究薄弱、关键核心技术受制于人、新兴技术以消化吸收为主、科技创新与产业发展结合不够紧密等问题。

习近平总书记强调，实施创新驱动发展战略，就是要推动以科技创新为核心的全面创新，坚持需求导向和产业化方向，坚持企业在创新中的主体地位。长期以来，国网公司大力实施创新驱动战略，在特高压、智能电网、新能源发电并网、大电网安全控制领域取得了一批世界领先的创新成果，实现了从“跟跑”到“领跑”的跨越式发展。2019年，国网公司推进实施“三型两网”建设，将创新放在全局核心位置，以数字技术为传统电网赋能，不断提升电网的感知能力、互动水平、运行效率，将深刻破解我国能源技术创新难题，有力支撑各种能源接入和综合利用，持续提高能源效率，实现电网跨越升级、助推能源生产和消费革命，确保我国能源产业朝着清洁低碳、安全高效的方向迈进。

二、技术创新的方向

“三型两网”通过推进坚强智能电网和泛在电力物联网融合发展，能够汇集各类资源参与系统调节，促进源网荷储协调互动，支撑新能源发电大容量高比例接入，不断提高电网优化配置资源能力、安全保障能力和智能互动能力。从技术维度，主要包括坚强智能电网、泛在电力物联网、基础支撑三个方向。

（一）坚强智能电网方向

巩固提升清洁低碳、安全高效的坚强智能电网技术，保障能源电力可靠、优质供应，支撑电网成为能源综合利用枢纽和资源优化配置平台。重点解决传统电网发展模式不完全适应深度电气化变革和多源数据融合问题，解决大规模新能源集群并网控制和高效消纳难题及分布式电源友好并网消纳问题，解决能源互联系统的安全可控问题，解决电网运行快动态、高维度、多模式下的调度控制问题，解决电力装备可靠性、灵控性、环保性需求问题。通过技术创新，破解清洁能源消纳和电网安全稳定可靠之间的矛盾，大幅提升电网的灵活控制和传输能力，提升电网调峰调频能力，提高供电应急响应速度和服务质量，增强电网的适应性和抗干扰能力，全面支撑电网安全运行、清洁能源高比例消纳、电力市场化运作。

（二）泛在电力物联网方向

着力强化信息通信技术与电网的应用融合技术研究，支撑泛在电力物联网建设，提升电网互动感知能力、数据价值挖掘能力、综合能源服务能力和新业态拓展能力。重点解决电力生产消费各环节全面感知、可靠监测和规模化应用问题，解决能源精准计量、多售电主体和多元电价可信计量、数字化计量、非电量测量、非侵入式负荷监测等问题，解决电力通信网络覆盖延伸、实时高效传输、网络动态配置等关键问题，解决电力业务应用系统实时响应能力不足和数据割裂问题，解决泛在电力物联网建设和业务拓展创新的安全保障问题。通过技术创新，实现电网状态全息感知、运营数据全面连接、业务全程在线、客户服务全新体验、能源生态开放共享，将电网建成面向各类能源服务主体的数据中心、管理中枢和业务创新平台，进而通过数据应用驱动业务转型，通过泛在互联重塑产业生态。

（三）基础支撑方向

重点部署新材料与器件、电力芯片、人工智能、储能与能源转化、电力气象等基础与先导技术研究，构建适应能源互联网的基础支撑技术体系。研究高性能电工绝缘材料、能源传输与转化材料以及高压大功率电力电子器件技术，提升电工材料及器件运行可靠性及国产化制备能力；研究制约电力系统未来自主发展的处理器芯片、功能芯片和功率芯片，突破高速无线通信、多通道高精度模数转换、继电保护高可靠强实时采集控制等关键技术；研究面向能源互联网的人工智能共性算法模型，支撑电网分析、预测、优化、感知与调控智能化提升；研究新型材料储能和装置集成技术，使储能成为电力系统调节资源、促进新能源消纳的主要手段。

三、技术创新的重点领域

推动“三型两网、世界一流”战略落地，构建能源流、业务流、数据流“多流合一”的能源互联网，重点是在大电网控制技术、配电网优化控制技术、用电与综合能源技术、信息通信与网络安全技术等领域实现突破。同时，也需要注重跨领域的技术融合，发挥示范工程的应用推动作用，“以用促研、以用促建、快速迭代”，加强关键技术的检验和多领域技术的融合，构建“技术研究、工程示范、推广应用”为一体的成果转化模式。

（一）大电网安全控制技术

重点创新领域包括调控云及大数据平台关键技术，电力电子化电力系统形态发展技术路线、交直流混联电力系统协同规划技术，高比例新能源、高比例电力电子接入条件下电力系统感知技术，具有分布自治特性和集中协调相结合的电力系统运行控制技术，高比例分布式电源和多样性负荷接入的能源互联交直流系统的保护、控制与故障处理技术，新能源预测技术，新能源接入的快速保护技术，区域分布式电源批量控制技术，直流电网运行与控制技术，具有设备本体及环境感知、主动预测预警、辅助诊断决策和集约生产管控能力的智能运检技术，柔性电网节点装备及其网络构建技术，智能及环保型电工装备技术，等。

（二）配电网优化控制技术

重点创新领域包括高比例分布式能源并网与协同调控技术，配电物联网关键技术，主动配电网及故障智能抢修技术，先进配电作业装备及深度融合关键技术，交直流混合配电系统高可靠保护与运行控制技术，复杂配电网健康状态智能诊断与综合评价技术，微网与“源—网—荷—储”交互控制技术，配电网大数据分析及应用技术，设备状态智能感知与立体化巡检技术，等。

（三）用电与综合能源技术

重点创新领域包括新一代智能电能表（能源路由器）与信息采集感知技术，多元需求侧资源灵活调控与互动服务技术，综合能源网络建模、规划与评价技术，综合能源运行优化技术，高效电能替代装备及互动运行技术，电动汽车充放电及互动技术，等。

（四）信息通信与网络安全技术

重点创新领域包括高精度传感机理与微型智能传感技术，“空天地”一体化通信网络技术，物联网平台技术，数据中台技术，5G通信在电力领域的应用，泛在电力物联网网络安全技术，能源信息物理系统融合技术等。

“三型两网”技术创新涉及的层面很多、领域很广，是一项系统性创新工程。国网天津电力结合企业业务特点和自身实际情况，在上述四大技术领域中均开展了部分探索与实践。

第二节　大电网安全控制技术

电网调控不仅是保障坚强智能电网安全、稳定、经济运行的神经中枢，更是泛在电力物联网汇集电网运行数据资源、实现能源资源优化配置的重要支撑平台。未来大电网调控控制技术，将深度融合“大云物移智链”等技术，应用数据驱动、主动推理、人机融合、群体智能，在爆发式信息快速处理、复杂大电网特性认知、事故风险超前预警、调控手段精细化等方面创新变革，以应对未来电网特高压交直流混联规模快速扩大、市场化改革快速推进、高渗透率分布式/集中式新能源发电不断接入、柔性负荷与储能大规模应用等带来的挑战。

一、调度控制云平台

（一）技术概述

近年来，云计算的快速发展提供了一种崭新的服务模式，它相较于传统的IT服务模式，具备超大规模、虚拟化、高可靠性、通用性、高可扩展性、按需服务、成本低廉等特点。这些特点与电网对调度运行技术的发展需求存在很大的契合度，是调度自动化系统由“分析型”向“智能型”转型的理想解决方案。引入云计算技术，国网公司在“十三五”期间将完成企业管理云、公共服务云和生产控制云的建设。其中生产控制云即调度控制云，简称调控云。国网调控云是面向电网调度业务的云服务平台，采用分级部署方式，形成“1+*N*”的整体架构。其中，主导节点处于调控云的核心位置，统领调控云的数据标准化、服务标准化、安全标准化，主导全网计算业务，部署220千伏及以上主网模型数据及其应用功能，侧重于国分省调主网业务；协同节点*N*个，部署在每个省级调控中心，是调控云的协同节点，严格遵循数据标准、服务标准和安全标准，并负责全网计算业务的子域协同，部署10千伏及以上省网模型数据及其应用功能，侧重于省地县调局部电网业务。该架构实现不同层级业务的适度解耦，符合能量流、信息流的空间分布特性，符合业务分级、数据集中的技术路线，使得不同层级调控云节点既各有侧重，又保证了全局层面信息流与服务流的整体贯通。

（二）创新实践

国网天津电力基于调控云平台进行了多项典型应用探索。

1. 基于地理信息导航的电网数据全景展示

依托调控云平台，构建了“一张互联电网，一套统一模型，一个云图形平台”平行电网世界，将35千伏到1000千伏的变电站以及线路等电网信息按实际地理位置进行可视化展示。通过电网图形视觉模型和地理图形及信息卡片表格结合的形式，集地理、气象、时空、电力系统状态等信息于一体，建造能同时适应模型数据云、运行数据云、实时数据云各类信息的高集成度的表现空间，云图形具备底层平台技术特性，可支撑诸多的上层应用开发，满足调度技术系统全局、快速、准确的新特征，实现从应对局部到管控全局的跨越，同时提供一个多条件多轮对话式交互问答机器人，极大提升使用者的人机交互体验和信息获取效率，为后续人工智能调度开启一个全新的人机交互方式。

2. 基于调控云的电力物联网机房通用智能管控机器人平台

基于调控云平台数据，结合视觉分析、语音识别、智能算法、神经网络、边缘计算技术，开发了基于调控云的电力物联网机房通用智能管控机器人平台，可开展电力机房的智能巡检、人员安全监护、作业辅助支持、资产智能化管理业务，智能管控机器人平台如图5–1所示。该机器人平台目前已投入国网天津主备调自动化机房运行近1年，完成日常巡检近600次，监护作业50余次，显著提高了电力物联网机房管理的智慧化程度和精益化水平，可有效降低人力因素带来的不确定风险，保障电力机房设备的安全运行。电网系统内部可有效降低企业运营成本，提高运维管理效率，实现电网二次设备资产的全寿命周期管理；对电网系统外部可提供远程运维巡检等服务，协助电网培育对外远方运维增值服务的能力。

图5-1　基于调控云的电力物联网机房通用智能管控机器人平台

二、柔性输电技术

（一）技术概述

柔性交流输电系统（flexible AC transmission system，FACTS）主要是应用电力电子技术和现代控制技术实现对交流输电系统参数乃至网络结构的灵活快速控制，以实现输送功率的合理分配，降低功率损耗和发电成本，大幅度提高电力系统稳定性和可靠性。根据FACTS和交流系统的连接方式，可划分为并联型、串联型以及综合型三大类。如静止无功发生器（static var generator，SVG）属于并联型的FACTS，并联在电力系统的母线上，这类FACTS已在实际工程中有大量的使用。静止同步串联补偿器（static synchronous series compensator，SSSC）属于串联型FACTS，串联在电力系统的母线上，SSSC在实际工程中鲜有应用；统一潮流控制器（unified power flow controller，UPFC）属于综合型FACTS，同时具备并联型和串联型的优势，但价格相对较高。

（二）创新实践

自2015年起，国网天津电力牵头组建产学研联合攻关团队，攻克了SSSC换流阀电流电压自适应取能、多级直流均压及潮流控制、串联变压器仿真建模与优化设计、超宽电流范围自励平滑启动等关键技术难题，研制了基于压接型IGBT的H桥级联换流阀、SSSC

控制保护系统等核心设备，成功打造了全球首个自励型 SSSC 装置，如图 5–2 所示，并于 2018 年 12 月 6 日完成 168 小时试运行。

图 5–2 天津石各庄 220 千伏变电站内 SSSC 换流阀

该工程位于天津石各庄 220 千伏变电站，容量 30 兆伏安，实现了输电线路及输电断面功率均衡、限流等灵活调节功能，解决了线路潮流分布不均、电力输送能力受限的问题，增加了供电分区内 10% 的供电能力，大幅提高了系统安全稳定裕度。与现有潮流控制装置相比，自励型 SSSC 装置造价和工程占地面积节省了 67%，损耗降低了 50%，具有良好的经济性和可推广性。全球首个静止同步串联补偿器在天津正式投运，是中国在柔性输电领域又一次重要的创新实践，同时也带动了中国电力电子装备制造产业技术升级。

三、电网实时监控运行技术

（一）技术概述

电网实时监控运行是电网实时监控与预警类应用的核心功能，包括电网运行稳态监控、电网运行动态监视与分析、继电保护设备在线监视与分析、安全控制在线监测及管理、综合智能分析与告警等功能，并通过综合性分析提供在线故障分析和智能告警功能。随着“调控一体”模式的集中监控主站功能上线，控制层面上，开关遥控缺乏透明的监视机制，遥控如果失败，问题很难被快速地定位和解决；监视层面上，集中监控可能导致监控告警窗的信息量呈爆炸式增长，需要提供高效的信号处理手段以及智能的信号分析功能；另外在现有的条件下，对所有信号进行一次全方位地检查需要花费很多的时间，会影响监控员的正常监视工作。

（二）创新实践

国网天津电力基于D5000的调控系统进行调控远方操作及运行监视全过程管控改造，实现了五项功能。①告警信息断面比对。开发了告警信息断面比对功能，结合D5000调控一体系统特点以及监控需求，可对重要信号的监护并对数据断面进行保存、对比、差异显示等。②远方操作可视化。开发了远方操作可视化功能，基于D5000的调控系统进行调控远方操作及运行监视全过程管控功能建设，改变远方操作黑盒化，提高远方操作的可视化程度。③告警信息计数器。开发了告警信息计数器，基于D5000的实时告警窗，实现了频发类信息自定义及自动折叠功能，在传动区的基础上再一次清洗告警信息，实现频发类告警信息实时统计，避免"刷屏"现象。④精准统计、快速查询。完善了统计、查询功能，实现了准实时告警信息查询、准实时告警统计界面及导出功能。系统信息展示丰富、结果推理正确、操作界面友好、业务功能全面。⑤集中可视化告警。开发了集中可视化告警系统，按国调的五类告警信息分类，以不同形状及颜色来告警，可展示超过规定时间未复归的信息，设置时段内复归的遗留信息，发出的未复归信息，突出展示频发信息、统计频发次数。针对特殊运行方式、设备重大隐患等情况，可设置重点监控，提高电网运行风险点及关键设备的监视手段建设能力和缺陷发现能力。

应用电网实时运行监控技术后效果显著：①使故障定位快速化，提高了异常情况下故障节点的定位速度；②提高了异常情况下排错能力，加强系统故障自诊断、自恢复能力；③提升了基于调控平台的监控应用实用化程度，提升监控员、自动化运行人员对调控对象的把控能力，减少了监控员的工作量并且保证了监控员按时保量完成任务；④通过差异化、特殊性的监视，进一步加强设备的管控，降低设备故障风险，从而更好地保障电网的安全；⑤集中可视化告警监控系统的实现，改变了监控告警信息逐条处理的工作模式，实现了"智能告警＋同景感知"的监控新模式。

四、继电保护现场运维智能移动终端

（一）技术概述

继电保护设备及其二次回路的可靠运行是确保电网安全稳定的重要因素，提升继电保护设备及其二次回路的运维效率具有重要意义。通过建立继电保护智能移动运维系统，采用"集中管理、分布式运维"模式，实现智能移动终端与管理系统通过电力无线虚拟专网进行数据信息实时交互，可以有效加强运维业务工作质量过程管理，规范作业行为，提高继电保护专业人员运维工作管理水平。智能移动终端作为继电保护智能移动运维系统的前端设备，主要实现变电站继电保护设备台账信息的校核、缺陷信息的采集、各类运维数据记录的查询等功能。系统功能包括：保护设备台账管理、设备管理、批量导入、保护设备巡检管理、保护设备检验管理、保护设备验收管理、保护设备缺陷管理、图档管理、典型案例、系统设置及任务管理、继电保护管理移动 APP 等。继电保护智能移动运维管控平台由主站系统、智能移动终端和电子标签构成。

（二）创新实践

国网天津电力将物联网、移动互联技术等引入继电保护运维管理，把保护装置与互联网相连接，并进行信息交换和通信，以实现对保护装置的智能化识别、跟踪和管理，使现场作业人员具备与保护设备、业务系统进行移动交互和业务处理的能力。智能移动终端的现场运维应用以贴近于智能手机应用的模式，契合于继电保护运维工作场景，满足继电保护运维管理的应用需求，如图 5-3 所示。

图 5-3　通过继电保护现场运维智能移动终端开展工作

继电保护现场运维智能移动终端应用效果显著：①提高了继电保护设备台账管理水平，使设备在采购、投运、运行、检修、技改、报废等关键环节的有效衔接和信息实时更新，保证全寿命周期内设备信息可查询、可追溯，实现了对保护装置的识别定位和信息交换。②现场工作实现在线化管控，实现了工作任务单编制、派发、回填、评价、归档实时全流程闭环管理，提升了安全管理水平和事故抢修能力。工作人员实时定位，提高了人员管控和指挥水平。标准化操作顺序实时可控，实现了作业指导书电子化。③继电保护单兵装备智能化发展，实现了一个终端替代红外热成像仪器、环境温湿度计、智能继电保护试验仪以及图纸、说明书、定值单等纸质资料，使得继电保护单兵设备向智能化、集成化和信息化发展。④为现场人员提供专业化辅助决策。为现场人员提供专家远程在线指导，提升了现场应急抢修和故障处置能力，解决了专业人员年轻化、经验不足等问题。

五、电网故障快速判别系统

（一）技术概述

在变电站无人值班、集中监控、调控一体新管理模式下，电力调控人员承担了变电站的监视、控制、事故处置的任务，调控人员需要从调度端 D5000 系统监控模块、二次设备在线监测模块、综合智能告警模块获取变电站一、二次设备的全面信息。电网故障时，快速判别技术将采集的变电站端继电保护信息子站及故障录波器的信息进行分析过滤，生成分析报告，以直观展示形式推送给调控人员，可以满足调控人员快速获取电网故障分析结果的需求，为快速处置电网故障提供技术支撑。

（二）创新实践

国网天津电力开发了电网故障快速判别系统，采集的故障信息包括故障时间、变电站、录波器设备、一次设备、故障类型、故障测距、故障电流等故障数据。其主要功能包括五方面：①关键信息快速浏览。故障发生后，电网故障快速判别系统自动推送出故障设备故障发生和切除时间、重合闸动作情况、故障选相和测距、故障电流等主要信息，实现关键信息快速浏览，满足调控人员快速判断电网事故需要。②线路故障精确测距。在调控主站采用强跟踪滤波器理论实现故障测距功能，仅需接收录波文件中单端电压电流信息，就可以对线路故障进行精确测距，为快速故障判别和输电线路故障巡线提供指导。③系统自动智能巡检。调控主站通过定期对二次设备进行通信状态检查、程序运行状态检查和定时召唤监测，可以发现主站设备、通道和站端设备等存在的任何影响故障信息上送缺陷，实现系统运行状况全方位，全天候监视，做到“只要没有告警信息，故障信息即可上送”，提高系统可用率。④保护信息子站和故障录波器远方维护。针对保护信息子站开发了远程配置保护装置软报文码表、远程杀毒和远程更新病毒库功能，针对故障录波器开发了远程重启装置电源、远程修改定值、远程启动录波、远程杀毒和远程更新病毒库功能，快捷处理变电站端设备缺陷，减少了现场检修工作量。⑤告警短信自动发送。除了告警窗口推送告警信息外，电网故障快速判别系统还会自动向运行管理人员发送告警短信，运行管理人员可根据缺陷紧急程度协调相关人员处理。

应用电网故障快速判别系统后，成效显著：①实现了启动和区外故障信息自动过滤，剔除干扰信息对调控人员故障判断影响。②为调控人员快速推送故障发生和切除时间、重合闸动作情况、故障选相和测距、故障电流等主要信息，满足调控人员快速判断电网事故需要。③采用精确算法计算故障测距，指导检修人员查找处理线路故障。④实现全方位、全天候智能巡检，保证无告警信息，系统即完好可用。⑤实现对保护信息子站、故障录波器设备远程维护，减少了现场检修工作量。

第三节　配电网优化控制技术

配电网作为用户接入网，存量和增量巨大，将成为泛在电力物联网建设的“主战场”之一。未来配电网优化控制技术，将重点统一设备及终端的接入标准和配用电信息模型，实现中低压配电网全息感知、泛在连接、即插即用和边缘智能，支撑智慧能源综合服务平台建设，转变供电企业管理模式和工作方式，全面提升电网安全运行、企业高效运营和客户优质服务能力。

一、主动配电网

（一）技术概述

主动配电网利用先进的信息、通信、计算机以及电力电子技术对大规模接入分布式能源的配电网实施主动管理、主动控制，能够自主协调控制间歇式新能源发电、储能装置及可控负荷等单元，积极消纳可再生能源发电并保证电网安全经济运行。主动配电网是配电物联网高级应用的一部分。对于电网公司而言，主动配电网可以实现主动规划、主动控制、主动管理与主动服务。对于广大用户而言，可以主动响应节能减排一系列需求侧激励措施。对于分布式可再生能源发电而言，可以积极、主动地参与系统调频与电压无功控制，实现配电网乃至整个电力系统的安全与优化运行。

（二）创新实践

国网天津电力在惠风溪智慧能源小镇建设主动配电网，框架如图 5-4 所示。整体分为四层，即物理层、感知层、信息层和应用层。物理层主要是在分析小镇用户负荷预测结果的基础上，应用高可靠性的配电网设备构建区域坚强智能的配电网架。感知层主要是在中低压配网关键节点处部署智能配变终端、低压线路传感单元等装置，实时感知用户供电网络电气 / 环境 / 用电量等数据，如图 5-5 所示。信息层主要是应用电力无线专网 / 光纤专网 / 无线公网等信息传输设施实现各类感知信息的上传和用户服务策略的推送。应用层采

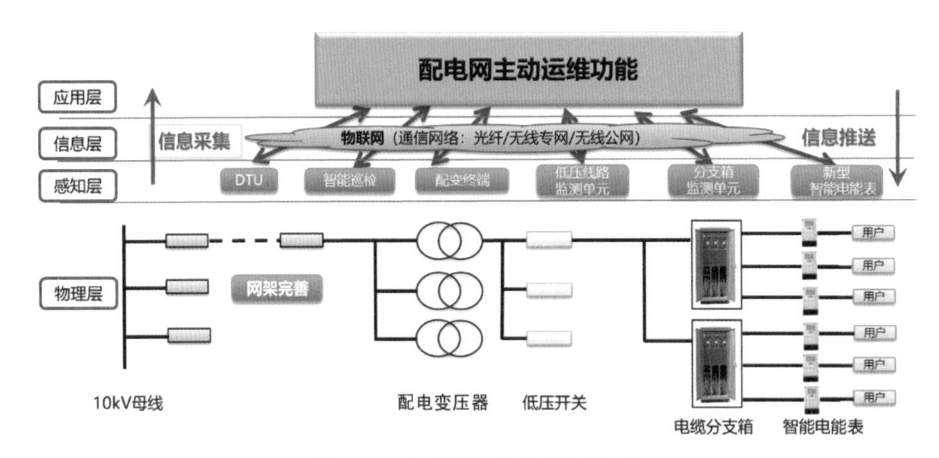

图 5-4　主动配电网建设总体架构

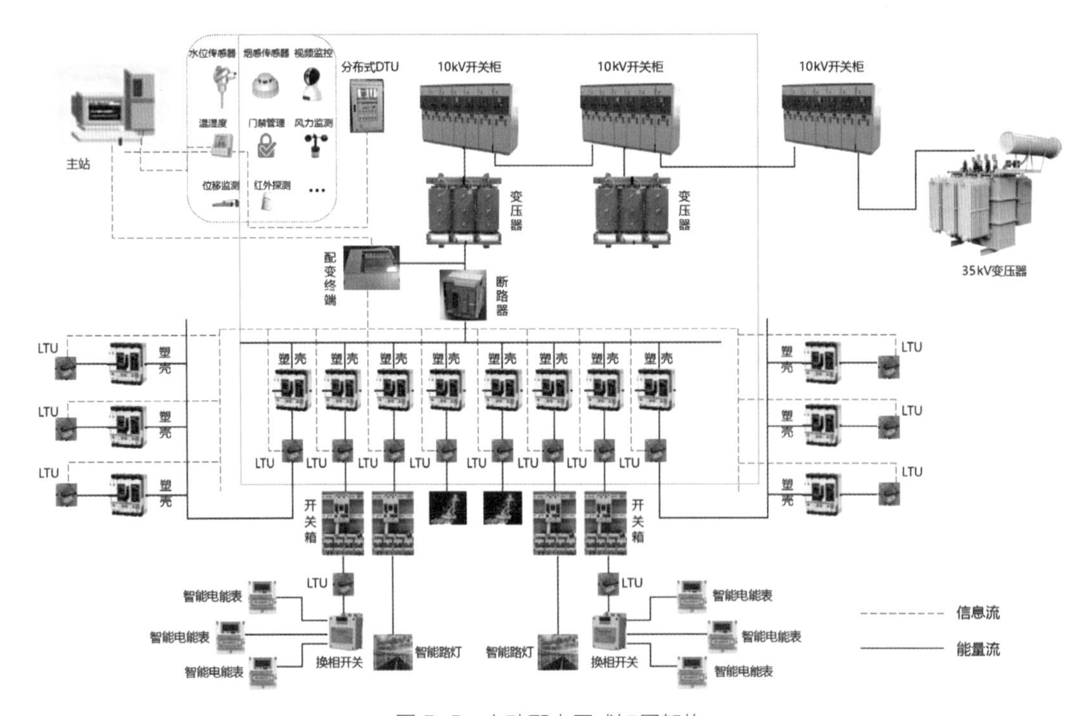

图 5-5　主动配电网感知层架构

用低压拓扑自动识别等技术实现故障信息主动推送和主动抢修等功能。

通过主动配电网项目建设，改变了传统的“产生故障—用户报修—现场查勘—消除故障”的被动抢修模式，实现了“主动感知—主动预警—故障研判—主动消缺”的主动模式，提升了供电服务质量和客户满意度。具体表现在以下几个方面：①配网状态主动感知。通过建设泛在电力物联网，充分集成中低压侧各类量测终端信息，包括DTU、配变终端、用户端智能表计等，实现中低压设备的全方位主动感知。通过主动运维功能模块对设备状态、运行信息进行处理，分析判断设备是否处于异常或故障状态。②异常状态预警巡检。当设备仍保持正常运行，但感知终端已上报设备异常的预警信息时，主动运维功能模块可以直接调用智能巡检机器人开展智能主动巡检工作，同时自动派发内部工单，通知运维人员提前排查设备缺陷并进行维护，将危险消除在萌芽状态，有效降低设备故障率。③故障状态及时抢修。当感知终端上报设备故障信息时，主动运维模块启动故障研判功能，对故障类型、故障停电影响范围、停电影响用户等信息进行快速分析。然后迅速派发抢修工单，方便运维人员第一时间掌握设备故障状态，确保故障的迅速安全清除。④故障信息推送到户。在派发抢修工单的同时，将停电信息通过短信、微信或APP的形式通知到户，包括停电范围、停电原因以及预计停电时间；恢复送电时，再次告知用户，让用户充分感知电网的运行状态，做到心中有数，合理规划停电安排，有效提升用户的用电互动体验。

二、虚拟同步发电机

（一）技术概述

随着全球范围内能源危机和环境问题的日益突出，分布式发电技术和微电网技术得到越来越多的关注，作为分布式电源与配电网的纽带，并网逆变器的功能被深入挖掘并肯定了其有益的作用，但仍无法忽视常规控制策略本身给配电网和微电网安全稳定运行带来的挑战。尤其是常规并网逆变器响应速度快、几乎没有转动惯量、难以参与电网调节，无法为含分布式电源的主动配电网提供必要的电压和频率支撑，更无法为稳定性相对较差的微电网提供必要的阻尼作用，缺乏一种与配网及微网有效“同步”的机制。借鉴传统电力系统的运行经验，若使得并网逆变器具有同步发电机的外特性，必然能提高含并网逆变器的分布式发电系统和微电网的运行性能，借鉴同步发电机的机械方程和电磁方程来控制并网逆变器，使得并网逆变器在机理上和外特性上均能与同步发电机相媲美，该类控制策略称为虚拟同步发电机（virtual synchronous generator，VSG）技术，其技术原理如图5-6所示。虚拟同步发电机具有与同步发电机相比拟的有功和无功调节能力，且能模拟同步发电机的惯性和阻尼特性，克服传统并网逆变器无惯性给电网带来的冲击，可有效提升电网接纳可再生能源的能力；在电网异常事件条件下能为电网提供必要的有功和无功支撑，提升电网的稳定运行能力；还可通过并网同步过程辅助实现微电网离 / 并网、并 / 离网运行模式的无缝、平滑切换。

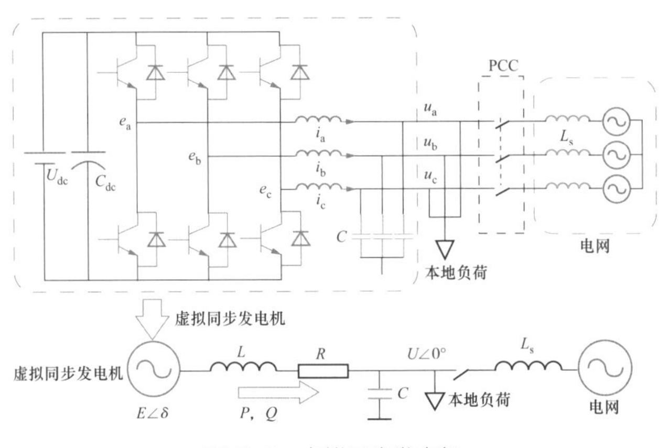

图 5-6　虚拟同步发电机

（二）创新实践

国网天津电力在中新生态城智能营业厅微电网基础上实施改造，建立了国内首个虚拟同步机示范项目，在微电网内电源、负荷中引入虚拟同步机控制技术，包括 1 台 15 千瓦光伏发电虚拟同步机、6 台 1 千瓦风力发电虚拟同步机、1 台 50 千瓦储能虚拟同步机和 1 台 10 千瓦负荷虚拟同步机充电桩，如图 5–7 所示，使之具备自主有功调频、自主无功调压、

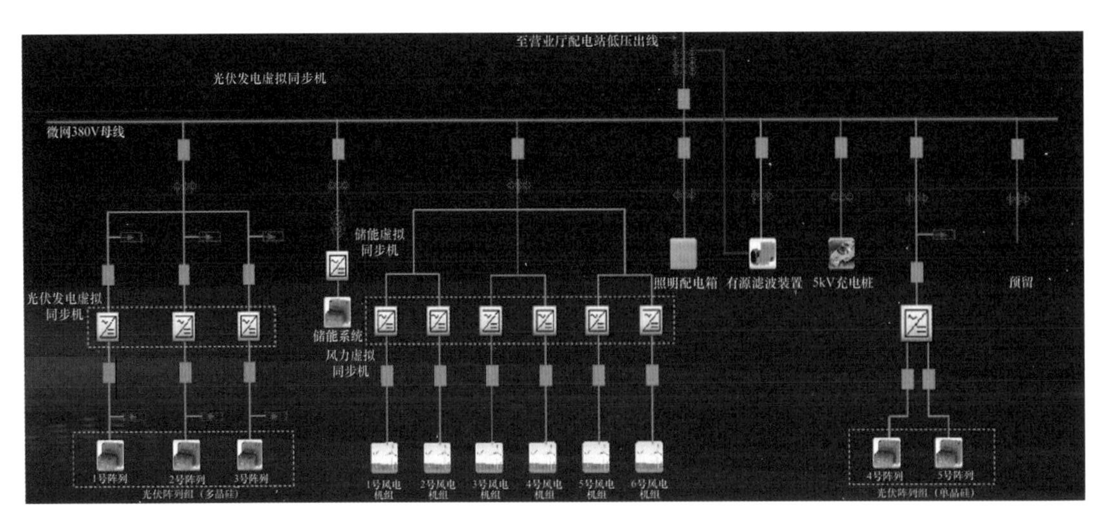

图 5-7　营业厅微电网结构示意图

虚拟惯性控制、虚拟阻尼控制等功能，实现源—网—荷能量自主友好交互的标准模式。

中新生态城营业厅虚拟同步机微电网示范应用是首次对分布式虚拟同步机系列技术进行全面验证和展示的试点工程，依赖微网主站系统从电源侧和负荷侧全景展示了虚拟同步机技术体系，包括光伏发电虚拟同步机、风电机组虚拟同步机、储能虚拟同步机和负荷虚拟同步机充电桩四类产品，为分布式电源、储能设备、多样性负荷等可调资源与电网交互特性分析提供了有效手段，是实现配电网源网荷集成优化的有力技术保证，可开展主站系统与分布式电源、可控负荷的信息集成和交互，实现可调控资源的特性分析、主动配电网的运行感知以及源网荷整体协调控制等功能，可整合大规模分布式电源和负荷响应资源，分析其调控潜力，提出能效建议，同时为智能用电小区、智能楼宇和智慧园区示范建设，挖掘可控海量用户侧资源，开展分布式电源、电动汽车、储能以及示范区用户负荷供需友好互动的研究，提出政策建议和激励机制，引导各种资源和用户主动响应和参与供需友好互动提供了标杆。

三、配网带电作业机器人

（一）技术概述

电力生产、电力作业过程中的安全问题是检修作业中的重中之重。传统不停电断、接引作业主要依靠人工作业，工作人员穿戴绝缘服和绝缘手套并对裸露导线、金具、横担、电杆等设备进行绝缘遮蔽后开展带电作业工作。配网带电作业包含修剪树枝、清除异物、断接引流线、更换柱上开关等 4 大类共计 33 项，其中带电断、接引流线作业项目次数较多，占重要位置。但是，由于配网设备结构紧凑、安全距离裕度小，引流线解搭头时易造成相间、相地短路，因此，保证作业人员安全至关重要。同时，受到线路结构、地形和交通条件限制，绝缘斗臂车难以到达作业位置，导致不能开展带电作业，被迫对线路进行停电检修和改造，降低供电可靠性。

（二）创新实践

在“时代楷模”“改革先锋”张黎明的带领下，国网公司技术攻关团队通过自主创新，研发了系列化配网带电作业机器人，在带电作业这一高危领域实现了“机器代人”。绝缘斗臂车作为移动平台将机器人本体运送到配网带电作业点，基于双目视觉和激光雷达的导航控制策略以及作业机械臂控制算法的研究，保证机器人的狭小空间适应性以及精确获取作业对象位置，完成断、接引流线作业，如图 5–8 所示。机器人采用视觉系统与激光雷达

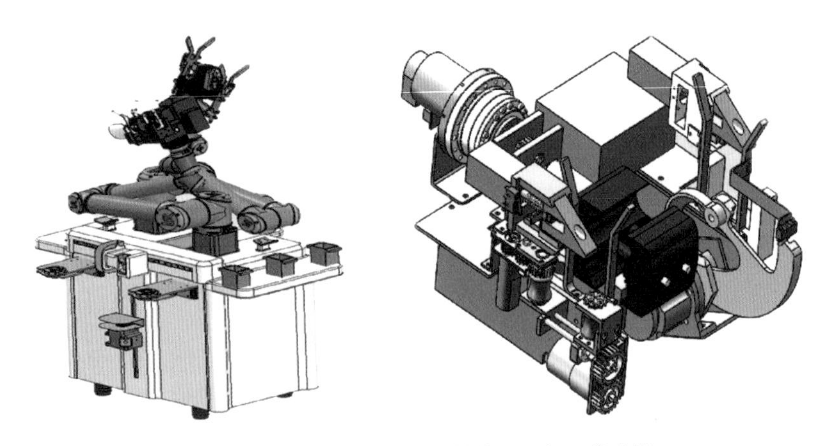

图 5-8　带电作业机器人及末端接线工具组三维建模

结合的识别定位技术，改变了传统带电作业机器人通过图像或现场观察的识别方式，通过人工交互的方式识别出作业对象的三维坐标信息。该系统功能的实现包括图像检测、雷达数据过滤以及相机和雷达的数据融合，获取对应作业导线的雷达深度信息，极大提高了作业精度与作业效率，减轻人员劳动强度，具有明显的技术先进性。

配网带电作业机器人已在中新天津生态城应用并取得良好效果：①规避了高空作业安全风险。用机器替代工人进行操作，将体力消耗大、技术水平要求高、危险性高的困难工作地面化、远程化、智能化，为带电作业在电网运维检修方面更大范围的推广提供技术保障。②大幅提升企业工作效率，实现了产能升级。采用带电搭火机器人操作，无须工作人员登杆或借助斗臂车进行高空作业，且所有工具更换为自动完成，将传统带电断接引线作业由原有的 12 个工作步骤精简为 5 个，形成带电作业机器人的标准化工作流程，大幅提高带电作业效率，拓宽作业条件及范围。③经济效益可观。带电作业机器人系统以电网企业为最终用户，以小镇示范应用为契机，推广至整个天津地区，预计每年可节省超过 1000 万元。④社会效益显著。缩短了停电时间，提高了供电可靠性，优化了营商环境，提升了用户用电体验及满意度，大幅减少了用户投诉，提升了企业形象。

四、交直流配电网

（一）技术概述

采用基于柔性直流技术的联网装置，以可控电力电子变换器代替传统基于断路器的馈线联络开关，实现馈线间常态化柔性“软连接”，能够提供灵活、快速、精确的功率交换控制与潮流优化能力，在城市电网中具有广阔应用前景。未来柔性多状态开关在结构与功能上将逐渐多元化发展，具体如下：①多端柔性互联，为适应多线供电场景下的柔性互联需求，降低设备改造成本与工作量，可在柔性直流互联的基础上拓展多端接口，进一步实现多条馈线柔性互联。②变电站间柔性互联，各变电站能够根据运行状态进行主动负荷分配以及在必要时由互联点提供精确无功补偿，从而能够优化主变负荷率水平，大容量轻载站点则可以提高资产利用率与运行经济性。③多电压等级柔性互联，多电压等级馈线的柔性互联能力将极大地提升互联装置在复杂配电网中的应用灵活性与适用性，有助于充分发挥高电压等级馈线的供电能力，强化柔性直流互联对相连馈线或站点间的相互支撑作用。④储能联合接入，通过柔性直流互联中的直流环节，蓄电池等各种能量型直流储能元件能够很方便地接入到配网中。利用互联点两侧的电力电子变换器实现储能元件的充放电控制，从而使柔性直流互联设备在原有功率传输功能的基础上进一步具备了能量存储功能，成为高度集成的综合能量变换装置。

（二）创新实践

依托大张庄智慧能源小镇，国网天津电力开展了基于柔性开关的交直流配电系统建设，旨在突破交直流中低压配网实际工程中的技术瓶颈。采用直流配用电系统的合理性架构拓扑、电压等级、接地方式以及关键装置，健全完整的直流配用电系统网络，实现可再生能源的最大化消纳，解决直流负载电压等级种类繁多、应用复杂的问题，突破传统建筑配用电系统能效提升的技术瓶颈。依托两座 110 千伏变电站为中心形成的典型双环网架，建设 10 千伏配网六端口柔性多状态开关装置，其中交流四端口电压等级 10 千伏，容量 6 兆伏安，直流端口电压等级 ±10 千伏 / ±375 伏，结构如图 5-9 所示。安装光纤纵联差动分布式自动化成套设备，与柔性多状态开关相配合，提升供电可靠性。

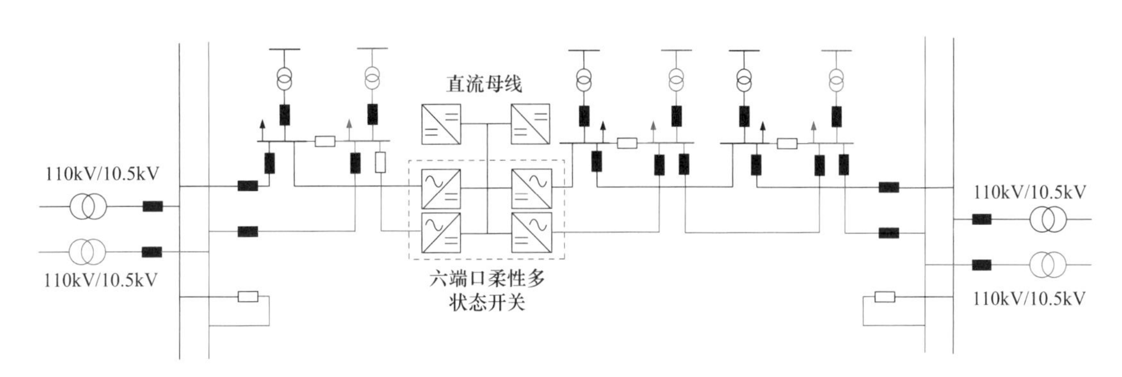

图 5-9　10 千伏双环网柔性交直流混合配电网系统

柔性多状态开关示范工程的建设能够满足示范区对电力供应“安全可靠、节能经济、低碳环保”的高要求，提高了配电网的智能化和柔性化运行水平，为配电网合环运行、线路潮流调控、电能质量管理、控制保护、分布式电源消纳等领域提供新的技术手段。应用成效表现在以下几个方面：①促进分布式电源消纳。示范区具有光伏发电、风电、冷热电三联供等分布式电源。柔性多状态开关站通过预留 ±10 千伏 / ±375 伏直流端口实现分布式电源直流接入，促进示范区分布式电源建设。②促进线路负荷率均衡。示范区虽然经过大规模配电网改造建设，但仍存在部分重载线路。通过柔性多状态开关有功和无功功率的调节，均衡线路负载分布，减少线路管理损耗。③提升电能质量。柔性多状态开关建成后，将彻底改变当前示范区电网不能对所有配电网实现无功和电压的实时监控和实时单线调节的现状，抑制电压暂降，改善供电电能质量，从而提升配电网的电压和无功管理水平。④提升供电可靠性。建设柔性多状态开关，同时开展线路自愈式配电自动化改造工程，如加装光纤纵联差动保护装置，将实现对故障点的分段快速隔离，实现对重要用户的持续供电，从而满足示范区中高端制造企业对高可靠性供电的要求。⑤提升配电资产利用率。通过柔性多状态开关的调节，可降低接入线路的峰谷差，提升线路平均负荷率，从而实现配电网资产的高效利用。区内产业与居民负荷用电特性互补，借助柔性多状态开关可有效提升线路负荷同时率。

五、无人机巡检

（一）技术概述

我国国土面积辽阔，地形复杂多样，气候条件多变，跨地区电网的建设难度很大，加上建成之后的维护与保养，仅仅依靠现有的检查手段和常规测试，并不能满足高效快速的要求，效果也通常不尽如人意。而无人机的投入使用，则能够很好地完成电力巡检和建设规划任务。无人机巡检系统一般由无人机分系统、任务载荷分系统和综合保障分系统组成。无人机自主巡检技术主要包括高精度的三维巡检路径采集和无人机自主巡检航线规划。在不具备线路及通道三维基础数据的地区，基于高精度位置服务的无人机自主巡检三维航线，实现飞行路径现场采集；在具备线路三维基础数据的地区，运用三维航线规划工具进行内业巡检三维航线规划并输出巡检路径数据，供无人机进行巡检作业。

（二）创新实践

国网天津电力在天津滨海新区 110 千伏畅业一二线“两网融合”试点线路监控设备

改造项目中，利用无人机采集三维点云数据对输电通道进行建模，规划无人机巡检定点轨迹，通过无人机自主飞行控制，应用基于差分定位的自主驾驶技术，进行杆塔以及通道的自主巡检，解决无人机巡检难的问题。无人机巡检系统架构如图 5-10 所示。

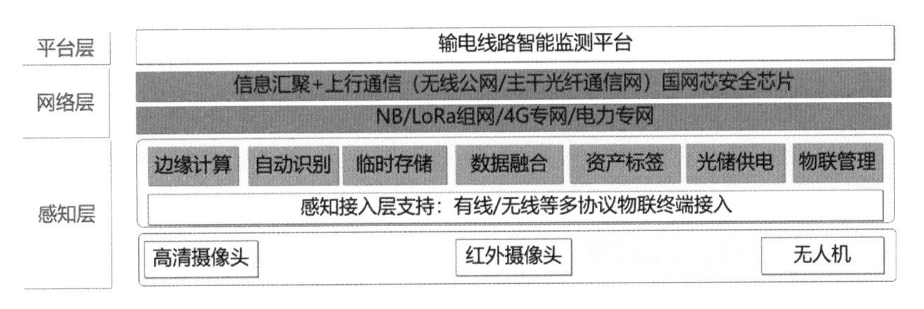

图 5-10　无人机巡检系统架构

无人机自主巡检项目建设，实现了电网状态的全面感知，降低了无人机操控难度，降低了线路安全运行风险，减少了停电检修及运维费用，也避免了架空线路在该地段易受外力故障的停电次数，具有巨大的经济效益及社会效益，具体表现在以下几个方面：①节约运维成本。在输电线路监控中心实现 24 小时实时巡视，减少巡视人工，为输电线路节省大量运维费用。②减少线路故障。在线监测设备具有“全时全网全天候”的监测特征，及时发现线路隐患，比人员巡检数据更全面、更精确。③节点数据融合共享。海量的数据不再需要上传至云端进行处理，核心网传输压力下降，数据传输迟延时间减少，避免了网络堵塞，节约数据存储空间。④提升巡检效率。将原 3~4 人的巡检小组缩减为 1~2 人，而且单基塔巡检效率由 40~60 分钟提升到 5~8 分钟，巡检成果整理工作由人工变为自动，巡检人力成本可降为原来的 5%，输电线路运维费用可降低 50%。

第四节　用电与综合能源技术

用电领域是电力系统与用户的紧密触点。用电与综合能源技术的进步，有助于推动客户侧泛在电力物联网建设，通过客户侧各类能源设施与电网的广泛互联和深度感知，促进能源高效转换利用和协调优化运行，提高终端用能效率、电网设施利用率和清洁能源消纳水平。进而，发挥电网的资源汇聚优势，培育能源互联网新业务新业态，提高价值创造能力，带动上下游共同发展。

一、新型智能电能表

（一）技术概述

随着近十年来用电信息采集系统的全面铺开建设，智能电能表已基本上实现全采集、全覆盖，国网公司供电区域内在运的智能电能表达4.6亿只，现有智能电能表单一的功能与新形势下各类业务、服务日益增长的需求矛盾愈发突出。当前，电子行业、制造工业及信息技术的高速发展为电能表的创新带来了无限可能。国网公司于2018年开展智慧能源服务系统建设工作，定义新一代智能电能表为连接用户侧的新型智能设备，实现设备数据的感知、采集和控制，满足智慧能源服务系统建设需求。新一代智能电能表采用“多芯”“模组化”的设计理念，在满足基础的计量功能外，在用电负荷辨识、电动汽车有序充电方面取得了一定成效。

（二）创新实践

国网天津电力采用模组化设计方法，自主开发了集误差在线监测、停复电事件主动上报、用电负荷智能感知等功能于一体的新型智能电能表，如图5-11所示。其中误差在线监测能够实现智能电能表计量误差的远程自诊断，及时为用户提供针对性的表计更换服务。停复电事件主动上报可以改变停电由用户电话通知的现状，用户家中无人也可及时掌握信息，电力公司也能快速恢复用户供电。用电负荷感知功能基于多特征融合的电器辨识、

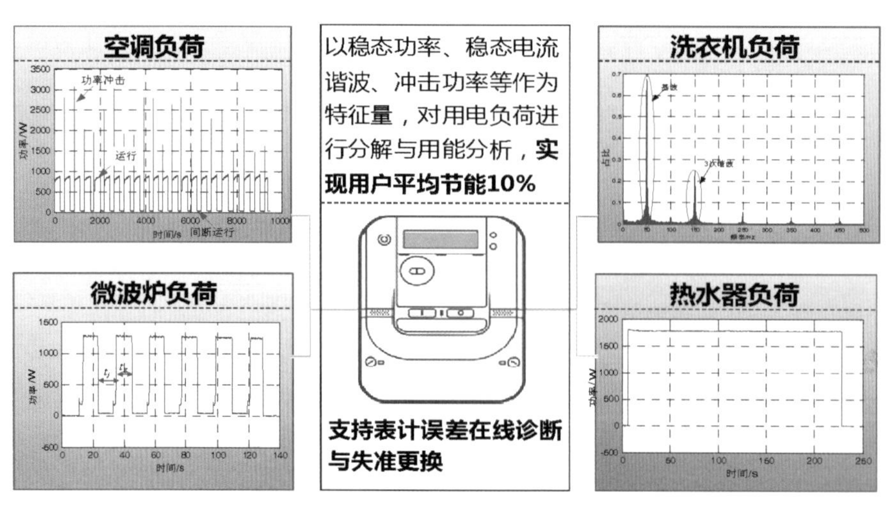

图5-11 新型智能电能表典型应用场景

特征模板自动学习等技术，实现对谐波的精准测量，完成负荷组成分析，获得总负荷内每个或每类电气设备的用电功率和工作状态，可以实现对户内负荷起停状况的精准分析，指导科学用能、负荷管理等高级应用，提升服务水平。

国网天津电力计划部署基于新型智能电能表的负荷数据采集系统，面向居民、商业用户社区实现精细化全覆盖，并增加电力客户个性化能效评估及节能、客户服务等功能，提升营销业务水平，系统架构如图 5-12 所示。项目先期在中新天津生态城 576 户居民、69 户商铺完成部署试点。通过负荷用电细节信息和负荷用电设备级统计规律及用户行为习惯，实现了精细化用电数据监测与能耗预警等数据分析，为生态城各类用户提供节能指导等服务，具体应用效果指标为：①用户平均节能 10% 以上；②系统可削减高峰负荷达 10%；③客户因怀疑用电量失准导致的投诉量降低 30%；④单一用户停电信息精确上报和复电上报并主动对时，避免电能表时钟失准的风险。

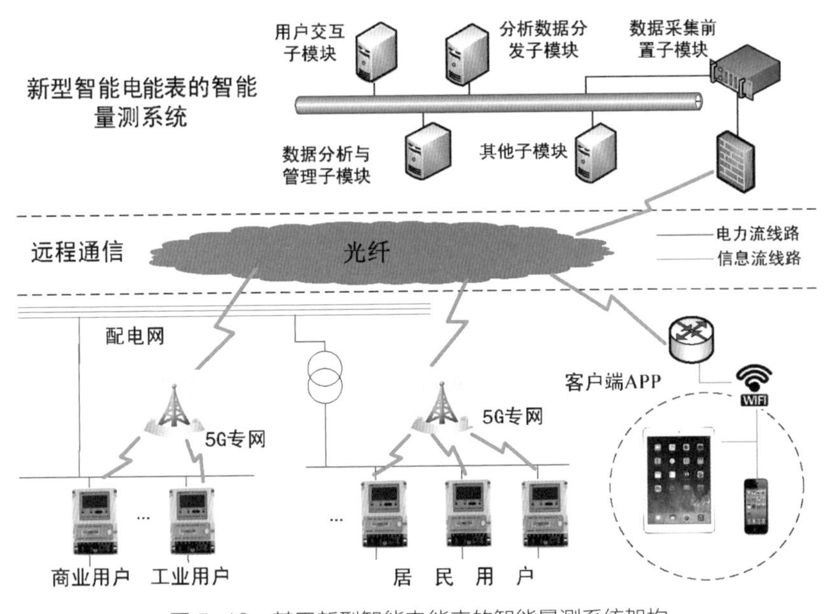

图 5-12 基于新型智能电能表的智能量测系统架构

二、家庭能源路由器

（一）技术概述

与路由器在互联网中的功能类似，能源路由器是能量转发、缓存、交易的节点，同时也能对电能质量进行有效的控制。能源路由器作为构建能源互联网的核心部分，承担着能源单元互联、各微网单元互联、能源质量监控和调配、信息通信保障及维护管理机制部署等功能。按照能源互联网分层分级结构的划分，能源路由器可细分为能源交换机、局域能源路由器、家庭能源路由器等。其中，家庭能源路由器位于用户内部，是用户与能源互联网发生联系的中间桥梁，集成用户侧控制策略和能量综合优化管理策略，实现对用户综合能源的管理。

（二）创新实践

国网天津电力研发的家庭能源路由器具有多等级交直流电压输入端口及标准交流负荷接口，内部集成交直流变流器、可接入新能源发电设备、储能装置、交流负荷、直流照明负荷等。此外，家庭能源路由器具备监控终端接口、WiFi 端口以及操作端口，可监控家庭用户内部电、水、气、热、安防等家居设备的运行状态并进行故障诊断和切除。家庭能源路由器通过并网逆变器接入电网，并网运行时电力来源为光伏发电、市电和储能装置，家庭能源路由器根据负荷需求、储能状态以及光伏发电出力，制定相应的运行控制策略，调节光伏发电、市电、储能之间的出力顺序和出力配比，实现在并网取电和并网馈电之间的转变。离网模式下，家庭能源路由器利用光伏发电和储能装置为家庭负荷提供电力，并由储能装置作为内部的控制核心，平抑负荷功率波动，稳定内部各等级母线电压。家庭能源路由器硬件结构和系统架构如图 5-13 所示。

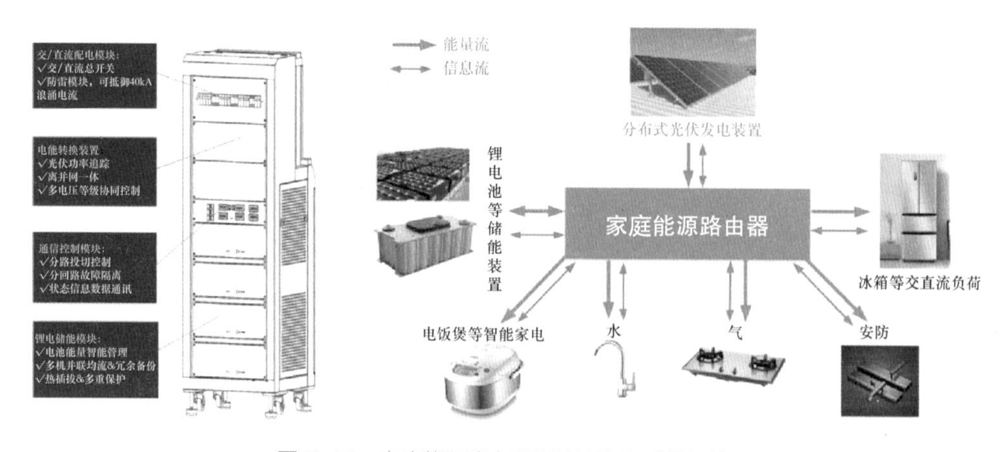

图 5-13　家庭能源路由器硬件结构和系统架构

依托该技术，在位于中新天津生态城的净零能耗小屋中试点部署家庭能源路由器，并开发了家庭多能管控系统，系统架构如图 5-14 所示。系统集成用户侧控制策略和能量综合优化管理策略，实现对用户综合能源的管理。通过项目的建设，净零能耗小屋可获得更高的供电可靠性和供电质量保障，从而大大减少停电频次，降低停电损失，提升终端能源利用效率。同时，有效提升新能源发电消纳水平，提高建筑的整体能效。

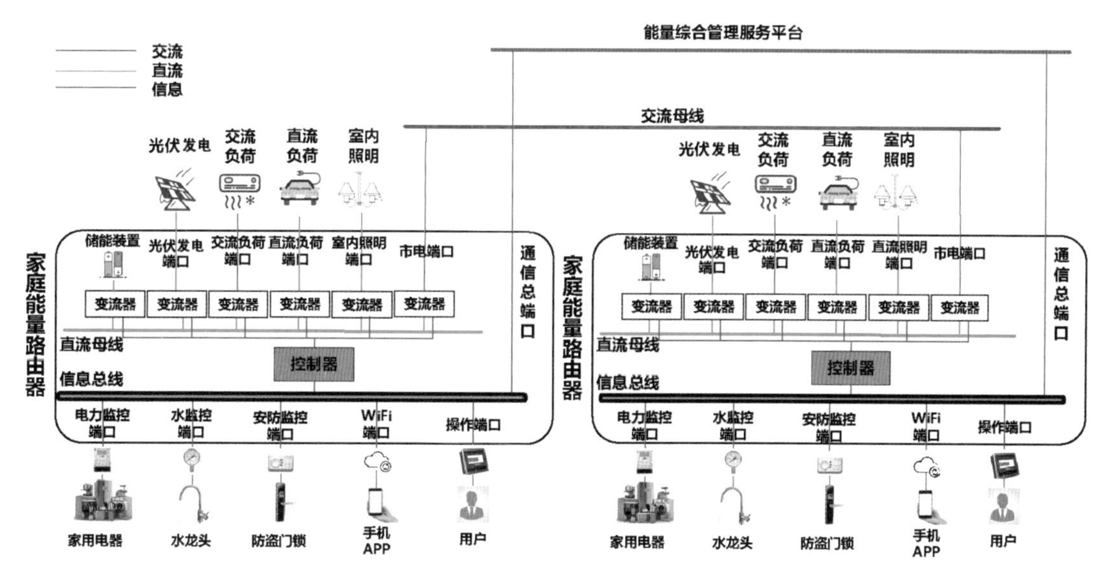

图 5-14　基于家庭能源路由器的家庭多能管控系统架构

三、虚拟电厂

（一）技术概述

虚拟电厂打破了传统电力系统物理概念上的发电厂之间及发电侧与用电侧之间的界限，充分利用网络通信、智能量测、数据处理、智能决策等先进技术手段，将分布式发电机组、储能系统、可控负荷聚合在一起有机整体调控，可大大降低高渗透分布式发电随机性和波动性对主网运行调度的挑战，并可主动参与电网日前、日内调度和辅助服务等响应。从我国对电力能源经济环保性的迫切需求及新能源发电规模的快速发展趋势来看，虚拟电厂将有广阔的发展空间。通过虚拟电厂系统优化调控，可协调电网供需平衡，实现多种分布式电源、多元负荷资源的综合管理和优化配置，保证电网的平稳运行，提升可再生能源利用效率。

（二）创新实践

国网天津电力创新提出“源—荷—储”融合调控的虚拟电厂控制技术，整合分布式光伏发电、储能、公共资源、居民用户用能信息，将多元资源纳入友好互动虚拟电厂系统，通过虚拟电厂系统优化调控，协调电网供需平衡，虚拟电厂架构如图 5–15 所示。该技术以提高电力系统供电可靠性为目标，采用分时、梯度的负荷侧资源调控方式，基于智能优化算法，综合考虑设备寿命、用户满意度等内外在约束条件，提出适应于负荷侧资源聚集的优化控制技术，实现基于用户侧负荷的新型虚拟调峰。同时，提出基于虚拟电厂系统“全资源池”的能量优化策略及虚拟电厂系统内部各单元之间的功率分配和协调控制策略，实现储能优化调度、分布式电源优化调度和用户侧资源优化调度。

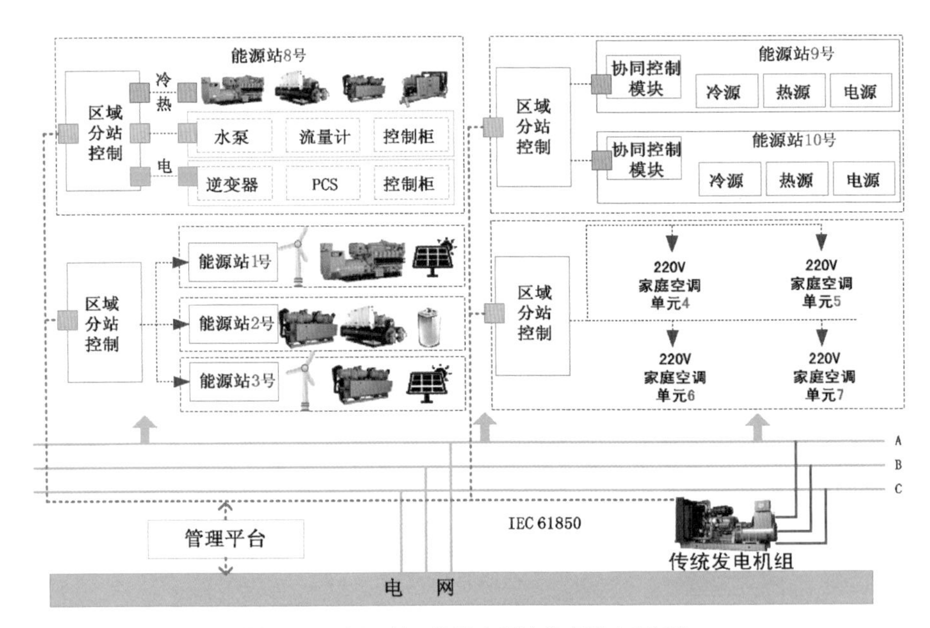

图 5–15　源—荷—储融合调控的虚拟电厂架构

依托该技术，在惠风溪智慧能源小镇建设虚拟电厂项目。系统装机容量约 20 兆瓦，接入 10 兆瓦用户用电负荷、5.75 兆瓦分布式电源、10 兆瓦待建集中式储能负荷。其中，居民每户安装 1 套家庭智慧能源路由器和 2 个空调控制器，商业每户安装 1 套公共资源电力能效监测终端和 4 个公共资源智能电能表，将空调、大功率家电、地源热泵等作为柔性负荷参与调节，系统架构如图 5–16 所示。系统构建分时、梯度的虚拟电厂群，主动响应电网调度信号，协调天津电网供需平衡，实现惠风溪智慧能源小镇各种能源资源的优化配置。具体应用效果指标为：①实现最高 20 兆瓦，划分秒级、15 分钟级、4 小

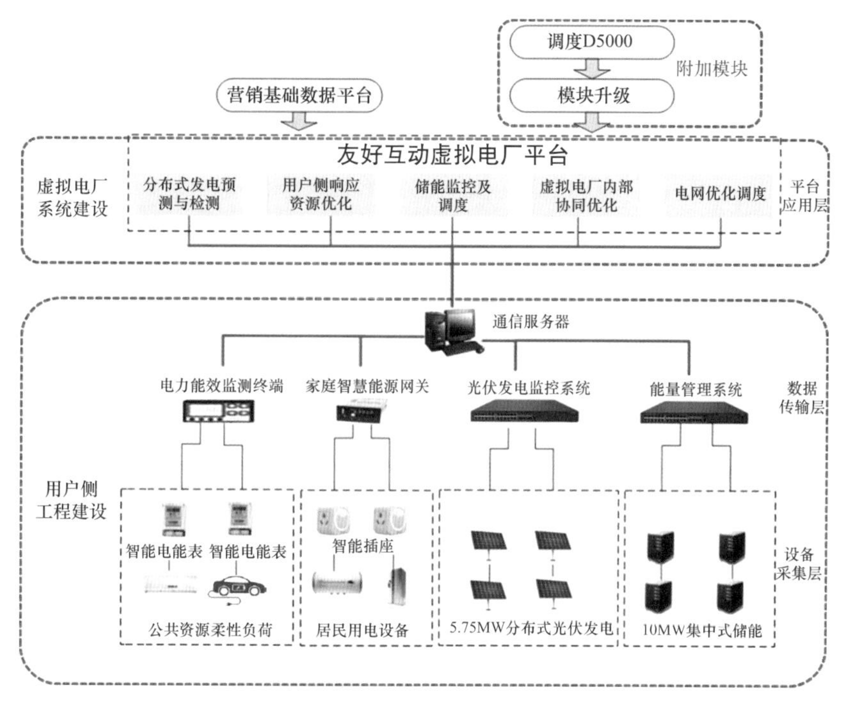

图 5-16　惠风溪虚拟电厂项目

时级及日级的多时间尺度响应能力；②实现虚拟电厂参与的居民用户和公共资源用户每户的用能成本降低不低于 5%；③实现小镇区域能效提升不低于 5%，区域分布式电源消纳率达到 100%。

四、多能互补

（一）技术概述

在传统能源基础设施架构中，不同类型的能源之间具有明显的供需界限，传统产能过剩、系统协调性不足、整体效率较低、能源的调控和利用效率低下，而且无法大规模接纳风能、太阳能等分布式发电以及电动汽车等柔性负荷。为进一步提高用能效率，促进多种新能源的规模化利用，多种能源的源、网、荷深度融合、紧密互动是未来能源变革发展的必然趋势，并将打破现有的能源系统相对独立的运行模式，实现能源横向和纵向的互济互调、梯级利用。在多能互补系统中，电能、热能与燃气的协同耦合与控制是综合能源电力系统运行的关键特征，如何基于气制电、电制热与热电联产等技术将电力网、热力网与燃气网进行耦合，实现多能互补系统能量互济与经济运营是技术难点。

（二）创新实践

国网天津电力以电为枢纽，综合运用多微网优化设计、能量优化管理、协调控制等技术，在中新天津生态城动漫园区已建光伏发电、燃气发电机等分布式电源基础上，合理配置园区内的分布式储能装置，构建含多种分布式能源的兆瓦级嵌套式多能互补微电网综合示范工程，如图 5-17 所示。具体包括：1 座结构灵活的 10 千伏与 0.4 千伏的嵌套式综合能源微电网系统、1 座简单易行的楼宇独立的 0.4 千伏低压微电网系统及参与区域能源协调运行的楼宇分布式光伏系统。

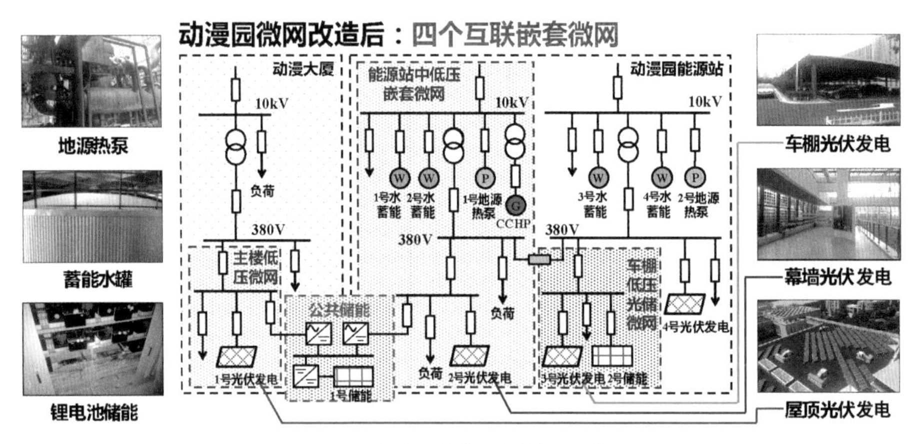

图 5-17　动漫园多能互补微网示范项目

应用多种先进技术，园区的光伏发电就地消纳率和供电可靠性均得到了明显提高。特别是，重点解决北方商业园区中能源供需协调控制和经济化管理问题，综合应用微电网能效管理系统实现多种分布式能源的联合供应与冷、热、电负荷的适应性调节，利用燃气发电机、光伏发电与锂电池储能实现电能的综合供应，利用地源热泵与三联供中余热回收锅炉、溴化锂制冷机组实现冷、热的联合供应，在保证电力供应的同时满足冬季供热、夏季供冷需求，提高能源综合利用效率。

五、智慧能源建筑

（一）技术概述

智慧能源建筑是指将建筑物的结构、系统、服务和管理根据用户的能源需求进行最优化组合，从而为用户提供一个高效、舒适、便利的人性化建筑环境。智慧建筑是集现代科学技术的产物，其技术基础主要由现代建筑技术、现代计算机技术、现代通信技术和现代控制技术所组成。国外在智慧建筑上做了很多尝试。在国内，以前考虑比较多的是用能方面，现在主要考虑是产能，包括建筑的外墙玻璃、屋顶光伏发电以及光热的使用。我国工业、建筑、交通和生活四大节能产业中，建筑节能被视为是减轻环境污染、改善城市环境质量最直接、最廉价的措施。国内也建设了北京首都机场、京沪高铁南京南站及智慧物流中心等智慧建筑，为商业、居民的智慧能源建筑建设提供了参考。

（二）创新实践

国网天津电力在北辰商务中心办公大楼建设的综合能源示范工程，包括太阳能光伏发电、风力发电、风光储微网、地源热泵、电动汽车充电桩五个系统，一个综合能源智慧管控平台。在各系统的用电特性和互补特性的基础上，通过柔性可调资源接入下的公共楼宇智能用电组合运行模式及优化控制策略，实现能效优先、电网需求优先、用电成本优先等不同目标，同时形成支撑智能用电模式动态优化的电价及激励政策机制，提升公共楼宇智能用电模式动态优化水平。如图 5-18 所示，该示范工程主要包括六大内容：①利用商务中心屋顶、车棚建设总容量为 286.2 千瓦的光伏发电系统；②利用湖岸建设 7 台 5 千瓦风力发电系统；③利用一套容量为 50 安时的磷酸铁锂电池储能单元，打造风光储一体化系统；④利用 3 台地源热泵机组建设供冷供热系统；⑤在大楼两侧构建电动汽车充电桩系

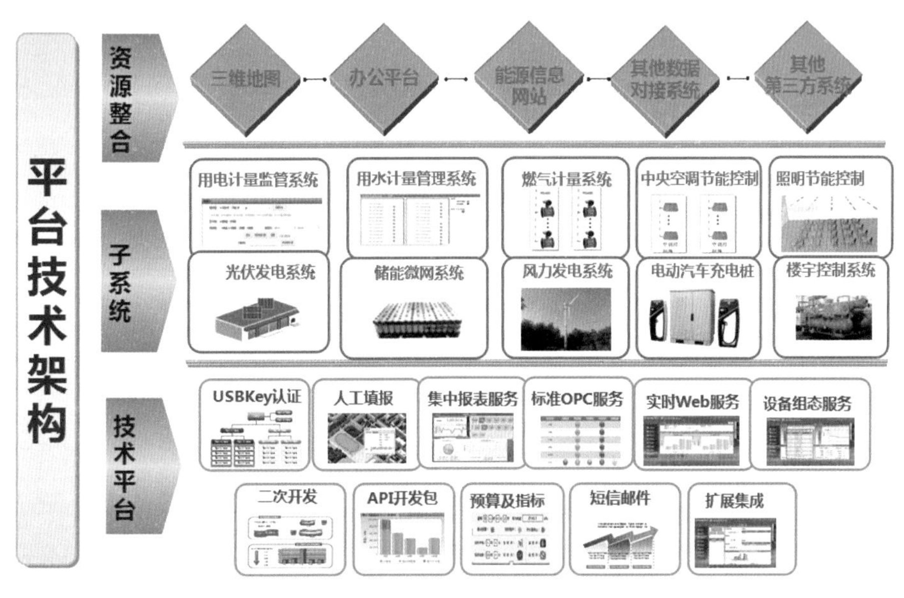

图 5-18　智慧能源建筑平台技术架构

统，并同步开展“津 e 行”电动汽车分时租赁业务；⑥在以上五大系统的基础上，并搭建综合能源智慧管控平台，实现多种能源互联互补、协同调控、优化运行，保障商务中心能源绿色高效利用。

工程首创可灵活描述微电网功率与能量平衡关系的多能流集成母线统一建模方法，提出满足可再生能源发电多波动场景下矩阵指数快速暂态仿真算法，为微网高效运行提供了有力的技术支撑。提出基于状态观测器的“源—荷—储”协调频率控制方法，发展了系统能量管理鲁棒优化策略，解决了高比例可再生能源发电大幅波动下系统频率稳定问题。发展多时间尺度分频调控技术，提出多能流模型预测日前—实时滚动鲁棒调控方法，开发了多能流协调调控系统，有效解决了多能流系统优化调控难题。工程实施后，北辰商务中心绿色办公大楼综合能源示范项目（见图 5-19）能效比达到 2.38，综合能源利用效率提升 19%，新能源自发自用、储能系统、地源热泵以及综合能源管控平台的智能控制成效明显。

图 5-19　商务中心能源互联网综合管控平台

六、电动汽车与电网互动

（一）技术概述

电动汽车是杰里米・里夫金《第三次工业革命》中所构想的能源互联网的五大支柱之一。大规模电动汽车在消耗大量电能的同时，也将为电网提供灵活性的资源、增强电网运行稳定性、提高新能源消纳能力、促进电力低碳化。同时电动汽车作为电网与交通网的耦合点，将促进交通体系电气化。电动汽车与电网互动有三个层次。第一个层次是对电动汽车的充电功率合理调控，降低充电峰荷，平抑规模化充电对电网的冲击，进而通过引导错峰充（放）电，提高充电设施利用率，降低电网投资。第二个层次是与新能源发电、储能结合，通过电动汽车有序充放电为电网提供削峰填谷、备用等服务，同时提高新能源发电消纳能力。第三个层次是实现电动汽车智能充电引导，影响充电需求时空分布特性，同时充分利用电动汽车车载电池及废旧电池的充放电能力，达到能量的梯级利用。为实现电动汽车与电网的互动，需攻克智能充放电桩、含储能系统的快速充电站、柔性充放电站、无线充电设施、光伏充电站、智能调控等多项关键技术。

（二）创新实践

国网天津电力聚焦 V2G（电动汽车与电网互动，vehicle-to-grid）技术的研发和推广，建设多元化充电站和电动汽车与电网互动平台。研制无线双模新型充电设施，如图 5-20 所示，可兼容无线充电、有线充电、直流充电、有序充放电等多种功能，并具备与电网互动的功能，响应功率调控命令。开发具备站级充电柔性调控、分时充电管理和紧急供电支撑功能的电动汽车与电网互动平台。其中，站级充电柔性调控功能为台变安全提供保障，防止电动汽车充电造成台变负荷越限的发生；分时充电管理功能为用户侧提供智慧充电管理服务，降低电动汽车用户的充电成本，实现削峰填谷；紧急供电电源功能通过电动汽车向用户家庭进线反向放电，为本地重要负荷提供高质量的电压支撑。平台采用就地组网的方式，主要实现全站监控、信息存储、充电功率柔性控制、分时充电管理、电动汽车紧急供电电源、就地运维等功能，数据可通过网络安全设备接入平台；平台可将数据通过网络安全装置传送给综合能源展示平台、移动端 APP 或其他子项的平台系统。

图 5-20　无线双模充电桩硬件总体架构

平台通过电动汽车、充电设施及智能电网的信息互动、能量互动，实现电动汽车与电网的协同优化管理，提升电动汽车用户充电体验，如图 5-21 所示。通过 V2G 技术，实现能量实时、可控、高速地在车辆和电网之间流动，使电动汽车“无序”充电转变为“有序”充电，提高电网安全性、稳定性、可靠性和能源利用效率的同时。预计到 2030 年，天津电动汽车保有量将达到 300 万辆，有序充电可以明显减少电动汽车接入对电网运行带来的冲击，负荷峰值相对无序充电模式下降 8%。同时，由于电动汽车所提供的电能更接近于负荷点，考虑输电阻塞问题，V2G 备用比远距离的发电备用更具可靠性。大约 80% 的停电故障都是由于配电网故障引起，V2G 备用在配电网中能及时发挥作用，降低负荷变动引起的配电网故障。

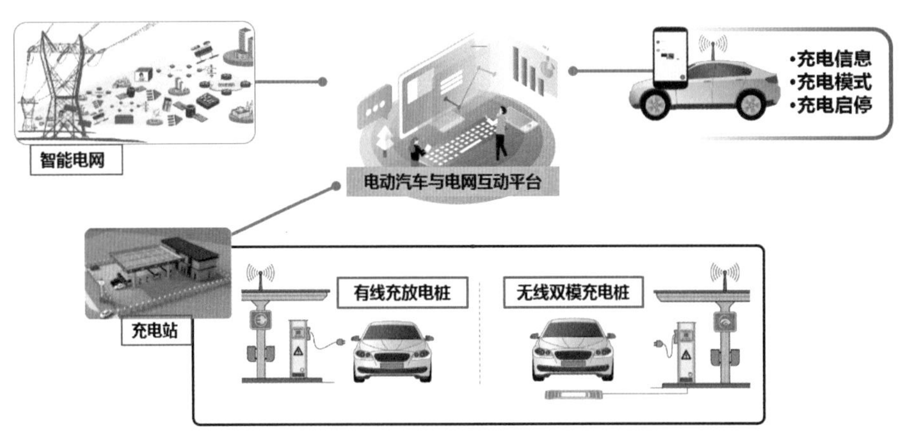

图 5-21　电动汽车与电网互动平台示意图

第五节　信息通信与网络安全

广泛应用大数据、云计算等信息通信新技术，将促进电力生产消费与互联网深度融合，电网运营全环节智能感知能力、实时监测能力和智能决策水平显著提升。在 5G、人工智能、量子通信等最新技术与能源互联网的融合方面，国网天津电力开展了初步的尝试和探索。

一、人工智能

（一）技术概述

人工智能是研究、开发用于模拟、延伸和扩展人的智能的理论、方法、技术及应用系统的一门新的技术科学。2006 年多伦多大学教授 Hinton 提出深度学习之后，在大数据、云计算、认知技术以及计算机技术和硬件性能等的发展和推动下，人工智能技术在图像、声音和语音识别等领域取得了长足的进步。人工智能产业不断增长，企业数量大幅增加，人工智能作为新一轮科技革命的重要引擎，在推动经济繁荣、改善民生以及保障国家和国土安全方面具有重要战略意义。2017 年 7 月，国务院印发《新一代人工智能发展规划》(国发〔2017〕35 号)，将人工智能提升到国家战略层面。8 月，国网公司启动人工智能相关工作，形成《国网公司人工智能专项规划》，将人工智能技术在电网中的融合应用纳入发展战略。目前在电力系统中应用较为广泛的人工智能方法主要包括专家系统、人工神经网络、遗传算法、多代理技术、深度学习技术等。

（二）创新实践

国网天津电力在电力系统中应用人工智能技术，研发了电网调度人工智能驾驶舱。它是基于国网“调控云”海量电网及环境数据，借鉴飞机驾驶模式，融合地理信息导航、人工智能技术，遵循人因工程研发的一款调度智能决策人机交互系统。该系统具备调度知识学习能力，可合理安排检修方式，自动生成故障处置方案及操作票，为各类保电任务提供应急预案，可解决调度工作中数据多、决策难、操作繁的问题，减轻调度员工作压力，确保电网安全稳定运行。电网调度人工智能驾驶舱系统逻辑架构如图 5-22 所示，实物如图 5-23 所示。

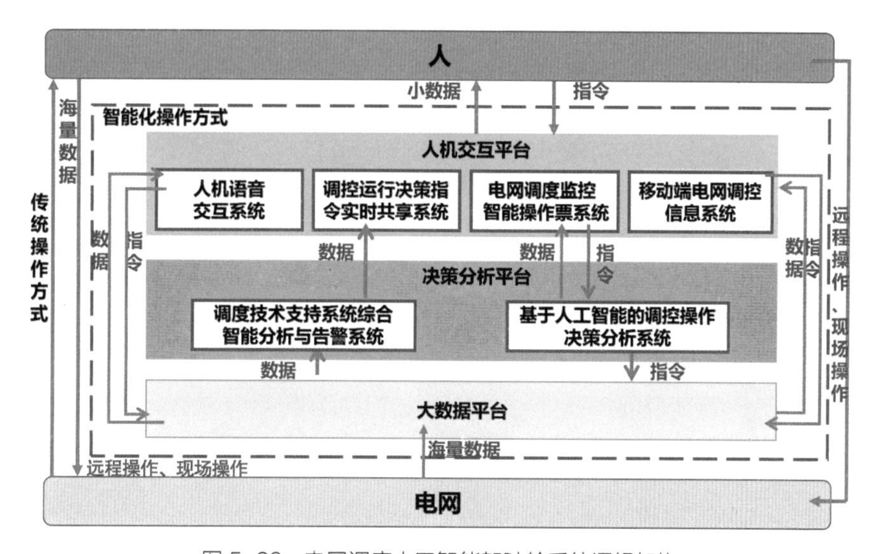

图 5-22　电网调度人工智能驾驶舱系统逻辑架构

图 5-23　电网调度人工智能驾驶舱

电网调度人工智能驾驶舱充分体现了“泛在电力物联网”建设的理念，即“全网一张图”地理信息导航，首次将国网公司 35~1000 千伏多层级电网工控模型连成一体，形成可视化的“电网地球”“数据一个源”，基于“调控云”5 万多座厂站，8 万多条线路等全网运行及管理数据，电网实时运行、离线分析、统计查询多种应用场景一套数据源。未来，驾驶舱将具备订制化开发条件，可在气象、石油、燃气、水务、交通等行业推广应用。

二、5G 通信

（一）技术概述

5G 通信拥有高带宽、高密度连接、高可靠性、低延时、低功耗等特性，其包含多个通信频段，其中 6GHz 以下的频段多用于广域连接，支撑物联网发展，24~100GHz 则主要支持超高速通信。5G 通信有望在泛在电力物联网中大显身手，为电力系统带来新一轮技术革命。可以预见的应用包括以下方面：①基于高密特性，实现单个小区内成千上万的海量设备接入；②基于超高宽带特性，实现海量维护或监控数据在同一时间稳定传输；③基于超低时延特性，使得能够在一个工频周期（如当电力频率为 50Hz，则对应的工频周期为 20ms）内完成设备的故障定位、隔离和恢复，实现分布式配电自动化；④基于高安全高隔离性，使得电网免受网络安全风险的威胁，如近期发生的针对公用设施的网络攻击。⑤基于网络切片特性，可以实现配电自动化处理逻辑下沉、可中断负荷精准控制等。

（二）创新实践

国网天津电力创新电网业务与5G技术的深度融合，打造泛在电力物联网与5G智慧城市融合发展的样板。通过与电信运营商开展密切合作，深入研究5G切片、安全隔离、边缘计算等技术，积极探索5G网络mMTC、eMBB、uRLLC三大场景与电力业务适配应用，在输电、变电、配电各环节开展5G接入，验证5G承载电力控制类、视频及信息采集类等业务的能力，支撑未来电力泛在物联网应用，如图5-24所示。

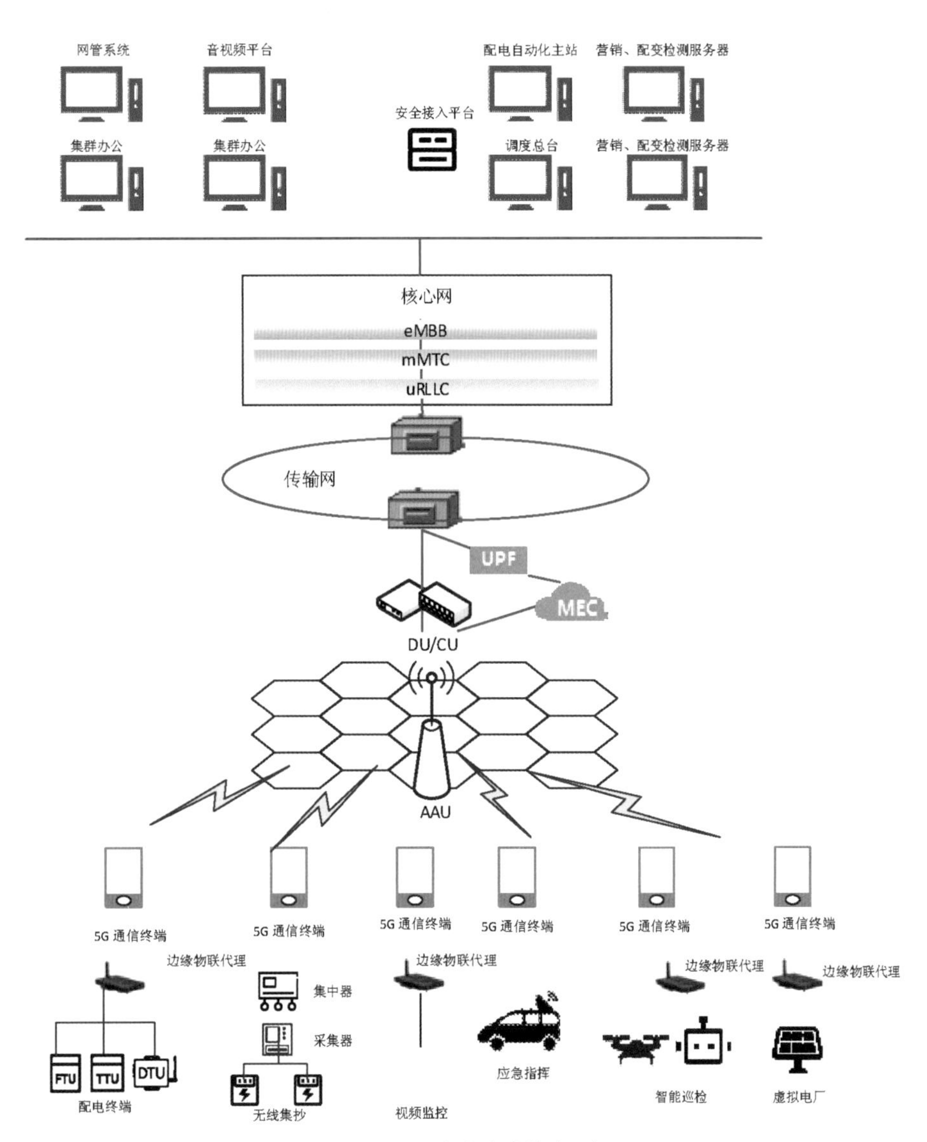

图5-24　5G在电力中的应用场景

在配电自动化方面，开展智能分布式配电自动化试点建设，选取10千伏线路进行配电设备升级改造，应用5G技术将原有主站的处理逻辑分布式下沉到边缘计算节点，通过各终端间的对等通信，实现智能判断、分析、故障定位、故障隔离以及非故障区域供电恢复等操作，实现配电网故障的自动处理，将配网故障处理时间从秒级提高到毫秒级。在智能巡检方面，研发基于5G的陆空一体巡检管控系统，在110千伏变电站实现了基于5G的无人机、机器人陆空一体化巡检，通过数据实时的回传及远程可视化，配合云端缺陷快速识别，实现智能运检业务与5G通信技术的融合应用。在切片管理模式方面，与中国移动合作初步设计了针对电力业务的切片模式，规划开发切片管理系统，实现通信业务系统跨网管控。

三、区块链

（一）技术概述

区块链技术的去中心化、透明性、公平性以及公开性等特点与泛在电力物联网共享、平台理念高度契合，区块链使用的共识机制和激励机制可解决电网优化运行、虚拟电厂等涉及大规模主体协同的问题，能够推动上下游产业互信，实现数据高效共享，提升风险防范能力，有效解决泛在电力物联网建设过程中面临的数据融通、网络安全等问题。区块链在电力行业的概念验证应用已经很多，最早是一家位于纽约布鲁克林的创业公司“LO3能源”启动的区块链在电网的应用试验，用区块链技术来管理微电网上的电力交易。华为在某新能源区块链项目中，通过区块链技术的使用用户可以清晰地查阅到他们的每一笔交易记录，了解所使用的每一度电具体来源于哪个发电站的哪个光伏发电方阵，并能够根据该发电站的电价及剩余可用发电量，自主选择自己的供电来源。国网电商公司已建成国网公司系统内首个司法级可信区块链公共服务平台，作为唯一央企与北京互联网法院“天平链”互信互通，挂牌工信部区块链重点实验室电力应用实验基地，参与首个区块链国家标准制定，实现了区块链技术在电力积分通兑、光伏签约、票据缴费、电子发票等多场景落地应用。

（二）创新实践

国网天津电力在智慧能源小镇项目中积极探索研究以区块链技术为支撑、能源互联网物理架构为依托，并满足角色化分布式能源市场架构的高效能源区块链技术。依据新型城镇能源互联网用户特征与分布式能源接入特性，融合大数据分析预测结果，建立面向分布式多主体的区块链智能合约信息融合机制，形成以区块链民主共识为特征的分布式自治能量单元自律控制与协调方法，实现兼顾能源互联网物理约束的“信息—物理”支撑技术。同时，建立计及新型城镇能源互联网市场余量交易与互动响应需求的多链并行分布式能源交易技术，提升能源互联网多能源市场交易风险对冲能力及交易灵活性，交易流程如图5-25所示。

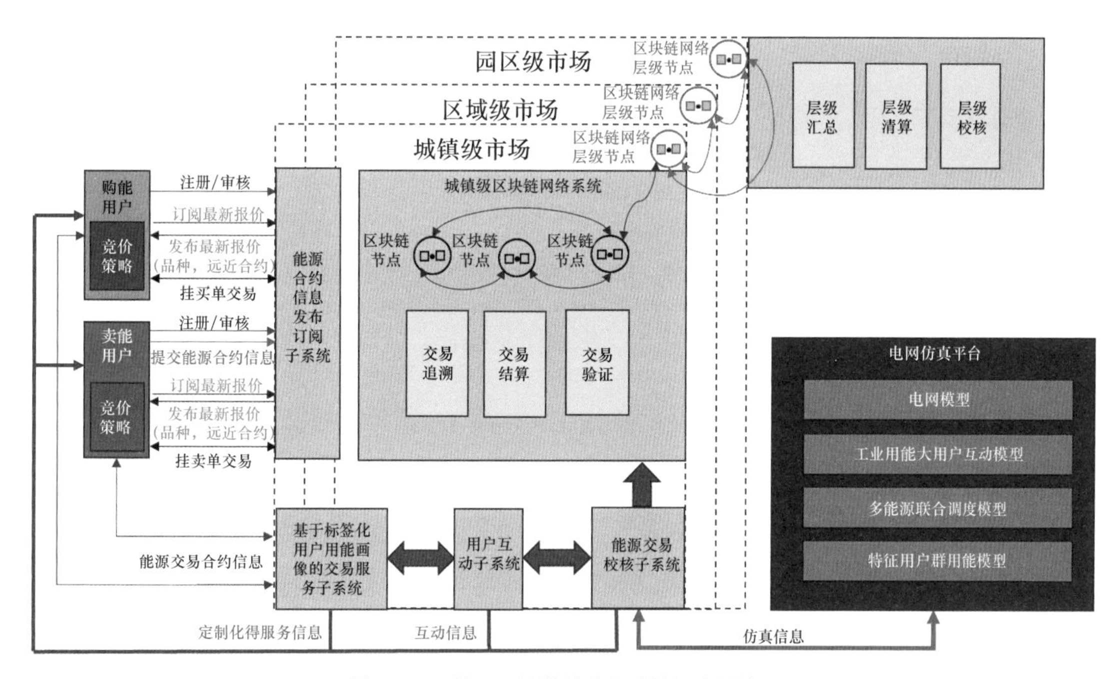

图5-25 基于区块链的分布式能源交易流程

初步开发了基于区块链技术的智慧能源小镇分布式能源模拟交易平台，交易信息集总界面如图5-26所示。平台以类别化分布式Merkle Tree区块链结构与智能合约技术为基础，建立以私链末端节点交易合约匹配层、区域公链集合协同结算层、广域公链安全校验层为基础的拓扑结构，形成支持分布式电源交易与互动响应的多链并行高效能源区块链技术，实现市场条件下计及物理约束演变、动态合约匹配及安全校核的分布式电源自主协调与高效交易。通过区块链共识机制，能够解决当前能源互联网中分布式电源多主体间交易效率低、自主协调能力弱等问题，实现分布式市场主体的多域、多层次信息关联与能量—信息交互。预计在分布式电源市场化交易机制和数字货币监管机制完善后，区块链技术潜力将得到充分发挥。

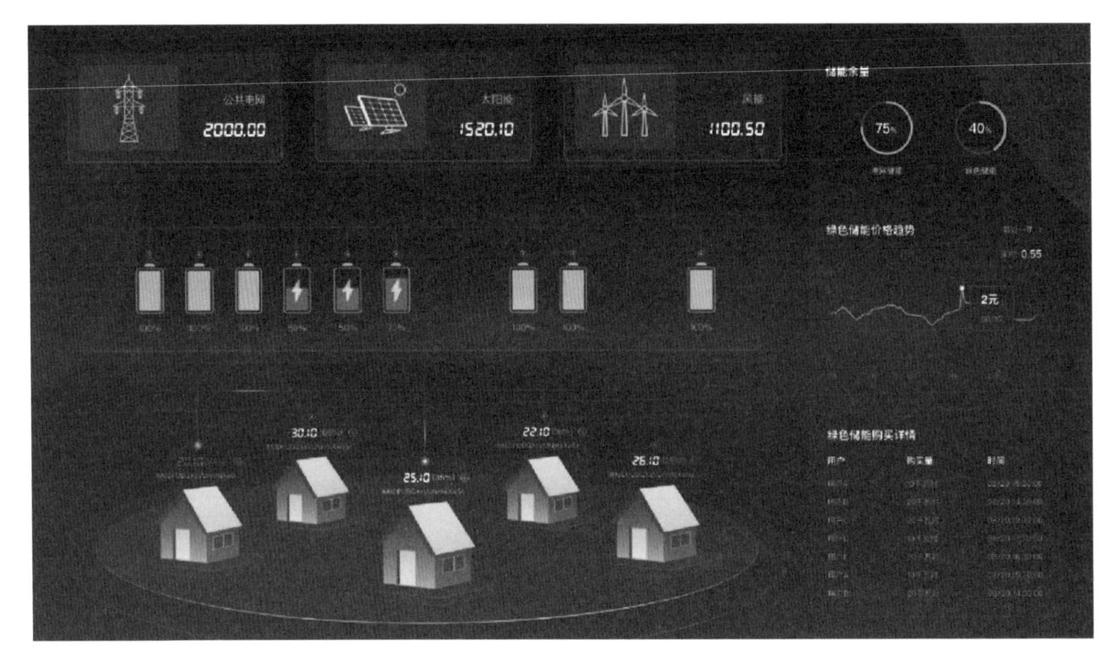

图 5-26　交易信息集总界面

四、网络安全

（一）概述

电网是关系国家安全的关键信息基础设施，近年来，乌克兰、伊朗、委内瑞拉电力基础设施遭受网络安全攻击，导致电网大面积停电，造成了严重的经济和社会损失，为持续强化电网基础设施网络信息安全防护敲响了警钟。泛在电力物联网在助力能源利用更高效、人民生活更便捷的同时，也带来了新的挑战。智能电能表、充电桩等感知终端面向对象广，安全风险暴露面大，遭攻击概率增加；综合能源、虚拟电厂等各类新兴业务产生海量数据，交互频繁，数据防护难度进一步加大。

国网公司坚决贯彻中央网络安全工作要求，将网络安全与人身安全、电网安全、设备安全并列为四大安全，通过人防、技防、物防等方面建设，切实加强电网安全和网络安全。人防方面，大力培养网络安全人才，在央企率先成立网络安全尖兵部队；技防方面，构建互联网大区、管理信息大区、生产控制大区三个大区，打造能源行业级商用密码管理中心，运用国密算法建设统一密码服务平台，保障 11 亿用户可靠用电；物防方面，研发量子加密装置、安全接入网关、安全隔离装置等设备，形成“横向隔离、纵向认证”的栅格状防护体系。

（二）创新实践

为应对泛在电力物联网带来的网络安全挑战，国网天津电力加快全场景网络安全防护技术在惠风溪、大张庄智慧能源小镇的广泛应用。重点举措包括以下几个方面：

在生态城全电驱动小区部署了国际领先的新型智能电能表，采用自主研发的“国网芯”，确保数据传输安全和存储安全，同时全面应用5G切片技术，实现各类能效数据的实时快速采集。“国网芯”已全面应用于智能电能表等各类终端。

承担工信部物联网示范项目，在北辰产城融合区创新应用基于量子加密的智慧能源物联管理技术，构建点到点独立的量子保密通信网络，开展面向综合能源服务平台的电、热、气等核心数据的保密传输。

面向智能电能表、智慧路灯等海量物联终端，建成统一密码管理平台，为各业务系统提供密码基础支撑服务，累计发放数字证书5.08亿张，覆盖近5亿只智能电能表，实现终端的可信互联，保障用户用电精准计量、安全交互、全程充值等。

面向综合能源、虚拟电厂等新业务，利用全场景仿真验证环境、自主研发的网络安全设备实现业务的精准防护。其中，应用人工智能、大数据等先进技术，开展网络安全仿真验证，利用网络安全仿真验证环境，对电力业务发、输、变、配、用、调全环节开展网络攻击模拟验证。利用验证成果，提升企业在攻防对抗、监测溯源、应急响应等方向的安全能力，全力支撑关键信息基础设施网络安全。

面向源、网、荷、储等各环节的网络安全威胁，应用自主研制的网络与信息安全风险监控预警平台，实现对威胁的智能防御，系统性地解决了泛在电力物联网面临的网络安全难题，全力支撑智慧能源发展。

第六节　创新体系变革实践

在“三型两网、世界一流”战略下，需要变革传统的创新方式，营造与之相适应的技术创新体系。国网天津电力从明确导向、提升能力、创造条件、激发活力、营造氛围五个方面，变革现有的自上而下、专业驱动的创新模式，打破传统的垄断思维模式，突破体制机制壁垒，形成了“二八五”特色创新体系。

一、创新体系变革

习近平总书记指出，实施创新驱动发展战略，最紧迫就是要破除体制机制障碍，最大限度解放和激发科技作为第一生产力所蕴含的巨大潜能。国网天津电力创新体系变革的主要原则是敢“破”善“立”，“管”“用”并重，首先打破思想、体制、资源三大桎梏，立导向、立规划、立规矩，着力打造与世界一流能源互联网企业相适应的创新体系。其次，管好资源、管好过程、管好评价、管好风险，聚焦实用实效，出成果、出成效、出人才。

以推进科技创新领域“放管服”改革为抓手，构建全过程创新管控体系，如图 5-27 所示。优化管控方式，打通创新全过程链条，构建基于战略布局、实际问题、业务需要的创新驱动体系，构建广泛动员、分层分级、重点突出的创新立项体系，构建以用促研、协同创新、层次丰富的创新研究体系，构建业务融合、持续深化、快速迭代的创新应用与转化体系，坚定走好“三型两网”的创新之路。

图 5-27　全过程创新管控体系

（一）明确导向

在“三型两网、世界一流”战略下，创新成果评价更加需要从实际出发，改变“为创新而创新”的情况，破除片面追求“高大上”“新奇特”、唯专利唯论文的相对僵化评价方式，建立以科技创新质量、贡献、绩效为导向的分类评价体系。

1. 完善创新成果评价机制

成果评价的方式在很大程度上决定了创新活动的方向，可以说，成果评价是创新活动的“指挥棒”，这点在电网企业尤为突出。需要首先完善创新成果评价机制，正确科学严谨评价科技创新成果的学术价值、应用价值、经济价值、业务带动价值，加大对实用实效层面的评价权重，把成果质量、应用效果、业务带动作为重要评价标尺，摒弃用“量”考察创新成果的方式，实现差异化考评，真正使成果评价能够促进技术创新发展、引领创新活动，成为科学有效的指南针。

2. 健全成果应用转化机制

成果转化包括后续试验、开发、应用、推广直至形成新产品、新工艺、新材料，发展新产业，是创新活动与生产活动连接的“纽带”。目前成果转化方面的政策相对空白，导致创新成果转化利用率不高，成果转化通道不畅通问题。为实现以创新推动“两网”建设运营提升，需要发挥企业内部上下游业务链条之间的联动作用，打通专业分割，强化企业外部市场对内部业务的引领串联，综合运用内外部市场化手段和政策扶持措施形成有利于成果转化的制度环境。需要加强跨专业、跨单位的交流合作，做到优势互补，增强聚集效应。拓展成果转化资金渠道支持和政策松绑扶持，充分调动产业基金、内外部资源参与成果转化。需要丰富成果转化形式，将新业务、新服务等纳入转化体系。设立成果交易和转化基地，培养技术经纪人，发挥中介平台作用。

3. 统筹各种创新形式

“三型两网”建设是能源革命与数字革命相融合的过程，很多创新活动强调的是跨界，需要丰富创新形式，统筹原始创新、集成创新和引进消化吸收再创新。充分集成利用其他领域的现有成果和创新成果，能够促进自己的创新能力借势成长，也是快速提升企业创新能力的重要途径。2010 年，我国大中型企业消化吸收经费支出与引进技术经费支出之比为 0.43 : 1，而发达国家这一比例一般在 3 : 1 以上，重视先进技术引进之后的消化以及在此基础上的升级改造创新，才能更好地实现创新驱动。

（二）提升能力

“三型两网”建设是一项具有开创性的复杂系统工程，特别是“两网”建设的很多领域逐步进入“无人区”，面临的挑战前所未有，比以往任何时候都需要更加强大的科技支撑，需要持续加强企业自主创新能力建设，以全面创新推动企业和电网高质量发展。

1. 加强创新基础平台建设

完善企业创新基础平台，提升创新硬实力，加强实验室、创新工作室、示范工程、成果转化基地的建设，加大对试验仪器装备、软件平台、数据与信息资源的投入。根据“三型两网、世界一流”战略需要，依托现有实验室资源，以泛在电力物联网为主要方向布局提升能力，推出一系列队伍强、水平高、学科优势明显的创新试验平台。在“工匠型”定位基础上，丰富创新工作室创新型功能，打造“众创空间”，创造更多“接地气、易推广”的技术创新成果。发挥省级电网公司重大工程和科技示范工程的应用场景优势，以研发和实践反复推进技术进步和模式创新。建立多层级、面向内外部市场的成果孵化基地和转化基地。充分利用现代信息化技术手段，建立数字创新平台，及时掌握有关信息，共享创新资源。

2. 优化创新资源配置

树立“大资源”观，打破专业壁垒，强化柔性协同。加大广义创新资源的投入，调动不同业务部门，协同优化资金、技术、人才、数据、情报、公共关系等创新资源，使之形成合力。坚持开门搞创新，构建“能源创新共同体”，与政府、企业、高校、科研单位深化合作，建立围绕企业技术创新需求服务、产学研多种形式相结合的创新机制。用好用足行业、政府、高校等开放创新资源，降低创新成本。统筹企业内部科技创新、职工创新等资源，避免多头管理，强化精准投入，填补空白环节。

3. 提高创新与业务融合水平

创新不是锦上添花，绝对不能与业务形成“两张皮”。需要在业务环节融入创新意识，引导广大职工“敢想、会想、爱想”，改变用老思维、老套路、老办法抓业务的惯性，实现能源生产、传输、交换、消费等业务环节的创新嵌入，以创新促进业务、以业务丰富创新，形成良性互动。业务部门加强对创新前、后过程的配套投入，在成熟可靠、安全稳定的前提下，给予创新“试错”机会。

4. 加强核心优势技术攻关

工业时代，短板决定企业生死；互联网时代，长板决定企业未来。“五个手指不一般齐”，需要突出优势领域，加大对已有领先技术领域的投入，重点领域需要在继承的基础上创新，进一步巩固和扩大优势地位。作为直辖市电力公司，国网天津电力发挥体量小、反应快、市场接触层级少等优势，准确把握技术潮流、市场诉求、经营需求，在泛在电力物联网、综合能源、人工智能、机器人、电力大数据等重点领域创新上下大力气，打造一批国际领先的创新成果和示范项目。

（三）创造条件

“三型两网”建设需要集众智、汇众力，充分调动企业员工、特别是基层一线员工的创造力，发挥其紧贴市场、紧贴一线的优势，实现需求导向、快速迭代。

1. 降低创新门槛

企业旺盛的创新需求与较少的一线创新人员之间的矛盾是制约创新工作开展的主要因素之一。为了推动企业全员创新，让人人都能成为创新的主体，首先需要降低创新活动的门槛。一方面让一线人员能够及时地接触到创新信息，方便地享受到创新资源，接受针对性创新指导；另一方面破除制约创新、打消创新人员积极性的各种制度障碍。同时，进一步为科研人员松绑减负，精简重复报表等形式为主的管理，从烦琐的事务性工作中解放出来，专心专注搞研究。对于从事核心技术研发的领军人才，赋予其创新主导权。

2. 打造合作对接平台

实现开放环境下的创新，改变创新“单打独斗”居多的局面，聚四海之气、借八方之力。聚合创新要素，运用互联网思维，打造线上线下的合作对接平台，实现信息及时对接、需求及时对接、资源及时对接、伙伴及时对接、成果及时对接、市场及时对接，达到缩短创新周期、提高创新效率、提升成果质量的目标。组织多层级的内外部交流，分享创新成果，扩大对外影响。

3. 加强指导和培训

建设企业内部创新咨询服务机制，加强创新指导实现从“要创新”到“会创新”，及时总结创新典型经验，普及创新套路及招法。结合“三型两网”创新新要求，加快补齐短板，加强互联网领域相关知识的培训，丰富培训形式，拓宽视野、提升能力。

（四）激发活力

充分调动企业内部的创新积极性，将“要我创新”转变为“我要创新”，促进企业创新活力迸发。

1. 加强创新人才队伍建设

人才资源是重要的战略资源。开展创新，需要把人才队伍建设摆在突出位置。加大创新人才培养选拔力度，在职称评定、荣誉评定、津贴授予、科研资助等方面予以高水平专家更多的支持，对作出突出贡献的专家给予更为优厚的待遇。改进和完善优秀人才选拔制度，拓宽人才选评视野，改变论资排辈现象，为青年人成长创造条件。将在某些领域拥有专长的“怪才”挖掘出来、价值充分发挥引导出来。重视借助外部人才智力，做到“不求所有，但求所用”。

2. 强化创新团队建设

做好各领域、各年龄段的创新人才队伍建设，形成专业覆盖全面、老中青结合、规模宏大、结构合理的创新人才梯队。围绕重点领域、重大攻关项目、科技示范工程，组建强强联合、优势互补的创新团队，为团队提供连续性创新资助。建立科技带头人工作机制，推广“刚＋柔”创新团队模式，为想干、能干、敢干的创新人才搭舞台。

3. 扩大奖励激励

扩大创新奖励范围，加大科技、管理、商业模式等各类创新奖励力度，进一步激发广大职工创新热情，持续提升基础性、原创性、前瞻性创新能力。加大奖励力度，着重奖励取得实效的科技成果、掌握核心技术的创新人员。实施“保底＋成果＋应用”的差异化激励政策，对成员进行考核评价、奖励分配等。实施岗位创新中长期激励，针对“新产品研发、新成果转化”等核心岗位，以及长期扎根科技一线从事基础研究、作出突出贡献的创新人员，实施岗位分红、项目分红、虚拟股权等中长期激励措施。

（五）营造氛围

以创新作为第一驱动力，需要将创新文化融入企业基因，提高广大员工对创新的认同感，营造创新无处不在的良好氛围。

1. 培育创新文化

创新文化是促进创新能力的沃土，提高“三型两网”创新能力，需要培育契合新战略要求、代表未来发展趋势的企业创新文化。需要做好创新传承，弘扬创新精神，突出先进典型的标杆引领作用，进一步凝聚关注，提高创新工作的荣誉感。大力培养鼓励成功、宽容失败的氛围，使创新活动得到尊重，创新才能得到发挥，创新动力受到肯定。提高创新在企业和个人业绩评价中的权重，让创新从个人的兴趣上升到全体的共识和企业的意志。

2. 拓展成长空间

拓宽创新人才职业成长通道，提高高端人才在专业领域的影响力、话语权。完善创新人才交流流动机制，使人才匹配需求，促进跨单位人才协调发展。鼓励有条件的人才在岗创业，参与创新创业收益分配，配套创新人才离岗创业办法，完善创业保障措施。加大知识产权保护力度，保障创新人员合法权益。

二、具体实践

国网公司深入学习贯彻习近平总书记关于科技创新的重要论述，坚定不移走创新驱动发展之路，坚持不懈推进科技进步与创新，全力向能源电力科技制高点进军，加快打造能源互联网科技创新高地。2019 年初，发布了进一步加强科技创新工作的实施意见和进一步加强科技创新开放合作的工作措施，提出“四个开放、四个合作”八大举措，分别是：开放共享实验研究资源、开放合作科技项目研究、开放实施科技示范工程、开放应用全社会新技术，合作共建能源电力创新共同体、合作共建国家双创基地、合作共享科技服务平台、合作共营科技创新企业。

国网天津电力在国网公司创新体系下，集全公司之力向科技进军、向创新进军，破除思想、体制和资源桎梏，加大创新工作力度，集聚创新资源，激发全员创新活力，建立了“二八五”创新变革体系，如图 5-28 所示。编制并发布国网天津电力科技创新“双八举措”（《国网天津市电力公司关于进一步强化科技创新工作的八项举措》《国网天津市电力公司关于进一步完善科技创新激励机制的八项举措》），从组织机构、人才队伍、开放共享等八个方面深入推进科技创新工作，从绩效考核、成长晋升、薪酬奖励等八个方面有效激励科技创新工作。在此基础上，深入明确实施细则，推动创新举措有效落地，从科技创新中心建设、双创成果排行榜评选、青年新星评选、成果转化分红激励、科技创新人才选拔等 5 个方面出台了配套文件。

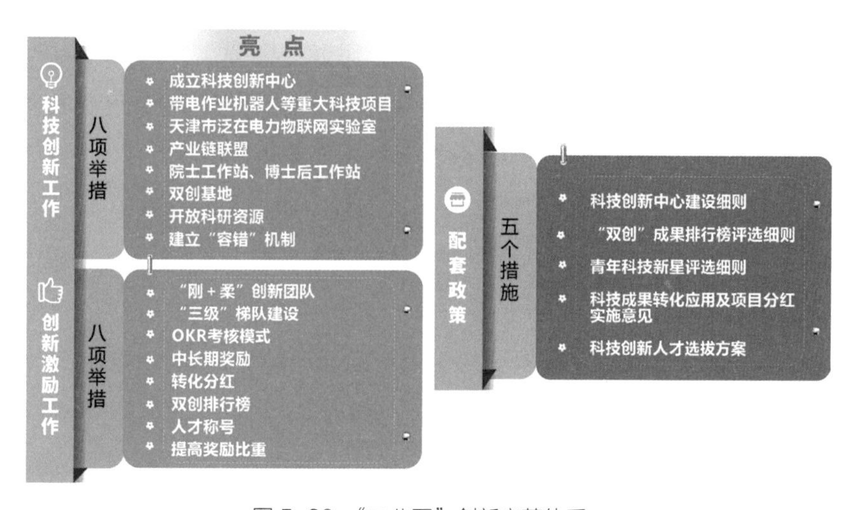

图 5-28 “二八五”创新变革体系

（一）进一步强化科技创新工作八项举措

1. 强化科技创新工作体系

成立科技创新中心，搭建创新协作平台，强化科技情报收集、查新咨询、重大关键技术攻关、成果转化推广、知识产权保护等工作，提升科技创新能力。科技创新中心以技术中心、人才中心、成果中心为定位，机构设置在省电科院，先期组建电力系统自动化、输变电设备及运行、先进配电技术、智能用电技术、信息安全与大数据、智慧能源系统规划建设6支科技创新柔性团队。每支团队分别选聘公司级科技带头人，负责相关领域创新工作顶层设计、重大科技项目实施、创新人才梯队建设等工作。通过企业内部人力资源市场软流动等方式补充派出团队成员。团队成员绩效按照“保底＋成果＋应用”的差异化激励政策，评价结果由科技带头人依据项目成员贡献度和个人能力提升程度综合确定。

2. 开展重大项目关键技术研究

围绕国网公司《能源互联网技术研究框架》，开展泛在电力物联网、综合能源系统、储能等新技术应用研究和示范工程建设，加快“智慧能源小镇”重大科技示范工程建设，加快“人工智能配网带电作业机器人关键技术及成套装备研究与应用”“面向新型城镇的能源互联网关键技术及应用”等重大科技项目研究。

3. 加强实验室能力建设

整合现有实验资源，建成天津市电力物联网企业重点实验室，增设研究开发资本金支出子项，购置完善实验研究用仪器设备，提高实验研究检测能力。发挥电能替代技术联合实验室、国家能源计量中心（电力）天津分中心、中国电科院信息安全分中心等高等级实验室作用，支撑综合能源、高级量测、网络安全等重点工作。

4. 加强科技成果管理

加强重点项目、重点领域成果布局。搭建科技成果孵化转化平台，促进成果转化交易，开展成果转化收益分红激励，加快配网带电作业机器人等优质创新成果的产业推广。积极申报泛在电力物联网、综合能源服务等技术标准。

5. 加强科技人才队伍建设

2~3年内实现国网公司首席科学家零的突破，天津“131”创新型第一层次人才、海河工匠数量翻番，5~10年培养引进两院院士。加强公司博士后工作站建设，提升专家人才待遇，公司党委直接联系服务高水平科技人才。

6. 加大双创工作力度

发挥张黎明“时代楷模”“改革先锋”示范作用，充实劳模工作室设备仪器，建设一流职工创新示范基地。做好公司青创赛、津电工匠、QC 等竞赛评比，增加职工创新奖励的类别和数量，调动青年员工和一线职工创新积极性。提高群众创新专项经费，加强职工创新工作指导，引入高水平专家和机构指导职工创新。

7. 加大合作开放共享

加强产学研用一体化科研合作，构建创新工作联盟。打破内部单位和专业界限，集聚优势资源，构建跨单位、跨专业的柔性团队。开放科研资源，支持专业人员校企联合培养。

8. 健全创新激励机制

提高基层单位企业负责人业绩考核科技创新权重。着重奖励取得实效的科技成果、掌握核心技术的科研人员。探索科技创新容错机制和科技工作安全管控机制，为科技成果试点示范创造宽容环境。优化科技立项、督导和验收管理模式，赋予项目负责人技术路线调整权利，减少审查审批环节，减少材料报送。

（二）进一步完善科技创新激励机制八项举措

1. 强化科技创新团队建设

选聘 5~10 名公司级科技带头人，负责创新工作顶层设计和重大科技项目实施。组建“刚 + 柔”模式创新团队，通过内部人力资源市场流动、外部高端人才引进等，强化团队创新力量。开展科技项目“招拍挂”，定期张榜公示摘牌，提升团队竞争意识。设立科技人才“伯乐奖”，对发现、培养、输送高端科技创新人才的，最高奖励 10 万元。

2. 完善科技创新梯队建设

培养选拔由首席专家、杰出专家、优秀专家组成的科技创新“三级”梯队。充分发挥高等级人才示范引领和传帮带作用，通过科技攻关、课题研究等培养优秀青年创新人才。鼓励优秀科技人才参加内外部科技创新能力提升培训，培育后备科技力量。

3. 转变科技创新考核模式

差异化设置科技创新类指标和权重，将科技成果获奖率、科技成果转化率纳入企业负责人业绩考核，凸显科技创新引领作用。创新考核评价机制，综合运用 OKR（目标 + 关键结果）、KPI（关键绩效指标）等方法，对项目团队的创新能力、成果质量、贡献进行考核评价。鼓励将创新作为特殊贡献加分项纳入员工绩效合约。

4. 扩大科技创新奖励范围

在现有的科学技术成果奖励基础上，新增 6 类专项奖励，分别为高等级学术组织成员奖、技术标准发布奖、实验室设立奖、科技项目完成奖、专利授权奖、专著和论文奖励。

其中，单项最高奖励 12 万元。

5. 加大科技创新奖励力度

增设国家级、天津市级成果奖励事项，包括中国专利奖（国家级）、自然科学特等奖（天津市级）、技术发明特等奖（天津市级）、科技进步特等奖（天津市级）等，实现重大成果奖励全覆盖，提高部分成果奖励标准。

6. 实施科技创新中长期激励

实现核心骨干人员收入与企业经营效益有效绑定。鼓励科技创新人员参与企业经营管理，为企业高质量发展贡献智慧。

7. 建立成果转化关联机制

建立科技成果收益与员工个人贡献挂钩机制，根据不同成果转化模式，每年从项目转化收益中提取一定比例作为研发人员奖励。

8. 积极培育科技创新文化

加大创新宣传力度，扩大高等级创新成果影响力。着力宣传解决生产实际问题的小创新、小发明，营造创新无小事、事事皆可创新的良好氛围。发扬基层首创精神，设立“双创”成果排行榜，将青创赛、群众创新、QC 等成果列入榜单。广泛开展科技创新先进评选，每年评出青年科技新星 5~10 名。

（三）五个细化配套措施

1. 科技创新中心建设

按照“技术中心、人才中心、成果中心”的定位，以国网天津电科院为主体，国网天津经研院、信通公司等单位为支撑，整合全公司科技创新资源，打造科技创新中心，搭建创新协作平台，强化关键技术研究、科技人才培养、科技成果培育等工作，全面提升公司科技创新能力。

2. “双创”成果排行榜评选

以员工自主研发成果为主，整合科技创新、青年创新、职工创新、质量管理（QC）等不同创新活动，提炼双创活动共性内容，打造“双创”成果排行榜。

3. 青年科技新星评选

表彰在科技创新、青年创新、群众创新、质量管理（QC）等创新活动中表现突出、取得优异成绩的优秀青年员工，全面激发各要素创新活力，促进广大员工争先创优。

4. 科技成果转化应用及项目分红实施意见

服务公司发展战略，规范创新成果的使用、处置和收益管理，建立成果转化与个人收益联动机制，推动创新成果快速转化为先进生产力，研究制定科技成果转化应用及项目分红实施意见。

5. 科技创新人才选拔方案

强化党管人才原则，坚持专业主导、以用为本、分级管理、放管结合，严格选拔标准，注重能力实绩，选拔一批政治坚定、素质优良、理论扎实、技艺精湛，示范引领作用突出，能够解决生产实际问题的科技创新人才，构建科技引领、梯次进阶的科技创新人才发展通道，充分发挥各类科技创新人才的学术带头作用，全面激发全员创新创造活力和潜力。

第六章

商业模式创新

随着外部环境日益复杂多变，企业仅依靠技术、产品等竞争手段已难以在激烈的市场竞争中脱颖而出。近年来由于云计算、物联网和大数据等新一代信息技术的快速发展与广泛应用，商业模式已成为企业构建竞争优势和提升企业绩效的关键手段。在“三型两网、世界一流”战略背景下，电网企业需要结合市场环境，融入消费场景，以客户为中心提供多元化的产品服务，以商业模式创新促进资源优化配置，实现价值的创造和共享，从而构建合作共赢的能源互联网生态圈。

第一节　电网企业商业模式分析

面对市场和政策不断变化、互联网新经济快速发展、人民的美好用能需求日益增长、关键技术创新突破等方面带来的挑战和机遇，电网企业特别是省级电网公司要进行商业模式创新。商业模式创新的重点应放在开展精准营销、拓展新兴业务领域、打造合作共赢的生态圈等方面，并将综合能源服务作为重中之重。

一、商业模式概述

（一）定义与内涵

管理学大师彼得·德鲁克曾经提出，当今企业之间的竞争，不是产品之间的竞争，而是商业模式之间的竞争。商业模式的概念，最早出现于1957年，直到20世纪90年代以后才逐渐流行开来。21世纪初，随着国内互联网产业和电子商务的兴起，商业模式开始引起企业界的关注，并引发学术界的跟进，但至今尚未得出一致的结论，处于百家争鸣的局面。如Adrian J. Slywotsky（1996）提出商业模式是公司选择顾客、定义并差异化其产品和服务、定义其自身任务及外包任务、构造资源、走上市场、为顾客创造效用并获取利润的总和；Geoffrey Colvin（2001）认为商业模式就是企业赚钱的方式；Michael Rappa（2002）描述商业模式的最根本内涵是企业自我维持的方法，也就是赚取利润经营商业的方法，进而清楚地说明了企业如何在价值链（价值系统）上进行定位并获取利润。Michael Morris 等（2003）在众多商业模式定义的基础上，给商业模式下了一个整合定义：商业模式是一种简单的陈述，旨在说明企业如何对战略方向、运营结构和经济逻辑等一系列具有内部关联性的变量进行定位和整合，以便在特定的市场上建立竞争优势。Alexander Osterwalder 等（2005）对众多定义进行比较研究，指出商业模式是一种建立在许多构成要素及其关系之上、用来说明特定企业商业逻辑的概念性工具，商业模式可用来说明企业如何通过创造顾客价值、建立内部结构，以及与伙伴形成网络关系来开拓市场、传递价值、创造关系资本、获得利润并维持现金流。这些定义侧重于从单个企业的视角出发，在经济、运营、战略等层面对商业模式的内涵予以解读。

2009 年，魏炜、朱武祥合作推出原创管理理论即魏朱六要素商业模式：商业模式本质上是利益相关者的交易结构。这一定义颠覆了管理学的传统研究视角，不再局限于单个企业，而是转换成一种“上帝视角”，考察对象企业与消费者、合作者、竞争者之间的现货博弈，并在这种互动博弈中把握个体的生存法则。企业的利益相关者包括外部利益相关者和内部利益相关者，外部利益相关者指企业的顾客、供应商、其他各种合作伙伴等；内部利益相关者指企业的股东、企业家、员工等。商业模式为企业的各种利益相关者提供了一个将各方交易活动相互联结的纽带。

2016 年，戴天宇在魏朱六要素商业模式定义的基础上，从微观的价值层面予以研究。他认为，“利益相关者的交易结构”是从交易主体或者是企业层面而言的，而往深的价值层面看，则是分散在相关企业中的通过各种交易方式将价值环节“黏合”而成的价值链路，并将商业模式定义为价值环节的生态组合。

总体来看，结合上述两个商业模式的研究内涵，可以更加清楚、深入地理解商业模式，即从宏观的企业层面看，是利益相关者的交易结构，从微观的价值层面看，则是价值环节的生态组合。二者的研究视角相通，都是从企业个体扩展到了全体相关者。类似于事物的组成结构和深层基因，利益相关者、交易结构是外在的性状表现，价值环节、生态组合则是内在基因构造，宏观与微观相结合才能够全面而立体地把握商业模式。

（二）典型分析模型

商业模式分析模型主要来源于各种商业模式体系的研究。由于归纳方法的不同，以及考察商业模式深度和广度的差异，学术界对商业模式构成元素的观点不一，商业模式体系不同观点汇总见表 6-1。主张的商业模式元素构成从三个到九个不等，如 Raphael Amit 等（2001）的"三要素论"包括交易内容、交易结构、交易治理；Gary Hamel（2001）的"四要素论"包括客户界面、战略资源、核心战略、价值网络；Andreessen Horowitz（1996）的"五要素论"包括价格、产品、分销、组织特征、技术；Jane Linder 等（2001）的"七要素论"包括定价模式、收入模式、渠道模式、商业流程模式、基于互联网的商业关系、组织形式、价值主张。其中，比较有代表性的分析模型有 Alexander Osterwalder 等的商业模式画布（九要素论）与魏朱六要素商业模式。

表 6-1 商业模式体系不同观点汇总

来源	具体要素	数量	范围
Horowitz（1996）	价格、产品、分销、组织特征、技术	5	普遍
Viscio, Pasternak（1996）	全球核心、治理、业务单元、服务、连接	5	普遍
Timmers（1998）	产品 / 服务 / 信息流结构、商业主体和角色、参与主体利益、收入来源、市场策略	5	电子
Markides（1999）	产品创新、客户关系、基础设施管理、财务	4	普遍
Donath（1999）	客户理解、市场战术、公司管理、内部网络化能力、外部网络化能力	5	电子
Chesbrough, Rosenbaum（2000）	价值主张、目标市场、内部价值链结构、成本结构和利润模式、价值网络、竞争策略	6	普遍
Gordijn 等（2001）	参与主体、市场细分、价值提供、价值活动、利益相关者网络、价值界面、价值端口、价值交换	8	电子
Linder, Cantrell（2001）	定价模式、收入模式、渠道模式、商业流程模式、基于互联网的商业关系、组织形式、价值主张	7	普遍
Hamel（2001）	客户界面、战略资源、核心战略、价值网络	4	普遍
Petrovic 等（2001）	价值模式、资源模式、生产模式、客户关系模式、收入模式、资本模式、市场模式	7	电子
Dubosson-Torbay 等（2001）	产品、客户关系、伙伴基础与网络、财务	4	电子
Afuah, Tucci（2001）	顾客价值、范围、价格、收入、相关行为、实施、能力、持续力	8	电子
Weill, Vitale（2001）	战略目标、价值主张、收入来源、成功因素、渠道、核心竞争力、目标顾客、IT 技术设施	8	电子

续表

来源	具体要素	数量	范围
Applegate（2001）	概念、能力、价值	3	普遍
Amit,Zott（2001）	交易内容、交易结构、交易治理	3	电子
Alt, Zimmerman（2001）	使命、结构、流程、收入、法律义务、技术	6	电子
Rayport, Jaworski（2001）	价值流、市场空间提供、资源系统、财务模式	4	电子
Betz（2002）	资源、销售、利润、资产	4	普遍
Gartner（2003）	市场提供、竞争力、核心技术投资、底线	4	电子
Osterwalder, Pigneur（2005）	客户细分、价值主张、渠道通路、客户关系、收入来源、核心资源、关键业务、重要伙伴、成本结构	9	普遍
魏炜，朱武祥（2009）	定位、业务系统、关键资源能力、盈利模式、自由现金流结构、企业价值	6	普遍

1. 商业模式画布

商业模式画布最早于 2005 年被提出，由瑞士洛桑高等商学院的两名教授，Alexander Osterwalder（亚历山大・奥斯特瓦德）和 Yves Pigneur（伊夫・皮尼厄）共同设计了一个框架并发布于网络社群里，该框架设计简单易懂，主要用来帮创业者建立、可视化的商业模式并测试自身商业模式的可行性，从而避免挥霍资金或者盲目地叠加功能。小公司用它开辟新领域，大公司也可以通过它探索新模式从而维持行业竞争力。两人于 2008 年合作出版《商业模式新生代》，对商业模式画布理论进行了详细介绍，成为全球管理者的经典读物。

《商业模式新生代》认为商业模式描述的是一个组织创造价值、传递价值以及获得价值的基本原理，并将商业模式分为客户细分、价值主张、渠道通路、客户关系、收入来源、核心资源、关键业务、重要伙伴、成本结构九大模块，商业模式画布如图 6–1 所示。这九个模块涵盖了一个企业的客户、产品 / 服务、基础设施、财务生存能力四大功能，可以很好地描述并定义商业模式。

商业模式画布最大的特点是它是一个视觉化的商业模型架构和分析工具，让大家用统一的语言及九大模块来描述和讨论商业模式，操作性较强。此外，创造价值、传递价值以及获得价值的描述也体现了一个商业模式的核心内涵。画布的使用者需要按照一定的顺序来进行操作，首先要了解目标用户群，然后再确定他们的需求（价值定位），想好如何接触到他们（渠道），怎么盈利（收益流），凭借什么筹码实现盈利（核心资源），确定哪些

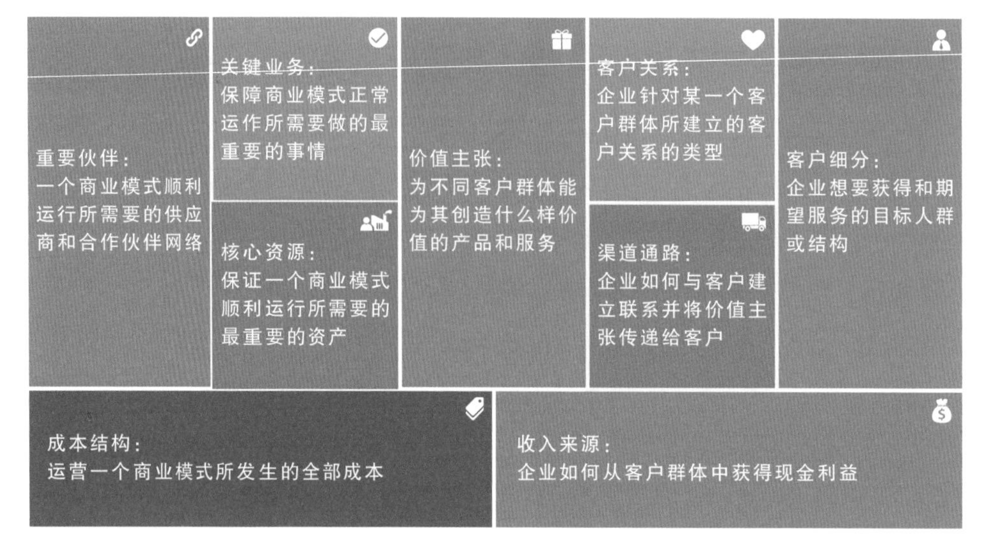

图 6-1　商业模式画布

是能向你伸出援手的人（合伙人），最后根据综合成本定价。

2. 魏朱六要素商业模式

魏朱六要素商业模式是魏炜、朱武祥合作推出的原创管理理论，如图 6–2 所示。2009 年出版的《发现商业模式》提出，商业模式包括定位、业务系统、关键资源能力、盈利模式、自由现金流结构和企业价值六个方面，六个方面相互影响，构成有机的商业模式体系，在学术界和企业界产生了广泛的影响。其中，定位是商业模式的起点；企业价值是商业模式的归宿，是评判商业模式优劣的标准。企业的定位影响企业的成长空间，业务系统、关键资源能力影响企业的成长能力和效率，加上盈利模式，就会影响企业的自由现金流结

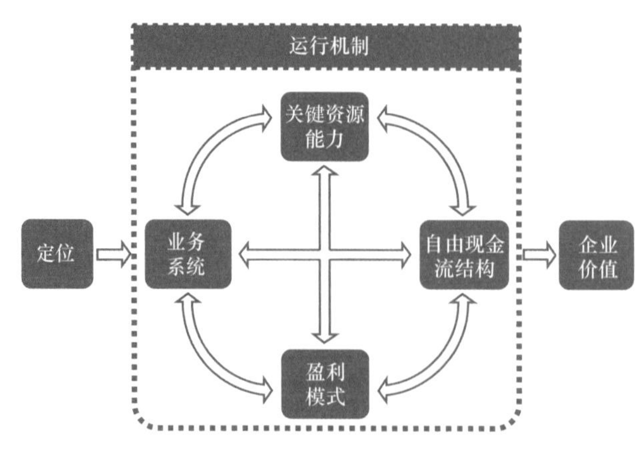

图 6-2　魏朱六要素商业模式

构。不同的商业模式、有不同的结果。

定位指企业应该做什么，它决定了企业应该提供什么特征的产品和服务来实现客户的价值。定位是企业战略选择的结果，也是商业模式体系中其他有机部分的起点。业务系统是指企业达成定位所需要的业务环节、各合作伙伴扮演的角色以及利益相关者合作与交易的方式和内容。业务系统是商业模式的核心。关键资源能力是让业务系统运转所需要的重要的资源和能力。盈利模式主要指企业的收入来源和收入方式。收入来源即谁给谁钱，收支方式包括固定性质的租金、剩余性质的价差、分成性质的佣金，以及拍卖、顾客定价、组合计价等。自由现金流结构是指这个交易结构在时间点上的流入、流出的结构、比例和在时间序列上的分布。企业价值，即企业的投资价值，是企业预期未来可以产生的自由现金流的贴现值。

综合国内外学者对商业模式体系的构成要素分析，我们认为商业模式可以概括为业务模式和盈利模式两大部分，如图 6-3 所示。其中，业务模式包括目标客户、产品和服务、业务流程、渠道、合作伙伴等；盈利模式包括收入来源、支出成本、现金流结构等。第二节将主要按照“业务模式 + 盈利模式”的逻辑框架开展分析。

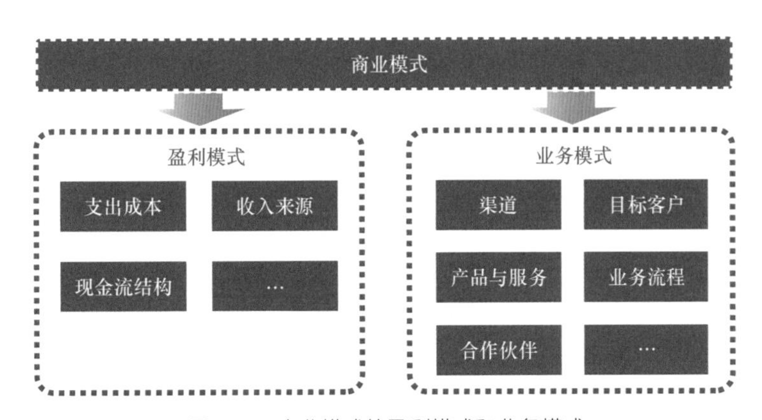

图 6-3　商业模式的盈利模式和业务模式

二、电网企业商业模式分析

（一）传统商业模式分析

1. 业务模式

（1）业务内容。电网企业是从事电能传输、电网管理，电能分配、电能销售和提供用电服务的综合性企业，核心业务为电力营销业务，主要是从发电企业购电然后销售给用电客户；另外，根据国家相关要求，部分省份开展了大用户直购电交易，在具备条件的地区，开展较高电压等级或较大用电量的用电客户向发电企业直接购电的试点，由电网企业提供输配电服务。

（2）服务渠道。电网企业服务渠道主要包括供电营业厅、95598 互动网站平台、第三方合作平台等。营业厅主要为客户提供交费、查询、业务办理、用电安全宣传等服务。自助终端设备提供缴费、查询等不间断服务，实现 24 小时营业服务。95598 互动网站平台通过统一交互界面、统一网站功能设置，为客户提供电力查询、用电业务查询、故障报修等服务，开辟与客户双向互动的新渠道。电话服务平台则通过统一呼叫接入平台、统一业务应用系统、统一客户体验界面，以语音、传真等方式，提供电话咨询、报修、投诉举报、短信订阅、电费充值等服务。第三方合作平台及客户端包括银行、报亭等业务渠道，以及电 e 宝等手机 APP。

2. 盈利模式

电网企业传统的盈利方式为依靠基本电力销售业务实现利润目标。按照收入来源的不同，其盈利方式可分为两类，一是作为发电侧与客户侧之间的电力供应商，电网企业以统购统销、收取购销差价的方式实现销售收入；二是作为输配电商，在大用户与发电企业进行直接交易时，电网企业以收取过网费的形式获得营收。电网企业传统盈利模式如图 6-4 所示。

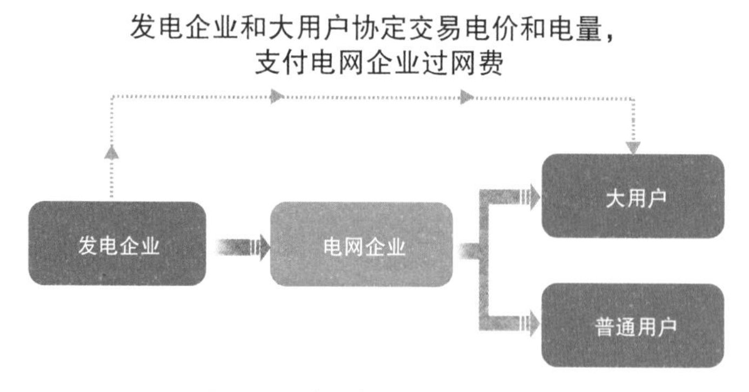

图 6-4　电网企业传统盈利模式

（二）面临的挑战和机遇

当前，新一轮电力体制改革纵深推进，能源生产与消费革命步伐不断加快。由于我国经济由高速增长阶段转向高质量发展阶段、数字经济快速发展等多重因素叠加，电网企业传统商业模式主要面临以下五个方面的挑战和机遇。

1. 市场和政策的变化

电网企业传统商业模式主要围绕售电展开，在经济高速增长时期，电网企业盈利能力相对较强。随着我国经济进入新常态，用电量增长幅度降低，只依靠售电作为主营业务，难以支撑企业进一步壮大发展。新一轮电改目标之一是形成主要由市场决定能源价格的机制，随着经营性电力用户发用电计划全面放开，更多电量进入市场化交易，电网企业的传统盈利空间逐渐收窄。同时，新一轮电改也带来了更多交易主体，使得市场竞争愈发激烈，电网企业仅靠提供基本的电能产品获得收益的商业模式已无法构筑比较优势，为国有企业实现保值增值目标带来较大竞争压力。

与此同时，电力市场改革下，配售电业务有序放开，市场活力进一步释放，更多利益主体参与市场，为各种灵活多样的商业模式创新创造了有利的市场环境。如灵活的电价机制和市场机制，为电网企业进一步推广虚拟电厂、需求侧响应等商业模式从而实现盈利和规模效益，提供了有力保障。

2. 互联网新经济快速发展

随着互联网经济快速发展，新兴企业通过建立平台化商业模式，有效实现了企业、消费者双向交易成本的下降，对传统零售业、服务业产生了颠覆性影响，打破了传统企业的产业链条。目前，互联网公司、科技公司也纷纷布局能源领域，开展售电、分布式发电、能源云服务等业务，与传统能源企业开展竞争。互联网经济的强大生命力在于其把握了以客户为中心的价值来源，通过持续满足客户需求和创造新需求来扩展业务边界。这一过程中，客户的消费行为决定了价值的来源，同时需求的满足过程也进一步引发了客户消费行为的变化。互联网经济依托网络和数据的资源，使交易成本大幅下降，使企业的边界更加模糊化，产销一体者大量出现。要适应这些变化，需要电网企业从被动转为主动，拓展业务范围并提高服务质量。

转换视角来看，互联网与电网融合发展，为电网企业创新商业模式注入了新思维、提供了新范式。互联网的客户思维、极致思维、大数据思维、平台思维、跨界思维等，为电网企业提升产品质量、拓展服务范畴、拓宽服务渠道等打开了新思路。互联网平台为电网企业开展服务创新提供了新的服务技术、渠道和内容形式，为其重塑了对市场、客户、产品、价值链乃至对整个商业生态的思考方式，促进其利用数据资产等优势打造业务增长模式的新亮点，从而构建协同可持续的新型商业体系。

3. 人民日益增长的美好用能需求

随着经济快速发展，人民日益增长的美好用能需求也随之不断演变和升级，从传统的普遍服务需求转变为更加个性化、多元化的服务需求。随着客户结构的变化，体验式、沉浸式和无延迟感的消费模式逐渐受到青睐，电网企业需要有针对性地研究各类客户的需求变化趋势及行为特点，注重消费体验和客户参与度，深入拓展相应的服务内容和服务模式。

另一方面，电力市场也激发了客户潜在的个性化需求，进而释放更大市场。结合电力市场实际情况，客户需求可分为基本型需求、期望型需求和差异化需求。基本型需求主要是指基础的用电需求；期望型需求主要是基于基础用电的延伸需求，包括电费查询、用电缴费、信息服务等；差异化需求主要是指不同客户差异化的增值服务需求，主要包括需求响应、分布式电源、电动汽车充换电等。电力市场改革下，客户对电能质量和供电可靠性的要求更高；对各种信息服务的需求也越来越多，且要求缴费、查询更便捷；随着分布式电源、电动汽车等交互式能源设施大量接入，灵活电价机制形成，差异化需求也逐步被释放，具有较大的市场空间。

4. 关键技术创新突破

可再生能源发电、储能、微电网等能源领域关键技术快速突破，同时物联网、大数据、云计算等信息通信技术也发展迅速，二者深度结合后产生虚拟电厂、能源路由器等创新应用。但电网企业的传统商业模式无法赋予这些技术足够的生命力，也无法有效支撑技术创新的实践应用。

同时，关键技术的进步为商业模式创新提供了更多可能性。风电、光伏发电及其并网技术不断进步，发电成本大幅下降，为新能源发电、储能和微电网等领域发展提供了技术保障。储能技术进一步发展，电池成本不断下降，能量密度持续提升，为促进清洁能源消纳、开展电动汽车充换电、进行需求侧响应服务等提供了重要保障。“大云物移智链”等技术不断突破，数据处理、存储、分析能力不断提升，为开展能源大数据分析、用户个性化定制服务、金融服务等提供了技术支撑。可再生能源制氢等颠覆性技术的突破也将为燃料电池、电动汽车等产业的商业模式带来巨大变革。

5. 跨界融合发展成为新常态

在当前跨界创新、融合发展的趋势背景下，国家正在推进制造业与现代服务业融合发展，通过服务业与农业、制造业以及服务业不同领域之间的深度融合，提升中国制造核心竞争力的服务能力和服务模式，发挥“中国服务 + 中国制造”组合效应，促进产业协同升级发展。电网企业如果仅依托传统商业模式，聚焦于单一的购售电环节，将难以与其他行业有效融合发展。

另一方面，能源与各行业的跨界融合，将催生新型的商业模式。随着环境资源约束的进一步加剧，能源在经济社会发展中的作用从供给保障向全面变革驱动转变，能源推动各领域变革的作用逐渐凸显。在城市创新发展、协调发展、绿色发展、智慧发展等新理念的推动下，能源电力将与交通、工业、建筑、信息等行业实现融合发展，为“三型两网”下的商业模式提供跨界创新平台。

（三）创新重点

面对种种挑战和机遇，电网企业特别是省级电网公司，其商业模式可重点从以下四个方面着力开展创新。

1. 加强客户细分和精准营销

从传统分散式的客户需求挖掘向数据分析与精准控制规则制定和优化转变。运用大数据分析、人工智能、区块链等新技术，实时准确掌握各类客户个性化需求及需求变化趋势、系统运行状态、系统服务提供潜力等。制定科学合理的数据分析、辅助决策、设备控制等规则，通过智能自学习、自优化和自判断，使营销服务精准满足不同客户多样化和个性化需求。

2. 拓展新兴业务领域

从传统单一电力供应服务向多能供应、电子商务等多类打捆服务转变。以客户需求为核心，借助泛在电力物联网拓展综合能源服务、资源商业化运营等新兴业务领域，为客户提供包括能源供应、电子商务、金融服务、数据服务、内容服务等在内的一揽子服务，精准满足客户各类需求。同时，逐步整合面向客户的各类服务接口，改变过去各类服务“分散自治”的局面，进一步提高服务效率和质量。

3. 打造合作共赢的生态圈

建设平台型企业，发挥自身优势，与其他企业进行深度合作，实现优势互补。针对客户多体系多能源的服务需求，省级电网公司的最优策略是联合其他企业，具体方式为一是打造产业联盟平台，巩固市场优势，高效整合相关资源，快速拓展业务领域和建立市场地位；二是寻求合作伙伴，以资本合作或者项目合作的方式，充分发挥各方优势，实现深度合作。

4. 以综合能源服务为重点推进模式创新

综合能源服务是客户侧泛在电力物联网建设的重要抓手，具有互联共享、技术创新、生态共建等业务特点和发展趋势，能够有力支撑“三型”企业建设。作为未来售电市场中的重要产品形态，综合能源服务在客户群体、服务和产品、业务流程、收入模式等方面具有天然的培育土壤，将成为商业模式创新的主战场。省级电网公司在承担保底供电义务的同时，需要以综合能源服务为重点推进模式创新。

第二节 商业模式典型创新实践

在构建“三型”企业的背景下，省级电网公司可以将以电为中心的综合能源服务业务作为重点来推进商业模式创新，同时在资源商业化运营、电力需求侧管理等增值服务方面积极开展探索，打造新的利润增长极。

一、综合能源服务

综合能源服务是面向能源系统终端，通过能源品种组合、技术进步、商业模式创新、系统集成等方式，使客户收益或满足感得到提升的行为，简言之，就是提供面向终端的能源集成或创新解决方案。国网公司坚持以电为中心、多能互济，以推进能源互联网、智慧用能为发展方向开展综合能源服务业务，构建开放、合作、共赢的能源服务平台，努力将其建设成为综合能源服务领域的主要践行者、深度参与者、重要推动者和示范引领者。

（一）典型业务及其模式

基于对泛在电力物联网技术的应用，国网公司开始开展综合能源服务业务，其主要包括综合能效服务、供冷供热供电多能服务、分布式清洁能源服务、专属电动汽车服务等四大领域。

1. 综合能效服务

依托信息化平台和互联网技术，提供能效诊断、能效提升、运维托管等全过程服务，满足客户系统节能、综合优化的需求，综合能效服务典型应用场景如图 6–5 所示。

（1）目标客户与产品匹配。针对能耗强度高、空调用能占比大的商业楼宇、政府机关、企业集团、机场、医院、酒店等大型建筑及居民客户，提供空调系统优化控制、电力需求响应等业务。通过能效监测与分析，为客户提供设备参数匹配、管网运营优化、末端实时控制等综合能效提升服务，促进空调系统用能负荷与电网供应能力的协调平衡。

（2）实施路径与推广策略。开展客户用能结构信息普查，灵活运用营销数据信息价值，精准选定典型行业、企业能效提升服务目标，实施客户用能设备实时监测与分析，拓

图 6-5 综合能效服务典型应用场景

展用能信息采集数据接入规模。开展系统级能效提升，对客户"源、网、荷"主要用能设备，建立系统级能效分析模型，运用实时控制优化软件，提供综合能效优化提升整体解决方案，降低客户用能成本。

2. 供冷供热供电多能服务

综合考虑电、天然气、太阳能、生物质等多种能源特性及资源禀赋，通过多能源综合规划、多元互动、协调控制与智能调度，为公共建筑与城镇住宅提供可靠、清洁、高效的涵盖冷热电等多种能源的整体解决方案，典型供冷供热供电多能服务如图 6-6 所示。

（1）目标客户与产品匹配。针对冷热负荷稳定、信用好的政府机关、学校、医院、酒店等客户，提供供冷供热供电多能供应、冷热销售、热水直营等业务。积极推动可再生能源一体化供应，促进传统能源与太阳能、地热能、生物质能协同应用，实现多能互补和协同供应，降低建筑物能耗水平。

（2）实施路径与推广策略。针对增量客户，提前介入前期能源规划设计，对冷热负荷增长迅速或者需求平稳的客户，重点采用合同能源管理（energy management contracting，EMC）、工程总承包（engineering procurement construction，EPC）、建设—经营—转让（build-operate-transfer，BOT）、建设—拥有—运营（building-owning-operation，BOO）等模式，为客户提供规划设计、投资建设、运维服务的一站式服务，降低客户初始成本；对冷热电负荷增长慢或者需求波动大的客户，优先采取规划设计咨询、设备销售等模式。

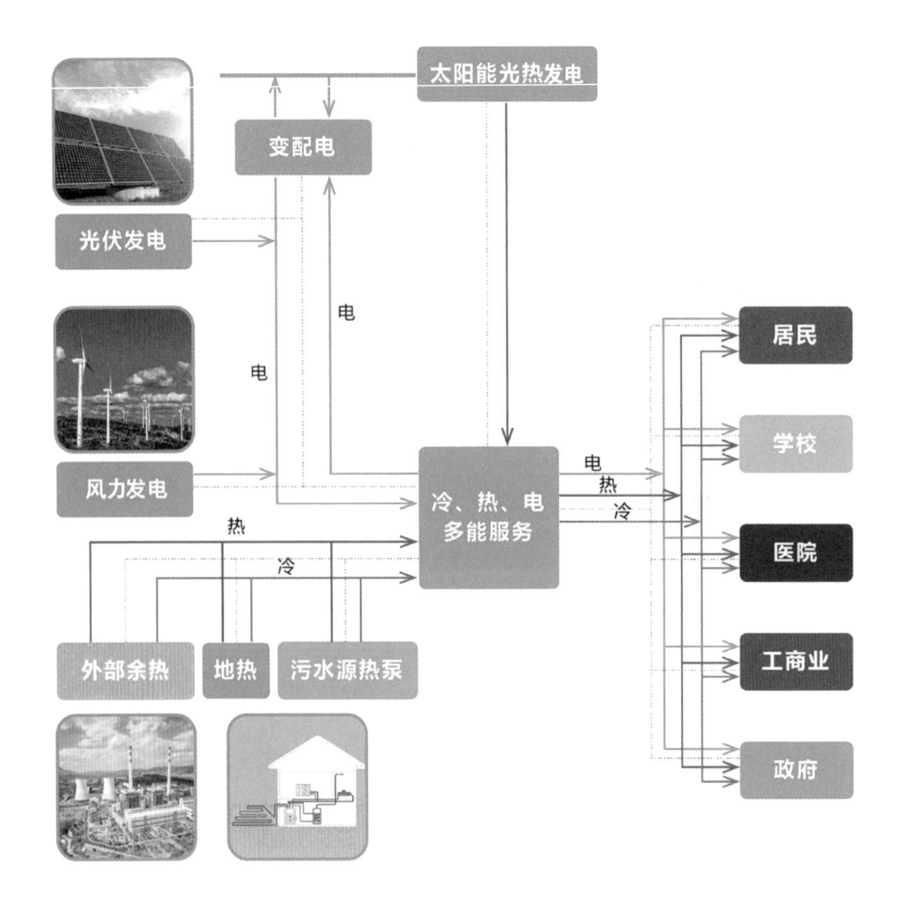

图 6-6 典型供冷供热供电多能服务

针对存量客户，优先采用能源托管、设备智能运维等模式，开展设备改造及系统能效优化提升业务。

3. 分布式清洁能源服务

在用户场地附近建设以配电系统平衡调节为特征的光伏、风能、生物质能等清洁能源发电设施，运行方式为用户侧自发自用、多余电量上网，分布式清洁能源服务如图 6–7 所示。

（1）目标客户与产品匹配。针对能耗高、光伏利用小时数高、可利用场地大的自来水厂、污水处理厂、数据中心等优质客户，开展一体化分布式光伏发电项目；在农业种植、渔业养殖、林业栽培等领域，因地制宜建设运营“光伏 + 农业、渔业”等项目。

（2）实施路径与推广策略。在分散式风电、光伏发电领域，对区域消纳能力强的客户，重点以 EPC、EMC、BOO 等模式，提供涵盖规划设计、建设投资及项目运营的一体化服务。

在分布式生物质发电领域，对生物质资源丰富集中、补贴政策好、同时具备稳定用电

图 6-7　分布式清洁能源服务

和用热需求的客户，优先采用 EMC、BOO 或与业主企业成立项目公司等模式，共同开发生物质资源，共享项目收益；对生物质资源分散、缺乏补贴的客户，采用 EPC 模式，提供规划设计、建设运维等服务。

4. 专属电动汽车服务

针对地方政府、公交、出租、网约、物流等集团客户，掌握其电动汽车推广计划和充电需求，为专属电动车客户提供优质充电服务，提升充电保障能力。典型公交充换电站如图 6-8 所示。

图 6-8　典型公交充换电站

（1）目标客户与产品匹配。针对具有固定场站的公交、环卫、物流等集团客户，开展大功率充电站整体设计、建设与运营的一体化服务，依托车联网平台为客户提供充电与车辆优化调度等综合服务。针对物流、出租、网约车等集团客户，根据客户充电、行驶与停放的行为特性，推出定制化专用充电与公共充电相结合的服务产品。积极探索并利用企业闲置土地建设面向各类专用车辆的公共充电设施。

（2）实施路径与推广策略。主动对接地方政府与集团客户，了解其电动专用车推广计划和充电需求。在专用场站建设方面，探索符合市场竞争需求的项目投资管理模式，与集团客户、土地拥有方合作，采用股权投资、项目投资等模式开展建设；在充电服务提供方面，紧密跟踪市场变化，采用收入分成、利润分成、委托运营等模式，提供具有市场竞争力的充电价格和服务。

（二）盈利模式

电网企业开展综合能源服务业务，主要收入来源包括能源产品费、能源服务费和增值服务费等三类。

1. 能源产品费

能源产品费来自基础性的冷、热、水、气和电等能源类产品的销售。传统能源企业基本的盈利模式是利用能源产销价差实现盈利。

2. 能源服务费

一方面，电网企业通过向客户提供包括多种能源的节能服务、产品营销服务和用能解决方案等，在项目的施工、运维及改造环节中获得技术、人力、设备和融资等方面的费用。另一方面，利用智慧能源服务平台，通过为客户提供智能控制、供电计划、电价套餐、邻里比价和需求侧响应等服务而获得收益。

3. 增值服务费

主要指向客户提供能源大数据分析信息而收取的费用，该费用可向能源消费方、能源供应商或者其他金融保险机构收取。如通过云平台对客户用能规律、特点以及关键需求进行精准刻画和预测，与供应商、公共事业单位、商业银行和保险行业实施数据共享而获得信息服务费。同时，客户也可免费或付费得到与之相关的能耗信息、能源账单、节能方案以及用能管控等数据服务。

（三）具体实践

1. 国网客服中心北方园区综合能源服务项目

（1）项目概况。国网公司客户服务中心北方园区项目位于天津市东丽区东丽湖温泉度假村旅游区，建筑面积 14 万平方米，包括办公、研发、公共服务和宿舍等多种业态，如

图 6-9 所示。

图 6-9　国网客服中心北方园区

项目在规划阶段充分考虑能源、服务和生态建设三方面，创新建设以电为中心、灵活接纳多种能源形式、实现多能源协调控制和综合能效管理的“绿色复合型能源网”，全面集成智能楼宇、智慧能源和智慧环境等子系统，建设感知透彻、高度融合、智能联动的“智慧服务型创新园区”。

绿色复合型能源网由国网天津电力投资，采用合同能源管理方式运作，与工程本体建设同步实施，于 2014 年 11 月正式进场施工，2016 年 1 月 1 日进入商业化运营。能源网主要包含冰蓄冷、地源热泵、屋顶光伏发电等 7 个能源子系统和 1 个运行调控平台，通过对园区范围内冷、热、电多种能源全生命周期监测管理及优化调度，最终实现园区多种能源高效分散供给和智能网络共享。

（2）商业模式。在业务模式上，该项目通过探索小型园区级的多元化综合能源服务新模式，提供涵盖综合能效服务、供冷供热供电多能服务、分布式清洁能源服务等多业务一体化的综合能源供应服务，满足客户不同业务服务诉求；在盈利模式上，采用规划—投资—建设—运营的“一体化”综合能源服务模式，并与客户签订 5 年长期能源托管合同，既降低客户初始投资成本、后续运营成本，又为项目运营公司持续性获得电量收益、托管收益、运维收益等，打造多方共赢新模式。

（3）效益分析。项目每年可节约运行费用 987.7 万元，节约电量 1100 万千瓦时，相当于减排标准煤 3500 吨，减排二氧化碳 10969 吨，减排二氧化硫 73 吨，减排氮氧化物 40 吨。

2. 北辰商务中心绿色办公综合能源示范工程

（1）项目概况。北辰商务中心位于北辰产城融合示范区高端装备产业园区中部，为北辰经济技术开发区管委会及相关职能单位办公所在地，建筑面积4.6万平方米。该项目作为北辰国家产城融合示范区能源互联网建设的第一项实体示范工程，建设有光伏发电系统、风力发电系统、储能系统、地源热泵系统、电动汽车充电桩系统以及综合能源智慧管控平台六部分内容。

（2）商业模式。在业务模式上，该项目探索单体楼宇级的多元化综合能源服务新模式，提供涵盖综合能效服务、供冷供热供电多能服务、分布式清洁能源服务、电动汽车服务等多业务一体化的综合能源供应服务，打造“以电为中心＋风光储＋平台调控”的综合能源工程；在盈利模式上，采取由政府出资建设、电网企业组织实施与后期运维、产业联盟厂家参与共享的多方共赢模式。该项目商业模式的成功探索为带动综合能源供应和消费模式在国家产城融合68平方千米示范区的全面推广应用起到示范作用。

（3）效益分析。项目每年可节约用能成本97万元，消纳本地可再生能源发电量600.4万千瓦时，相当于减排标准煤1910吨，减排二氧化碳5987吨，减排二氧化硫39.8吨，减排氮氧化物21.8吨。

二、电力需求侧管理

电力需求侧管理是指加强全社会用电管理，综合采取合理、可行的技术和管理措施，优化配置电力资源，在用电环节制止浪费、降低电耗、移峰填谷、促进可再生能源电力消纳、减少污染物和温室气体排放，实现节约用电、环保用电、绿色用电、智能用电、有序用电。实施需求侧管理是综合资源规划的一部分，有利于提高我国能源使用效率和优化资源配置，缓解工业发展与环境保护间的突出矛盾。

通过电力需求侧管理的推广和应用，电力企业可以延缓或减少电力建设的巨额投入，有效降低电力运营成本，提高现有电厂、电网的利用率、负荷率及发电设备利用率；用电客户在不减少用电需求的同时可减少电费支出，降低生产成本；节能产品供应商通过参与电力需求侧管理项目，可提高产品技术含量，促进产品的换代升级。

（一）典型业务及其模式

1. 目标客户与产品匹配

需求响应与虚拟电厂是电力需求侧管理的主要模式。二者不仅可以降低系统基本负荷和峰值负荷，同时在负荷侧提升了电源多能集成的互补性，降低了火电调峰需求。需求响应与虚拟电厂既有重叠，又有差异。虚拟电厂强调源网荷储的聚合作用，重点在于资源整合，充分利用分布式发电、储能等资源，实现发电侧与负荷侧的双向调节；而需求响应相对侧重于对负荷侧资源的调控。

电力需求响应是指引导用电客户根据电力市场价格信号或激励措施，改变其用电行为，在系统高峰或者电力供应紧张时段减少用电，在低谷时段增加用电，从而促进电力供需平衡，保障电力系统稳定运行的行为。将分布式发电、储能资源和柔性负荷等灵活性资源作为调控手段参与电力平衡调整，能够有效平衡负荷峰谷差，抵消可再生能源出力的波动性，促进可再生能源消纳。

虚拟电厂则可实现电源侧的多能互补与负荷侧的灵活互动。随着分布式电源、可控负荷、储能设施以及电动汽车等快速发展，用电客户也由单一的消费者转变为混合型的产销者。通过虚拟电厂模式，利用调控技术、计量技术、通信技术将分布式电源、分布式储能设施、可控负荷等不同类型资源进行整合，协同开展源网荷储集中控制运行与电力交易，虚拟电厂示意如图 6-10 所示。

图 6-10 虚拟电厂示意

2. 实施路径与推广策略

（1）需求响应模式。随着电力市场改革不断深入，需求侧响应模式种类也逐渐丰富。在成熟竞争电力市场中，需求侧响应模式大体可以分为动态电价响应、可中断的自愿负荷削减以及需求侧竞价三类。

动态电价响应，指在客户端安装相应的通信和控制装置，将批发电力市场的动态价格信息传递给客户，客户可以根据电价的变化调整其用电需求，减少高价格时段用电，从而有效控制电费支出。此项措施是电力市场引入需求侧竞争最直接的方式。

可中断的自愿负荷削减，指参与客户同意在约定情况下削减负荷并获得一定经济补偿，否则将接受惩罚。可中断负荷参与需求响应的主要途径是双边合同，该合同一般为供电企业（负荷聚集商）和大型工商业客户之间的合同，合同中通常会明确提前通知时间、停电持续时间、中断容量和补偿方式等内容，客户可以根据合同削减相应的负荷量。

需求侧竞价，指客户在电力市场对指定高峰期的负荷进行投标竞价，提出其在某一价格下愿意削减的负荷量，或削减一定负荷后的期望收益，最后由执行方按照报价进行优化调度。一旦价格被接受，参与客户必须在特定时段削减一定量的负荷，否则将面临惩罚。在该机制下，客户不再是单纯的价格接受者，而能够通过改变自己的用电方式，以竞价的形式主动参与市场竞争并获得相应的经济利益。另外，当需求侧竞价参与调峰时，可避免运行成本较高的调峰机组发电，从而降低系统高峰电价。

（2）虚拟电厂模式。虚拟电厂是对分布式电源、柔性负荷、储能等多种分布式能源的有效聚合，能够像一个发电厂一样，在特定时间向电网提供能源。在具体展现形式上，虚拟电厂具有多种组合，常见类型包括“分布式风电 + 储能”“分布式风电 + 电动汽车”“楼宇 + 储能”等。

虚拟电厂商业模式的核心参与者是虚拟电厂运营商和集成商。虚拟电厂运营商可以代理客户参与中长期交易、现货交易与辅助服务市场；集成商则负责集成几个大型生产型消费者（即企业和大型机构）的发电量，通过对具有不同负荷特征的客户主体进行组合，利用各自负荷在日负荷率、日峰谷差率等特征值上的错峰互补效应，通过引入人工智能技术对负荷曲线进行聚类，在一定程度上平抑内部主体的自身波动。

（二）盈利模式

按照需求侧资源参与方式进行划分，通过需求侧管理可获得负荷控制管理收益、需求侧响应收益与虚拟电厂收益。

（1）负荷控制管理收益。系统使用负荷控制装置主动调整用电情况，将客户的部分电力需求从电网负荷高峰削减或转移至负荷低谷期，形成有序用电管理，节约客户的用电成本。

（2）需求侧响应补贴收益。负荷集成商通过集成分布式电源、工商业负荷、储能、电动汽车这些具备需求响应能力的用电客户，参与竞争性需求侧响应，并将其视为单个客户领取补贴，再与用电客户通过协商确定补贴分享比例。

（3）虚拟电厂收益。在虚拟电厂模式下，体量小的分布式资源客户被聚集起来，由虚拟电厂运营商代理，作为一个独立的市场参与者参与电量市场、辅助服务市场。一方面，负荷集成商通过聚合调控分散式电源获取市场利益，工商业客户通过自身的储能装置、备用电源和电动汽车向负荷聚集商提供电能获益。当内部供大于求时，虚拟电厂运营商代理客户在市场中参与卖电；当内部供小于求时，虚拟电厂运营商可以从电力批发市场中买电，通过购售电业务获得电价差收益。另一方面，通过虚拟电厂“批发—零售”两级交易模式，对内与其所代理的客户开展电力零售交易，通过制定市场化激励机制、分时电价、尖峰电价等价格机制，与客户自主协商达成用能协议，获得可调能力；对外参与辅助服务市场，降低高峰负荷调峰成本，获得辅助服务补偿。

（三）具体实践

1. 天津市电力需求响应中心

天津市政府授权在国网天津市电力公司成立天津市电力需求响应中心，出资搭建天津市能源供需互动服务平台，通过“中心＋平台”，打造政府出资搭台、电网企业组织实施、客户主动参与的新型市场化电力需求侧管理模式。

（1）电力需求响应中心。天津市电力需求响应中心（简称中心）由政府授权、国网天津市电力公司具体承接，工作职责为协助天津市工业和信息化局，开展全市电力需求侧管理的政策研究及分析预测，组织开展全市有序用电、电力需求响应等工作。中心旨在加强天津市电力需求侧管理，提升客户侧负荷管理能力，适应不同业态、商业模式运行需求，开展前瞻性需求响应技术探索与实践，在需求响应专业领域强化跨域支撑、高效智能、融合开放的专业服务力量，打造适应地区经济社会发展的需求侧管理服务体系。中心可实现城域负荷资源、清洁能源、车桩联网等可调资源的泛在互联，助力“三型两网、世界一流”战略落地。

（2）能源供需互动服务平台。天津市能源供需互动服务平台是由天津市政府出资、委托国网天津市电力公司承建的需求侧管理平台系统，该平台立足于服务政府、电网企业、负荷聚合商及用电客户，集成电网企业现有内外网系统，目标成为需求响应与能源优化管理的一体化服务平台。天津市能源供需互动服务平台功能架构如图 6-11 所示，天津市能源供需互动服务平台界面如图 6-12 所示。

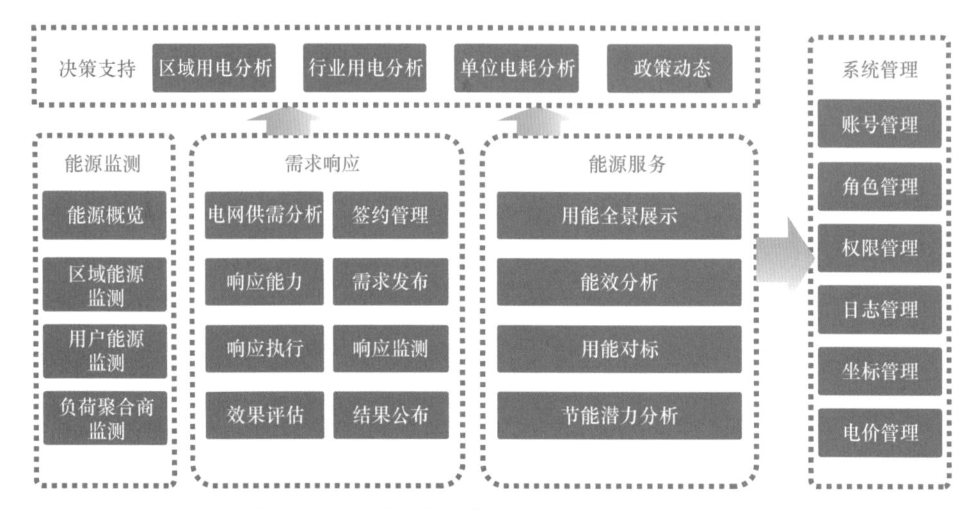

图 6-11　天津市能源供需互动服务平台功能架构

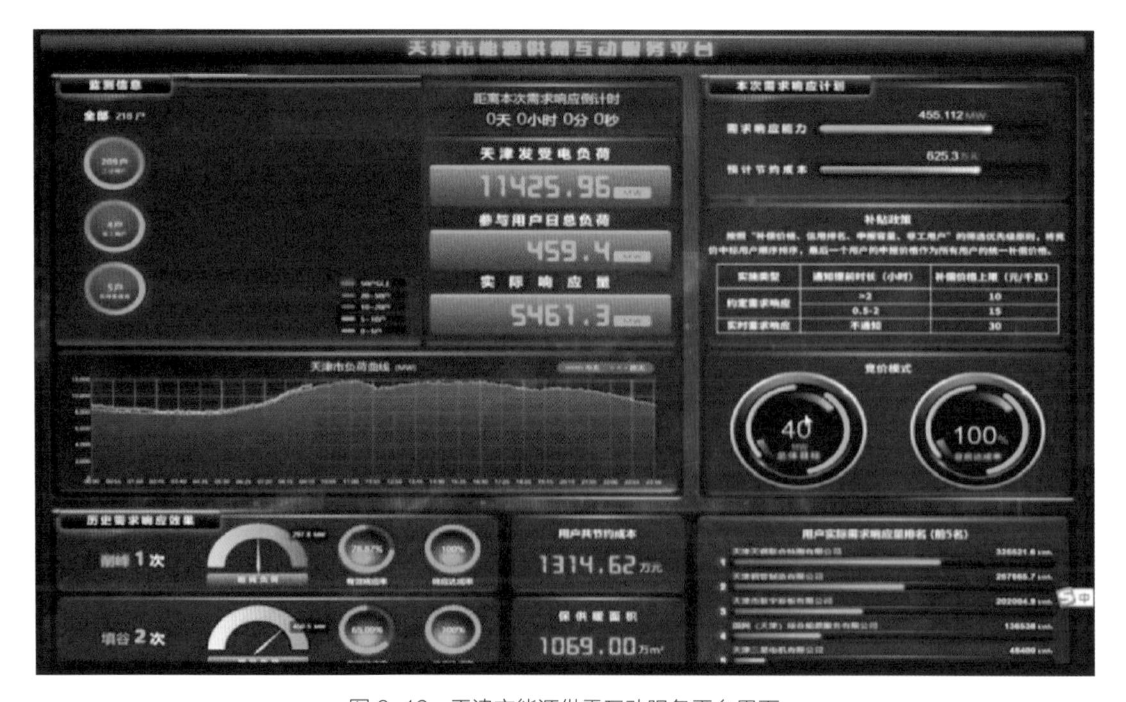

图 6-12　天津市能源供需互动服务平台界面

该平台打造市场化电力负荷管理新模式。一方面，将传统单一的“源随荷动”模式转变为基于市场化交易的“源网荷互动”模式，通过部署客户内部能效监测控制终端，有效延伸客户内部负荷管理，显著提升客户侧服务水平；另一方面，将客户侧负荷有效聚集，构建政府、电网企业需求侧资源管理模式，有效解决天津电网冬季热电解耦、夏季负荷高峰、春秋季新能源消纳等矛盾突出问题，增强天津市电网的适应性、抗干扰能力以及弹性恢复能力。

（3）模式成效。天津市依托市场化竞价模式、客户阶梯参与的实施方式，通过平台的信息化、智能化数据交互手段，逐步建成政府保障居民客户供暖、电网供需平衡、客户获取补贴的多方共赢模式，引导客户主动自愿参与市场化电力需求侧管理。截至 2019 年 10 月，天津市电力需求响应中心实施电力需求响应 3 次，客户能源监测服务常态化开展。

2018 年春节期间，2018 年 2 月 17 日至 2018 年 2 月 21 日（正月初二至初六）开展需求响应，具体时段为每日 0 : 00 至 7 : 00。需求响应参与客户共计 27 户，累计有效响应电量 587 万千瓦时。

2018 年 8 月 2 日，国网天津市电力公司通过能源供需互动服务平台对储备客户进行信息化邀约，合计邀约 112 户，开展天津市首次市场化需求响应工作。需求响应启动后，负荷明显下降，严格按照用电指标实现夏季错避峰。经评估计算，2018 年 8 月 2 日有效响应客户共 82 户，有效响应电量为 29.48 万千瓦时。

2019 年春节期间，2019 年 2 月 6 日至 2019 年 2 月 8 日（正月初二至初四）开展需求响应，具体时段为每日 0 : 00 至 6 : 00。信息化邀约客户共计 47 户，有效响应客户 27 户，累计有效响应电量 603 万千瓦时。

2. 中新生态城虚拟电厂

（1）项目概况。针对清洁能源利用、削峰填谷、紧急控制等多场景需求，国网天津市电力公司拟在中新生态城现有工商业客户柔性用电负荷、分布式电源、储能等资源调控的基础上，建设“源—荷—储”融合调控的虚拟电厂，协调电网供需平衡，实现中新生态城局部区域内各种能源资源的优化配置。

（2）商业模式。在业务模式上，通过整合区域内工业、商业、居民客户以及能源站实现可调控柔性资源的整合，与综合能源交易中心以及示范区能源协调中心进行能源合同交易，提供可再生能源消纳、削峰填谷、需量电费管理、紧急控制、辅助服务以及客户互济等服务，中新生态城虚拟电厂典型应用场景如图 6-13 所示。在盈利模式上，虚拟电厂运

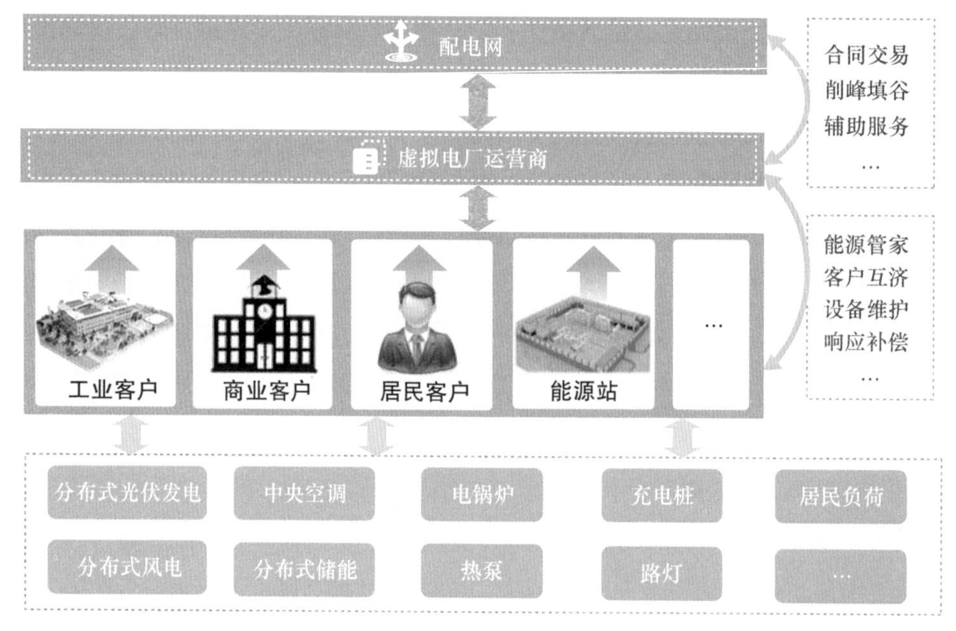

图 6-13　中新生态城虚拟电厂典型应用场景

营商通过为区域内各类客户提供能源托管和需求响应补贴服务，协调客户间分布式能源加入电力市场，获得规模经济效益。

（3）效益分析。虚拟电厂可实现电网、电源、客户和政府的多方获益。从电网侧看，通过削峰填谷、负荷均衡手段，降低峰谷差，降低电力系统整体投资，提高电能替代比例；从电源侧看，平滑清洁能源出力，促进分布式能源消纳，提高发电收益；从客户侧看，提高供电设备利用率，减少峰值电费支出；从政府角度看，促进热电协调，保障民生服务质量，最终实现政府、电网、企业的多方共赢。

三、智慧路灯

智慧路灯是以路灯系统为物质载体，集成 WiFi 基站、摄像头、红外线传感器、雷达、电子显示屏、充电桩等的信息载体。智慧路灯充分运用智能电网和泛在电力物联网的技术优势，对城市公共照明管理系统进行全面升级，能够实现路灯集中管控、运维信息化、照明智能化。智慧路灯功能布局如图 6-14 所示。

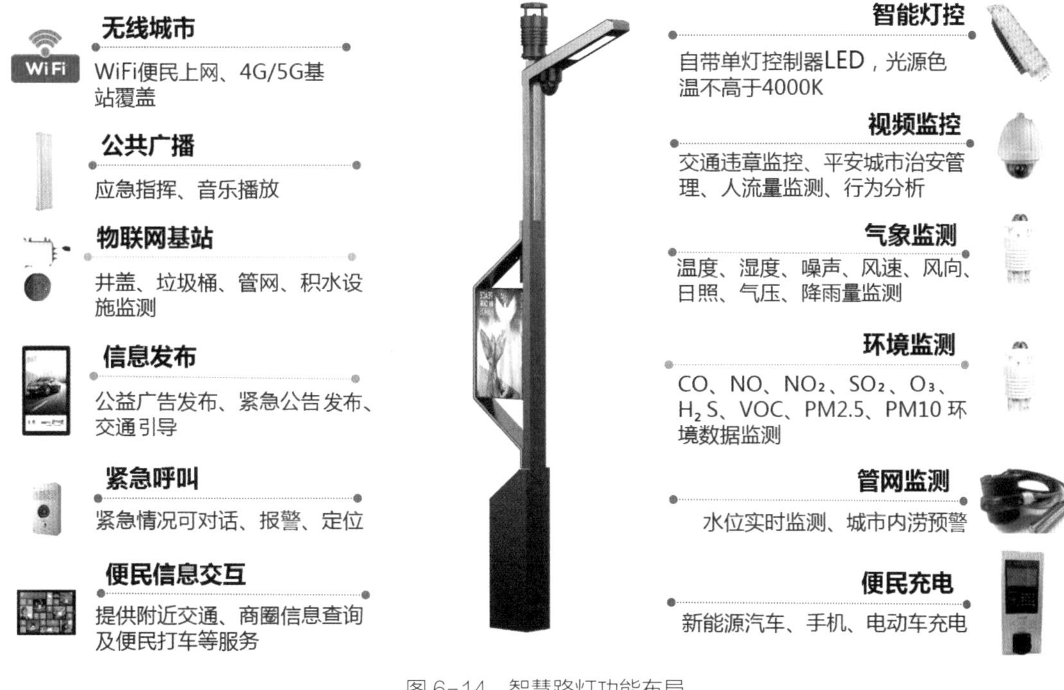

图 6-14　智慧路灯功能布局

（一）典型业务及其模式

1. 目标客户与产品匹配

智慧路灯服务对象主要包括三类。

（1）道路交通、公共安全、道路桥梁、园林环卫等市政部门。利用路灯的天然搭载能力，集成监控摄像头，将视频监控系统广泛应用于平台城市、智慧城管、指挥交通、智慧停车等方面；集成城市基础设施监测模块，如井盖监测、积水检测等传感器模块，有效感知城市基础设施状态和信息；集成应急报警模块，设置一键紧急呼叫功能，迅速传输警讯并及时通过视频观察现场情况，有效解决公共场所安全问题。

（2）供电、供热、供气、供水、通信等公共服务企业。利用智慧路灯城市信息采集终端的新属性，实现井盖监测、4G/5G 基站覆盖、气象监测、环境监测与管网监测。

（3）市民、公园、产业园区、校园、旅游游览区等消费群体。通过集成 LED 显示屏，利用信息发布系统远程发布公益广告、紧急公告、交通引导等；提供附近交通、商圈信息查询及便民打车咨询等便民信息交互服务；提供手机、电动汽车充电服务。

2. 实施路径与推广策略

通过与芯片设计、传感器设备设计、系统集成与信息服务等相关物联网集群产业互动发展、深度合作，实现产业链上下游的资源数据共享、新技术及新装备的迭代升级，催生新业态、新业务。

在运营方面，投资建设运营模式可采用政府全额投资、委托运营，政府与社会资本共同投资，特许经营等三种模式。

（1）政府全额投资，委托运营。采用政府投资、电网企业代管的模式对于智慧路灯的规划建设及后期运营十分有利。由政府统一投资推进智慧路灯配套网络建设，吸引社会资本的参与；由电网企业负责具体实施维护的管理，充分发挥其技术优势和管理优势，执行统一管理标准、实施统一监测控制、设立统一服务渠道。

（2）政府与社会资本共同投资，收益共享。政府与社会资本按照合理比例进行投资，共同建设，建成后移交相关管理部门，运营所产生的收益由政府与社会资本共享。此模式可以减少政府的投入资本，政府与社会资本风险共担，社会资本只进行收益分成，不影响政府的管理控制权，有利于政府进行统一规划。

（3）特许经营，收益共享。由社会资本投资建设智慧路灯，政府授予特许经营权，社会资本方管理并运营智慧路灯，运营收益与政府进行共享。此模式下政府无资金投入压力，并且能够以低成本、低风险实现运营收益分成，有利于加快智慧路灯建设的规划。

（二）盈利模式

按照运营成熟度划分，智慧路灯能够带来的收益可划分为节能收益、运营收益、数据增值收益三类。

（1）节能收益。该收益来源于项目实施后道路照明节省的电费支出，投资方与政府对改造后节约的电费按照比例分成。对于此类收益，可按照合同能源管理（EMC）模式合作。

（2）运营收益。挖掘、运营各项应用功能而获得的增值收益。可能带来的运营收益包括但不限于以下几类，微基站租赁业务运营收益，智慧路灯加装微基站，能够解决各运营商立杆难的痛点，可带来稳定的租赁服务费收益。显示屏业务运营收益，智慧路灯加装多媒体显示屏，既可发布公益信息，也可与商家合作、获取广告收益。充电桩业务运营收益，智慧路灯加装充电桩，可以收取一定服务费，获取运营收益。安防视频监控业务运营收益，智慧路灯加装安防监控视频设备，为安防系统、交通系统及公安系统提供信息资料，可收取相关费用。

（3）数据增值收益。挖掘大数据增值收益，通过提供专项数据产品或服务获得收益，可能带来的数据增值收益包括但不限于以下几类。数据服务业务收益，对智慧路灯所收集的各种数据进行分析处理，政府或其他社会机构通过分析数据制定解决方案，需支付通用数据处理服务费用。精准营销业务收益，在无线智慧旅游景区及商圈等应用场景，通过智慧路灯基于 WiFi 进行数据采集，进行精准营销和广告推送，大幅提升商圈的经济增加值。

（三）具体实践

国网天津市电力公司结合天津市社会经济发展和规划需求，拟选择典型示范区域，利用智能传感技术、云计算、物联网等先进技术，通过对现有路灯重新定位与改造，将单一照明的路灯杆建设成为集智能照明、智慧停车、市政设施综合利用、城市安全、城市应急、电动车充电、5G 通信基站等多种功能于一体的智能交互路灯枢纽终端平台。

1. 总体设计

从全息感知、泛在连接、开放共享和融合创新方面建设“3 平台 +*N* 维应用”。“3 平台”指多功能灯杆平台、网络通信平台、应用服务平台。“*N* 维应用”中，一维即一杆多用，是指加载在灯杆上的各类设施发挥其专用的单一用途；二维即行业解决方案，是指应用在灯杆上的各类智能终端用来辅助汇聚专业信息和环境信息；三维即城市运行新空间，是指各类智能终端结合实时变化信息与其他的相关联信息的综合应用；*N* 维运行管理模型是指各类智能终端达到了信息互通共享，支撑智慧城市综合管理。建设智能照明网、城市管理信息互联网、市政信息共享网，通过智慧路灯物联网推动泛在电力物联网建设。

2. 区域布局

选择典型区域，在意大利风情区内民族路、自由道等道路进行功能齐全的智慧路灯建设；在五大道风情旅游区的大理道、睦南道等道路进行具有典型代表功能的智慧路灯建设；在火车东站、西站、南站、飞机场邻近主要道路以简配功能预留接口的方式进行建设。

典型区域建设完毕后，将根据建设效果逐步推广。在改造现有设施的同时，按照技术标准和规范指导在新建道路进行建设，计划在“一园两区”部分道路进行建设，其中“一园”指柳林风景区，“两区”指天钢地区城市休闲区和洪泥河城市产城融合区。

3. 预期成效

（1）路灯作为城市中数量最多且分布密集的基础设施，是未来智慧城市建设过程中传感器的天然载体和联网信息的采集来源。建设智慧路灯，将加快泛在电力物联网在感知层和网络层的全域布局，智慧路灯建设将成为智慧城市建设的重要入口。

（2）积极有序推动路灯行业投资和市场开放，吸引更多社会资本和各类市场主体参与路灯物联网建设和价值挖掘，有效带动产业链上下游共同发展，从而打造共建、共治、共赢的物联网生态圈，与全社会共享发展成果。

第三节　商业模式典型孵化平台

商业模式孵化平台本质上是一种商业价值逻辑，作为各类资源的连接平台，能够聚集足够数量的产业资源并获得智力支持，在创新成果贡献、商业模式引导等方面产生积极影响。作为实践主体的省级电网公司，构建商业模式孵化平台、可依托综合能源服务中心、智慧能源服务平台、产业联盟等主体承载孵化功能，促进多主体形成共享的商业生态系统并产生网络效应，实现多方共赢，形成能源互联网生态圈。

国网天津市电力公司以电为中心、以网为平台，创新形成以**“中心—平台—联盟”为核心的商业模式典型孵化平台**。以综合能源服务中心为运营实体、以智慧能源服务平台为系统支撑、以智慧能源服务产业联盟为合作载体，强化政企合作，深化能源数据价值挖掘，构筑基于泛在电力物联网的新型综合能源服务模式，加速构建综合能源服务生态圈。国网天津市电力公司商业模式孵化平台如图 6-15 所示。

图 6-15　国网天津市电力公司商业模式孵化平台

一、综合能源服务中心

2019 年 5 月，国网天津市电力公司建立综合能源服务中心，汇集客户、技术、产品等资源，全面展现未来智慧能源理念、技术与应用场景，并提供最全面、最优质的综合能源整体解决方案。未来，城市级综合能源服务中心将成为城市能源变革的思想发源地、理念传播地、技术推广地、产品应用地和产业聚集地，并作为“金色名片”不断引领国网公司“三型两网”商业模式创新。

（一）天津综合能源服务中心概述

国网天津综合能源服务中心坐落于滨海新区中新生态城，外观如图 6-16 所示，于 2019 年 2 月 28 日开工，2019 年 5 月 16 日建成启用，并参展第三届世界智能大会。

图 6-16　国网天津综合能源服务中心

综合能源服务中心规模 4720 平方米，分为三层。一层主题为“智慧能源未来无限”，包括使命、格局、津路、未来四大板块，展现电力服务社会的理念与实践。二层主题为“智慧能源支撑智慧城市发展”，围绕智慧能源让城市更高效、智慧能源让城市更宜居、智慧能源打造新业态三个方面，共有 13 个展项，展现以客户为中心的服务创新和智慧能源技术领先的应用。三层主题为“智慧能源大脑”，展现国网天津市电力公司开展产品研发和业务对接的平台。整体布局分为两大部分，一部分是以能源大数据中心为核心的业务服务区，主要为客户提供综合能源运维、能源大数据分析以及综合能源一揽子解决方案等服务；另一部分是以综合能源实验室为核心的业务支撑区，主要为产品研发和客户服务提供信息收集、数据管理、技术迭代、试验验证等后台支撑。综合能源服务中心实现了综合能源信息流、数据流、业务流的深度融合，支撑智慧城市能源大脑高效运转。

（二）综合能源服务中心主要功能

综合能源服务中心分为体验中心、调控中心、研究中心、数据中心和交付中心，共包括八个方面的功能，综合能源服务中心功能如图 6-17 所示。体验中心面向用电客户，展示智慧能源使命、智慧能源支撑智慧城市发展的方式，为客户提供能源消费体验、综合能源服务体验、产业联盟企业产品体验等。调控中心实现综合能源服务项目平台化运营功能。研究中心针对客户需求，研讨制定适合客户的能源消费方案，研发综合能源新产品，具备综合能源规划设计与第三方计量评价、综合能源核心技术装备研发与推广、产业联盟活动基地等功能。数据中心监测中心能源数据、天津能源互联网数据、项目能源运行数据等，提供客户能源大数据增值服务，可为客户演示节能原理、对比节能数据等。交付中心实现“传统供电 + 新兴综合能源”方案交付和工程项目交付功能，并提供全业务一厅通办、一站式营销服务。

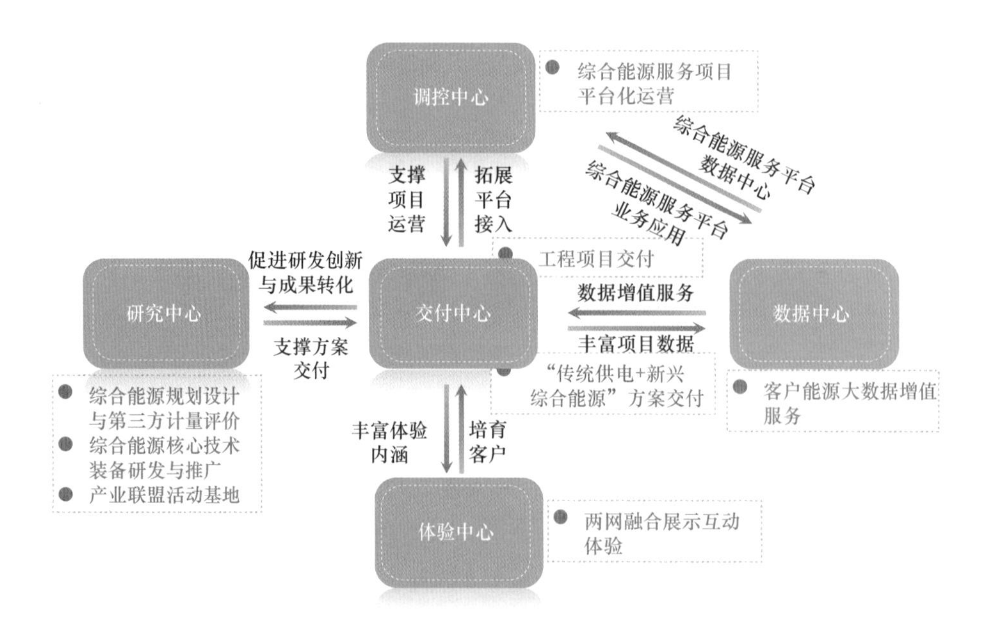

图 6-17　综合能源服务中心功能

1.“两网融合”展示互动体验

综合能源服务中心作为展示“三型两网”建设成果成效的窗口，依托一、二层主题展厅实现“两网融合”支撑智慧城市发展建设思路、理念、内容与成效的系统展示功能，以及“两网融合”落地、智慧能源小镇等重点项目及其应用的先进技术产品的互动体验功能，实现综合能源等新业态的客户培育与导流，打造行业领先的品牌效应，扩大社会影响力。典型展示场景如图 6-18、图 6-19 所示。

图 6-18 “两网融合”支撑智慧城市发展成效展示

图 6-19 天津智慧能源小镇创新示范工程

2. 综合能源服务项目平台化运营

部署智慧能源服务平台，开展综合能源项目接入、运行数据实时监测、优化策略与调控指令下达、远程集中运维等业务，打造综合能源项目平台化运营产品，实现综合能源服务业务规模化拓展与运营。通过平台“企业—系统—设备”三级调控模式，提供综合能源的智慧解决方案，为客户提供能源监测、运行、优化等多维度综合能源服务。

3. 综合能源规划设计与第三方计量评价

基于国家计量中心（电力）天津分中心，依托综合能源计量与评价实验室和院士工作站，整合研发资源，建立柔性技术攻关团队，开展综合能源系统模拟仿真、规划设计方案制定、综合能源模型与方案库构建、综合能源计量检定、综合能效监测与评估等业务。

4. 综合能源核心技术装备研发与推广

基于产业联盟开展平台化运作，实现综合能源核心技术装备研发与推广。围绕综合能源服务核心技术，与技术水平高、研发实力强、产品质量硬、市场占有率高的优质企业，在技术产品研发、市场拓展与客户共享等方面开展合作。将设备、服务集成优化后形成自己的优势产品，借用合作单位的市场与客户资源，将产品推广、销售给客户，迅速打开市场，实现多方共赢。

5. 产业联盟运营活动基地

依托中心打造产业联盟活动基地，定期举办联盟理事会等正式会议、联盟成员集中编制行业分析报告、起草标准、制定管理规范等。利用中心内部的开阔空间，与系统内的产业单位、权威电力媒体合作，定期开展研讨综合能源技术、产业发展等大型论坛、新技术产品发布会以及综合能源服务大型系列培训。

6. 客户能源大数据增值服务

与综合能源服务项目平台化运营功能相辅相成。综合能源服务中心依托省级智慧能源服务平台与天津市能源大数据中心（见图 6–20）建设，实现电力、政府、第三方平台、

图 6–20 天津市能源大数据中心

自建平台、产业联盟等不同渠道客户综合能源服务相关数据的汇聚、存储、集成和分析，对内支撑综合能源服务各业务应用与产品开发，对外为客户提供能效对标、用能优化等能源大数据增值服务，充分挖掘能源大数据在辅助政府决策、数字经济培育、社会能效提升、智慧能源服务、智慧物联管理等领域的价值。

7.“传统供电 + 新兴综合能源”方案交付

依托交付中心，以研究中心为支撑，主要开发业务咨询与工程项目前期方案交付。通过深度融合传统供电业务与综合能源服务业务，实现客户“传统供电 + 新兴综合能源”业务（详见第四节）受理，开展综合能源项目咨询、评估、规划、设计等业务。交付中心设置远程专家支持系统，实现综合能源服务中心、专家、现场业务拓展人员、客户之间的远程多向互动，以及综合能源服务中心与属地营业厅的业务联动与指导，支撑业务的高效受理与专业方案交付。

8. 工程项目交付

设立综合能源工程项目部，按照业务融合流程，实现综合能源项目开拓、施工方案制定、工程建设、竣工验收、交付使用等项目施工全过程管理。工程项目交付与“传统供电 + 新兴综合能源”方案交付共同支撑交付中心定位，实现综合能源服务项目从前期咨询规划到后期建设运营的整体解决方案交付。

二、智慧能源服务平台

（一）平台概述

智慧能源服务平台是国网公司综合能源服务生态圈的主要技术支撑系统，汇聚各类数据资源，为客户提供全面的销售、咨询、建设、运维等服务，为设备供应商、工程建设企业、设备代维企业、金融机构等提供商机挖掘、交易撮合、执行跟踪等服务，为政府机构、产业联盟等提供大数据增值服务。平台业务架构如图 6–21 所示，平台内部接入客户侧泛在电力物联网，外部连接电力交易系统与需求侧管理平台，统领智慧楼宇、工业企业及园区、社区等多能能效优化控制系统，协调客户侧源网荷储协同服务，实现水、电、气、热多能智慧控制，从而极大促进新能源全额消纳、社会能效提升、用能结构优化、电网供需互动、源网荷储协同，全面支撑国网公司“三型两网、世界一流”战略落地和综合能源服务业务拓展。

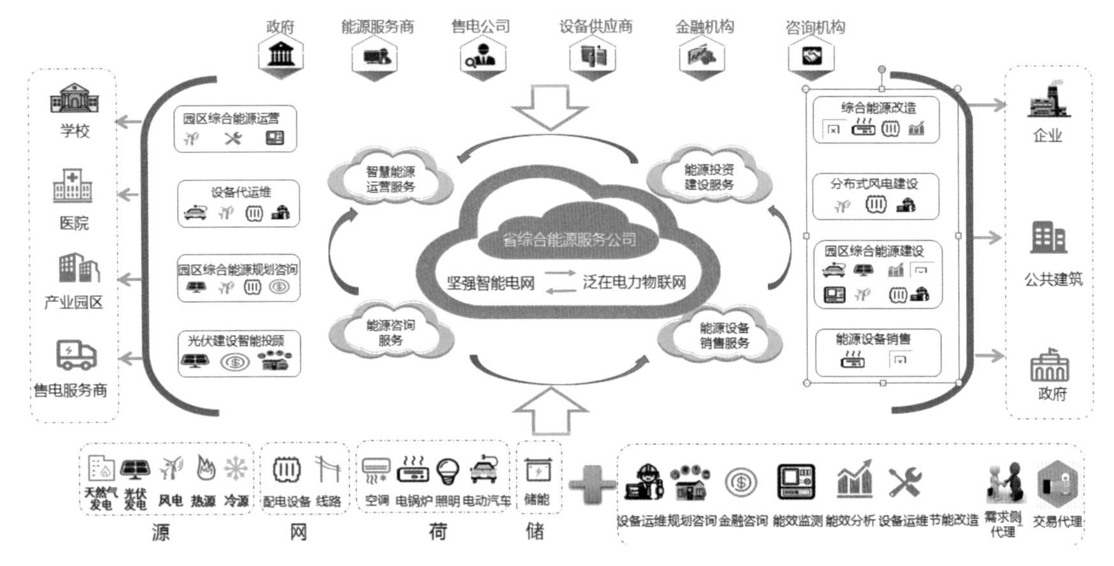

图 6-21　智慧能源服务平台业务架构

（二）主要功能

（1）海量设备接入。构建客户侧用能服务优化控制系统，包括社区、商业楼宇、企业及工业园区用能服务优化控制系统，实现各类用能设施高效便捷接入、状态全面感知。

（2）精准市场开拓。通过海量历史用能数据和客户行为数据，结合大数据分析技术挖掘客户潜力，为拓展综合能源服务业务提供依据，为客户经理、项目经理提供专业化、智能化的处理终端，为客户提供能效诊断、咨询互动式服务，创新服务模式，精准拓展市场。

（3）能效分析与诊断。采集客户侧能源信息数据，对能源的生产和使用全过程进行监测，并按照规定的计算方式、分析标准等完成能源统计分析工作，为能效分析、告警管理业务提供数据支撑；采集获取的能源、设备和环境信息，对设备运行状态、运行效率和能源的利用效率进行分析。在能效分析的基础上，以大数据为抓手，挖掘各种典型客户的用能习惯，形成各类节约型用能典型场景，为客户提供能效诊断服务。

（4）运营与增值服务。建立综合能源运营服务业务规范和质量评价体系，实现项目运营的规范管理。利用大数据技术，拓展多能互补、多用户协调优化、区域性能源综合运营服务，实现数据的资产化效益增值。集成电力交易系统中的交易规则、交易品种、负荷趋势、电价趋势等数据，联合市场环境因素、市场竞争程度、市场风险等外部因素，开展客户负荷预测，为用能客户提供绿电、现货、中长期交易策略服务，服务用能客户参与电力市场交易。

（5）项目管理与融合。对综合能源服务的市场咨询类、销售类、工程建设类等项目的客户洽谈、项目决策、项目实施、项目验收、项目结算、项目评估等环节进行全过程管控。规范数据标准，规范综合能源服务业务运营体系，积累典型案例和综合能源产品资源库，实现快速规模化推广，提升服务品质和管理效率。充分发挥传统供电业务的入口作用，构建“供电业务＋综合能源服务业务”一体化协同的多维流程体系，实现业务主动挖掘与被动受理相融互通。依托智慧能源服务平台，实现客户信息全面感知，实现用能需求、服务诉求一键提报、推送、分发处理等功能，强化需求采集和互动参与，提升营销数据的运营支撑服务能力。

（三）建设成效

（1）平台为企业市场化业务开拓、项目投资建设实施管控、服务及产品运营提供良好支撑，通过业务线上化和数字化，提高信息传递效率和智能决策能力，提升客户的获得感、满足感。

（2）平台依托“云—网—边—端—芯”全产业链体系，利用电网资源优势，提供大规模源网荷储实时平衡优化的综合能源服务、规模化的市场、客户群体和服务网络，形成产业链上下游企业共建的开放式综合能源生态圈。

（3）平台汇聚客户用能、能效标准、行业发展、政府公开信息等全维度能源数据，构建开放、共享、智慧的综合能源数据中心。打造行业级能效数据大脑，聚集各类市场主体，跟踪新型用能需求和能源市场热点，撮合多方需求，跨界融合全产业链条，服务企业能效提升、用能成本降低和绿色转型，服务社会整体用能结构优化。

三、智慧能源服务产业发展联盟

产业联盟是指出于确保合作各方的市场优势，寻求新的规模、标准、机能或定位，应对共同的竞争者或将业务推向新领域等目的，企业间结成的互相协作和资源整合的一种合作模式。产业联盟以较低的风险实现较大范围的资源调配，能够在某一领域形成较大的合力和影响力，不但能为成员企业带来新的客户、市场和信息，也有助于企业专注于自身核心业务的开拓。

（一）成立背景

为紧跟全球智慧能源服务产业发展步伐，集聚优势资源，培育先发优势，由天津市工业和信息化局牵头、国网天津市电力公司组织筹建，成立中国（天津）智慧能源服务产业发展联盟（简称智慧能源服务联盟），意向成员单位包括大型用能客户、能源相关行业协会、电网公司、能源行业相关国有企业、设备生产优质企业、金融机构、相关知名科研院所、设计院、高等院校等。联盟宗旨为引领京津冀智慧能源服务未来发展趋势，促进地区综合能效提升，服务区域绿色发展；培育智慧能源新产业、新模式、新机遇，带动智慧能源服务产业集聚，构建共享共赢的智慧能源生态，服务产业转型升级；搭建技术创新平台，促进数字经济与实体经济融合，打通技术与市场的对接渠道，服务创新驱动战略；推动构建清洁低碳、安全高效的智慧能源服务体系，服务人民生产生活水平提升。

（二）联盟定位

智慧能源服务联盟通过整合政、企、学、研、商资源，通过技术创新、商业合作、系统集成等方式，打造国内一流的能源生态体系，促进天津市能源生产消费模式优化升级，形成智慧能源服务“天津样本、中国模式、国际典范”。智慧能源服务联盟主要聚焦智慧能源产业整合、产业研发、产业发展三大方面。聚焦智慧能源产业融合，畅通能源产业发展链条，聚合政策、技术、金融、市场等产业要素，推动形成共建、共治、共赢的产业生态圈；聚焦智慧能源产业研发，搭建智慧能源产学研用合作与研发创新平台，创新服务理念，引领技术革新；聚焦智慧能源产业发展，积极培育能源服务新业态、新市场、新机遇，引领行业发展和消费革命，培育经济发展新动能。

（三）智慧能源服务联盟功能

通过凝聚各方资源和力量，在经营中谋发展、在发展中谋革新，不断地积累经验、交付成果、共享资源，注重培育市场、创新理念，打造一批具有典型示范作用和技术革新的特色项目和双创工程，探索符合行业发展的新技术和新模式，并在智慧能源服务领域逐步具备权威性和引领性，智慧能源服务联盟主要功能如图 6–22 所示。

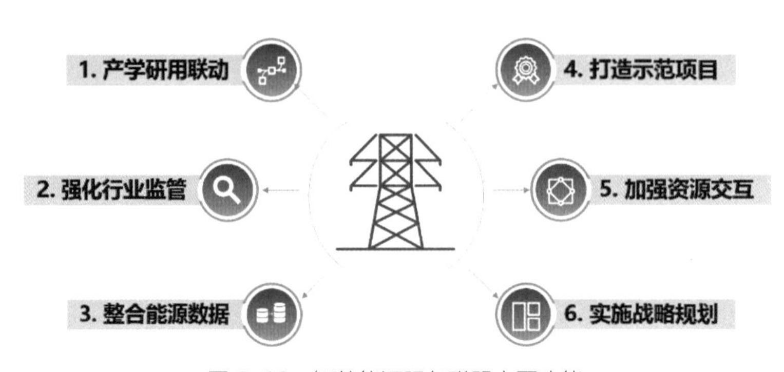

图 6–22　智慧能源服务联盟主要功能

1. 产学研用联动，持续创新引领

搭建以市场为主体、以客户为中心、以需求为导向的智慧能源发展产学研用一体化创新平台。跟踪国内外智慧能源相关先进技术理念，开展学术交流，引进行业先进技术和高端人才，推进技术、商业模式创新，激发智慧能源服务产业的创新活力，实现联盟在智慧能源行业的创新引领。

2. 强化行业监管，维护市场秩序

建立智慧能源服务的知识服务网络，组织专业论坛，发布智慧能源产业白皮书。加强运营体系的优化和监管，充分发挥联盟的行业引领作用和组织力量，制定符合智慧能源发展的统一标准和管理规范，建立并完善智慧能源评估评价体系。

3. 整合能源数据，服务产业转型

结合国家地方能源的供需和经济发展状况，向政府部门提报智慧能源领域分析报告、统计数据并提出相关建议，打造智慧能源领域的高端智库。配合政府出台相关支持智慧能源服务产业联盟发展的政策，实施优惠补贴政策，设立专项发展基金。

4. 打造示范项目，引领行业发展

探索智慧能源服务系统架构，形成涵盖规划、设计、建设、运营全生命周期管理的标准体系。聚合联盟产业链上下游力量，打造可复制的创新领先、经济高效的智慧能源典型示范项目，并进行宣传推广。

5. 加强资源交互，推动共享共赢

推进联盟资源整合与共享，积极参与世界智能大会等高级别行业论坛，实现智慧能源领域技术及人才的交互与促进。形成世界领先的“互联网 +”智慧能源产业链，推动形成共建、共治、共赢的产业生态圈，助力我国高端产业发展，打造经济发展新动能。

6. 实施战略规划，增强联盟实力

充分争取人力资源及国家财政的支持，在世界范围内联合智慧能源服务产业相关单位，形成以天津为中心、辐射全国、引领世界的涵盖能源、高端制造、知名科研院校（所）等的智慧能源服务行业组织，实现能源市场的互惠共赢。

第四节 业务融合发展路径探索

为促进综合能源服务业务健康快速发展，同时赋能传统供电业务，国网天津市电力公

司探索将综合能源服务业务与传统供电业务深度融合，加速市场创新，推进用能设备的泛在接入、实时感知、智能计算、优化控制，打破信息壁垒，更好地为客户提供精准服务。

一、业务融合背景

新兴业务在发展壮大的过程中，在客户群体、客户触点、营销渠道等方面，与成熟的业务相比存在天然的劣势。综合能源服务作为面向各类用能客户的新兴业务，是商业模式创新的主战场，也全方位地承载了国网公司打造“三型”企业的战略目标，但在客户群体、用能需求等方面，仍与传统业务存在重叠和交叉的部分。电网企业将综合能源服务业务与传统供电业务深度融合作为商业模式培育的方式，为客户提供综合用能解决方案，一方面能为新兴业务拓展提供更大空间；另一方面也能在服务理念、服务质量等方面为传统供电业务赋能，从而更好地践行以客户为中心的服务宗旨，全方位、一站式响应客户需求。

二、实践路径

（一）主要思路

按照“产品为先、方案突破、新建业务环节、产业二次布局”的思路，将综合能源服务业务与传统供电业务深度融合并集成创新，融合思路如图 6–23 所示。充分发挥电网企业基础设施、用电客户、服务资源、数据资产、品牌形象等独特优势资源的作用，基于泛

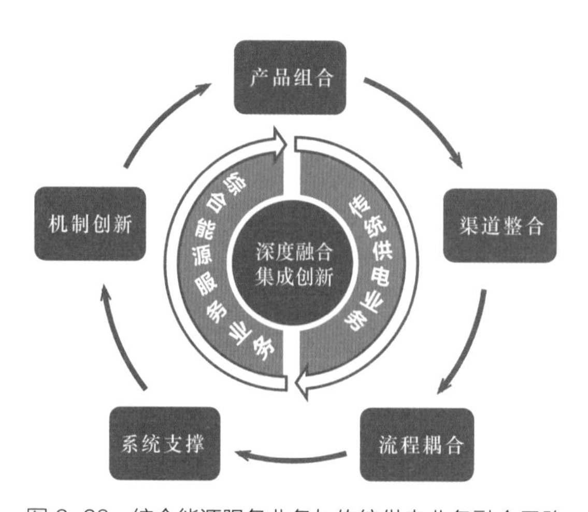

图 6–23　综合能源服务业务与传统供电业务融合思路

在电力物联网有形资产的广泛布局、数据信息资产无形价值的深度挖掘，深入开展综合能源服务业务与传统供电业务全面融合，构建以电为核心、覆盖客户全生命用能周期、业务融通、服务增值、管理精益的综合能源服务体系和商业模式，提升综合能源服务水平，提高能源生产转化效率和电网设备利用效率，助力能源绿色转型发展。

（二）具体举措

1. 产品组合开发

按照“客户 + 产品”双中心原则，细分综合能源目标客户群体，制定综合能源服务产品清单。

（1）精准锁定目标客户。构建客户多维标签，包括客户生产生活形态（楼宇、工业企业、园区、景区、社区等）、客户用能设备信息（用能设备、负荷特性等），客户能源消费信息（用能结构、用能趋势等）、客户用能需求信息（综合能效服务、供冷供热供电多能服务、分布式清洁能源服务、专属电动汽车服务等业务领域）、客户用能生命周期（流量客户、增量客户、存量客户）等维度。

深入开展用能普查。建立市场调研常态机制，建立与政府部门、社会机构协同共享机制，提升普查效能与获取的信息价值。针对流量客户，强化主动营销推广；针对存量客户，定制综合能源服务潜力客户筛选模型，深挖潜力项目；针对增量客户，定制供电 + 综合能源服务整体方案。

（2）开发综合能源服务产品体系。

1）梳理综合能源服务产品池。基于泛在电力物联网技术应用，立足综合能效服务、供冷供热供电多能服务、分布式清洁能源服务、专属电动汽车服务等业务领域，结合地域特点、企业核心能力、企业资质及供应商情况，梳理具备开展条件的咨询服务、工程建设服务、销售及运营服务等各类综合能源服务业务产品清单，对产品名称、产品类别、技术方案进行描述和拓展，形成综合能源服务产品名录。结合业务分类标准、市场需求，不断优化迭代服务产品序列，整合形成动态更新的综合能源服务产品池（见表 6–2），支撑模块化快速组合，满足多元化用能需求。

2）规范综合能源服务方案库。围绕楼宇（政府机关、学校、医院、酒店、银行、商业综合体等）、园区（工业园区、软件园区、物流园区等）、工业企业、社区、景区（特色小镇、旅游景区等）等客户应用场景，按照供电 + 综合能源服务的组合模式，配置典型的综合能源服务整体方案，储备典型方案库，为客户提供个性化的综合用能解决方案。供电 + 综合能源服务整体方案的基本内容规范见表 6–3。

表 6-2 综合能源服务产品池

产品序列	产品定义	产品名录
咨询服务产品	根据客户的发展规划和能源供需现状，为客户提供能源规划、能效评估、能源审计、金融咨询等专业咨询服务，帮助客户达到节能减排、绿色发展、经济用能的目标	固定资产节能评估服务
		清洁生产审核服务
		电平衡测试服务
		水平衡测试服务
		电能质量评估服务
		绿色工厂评价服务
		绿色制造服务
		绿色电源（电厂）服务
		碳资产服务
		……
工程建设服务产品	工程总承包、施工总承包等项目，通过工程项目的全方位、全过程管控为客户提供定制化的综合能源工程建设服务	综合能效服务相关工程建设
		供冷供热供电多能服务相关工程建设
		分布式清洁能源服务相关工程建设
		专属电动汽车服务相关工程建设
		……
设备销售服务产品	销售或代理销售与综合能源服务业务相关的产品、设备、设施	综合能效服务业务相关产品、设备设施
		供冷供热供电多能服务相关产品、设备设施
		分布式清洁能源服务相关产品、设备设施
		专属电动汽车服务相关产品、设备设施
		……
运营服务产品	数据、监测分析、能效分析评估、运维管理、售电代理、需求响应代理等运营服务	数据采集与接入
		能源监测分析
		环境监测
		设备监测分析
		能效分析
		运维管理
		……

表 6-3　供电 + 综合能源服务整体方案的基本内容规范

方案结构要素规范	方案内容编制规范
客户基本信息	
客户需求分析	包括客户的用能需求、用能特性、实施条件和期待达成的目标
设计依据及参照标准	包括国际、国内设计标准、行业规范、企业标准、技术指导手册
关键技术指标及参数测算	包括与方案实施有关的重要技术参数标准、为达成项目需求需要满足的技术指标，可按供电、节能、综合收益等分类说明。如电能质量、可靠性；节能率、二氧化碳减排量；投资内部收益率等
综合服务方案 基础供电方案 综合能效方案 运维服务方案 增值服务方案	包括基础供电、综合能效、运维服务、增值服务在内的全生命周期综合服务方案；设备选型（关键设备技术参数、设备适用范围、供应商、价格）、投资分析、运行费用测算、系统安装条件
方案比选与建议	包括经济成本、资源占用情况、成效、建议
合作模式	包括建设阶段（投资构成、建设范围、系统设计、设备采购、安装调试）、运营阶段（服务内容、服务范围、服务要求、服务与物资采购、收费标准、结算方式）
技术经济优势分析	包括技术优势（可靠性、安全性、智能性）、经济优势（初始投资、运营成本、项目收益）、社会效益优势（环保、节能）
后期事项	说明客户获得本方案后应该和可以做什么
联系方式	法定联络渠道、联络方式和回复标准

2. 渠道整合优化

以省级综合能源服务中心为样板，在实体营业厅中推广设立综合能源服务展示体验区，发挥现场服务渠道三个小前端作用，深化线上渠道应用。

（1）增强供电营业厅综合能源服务功能。统一规范，在各供电营业厅中设立综合能源服务展示体验区，全景展现综合能源服务产品、方案、案例和价值。强化主动营销服务机制，主动探询客户需求、主动邀请客户体验、主动为客户提供综合能源服务导购和综合能源解决方案一体化定制服务。

（2）发挥现场服务渠道三个小前端作用。发挥客户经理、社区（台区）经理及综合能源公司市场经理的前端优势，强化主动推广机制。在客户侧服务和作业现场，主动调研客户综合能源服务需求，主动向客户推荐综合能源服务产品和方案，充分挖掘综合能源服务商机、锁定潜力项目。

（3）统一规范线上服务渠道应用。整合各类线上服务渠道，打造“互联网 + 能源服务”品牌。深化应用“网上国网”，为用电客户提供业扩报装、计量、电费抄核收等电力营销服务。深化应用“绿色国网”，为综合能源客户提供能源咨询、投资、建设、销售、运营、交易等智慧能源服务、产品及解决方案，强化线上线下一体化综合服务。

3. 流程紧密融合

充分发挥传统供电业务的入口作用，构建“供电业务 + 综合能源服务业务”一体化协同的多维流程体系，实现业务主动挖掘与被动受理相融互通。综合运用 95598 服务热线、APP 客户端等线上渠道与营业厅、现场作业等线下渠道，汇聚客户综合用能需求，以传统供电业务为主线，与供电方案答复同步，推介贯穿客户用能全生命周期的综合用能整体解决方案，按照“一口受理、两线实施、同步施工、同期投运”的项目建设目标，实现传统供电业务与综合能源服务业务的深度融合。

针对存量客户，按照“业务嵌入、作业同步”的原则，构建“安全用电 + 综合能源服务”“线上渠道 + 综合能源服务”“客户侧外联活动 + 综合能源服务”等嵌入式作业流程，更加有力地深化拓展综合能源服务业务市场。

4. 系统数据支撑

为适应当前业务发展需求，开发业务融合 APP 微应用，加强数据汇集融合共享，挖掘多元化数据资产价值。

（1）开发综合能源服务业务融合 APP 微应用。满足企业前端业务人员开拓综合能源市场要求，以企业线上渠道为载体，依托省级智慧能源服务平台，实现客户信息全面感知，用能需求、服务诉求一键提报、推送、分发处理等功能，强化需求采集和互动参与，提升营销数据的运营支撑服务能力，为前端业务人员提供更加丰富的商业洽谈数据资料，为客户提供能效诊断、咨询互动、一体化综合服务。

（2）强化数据汇集融合共享。畅通数据采录渠道，规范源头数据标准，开展数据质量治理，强化数据汇集融合与共享应用，挖掘多元化数据资产价值，面向客户提供基于电力分析数据的有偿服务，推动电网多元化经营模式转型，形成跨部门、跨专业、跨领域的一体化数据资源体系，以数据汇集融合共享来驱动精益管理和服务提升。

5. 机制创新赋能

聚焦重点业务发展需求和核心能力，激发各创新要素活力，全方位提升包含综合能源服务市场拓展能力、项目实施能力、高端合作能力、精益管理能力等在内的 12 项核心竞争力，核心竞争力如图 6–24 所示。

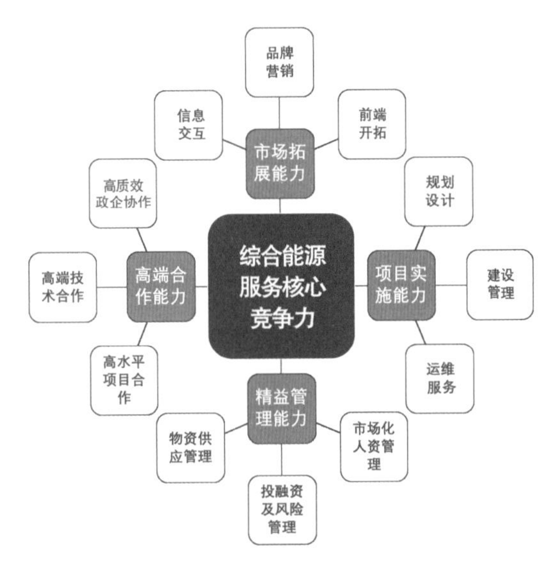

图 6-24 综合能源服务核心竞争力

（1）强化市场拓展。聚焦客户、产品、渠道、促销，着力信息交互、品牌营销、前端拓展等方面，强化电 + 综合能源服务市场拓展能力。

建立政策研究机制，对涉及综合能源服务业务的政府文件、能源规划、行业发展规划、企业内部制度等进行收集、发布及查阅。建立市场调研机制，常态开展客户用能需求普查、专项调研活动，强化客户信息、市场信息共享，为综合能源服务业务拓展聚焦需求热点、产品方向、目标客户。

推出综合能源服务品牌（如“津电 +”“绿倍能”），建立会员 + 积分制度。制定积分规则，推出会员和积分活动，切实推动业务拓展和客户体验水平提升。打造大客户俱乐部，制定章程和服务承诺，推出大客户尊享计划，深化大客户关系、深度开发大客户价值。

打造前端开拓团队，成立综合能源服务公司属地化分支机构，试点按事业部制运作；增加基层单位岗位人员配置，培育复合型客户经理，强化协同支撑。组建后台技术服务支撑团队，统筹内部科研、产业单位以及社会第三方等内外部资源，支撑服务前端业务开拓。

（2）强化项目实施。聚焦综合能源服务业务项目实施及售后服务，提升规划设计、项目建设、运维服务全业务链能力。

依托企业内部专业优势，建设自主研发、自主创新的规划设计团队，适应综合能源规划咨询、方案设计、可研编制等市场需要，扫除壁垒、快速响应，确保投资效益可控，支撑前期市场拓展。提升关键规划设计资质，培养引进能源规划设计专业人才，通过自主培育、项目合作、团队引进等方式，积极获取暖通、市政、建筑、热力、燃气等方面的核心资质，加快向集成应用领域拓展。强强联合，积极与设计经验丰富的综合甲级以上电力、建筑设计院等合作，共同开展大型项目方案的联合设计，加快积累设计经验，提升设计水平。

以满足综合能源服务一体化项目建设为目的，打造工程实施的专项能力，有效支撑市场开拓。获取工程关键资质，努力提升工程项目承接能力。积极利用社会优质资源、优势设备供应商和集体企业的施工力量，形成强大的综合能源项目实施生态圈，采用项目公司、工程合作等方式，为客户提供项目建设管理服务。

规范项目运营管理，结合省级智慧能源服务平台建设，深化开发和应用多能服务、分布式清洁能源等运营管理模块和项目级运营管控系统，通过分工序监测、负荷预测、能效对标、运维信息分析、项目对标、远程监控等功能，实现项目运营的规范管理和效益增值。

（3）强化高端合作。聚焦综合能源核心技术突破与产业生态形成，提升高端技术合作、高水平项目合作、高质效政企协作等能力。

推进国际国内综合能源技术交流，围绕综合能源服务四大业务领域核心技术，依托科研、产业单位及综合能源公司，与国内外先进制造商、地方大型能投企业、燃气和热力等行业企业共同开展核心技术研究和攻关，研制关键设备和重点产品，提升自主研发能力。

紧密跟踪国内外能源新技术发展，结合地方能源禀赋特点，统筹各方资源，共同建设运营智慧能源示范区、区域能源一体化供应、多能互补示范应用、源网荷储示范、电动汽车互动应用等高水平项目，促进新兴业务与传统业务互利共生、协同发展。

（4）强化精益管理。推动管理体制机制变革，优化管控模式和运营机制，推动建立适应市场竞争要求的综合能源服务业务支撑体系，创新市场化组织运作、投融资管理等机制和管理模式，全面赋能综合能源服务业务发展、全面提升核心竞争力。

探索市场化用人机制，灵活采用组织选派、岗位竞聘等方式，提高人力资源配置效率。创新薪酬分配制度，扩大综合能源公司工资总额浮动幅度，打破岗位层级限制，实现工资与效益同向升降，适度拉大薪酬分配差距，充分体现岗位价值和业绩贡献。

健全投资分级决策机制，确定项目投资原则，规范项目公司组建流程，研究推广盈利模式。积极拓宽内外部投融资渠道，降低投融资成本，提升响应速度。建立并完善项目评估与风险控制制度，形成项目前期论证、中期管控和后期评价的全流程管控机制，降低投资风险。积极引入产业基金和第三方专业评估机构，为项目评估、投资决策等提供指导。

三、典型实践

以天津某口岸基地项目为例，介绍通过业务融合实践形成的综合用能解决方案。

（一）项目简介

天津某口岸基地项目用地面积 5 万平方米，建筑面积约 1.6 万平方米，主要包括物流车辆维护停放设施、生产办公辅助设施、公共配套设施以及能源保障设施，货车停车场及货车停车棚占地 1100 平方米，规划停车位 240 个，项目总投资约 20.21 亿元，预计 2020 年竣工并投入使用。

项目用能需求包括以下三个方面。用电需求：综合办公楼日常用电、货运车辆充电、空调制冷等常规用电，电梯、应急照明系统、消防系统、安防系统、重要办公计算机、服务器、存储器等敏感负荷用电，合计用电负荷约 8500 千瓦，需要双电源供电。用冷、用热需求：常规冷、暖供应需求（无其他特殊要求）。其他需求：多种能源智慧能效管理及绿色低碳发展意愿。

（二）综合用能整体解决方案

国网天津市电力公司根据客户实际用能需求，为其量身打造涵盖全生命周期的综合用能整体解决方案，分别为综合能源建设方案、运维服务方案和增值服务方案。

1. 综合能源建设方案

结合客户对供电、供热、供冷及电动汽车智能充电的需求，合理选用相关技术，开展能源梯级利用。综合考虑电源侧、受电侧和负荷侧的多种用能需求，设计综合能源建设方案。

（1）电源侧。

1）市政电源：由负责该区域供电的 35 千伏变电站提供两回 10 千伏线路电源。

2）分布式光伏发电：在两栋综合办公楼屋顶、货车停车场车棚顶安装太阳能光伏板，按实际发电容量 2 兆瓦设计考虑。

（2）受电侧。建设一座以供电设备为主体，光伏发电、储能装置、综合能源集控柜等为辅助，供电、供热、供冷及电动汽车运营为一体化平台管理的智能化能源站（容量 5200 千伏安）。该能源站可降低原始市电供电容量 2000 千伏安，实现各类能耗数据的实时采集、分析，能源设备状态在线监控，能效水平智能化调节等功能。能源站设备组成包括常规变电站设备，储能系统装置，光伏发电配套装置（逆变器、汇流柜、配电柜等），供电、供热、供冷用能管理及电动汽车智能运营集控柜，能源一体化调控平台，能效监控终端（60 个点位）等。

（3）负荷侧。

1）供热：采用模块化空气源热泵机组供热，单台机组 20 千瓦，配备 25 台，负荷总计 500 千瓦。

2）供冷：采用冰蓄冷空调，利用低谷时段电制冷，高峰时段冰融化提供空调用冷，负荷预计 1000 千瓦。

3）电气化交通：综合考虑电动货车充电同时率、充电容量差异等因素，按级差分别配备不同容量的交、直流充电桩，预计配置 100 台，容量 1500 千瓦。

（4）与常规方案对比。通过对比综合能源建设方案与常规建设方案，若采用综合能源建设方案，按电源线工程、分布式光伏发电及电动汽车充电桩工程由电网企业投资、其他项目由用户投资建设的模式，用户预计投资约 1300 万元，相较于常规供电建设方案，可节省客户初始投资约 300 万元。

2. 运维服务方案

根据客户用电负荷情况，结合天津市现行 1~10 千伏一般工商业电价政策及双蓄电价优惠政策（电蓄热采暖和电蓄冰制冷客户于每年 7、8、9 三个月份每日 23 : 00– 次日 7 : 00 实行双蓄用电价格，标准为 0.3348 元 / 千瓦时），对综合能源方案与常规供电方案年运营成本进行对比分析，综合能源方案预计每年可节约运营成本 206 万元。

3. 增值服务方案

可供选择的服务套餐包括能源监测服务（优化解决电压暂降对用电设备影响、合理预测调节变压器运行数量、规划安排线路检修时间）、智能调节峰谷负荷参与需求侧响应、能效评估提高功率因数获得电费补偿、推荐参与电费网银享受电力金融服务（免费）、推荐和协助开展绿色企业 / 建筑认证（免费）、搭建同行业企业交流平台（免费）、优先获得电力大客户俱乐部会员资格（免费）等，保守估计每年可节省投入 20 万元。

第七章

组织管理变革

企业发展面临的环境是多变的，管理者必须不断地实施管理变革才能保证企业生存和发展。“三型两网”建设，既是生产力的大发展，也是生产关系的大调整。加快推进“三型两网”建设，必须同步推动企业管理变革，构建与“两网”相适应的更加柔性灵活的体制机制，激发员工活力、动力，升级市场响应服务，打造更具开放性、互动性、包容性的“三型”企业。

第一节　组织模式创新

在所有的管理变革中，除了在战略上重新完成系统思考以外，管理变革的核心是组织。没有新的组织模式、组织运行机制做支撑，即使看到了未来的发展方向，即使有好的战略思路，可能也会由于组织的惯性、组织能力跟不上而导致战略目标难以实现。在平台型组织应用日趋成熟的背景下，电网企业的组织转型也需要适应时代特征，构建与“枢纽型、平台型、共享型”相适应的新型组织体系。

一、演进与样本

（一）组织发展历程

组织是在一定的环境中，为实现某种共同的目标，按照一定的结构形式、活动规律结合起来的，具有特定功能的开放系统。没有最优的组织，只有最适合的组织。任何组织都不是一成不变的，正如生物的机体一样，必须随着外部环境和内部条件的变化而不断地进行调整和变革，才能顺利地成长、发展，从而避免老化和死亡。从亚当·斯密《国富论》中提到的制针工厂，到福特汽车适应大规模生产的直线职能制组织；通用汽车决策前移的事业部制改革；美国 IBM、微软的项目型—矩阵式研发管理体系；华为、阿里平台＋小微企业的自主作战小组制，每一个时代都有其独特的组织典范。

工业化时代，为适应大规模生产与销售，组织高度强调分工，组织结构以高度集权的科层制、金字塔式的形式出现。这一时期的组织包括古典组织、新古典组织或行为科学组织。代表性的学说包括马克思·韦伯的科层制组织模式、泰勒的职能管理组织模式、法约尔提出的直线职能组织模式、梅奥提出的社会关系理论、巴纳德提出的组织系统等。这一时代，组织都是集权性层级制的组织结构，适应了社会生产体制由作坊式小生产体制向工厂化的社会化大生产体制的转变，提升了组织效率并推动了生产力的发展。

后工业化时代，因为科技进步、市场化趋同、资源丰裕等因素，组织外部环境变得越来越复杂，需要用更加全面的视角来思考组织的内部结构、个体特质、管理活动和外部环境的关系。这一时期的组织理论包括了系统组织理论、权变—系统组织理论、群体生态理论和资源依赖理论等。现代组织提出了多中心＋分布式组织形式，包括自组织、柔性组织、无边界组织、平台型组织、生态型组织等，多中心分布式的自组织形式有利于激发小团队去提高环境应对能力，从而适应外部环境及客户瞬息万变的需求。

（二）平台型组织成为数字经济时代组织发展趋势

进入数字时代，技术迭代微妙迅猛，商业创新层出不穷，客户需求多元多样，内外环境混序不定，组织变化深刻复杂。企业发展不仅面临行业内部的竞争，同时也面临着跨界竞争者和颠覆性竞争者的重大挑战。面对产业环境的变化、运营方式的转型、商业模式的创新等内外部环境改变，传统组织模式越来越难以适应新环境、新变化，不断呈现出机构臃肿、条块分割、层级复杂、流程不畅和反应迟缓等问题，组织创新与变革势在必行。一些传统企业和互联网企业在不断创新商业模式的同时，逐步构建起以去中心、去权威、无边界、开放化、扁平化等为特点的平台型组织模式。

1. 平台与平台战略

互联网打破了物理时空约束，改变了交易场所，拓展了交易时间，加快了交易速度，减少了中间环节，为平台突破物理时空限制提供了基础。平台遵循一种基于价值创造、价值传递与价值实现的商业逻辑，把多个不同的用户群体联系起来，形成一个完整的网络，并建立有助于促进多方交易的基础架构和规则。平台引导或促成双方或多方客户之间的交易，最终追求利益最大化。

平台战略利用平台的理念，通过连接两个或多个群体，利用从“连接”到“聚合”的方式降低各个平台参与方的交易成本，提供双方或多方互动机制来满足所有群体的需求并从中获利，实现商业价值。

2. 平台型组织

平台型组织的概念是希伯拉在对意大利 olivetti 公司研究的基础上提出的，指的是能够在新兴商业机遇和挑战中建立灵活的资源、惯例和结构组合的组织形式。平台型组织是现代企业组织为了顺应市场、技术、人才的新趋势而形成的新型组织形态，可以持续激发新的创意和机会，激发全员参与、全员创新。

从广义来讲，平台型组织是坚持以客户需求为导向，以数字智慧运营平台和业务赋能中台为支撑，以多中心 + 分布式的结构形式，在开放协同共享的战略思维下，广泛整合内外部资源，通过网络效应，实现规模经济和生态价值的一种组织形式。

从狭义来说，平台型组织指的是利用发达的信息流、物流、资金流等技术手段，通过组建强大的中心 / 平台 / 后台机构，以契约关系为纽带，链接各附属次级组织的组织形态。其优点在于降低管理成本，最大限度整合相关资源，充分授权，高效决策，快速应对外部环境等。

平台型组织以“后台 + 中台 + 前台 + 生态”为固有组织范式，贯通组织内部流程，架构组织外部生态，为客户提供个性化、多样化、一体化解决方案，平台型组织典型范式如图 7–1 所示。

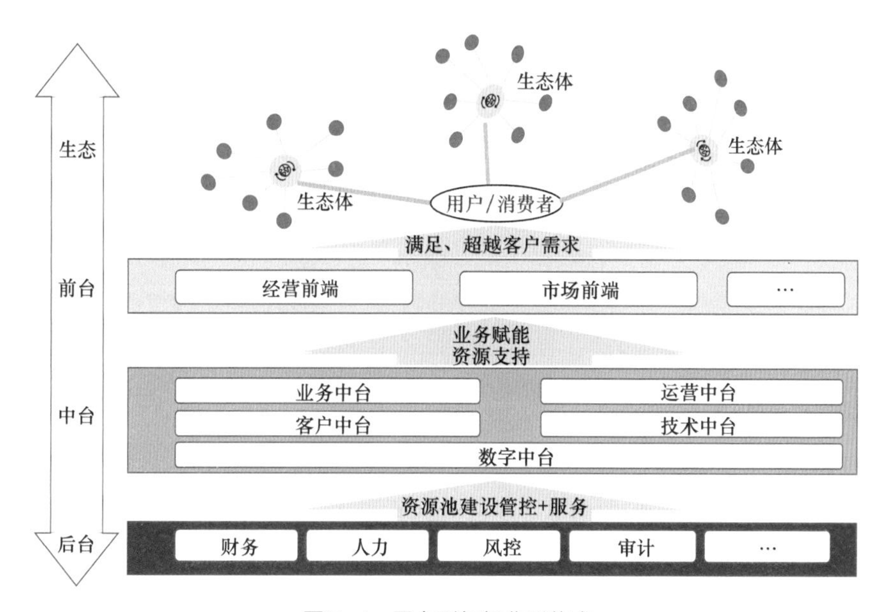

图 7–1　平台型组织典型范式

（三）典型样本和案例

1. 华为“平台 + 铁三角”

为了避免战略竞争力量消耗在非战略机会点上，2014 年，华为重新回归由研发大平台（产品与解决方案、2012 实验室）、市场大平台（BG 和地区部）、职能大平台、供应链大平台（供应链、采购、制造）组成的平台组织策略，实现了市场深度挖掘，技术共享优势。同时以客户经理（AR）、产品或服务解决方案经理（SR）、交付管理和订单履行经理（FR）构成强前端“铁三角”，基于“铁三角”的虚拟项目管理团队构成体系如图 7–2 所示。通过建立基于“铁三角”的虚拟项目管理团队，进行市场快速突破，实现从以技术为中心向以客户为中心的转移、从中央集权式的管理逐步迈向让听得见炮火的人来呼唤炮火、从以功能部门为中心转向以项目为中心、从屯兵组织转为精兵组织。

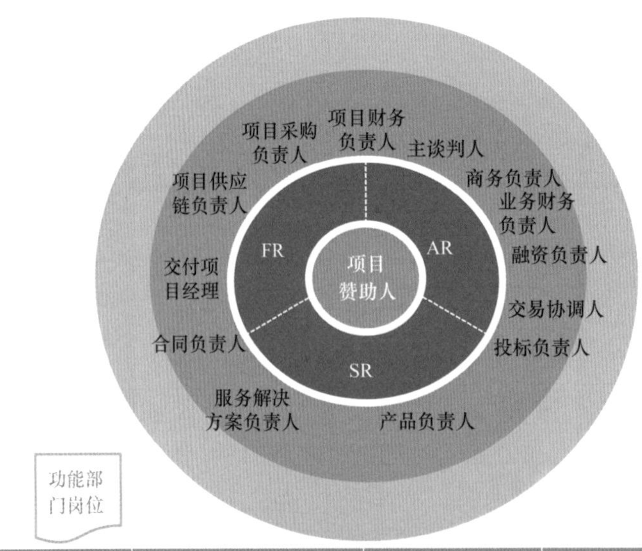

资金经理（信用管理）	应收专员	开票专员	税务经理	网规经理
法务专员	PR专员	研发经理	营销经理	物流专员
采购履行专员（服务）	采购履行专员（产品）	合同/PO专员	综合评审人	

图 7–2　基于“铁三角”的虚拟项目管理团队构成体系

2. 阿里集团“中台战略”

阿里集团的中台组织策略是为了更好地进行资源整合、体现规模效应而提出的，具体架构如图 7–3 所示。通过构建“大中台、小前台”的组织机制和业务机制，将搜索事业部、共享业务平台、数据技术及产品部提出来组建“共享业务事业部”，通过这一部门沟通前端的业务部门和后端的云平台，促进数据、资源、产品和标准等方面在其内部各部门间的共享。“大中台、小前台”让作为前台的一线业务能够更敏捷、更快速适应瞬息万变的市场，中台能够集合整个集团的运营数据能力、产品技术能力，对各前台业务形成强力支撑。

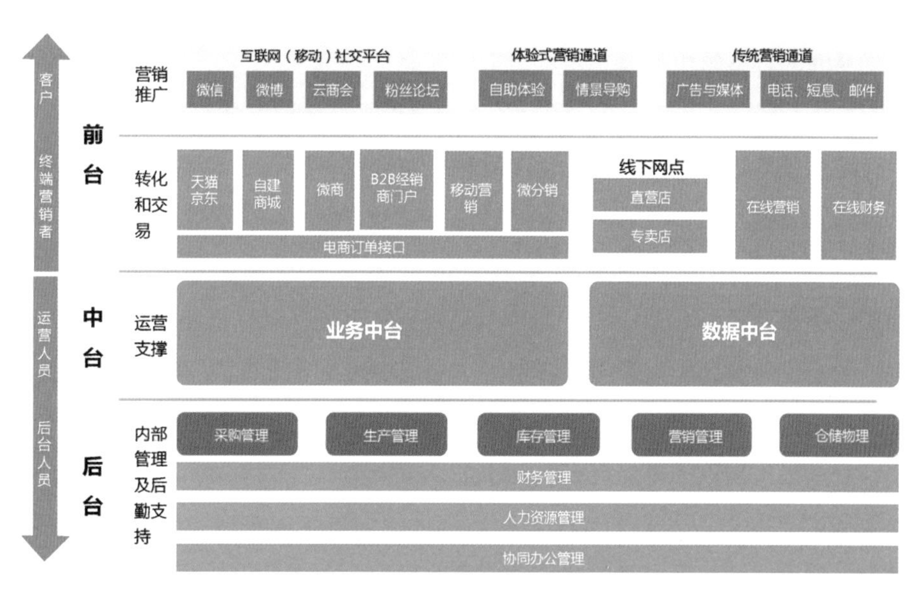

图 7-3　阿里集团中台架构

3. 京瓷集团“阿米巴”模式

稻盛和夫先生在京瓷集团的商业实践中，创造了“阿米巴经营”模式，将复杂的管理问题提升到经营的高度来解决，以“管理不是目的，获取经营成果才是企业存在的根本”为核心指导思想，高效地激发了组织和员工的活力。阿米巴的组织具备独立完成业务的单位，能够执行企业目的与策略的单位，能够进行独立核算的单位三大鲜明特征。阿米巴模式把组织分为一个个的小经营体，通过独立核算和内部交易机制加以运作，在企业内部培养具备经营意识的管理者，形成全员参与型经营组织。各个小经营体，就像是一个一个的小企业，在保持活力的同时，以“单位时间核算”这种独特的经营指标为基础，追求附加价值的最大化。

二、处境与对策

（一）组织创新的动因

1. 组织创新外因

数字经济时代，电网企业外部形势正在发生深刻复杂变化，尤其是客户需求层次及品质诉求不断提高，倒逼组织变革与升级。

（1）客户需求变化加速并日趋个性化、多样化，要求组织更简单、更敏捷、更扁平，洞悉客户需求，快速响应客户需求。

（2）客户主权意识崛起，对产品与服务的信息对称的知情权与参与感更大，要求组织更加开放，并能够打破组织边界，从封闭走向开放。

（3）客户的价值诉求不再是单一的功能诉求，而是一体化的体验价值、整体价值诉求，要求组织打破基于严格分工的功能式组织结构，整合内外资源，为客户提供一体化的价值体验与消费场景价值体验。

2. 组织创新内因

战略决定业务，业务驱动组织，在“三型两网、世界一流”战略导向和业务规划的牵引下，电网企业也对组织能力提出新要求，主要集中在“六个能力”建设。

（1）专业协同能力。需要以技术、数据、管理手段促进组织协同能力，实现专业间的交互赋能，对内提质增效，对外提升服务水平。

（2）业务耦合能力。需要实现新兴业务和传统业务全面耦合，为企业提供新业务发展所需品牌、技术、客户资源等关键成功要素，使得企业业务创新能够“站在巨人的肩膀上”，从而具备竞争优势。

（3）资源共享能力。需要打破传统业务、新兴业务模式的界限，实现对内多元业务资源无界、客户无界、技术无界、人员无界。

（4）创新发展能力。需要加快技术创新和商业模式创新，改造提升传统业务，培育增长新动能和竞争新优势，为持续做强、做优、做大注入强劲动力，增强组织面向未来的能力。

（5）内外联盟能力。需要建立组织与能源电力系统内外部相关单位的合作联盟关系，通过共建共享，促进关联企业、上下游企业、中小微企业共同发展。

（6）开放共享能力。需要打破组织边界，广泛连接内外部、上下游资源和需求，打造能源互联网生态圈，适应社会形态，打造行业生态，培育新兴业态。

（二）组织创新的思路和方法

1. 构建适应时代和战略要求的平台型组织模式

在外因、内因的共同驱动下，国网天津电力适应时代发展要求，积极探索组织创新，战略上坚持开放协同思维，打造价值生态；文化上坚持客户导向，满足并超越客户需求；商业模式上整合资源，扩大网络效应；价值选择上聚焦平台经济，聚合产生价值；

组织运行上打造数字孪生的企业数字化运行与决策系统；机制上建立市场化激励考核机制，靠规则实现员工自我驱动，全面打造“前台＋中台＋后台”的新型组织架构，平台型组织架构示意如图7-4所示。

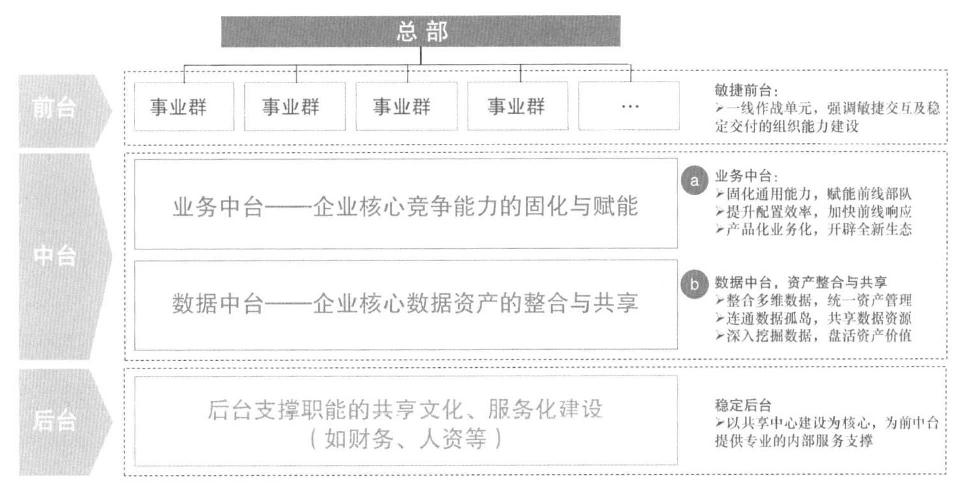

图7-4 平台型组织架构示意

“前台＋中台＋后台”新型组织架构的功能定位如下：

（1）前台定位于市场化经营方。每个前台系统就是一个用户触点，即企业最终用户直接使用或交互的系统，是企业与最终用户的交点。前台能够快速挖掘并捕捉市场机会（战略目标、订单、资源、客户、创意），挖掘客户需求，满足客户需求，超越客户需求。业务前端拉动后端，形成横向跨专业条线、按流程端到端联动的强矩阵组织。项目、产品等由业务前端启动，平台使用风险投资型机制和内部自由市场机制来配置资源。

（2）中台定位于平台运营方。中台将前端经营及管理中的共性问题归集，建立成为共享性、集约化、规模性平台，为前端提供支撑和赋能。角色包括以下三种。

整合资源：对内整合技术、数据、资金等资源，向多元业务赋能。

配置资源：以产品化的方式处理前端需求，提升专业服务能力，加快前线响应。

业态创新：以提供新业务成长全寿命周期服务及资源的方式探索新利润增长点。

（3）后台定位于职能提供者。后台职能部门作为前端业务协同发展平台，通过搭建管理体系，强化核心职能，优化管控流程，提供专业服务，成为高效能职能管理平台。角色包括以下三种。

共享服务：以共享中心建设为核心，为前台、中台提供专业的内部共享服务支撑。

规则治理：构建以利益机制、孵化机制、风控机制为主的规则治理体系，实现平台参与方自驱动。

授权赋能：处理好放与管的关系，授权的同时强化监督职能，确保内外合规。

2. 配套加强组织协同的六种运行机制

数字时代，管理的效率不再来源于简单的分工、分权、分利，而来源于协同。组织作为资本、技术、劳动力等各要素的集合体，唯有协同才能创造更大的价值。平台型组织的建立的作用就是发挥资源整合与资源共享，前台、中台、后台之间能否有效协同决定了组织转型的成败。国网天津电力从客户需求出发，以组织整体效用最大为目标，规划促进组织协同的六种运行机制，推动协同常态化。

（1）流程协同。构建基于外部客户需求实现的端对端主干流程体系。在流程推进过程中，流程参与者要打破专业和部门限制，以流程节点的推进为首选，真正实现跨部门、跨专业流程协同。

（2）客户协同。面对客户，以客户需求为原点，打破界限，以临时性任务的形式统一客户工作界面，为客户提供系统解决方案。

（3）任务协同。在任务推进过程中，需要各方参与时，参与者需要及时跟进，处理好临时性任务和常规性工作的关系。

（4）能力协同。前台提升经营能力，中台提高交付意识，双方共同提升市场能力开发优质客户，满足客户需求。技术中台需要具备经营思维，为前台提供技术支持和服务；前台需要具备技术敏感性，通过跨专业、跨职能的内部研讨会、专项任务等形式，打破技术、交付、市场之间的壁垒，实现能力协同。各职能部门，通过业务伙伴角色，深入前台业务一线，履行职能管控、满足业务需求、赋能业务团队，加强管理能力与业务能力之间的协同。

（5）资源协同。客户中台作为统一线上客户界面，建立客户管理体系，作为市场与客户资源协同平台。技术中台作为技术资源协同平台；建立内部人才市场，作为人力资源协同平台；建立财务和供应链管理体系，作为财务、物资资源协同平台。

（6）人才协同。依据组织需要，加强各板块之间、前中后台之间的人才流动，构建内部人才市场，实现人才配置效率最优。在中层干部和核心骨干任期期间，加强前台、中台、后台的岗位轮换，通过不同专业视角和岗位视角的转变，实现人才培养的协同。

三、实践与成效

（一）组织创新实践

以“平台 + 生态”为指导，国网天津电力探索打造“客户、资产、数据、保障”四大体系，将一体化客户服务体系打造成为客户前台，资产管理体系和数据管理体系打造成为业务中台和数据中台，组织支撑保障体系打造成为资源后台，最终形成了“客户前台 + 赋能中台 + 资源后台”的基本结构，如图 7-5 所示。

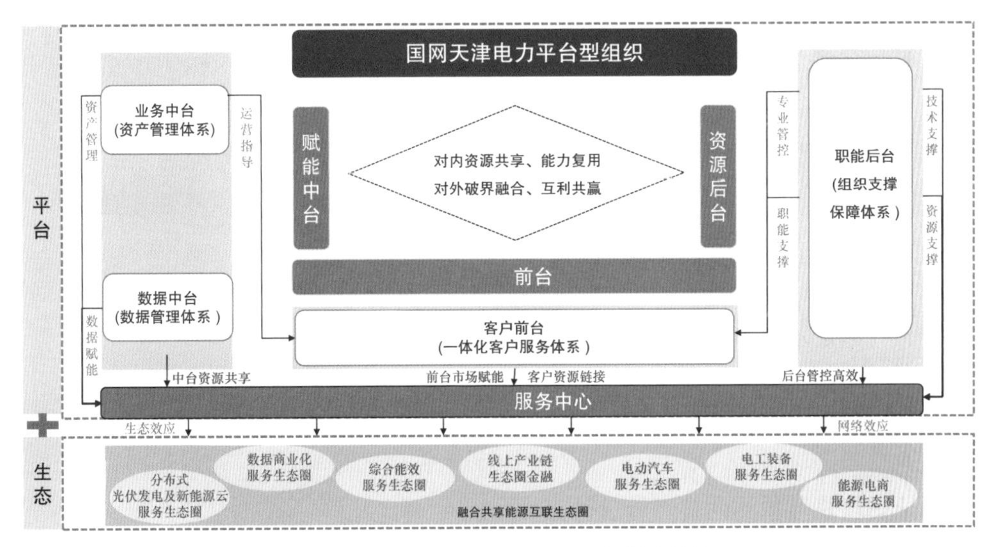

图 7-5　国网天津电力平台型组织基本结构

1. 打造灵活高效优质的一体化客户服务体系

目前的客户服务体系存在服务意识不强、客户需求响应慢，内部资源整合不足等问题。通过打造快捷、高效、灵活的客户服务体系，将显著增强国网天津电力的市场适应能力和客户服务能力。

客户服务体系优化后将实现前端营配融合与集成经营一体化。其中，区域能源服务中心将发展成为业务融合发展的集成经营体，形成网格化精益管理模式，全口径拓展、受理多元业务，快速高效响应客户多元用能需求。运行方式上，前端形成营配融合的小微集成经营体，实现新装用户的需求受理及交付全过程管控。业务支撑部门在此过程中把控方案设计、竣工验收等关键风险点；以客户需求为导向，业务前端拉动后端，形成横向跨专业条线流程。

客户服务体系优化后能够实现前端新旧业务融合拓展，如图 7-6 所示。区域能源服务中心积极发挥属地优势，维护客户关系，履行市场前端职能。业扩和综合能源服务实现一口受理，双线实施、同步施工，同期投运。提升已有项目服务质量、挖掘新型潜力项目，主动调研客户用能需求，为客户提供集供电方案和综合能源服务方案为一体的综合用能解决方案。

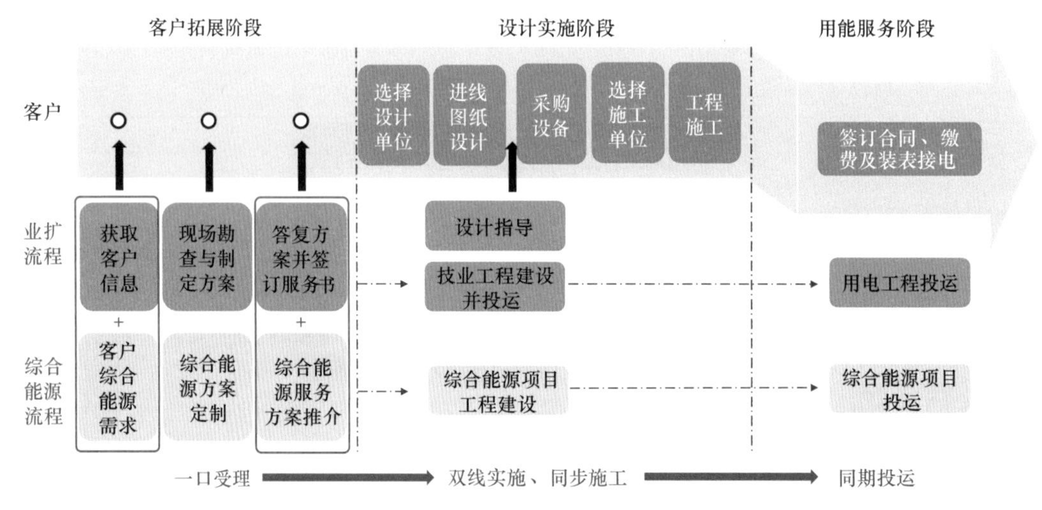

图 7-6　前端新旧业务融合拓展

2. 构建安全规范集约的资产管理体系

目前资产管理分散在多个部门，资产管理实行分专业的条块式管理，目标不统一。资产管理从计划到投资、建设、生产、处置各环节缺乏有效支撑，且资产管理重投入、轻效益，总体效能有待提升。

在上述情况下，需要以提质增效为核心对资产管理体系进行优化，以保障电网安全，提升资产回报率。

（1）以平台型协同管理替代直线职能管理制的组织模式下分专业的条块式管理模式，实现资产管理体系的整体效能提升。

（2）在保障电网安全运行的前提下，强化规划、计划、监督职能，提升生产效率，采取专业化管理，实行管办分开。

（3）增设跨部门虚拟团队管理形式，以虚拟团队管理为枢纽，高效推动资产全寿命周期管理标准的制定与实施，解决资产管理流程跨部门协同难的问题。

3. 建设开放共享融合的数据管理体系

数据管理体系包括数据支撑体系和产业发展体系两部分，数据支撑体系为实现数据驱动提供支撑，促进全业务流程数字化、智能化；产业发展体系通过数据应用促进业务发展，提升传统业务效率，发现新业务增长点。

通过构建数据支撑体系，将进一步实现现有组织中分散的数据支撑与应用职能的整合与重构。纳入数据中心统一管理后能够充分发挥通信与信息对各专业的支撑职能，打破"谁使用，谁建设"的旧有模式，以共享中心为组织载体，实现资源有效整合及数据灵活分析，统一设备界面管理，明确设备使用及管理标准，更加高效地履行终端通信网建设维护职能及数据信息安全维护职能。

通过构建数据管理体系，进一步明确新业务培育流程，实现新业务从突破到成熟的全流程产业支持与发展，新业务培育流程如图 7-7 所示。以分级授权为基础，实现部门协同层面的权责设计与流程梳理，使创新创业计划至新业务实施推广的全业态培育流程得到清晰明确地厘定。虚拟组织与实体机构有机嵌套，以孵化工作组、生态链组织、生态平台组织为组织载体，实现新业务从孵化到成熟的全寿命周期支持与服务。

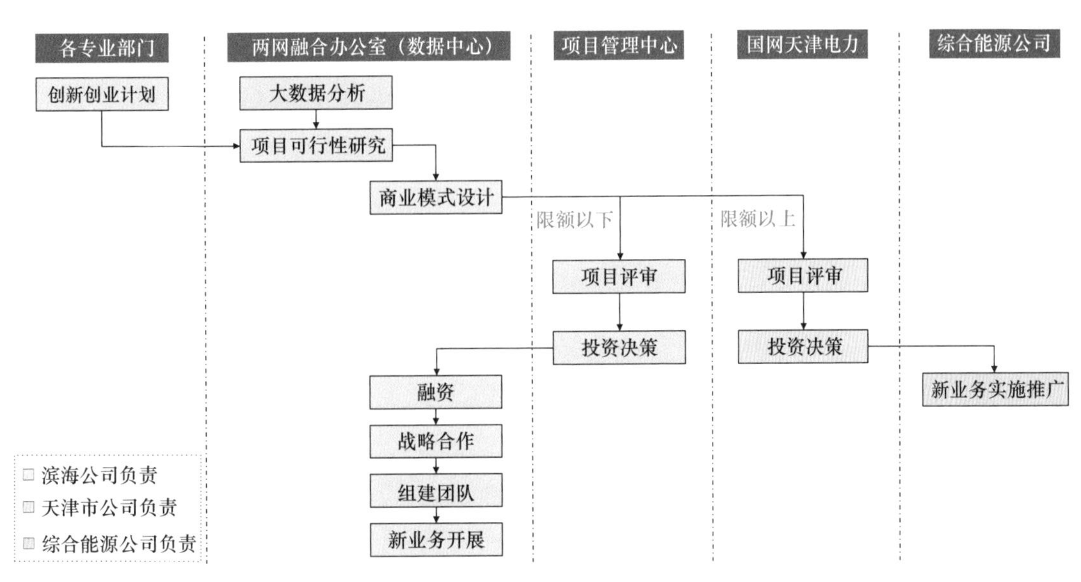

图 7-7　新业务培育流程

4. 优化设置精干专业高效的组织支撑保障体系

通过搭建组织支撑保障体系，强化核心职能，优化管控流程，提供专业服务，建成高效能总部，承担战略规划、规则制定、服务支持、资源整合职能。通过宣传教育等方式实现职能部门的角色转换，如图 7-8 所示，从只有管控到管控加服务，职能部门以业务发展需求为工作目的。进一步加强职能部门的专业化建设，通过逐步分立人才培养和事务性工作，从而实现职能部门管办分离，逐渐将事务性工作剥离，以业务外包等方式提升工作质量和用工效率，打造出精简高效的职能部门。通过集中风险控制职能进一步加强内控管理水平，确保在授权和新业务开展的过程中风险可控、安全合规。

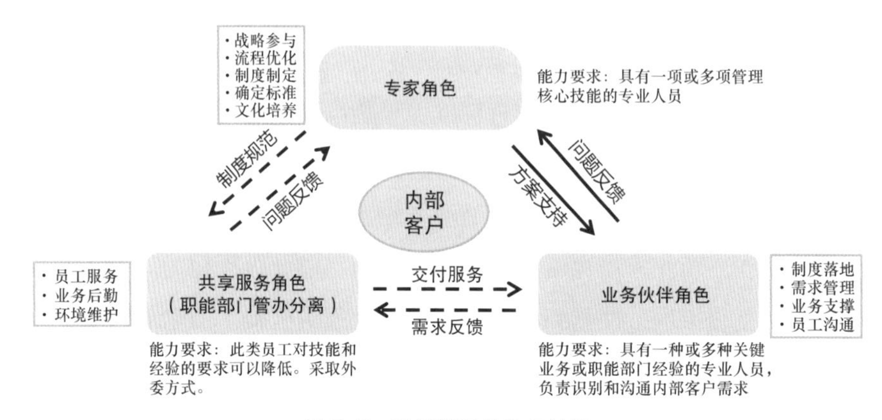

图 7-8　职能部门的角色转换

组织支撑保障体系优化后，职能部门的专业化水平、服务意识将进一步提升，为企业科学决策和业务开展提供有力支撑；职能部门逐步管办分离后，组建共享服务中心承担事务性工作，不仅能提升员工服务水平，同时能够通过外委方式降低成本，提高整个企业的管理效率。随着风控工作量增加、专业度提高，体系可配置一定资源并依托外部专业力量（审计中心、律师事务所）实现功能保障。

（二）预期成效

1. 利用技术进步推动传统业务分工的优化和组织模式改进，提升管理质效

随着泛在电力物联网技术的进步，全网感知、人工智能等技术的落地，传统运维业务的效率将得到极大提升，更多的人力资源将从现场作业中解放出来，转入设备监控、专业支撑、专业分析与管理。核心技术将更加集中到中台，集中监控的范围和专业人员管理的幅度将极大地增加，集中监控 + 驻点抢修管理将成为可能，甚至可大量通过业务外包实现非核心业务用经济关系替代劳动关系，推动减人增效。同时探索在驻点抢修业务中引入市场化竞争机制，网络自动派单、抢单制等管理方式来规范和培育业务市场。

2. 紧跟业务发展推动产品的定制化和服务的网格化，适应复杂多变的市场竞争

聚合多方资源与能力实现客户价值。通过营配贯通、网格化等专业融合方式提升供电业务效率与客户响应速度、客户体验感。基于属地客户资源及网架资源，通过对现有供电业务延伸，围绕市场与客户需求培育新业务，寻求新的利润增长点。从能源为中心转变为用户为中心，实现客户价值增值与客户流量变现。

实现跨界经营模式，为客户提供中介服务、服务交易撮合、数据增值服务、金融信贷及保险产品。整合服务资质评定机构、金融保险机构、电力工程设计院、设备厂家、设备运维厂家、大型用能企业、第三方支付平台、第三方征信机构、市场化售电企业、施工企业、节能服务公司等的各类资源，提升市场竞争能力。

3. 借力数据中台深化平台型组织建设，引领产业生态互利共生

泛在电力物联网建成后将实现电力系统各环节物物相连以及进行人机交互，形成跨专业数据共享共用的生态。在此基础上，企业内部将建设前中后台，实现内部多专业融合发展、资源与能力充分复用；外部建立产业平台，充分开放共享，实现生态圈的建设。

第二节　管控模式变革

随着“三型两网、世界一流”战略的深入实施，内外部改革深化以及市场环境的变化，影响国网公司集团管控模式的关键因素发生了深刻改变。国网公司以“放管服”改革作为推动新战略落地、加快管控模式转型的核心举措和关键抓手，通过合理放权授权，激发各层级活力和创新动力，提升管控的精准性并保证管控的有效性，提升市场响应速度和客户服务水平。

一、演进与样本

（一）集团管控模式及其关键影响因素

管控模式主要是组织体系与管控手段的具体表现形式，是集团公司在统一的集团战略思考下，通过对内部环境和外部环境以及其他影响因素分析对比，对下属企业进行战略分析与功能定位，确定具体的管控任务目标，并根据该目标进行相应的资源与权力配置，设计相应的管理控制机制，辅之以相应的管控手段，以把握好管控的度（宽度与深度），更好地实现集团整体战略和集团整体利益最大化。

经济学根据对管理权力掌控的深度和集权程度，将集团管控模式分为财务型管控、战略型管控、操作型管控三类，如图 7-9 所示。

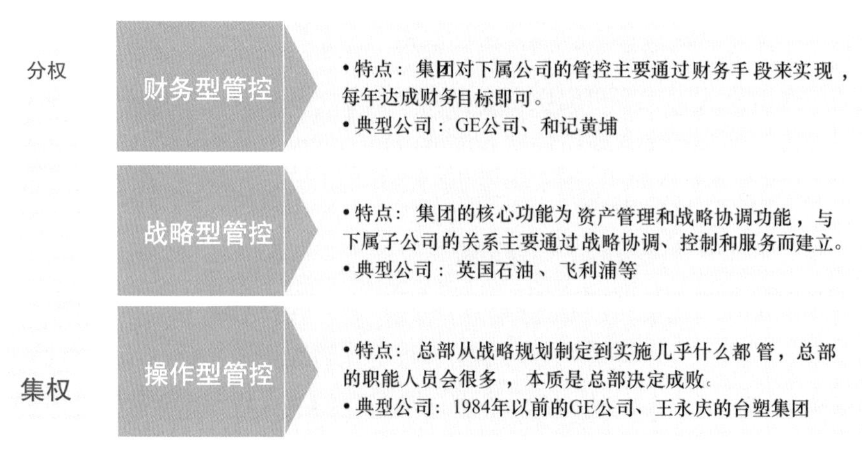

图 7-9　典型的集团管控模式

财务型管控：典型的分权管控模式，以财务指标对下属企业进行管理和考核。集团总部一般无业务管理部门，既不干涉下属企业生产经营，也不限定其发展方向，主要通过投资组合的结构优化，实现集团价值最大化。管控手段包括财务控制、法人治理和企业并购等。

战略型管控：介于集权与分权之间的一种管控模式。集团总部负责集团整体战略规划、财务管理和资本运营，关注业务组合的协调发展、投资业务的战略优化以及协同效应的培育。通过控制和影响下属企业战略、控制财务预算审批等达到管控目的。管控手段为财务控制、战略规划与控制、人力资源控制以及重点业务管理。

操作型管控：通过集团总部对下属企业生产经营进行管理，包括经营行为统一、企业资源整体协调、对行业关键因素集中控制等。为保证总部能够正确决策，解决各种问题，还会采取财务控制、营销控制、人力资源控制等多种手段。

集团管控模式选择的主要影响因素包括外部环境因素和内部环境因素。外部环境因素属于主导性因素，主要包括集团所处的行业发展情况、生产技术、客户资源、目标市场消费能力等。一般来讲，外部环境不确定性越高，对企业集团的灵活性要求越高，为应对不断变化的外部环境，集团总部就应赋予下属企业一定的自主权，采用相对分权的管控模式。内部环境因素属于限制性因素，主要包括集团发展规模、战略规划、行业特点、集团集权与分权程度、企业文化等。规模较小的集团企业通常会采用相对集权的管控模式，当集团的规模不断扩大，发展越来越成熟时，为了充分发挥下属企业的能动性，往往选择相对分权的管控模式。

集团管控模式解决的基本问题是通过集权与分权的有机结合，在整个集团各个层级的权力、利益与责任之间找到一个平衡点，使各层级单元快速反应、自主创新，同时又能符合集团的整体发展目标，以达到“1+1>2”的整体协同效应。

（二）企业管控模式的变革趋势

通过对国际大型企业管控优化过程的分析来看，目前大型企业集团管控主要有两个明显的趋势。

1. 战略性“小”总部成为近年来企业总部建设的重要趋势

企业总部正在改变集中化、集约化的趋势，更多的企业正在精简功能、下放权力、缩小规模，出现了更灵活的企业总部结构，企业资源和职能分布在多个地点，流程由总部中心管理，而服务和功能在分布式管理的基础上进行组织。总部更加突出战略管控职能，着重提升总部价值创造能力，主要体现在制定标准、整合资源、统筹运作、搭建平台、争取政策等方面。如国家电力投资集团针对传统电力集团总部的管理偏运营管理的特点，抓住新集团组建契机，全面深化内部改革，以建设战略管控型总部为抓手，重构三级管控体系，推进总部职能转型和机构改革，实施分类授权，提升二级单位行权能力。

2. 基于价值创造与市场响应，采取适应分权授权体系的管控模式变革正成为主流

当前，一方面越来越多的企业采取强调分权的组织架构，赋予业务或基层单位更大的责任与权力。基层单位更贴近市场一线，能够准确感知客户、市场和科技变化并作出快速响应与调整，进而提升企业整体灵活性和适应市场变化的能力。另一方面，企业应用智能化技术创新管控流程，提高管控过程质量；依托数据中台等数字基础设施建设精益总部，通过数据有效归集与共建共享，提升管控效率效益。如华为通过分层分级授权，从中央集权式管理逐步迈向让听得见炮声的人来呼唤炮火，使管理标准化、简单化，实现由以项目为辅的弱矩阵向以项目为主的强矩阵的转变。

二、处境与对策

（一）国网公司以“放管服”推动管控模式转型

十九大以来，从中央到地方，都把“放管服”改革作为推进简政放权、优化营商环境的战略举措。国务院有关部委在向国网公司授权放权的同时，要求国网公司同步推进权责下放，与各级政府职权调整紧密对接。作为国资委世界一流企业建设试点，国网公司急需加快建立科学规范、运转高效的现代企业制度，以世界一流的管理能力和管控效率为高质量发展提供有力支撑。

当前国网公司正处在向“三型两网世界一流”能源互联网企业迈进的战略突破期，从传统电网到能源互联网，从传统电力企业到“三型”企业，实施新战略、发展新业务、培育新动能要求国网公司实施更加灵活高效的管控，加大授权放权力度，强化激励约束，全面增强总部的领导力和服务力、基层的执行力和活力，为新战略高质量实施提供动力支撑。

总体来看，企业优化集团管控模式的核心是通过责权配置、流程制度、体制机制等方面的优化调整，着力提升企业的领导力、活力、服务力和抗风险能力。2019年，国网公司以“放管服”的方式积极优化集团管控，突出总部抓总、强化二级做实、着力基层强基，实施合理放权授权、精准有效管控、提升服务质效等系列举措，在激发一线活力、提升响应市场效率、实行基层减负等方面已取得初步成效。“放管服”改革已成为国网公司推动新战略落地、加快管控模式转型的核心举措和关键抓手。

回顾国网公司的每一次集团管控模式转型，从政企分开之初的固本强基，到主营业务及核心资源的集约化管理，再到“三型两网”新战略下的“放管服”改革，都是顺应内外部形势变化，遵循电网企业发展规模，与战略转型同步推进的体制变革，影响重大、意义深远。不同的是，这次“放管服”改革采用的是渐进式的变革方式，运用互联网思维滚动优化、迭代创新，不断逼近改革目标。

（二）企业“放管服”改革的内涵

“放管服”始于政府改革，旨在通过简政放权、放管结合、优化服务，不断提高行政质效。它的本质内涵，就是对管理制度、运行模式的深刻变革。在国企改革过程中，“放管服”的内涵有了延伸和升华。它既是对权责配置的优化调整，推动生产关系与生产力相适应，激发企业内生动力和活力，从而根治“大企业病”的一剂良药，也是适应改革形势、市场变化、技术进步的需要，完善企业治理结构，建立市场化体制机制，实现高质量发展的重要突破口。

从辩证关系来看，“放”“管”“服”是对立统一的，“放”是前提，合理放权授权，关键是放出效率，把相应的权力放下去；“管”是关键，精准有效管控，关键是管出活力，管出效益；“服”是落脚点，提升服务质效，关键是服出水平，不断提高服务基层、服务客户的能力。三者实际上是协调一致的，管得好，才能放得开；放得开，才更有精力管得好；而服是管的最高境界。要使放而有度，就必须管而有法，突出事中、事后监管，把放与管有机结合起来。服也需要管作为支撑，没有监管作为依托，服务将会是无源之水、无本之木。因此，放到位、管到位、服到位，切实做好放的“减法”、管的“加法”和服的“乘法”，才能全面提升管理效能和服务质量。这三者相辅相成，缺一不可。

（三）主要思路

“放管服”改革既是一场由观念到体制的深刻变革，也是一项复杂持久的系统工程，需要坚持稳中求进的总基调，采取局部优化、动态迭代、重点突破、全面提升的变革方式。

国网天津电力立足直辖市公司体量小、层级少的特点，结合“三型两网”在津落地要求，因地制宜确定“放管服”**改革的基本思路**。借鉴天津市“一制三化”做法，坚持“聚焦效能、体现服务、放管结合、精益流程、适时调整”原则，有效承接总部下放权责，强化事中事后监管，推动管理效率、经营效益、服务质量和安全水平迈上新台阶，形成更加科学高效的体制机制。“放管服”改革工作思路如图 7-10 所示。

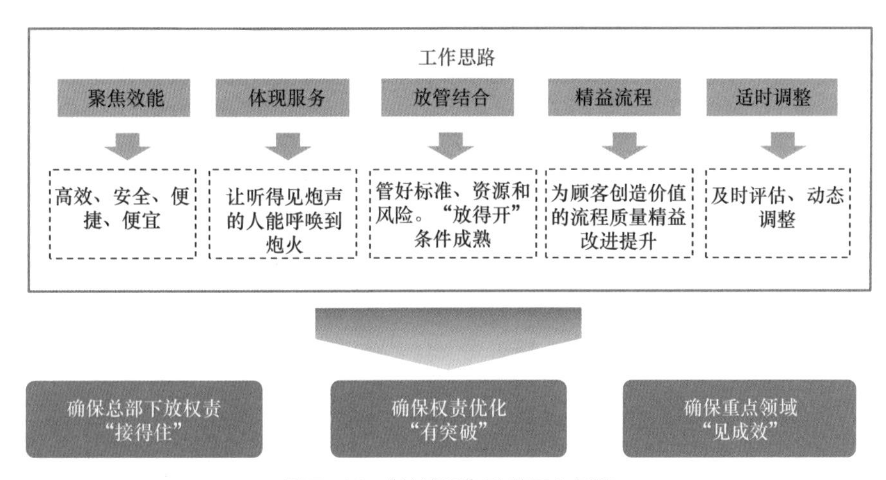

图 7-10 “放管服”改革工作思路

（四）实施原则

（1）坚持顶层设计和基层实践相结合。强化统筹，将“放管服”改革与电力体制改革、国资国企改革、多维精益管理等重点工作协调推进，做到改革目标统一、改革任务协同，降低改革成本，实现“1+1>2”“1+2>3”的效果。充分发挥基层单位的主动性，通过调研座谈和试点先行等方式，超前参与改革方案设计，使得制定的改革方案科学合理，符合基层单位实际，具有可操作性，确保改革取得预期成果，符合顶层设计的思路、吻合改革的方向。

（2）坚持问题导向和目标导向相结合。改革既需要解决基层反应强烈的痛点、堵点、难点问题，精准发力、各个击破，切实解决流程长、程序繁等突出问题；也需要做到整体最优并达成目标，避免“只见树木、不见森林”。立足企业的战略目标，针对现实存在的差距和问题，将问题导向和目标导向协调一致，确保全局目标一致、问题精准解决。

（3）坚持先行先试和全面推进相结合。改革推进过程中，按照先试点、后铺开的步骤，优先选取营商环境改善等重点领域和部分基层单位先行先试，在不违反国家法律法规的前提下，适度突破现行体制机制和规章制度，探索出一条行之有效的改革道路。试点获得突破性进展，取得预期成效后，同步做好调整岗位职责、规范制度流程、明确考核指标等配套工作，全面推动改革向纵深发展。

（五）方法举措

1. 合理放权授权

（1）以“标准化”实施分级授权。在人财物等核心资源领域探索实施授权管理，明确权责边界、约束条件等规则标准。将应对市场竞争、提高服务水平的权限下放到位，真正为基层一线赋能，切实提高基层一线的竞争力和活力。

（2）以“便捷化”推动同级分权。针对内部管理的“九龙治水”问题，通过调整部门权责、完善组织机构和优化业务流程，去除“不知情管理”“不能说‘不’的审批”等冗余环节，提供“便捷化”的办事流程。

2. 精准有效管控

（1）注重创新监管方式。对照下放的权力，减少事前干预，完善各项事中事后监管办法和措施，改进综合绩效评价方式，健全失职渎职问责机制，通过事后追责倒逼责任落实。法律、审计等监督部门不定期检查基层审批权限应用情况，若发现问题要从严整改，为放得好打好基础。

（2）注重应用智能化手段。发挥数据中台作用，依托数据流实时监测业务流、资源流、服务流，为放得开创造条件。

3. 着力提升服务质效

（1）变革工作方式。在客户服务领域推广应用办电业务审批事项“以函代证”“容缺后补”等成功经验，将“承诺制”理念引入差旅、请假等内部事务管理工作，提高基层办事效率。

（2）提升服务意识。把以客户为中心的服务理念贯彻到政策制定、业务执行的各个环节，对内加强对基层的政策宣贯和服务指导，切实解决基层反应强烈的办事门槛多、程序繁、周期长等突出问题；对外聚焦用户反应突出的“办电难、办电慢”“多头跑、来回跑”等问题，全面优化业务流程，打造一流营商环境并提供电力优质服务。

三、实践与成效

（一）实施“承诺制”推动“放管服”改革

国网天津电力按照“一诺四减两强化”的总体思路（承诺制，减事项、减环节、减材料、减时限，强化履责、强化服务），牢牢抓住审批这个关键环节，建立“审批主体服务承诺”和“服务对象信用承诺”机制，持续优化权责配置，强化事中事后监管，培育信用文化，做到“清单之外无审批、责任之内必践诺”，确保责任更清晰、审批更简洁、监管更有力、服务更优质。

（二）主要做法

公开审批规则，重新审视审批必要性，减少不必要审批。对审批事项进行清单式梳理，明确审批依据、申请材料、审核标准、办理时限，并公开发布，取消无制度依据或不必要的审批事项，做到“法无授权不可为”。

调整审批流程，制定效率提升措施，减少冗余材料和环节。聚焦效率解决堵点问题，结合基层和客户诉求，优化审批流程，制定压减环节、精简材料、容缺后补等改革措施，接受服务对象和第三方监督，推动实现基层办事“最多跑一次”。

开展风险评估，实施“双随机、一公开”，强化事中事后监管。按照“谁审批、谁监管，谁主管、谁监管”原则，随机抽取检查对象和检查人员，公开发布结果，限制监管部门自由裁量权，有效管控风险的同时提升监管效能。“双随机、一公开”年度抽查计划流程如图 7–11 所示。

推行信用管理，倡导践诺守信文化，监管结果闭环应用。建立组织和员工信用积分档案，鼓励讲信用和信任他人，主动披露履诺情况，量化评价诚信度，实施守信联合激励和失信联合惩戒，促使承诺者履责到位，培育企业信用文化。信用积分管理流程如图 7–12 所示。

制定抽查计划 〉 实施抽查检查 〉 公开检查结果 〉 检查结果应用

序号	抽查事项	检查主体	检查对象范围	检查内容	抽查比例	抽查频率	抽查时间	检查方式
例1	……	**部门	各单位/各供电单位/全体员工	1.检查……的真实性 2.检查……与……的一致性 3.……	10%	1次/年	6~7月	现场核查
例2	……	……	……	……	20%	2次/年	4月；10月	系统监测

■ 要根据风险等级、抽查对象信用水平等，制定差异化分类监管措施和抽查计划

■ 发现监管领域有普遍性问题、存在突发性风险的，可适当提高抽查比例和频率

图 7-11 “双随机、一公开”年度抽查计划流程

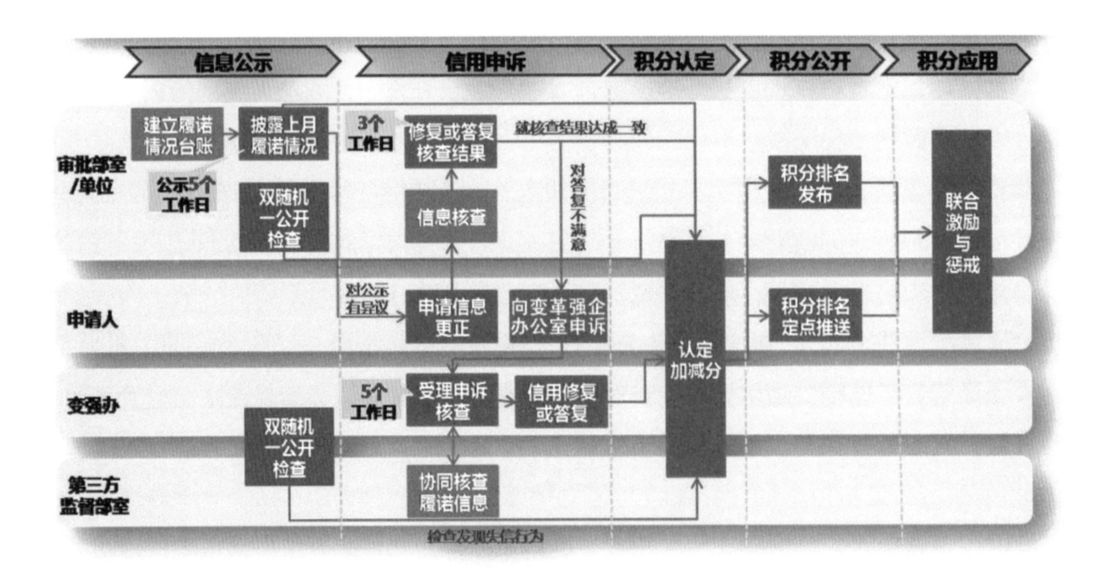

图 7-12 信用积分管理流程

（三）重点举措和成效

国网天津电力启动实施“承诺制”以来，选取营销、发展、人资、财务和互联网5个审批事项较多的专业进行试点，共梳理90个审批事项，经过评估分析，对其中46项进行改革，整体审批效率大幅提升，改革成效显著优于预期。

减事项方面，无制度依据、审批标准不清晰的，直接取消；申请提出后，不能说“不”的审批，直接取消或转报备；本部明确审核标准，通过加强监管可以达到管控要求的，授权给基层。共取消审批事项15个，压减33%。其中，取消基层职员职数核定审批，明确量化标准，授权基层自主管理；取消典型岗位调整审批，通过业务系统数据分析进行过程管控。

减环节方面，部门内多重复核、部门间无实质内容的会签一律取消；同一事项前后重复审批、从未说“不”的冗余审批直接取消。共减少审批环节99个，压减46%。其中，10千伏业扩配套电网项目审批实施流程重构，环节压减27%；去除ERP费用报销重复审批，效率提升30%；员工收入及工作证明开具、岗位变动配套系统权限调整，由过去的审批转为主动服务。

减材料方面，线上线下重复提交、相同信息反复报送的材料一律取消；通过系统或部门协同能共享的材料，依托统一报表进行共享应用。共精减申请材料30份，压减46%。其中，取消职称及优秀专家申报提交的全部纸质材料，每年可为1100名员工减少1.6万份纸质材料；取消技能等级评价、员工评优评先中的绩效结果证明，改为通过全员绩效系统进行关联核查。

减时限方面，重点针对基层反映办理时限过长的事项，通过限定各环节时限、流程“串改并”、应用“互联网+”等手段统筹压减时限。共压减审批时限300天，相比改革前实际办理时限，压减57%。其中，电费退费、员工差旅费用报销等24个事项，通过减环节压减时限164天；通过流程环节“串改并”、增加处理批次等方式，费用发放由60天减至15天。

强化履责方面，审批标准清晰，申请人可自主判断材料真实性、准确性的，承诺后可直接办理；申请材料在特定环节前补齐，审批决定可撤销、失信风险可控的，通过“容缺后补”先行办理。目前，共8类材料实行信用承诺。其中，电力设施迁改有关要件“容缺后补”，办理时间压减10个工作日以上；员工费用报销发票验真环节推行信用承诺，精简员工报销和业务经办人员工作量，并通过过程抽查有效管控风险。

强化服务方面，将解决基层反馈问题作为疏通改革梗阻的重要动力，组建由公司总经理助理、副总师牵头的“变革强企”柔性团队，发挥“管理95598”作用，综合协调、过程督办、成效跟踪，采用“立行立改、限期整改、持续攻坚”差异化策略推动问题解决，并通过联合发文、制度修订等方式将措施进行固化；实行“本部作业、基层打分”，评价结果纳入部门年度业绩评价。实施以来，服务基层解决问题340项，基层满意度达到99.2%。其中，从管理、流程、技术、系统等维度统筹推动基层减负，解决电压合格率指标重复报送等107项问题；推动计量箱更换与农网改造并行，强化项目合规管理；解决营业厅二维码缴费、自助发票打印机器人推广等基层诉求强烈事项，提前半年完成部署。

第三节　人事制度改革

一流的战略需要一流的人才支撑，深化人事制度改革是推动企业战略全面落地、造就高素质干部队伍的重要制度保障。国网公司将“三项制度”（人事、劳动、分配）改革作为人事制度改革的“牛鼻子”，积极构建“管理人员能上能下、员工能进能出、收入能增能减”新格局，全面调动员工积极性，增强企业活力竞争力，努力在服务新时代战略落地的过程中形成人才辈出、人尽其才的生动局面。

一、演进与样本

人事是指在社会劳动的整个过程中，人与人、人与事、人与组织之间的相互关系，制度是为人们的相互关系而人为设定的一些制约。人事制度包括用人以治事的行动准则、办事的规程以及管理体制三方面内容，直接反映了企业人力资源管理思路，是所有人力资源管理活动在具体实施过程中必须遵循的指导理念。随着企业发展变革的不断深入，根据动态优势原理，传统的人事制度也需要不断地调整和变化，其中，落实国务院针对国有企业的人事、劳动、分配“三项制度”改革是人事制度改革的重要举措。“三项制度”改革即通过干部人事、劳动用工和收入分配等方面的制度安排，建立与社会主义市场经济体制和现代企业制度相适应的市场化用工和分配机制，充分调动员工积极性，实现企业与员工双赢的企业内部改革。

（一）历史沿革

总的来看，自1978年，我国的国有企业“三项制度”改革大致可以分为“破三铁”、企业化、市场化、全面深化改革等四个阶段，如图7-13所示。

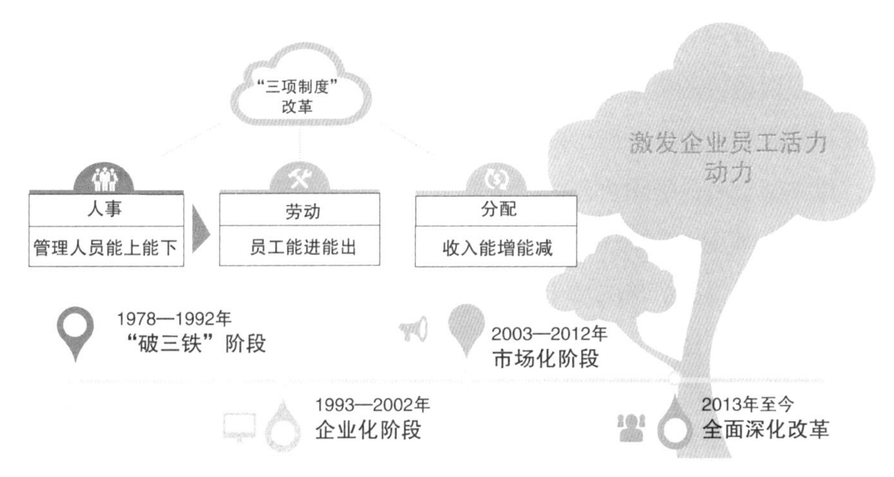

图 7-13 "三项制度"改革历史沿革

1."破三铁"阶段（1978—1992 年）

1992 年 1 月，劳动部、国务院生产办、国家体改委、人事部、全国总工会发布的《关于深化企业劳动人事、工资分配、社会保险制度改革的意见》提出，深化企业劳动人事、工资分配和社会保险制度改革，在企业内部真正形成"干部能上能下，职工能进能出，工资能升能降"的机制，要求企业内部打破三铁（打破铁饭碗、铁工资、铁交椅）。这一阶段，初步打破了计划经济体制及"八级工资制"长期实施带来的工资无法提升、大锅饭盛行的局面。劳动力市场建设工作开始推进，社会保障制度开始建立完善。

2. 企业化阶段（1993—2002 年）

1993 年 11 月，十四届三中全会通过了《中共中央关于建立社会主义市场经济体制若干问题的决定》，明确我国国有企业的改革方向是建立"适应市场经济和社会化大生产要求的、产权清晰、权责明确、政企分开和管理科学"的现代企业制度。2001 年，印发《关于深化国有企业内部人事、劳动、分配制度改革的意见》，提出要建立管理人员竞聘上岗、能上能下的人事制度，建立职工择优录用、能进能出的用工制度，建立收入能增能减、有效激励的分配制度。1997 年，国家电力公司成立，与电力工业部实行两块牌子、两套班子、一套人马运行，随着电力工业政府职能并入国家经贸委，政企分开初步完成。本阶段改革对象由"干部"变为"管理人员"，"身份"管理逐步被突破，岗位管理机制得以落实；"竞聘上岗""择优录用""有效激励"等现代企业管理理念、制度得到进一步强调。

3. 市场化阶段（2003—2012 年）

2003 年 10 月，十六届三中全会《中共中央关于完善社会主义市场经济体制若干问题的决定》中指出，要“建立健全现代产权制度，产权是所有制的核心和主要内容。”2009年10月，国务院国有资产监督管理委员会印发《关于深化中央企业劳动用工和内部收入分配制度改革的指导意见》，提出要建立以合同管理为核心、以岗位管理为基础的市场化用工机制，建立健全人员进出机制、促进职工合理流动；要建立以市场价位为导向、以绩效考核为基础的工资总额管理体系；形成个人收入与岗位责任、贡献和企业效益密切挂钩、与劳动力市场价位相衔接的增长机制。这一阶段国有企业“三项制度”改革与现代企业制度的建立完善相辅相成，岗位管理、绩效管理、薪酬激励、福利保障等工作协同推进，为完善市场化用工机制、合理拉开收入差距、有效激励约束奠定了坚实基础。

4. 全面深化改革阶段（2013年至今）

2013年，党的十八届三中全会通过《中共中央关于全面深化改革若干重大问题的决定》，指出要深化企业内部管理人员能上能下、员工能进能出、收入能增能减的制度改革。2015年，中共中央、国务院印发《关于深化国有企业改革的指导意见》，提出主要目标是要在2020年前国有企业公司制改革基本完成。2016年，国资委发布《关于进一步深化中央企业劳动用工和收入分配制度改革的指导意见》，提出建立与社会主义市场经济相适应、与企业功能定位相配套的市场化劳动用工和收入分配管理体系，实现企业内部管理人员能上能下、员工能进能出、收入能增能减，增强中央企业活力和竞争力。国有企业“三项制度”改革已进入全面创新、精益施策的新阶段。

（二）典型样本

1. 搬掉“铁交椅”，管理人员能上能下

（1）建立处级、科级干部聘免与绩效考评结果挂钩制度。对处级、科级干部实行“全体起立、竞争上岗”，把好“上”的入口；分类建立处级、科级、片区经理、站长等各层级人员履职清单，推行末位淘汰，畅通“下”的出口。如中石化某公司共有5名处级干部、16名科级干部降职调整，百余名站长被免职淘汰，“能者上、庸者下、劣者汰”的工作机制进一步形成。

（2）月度考核与月基薪挂钩，年度考核与效益年薪挂钩，任期考核周期为一年，对管理人员的德能勤绩廉进行全面评价，对考核为优秀或能胜任的管理人员，给予一次性奖励，对不能胜任的予以解聘。如安钢集团出台管理人员月度、年度、任期“三位一体”绩效考评办法，形成了比较完善的“前10后8”优胜劣汰机制，激发了管理人员干事创业、锐意进取的激情，队伍的战斗力凝聚力明显加强，管理人员“能上能下”取得实质性突破。

（3）强化对管理人员综合考评的日常监督管理，将考评结果与职务升降和薪酬调整紧密挂钩，建立动态管理和末位调整机制。管理人员根据特长选择转型之路，实现人适其岗、人尽其才。如湖南新天地集团实施集团本部中层正职人员及子公司高管全部就地起立，公开竞聘，不拘一格选人才，大胆使用政治素质过硬、经营管理能力够强的年轻干部，真正实现能上能下。

2. 端掉“铁饭碗”，员工能进能出

（1）建立和完善以劳动合同管理为核心、以岗位管理为基础的市场化用工机制，推进“控总量、调结构、强素质、建机制”的各项工作。积极依法对劳动关系进行清理，依法规范使用劳动合同制、劳务派遣等各类用工，完善管理制度，履行法定程序，确保用工管理依法合规。如安钢集团持续优化劳动组织，通过对标先进企业，从严编制战略目标定员，将管理人员严格控制在员工总数的7%以内，各单位机关管理人员严格控制在员工总量的3%以下。

（2）推行“统一计划包干、自主切块使用，分开核算统计”的管理方式，新增劳务费用一律从工资总额中转移支付，形成内生型劳务费用约束机制，从侧面把控用工总量。如湖南省27户省属监管企业大力推进减员增效，集团总部共精简人员275人，下属企业共精简人员11574人，打造高效、专业、精干的人才队伍。

（3）在企业内部实施共享用工改革，有效推动员工内部市场化流动，把人力资源存量转化为创效增量，全面盘活现有资源，做好人才基础支撑。如中石化江苏公司在油库实施大班组运行模式，实现“一人多岗、跨岗作业”，全面推广油库自助发货，减少用工、提高效率，以浦口柴油团队为例，柴油团队成立后，节约用工4人，人均劳效提高49%，人均收入增长56%。

3. 打破“大锅饭”，收入能增能减

（1）各企业结合自身实际，建立健全与市场相适应、与劳动生产率相挂钩、效薪联动的差异化薪酬分配制度，着力优化薪酬结构，合理拉开收入分配差距，逐步提高绩效工资在员工薪酬中的比重。建立与岗位特点相适应、差别化的工资分配制度，薪酬分配向岗位价值大、工作业绩优的员工倾斜。如湖南省属国有企业中10户竞争类企业绩效工资占总工资比例超过40%，6户功能企业绩效工资占比超过30%，8户企业实施中长期激励；建立了绩效和贡献相挂钩、短期激励与长期激励相结合的薪酬激励机制，坚持动态调整、动态考核，确保员工时刻保持干事创业热情，实现员工收入增长和经济发展同步、劳动报酬增长和劳动效率提高同步。

（2）建立“指标量化、联量联效、排名考核、多维评价”的多层级绩效指标体系，加大薪酬分配与企业效益、劳动生产率的挂钩力度，引导员工由向企业“要总额、争增量”转为向市场“要效益、挣工资”。如中石化某公司加大联量联效考核分配力度，打破“大锅饭”制度，拉开收入差距，地市级企业领导班子之间的绩效奖金差距达43%；在做大“蛋糕”的同时，将薪酬分配增量大幅向一线倾斜，加油站员工收入增长在25%以上。

二、处境与对策

（一）“三项制度”改革新要求

十九大报告提出，人才是实现民族振兴、赢得国际竞争主动的战略资源。要坚持党管人才的原则，聚天下英才而用之，加快建设人才强国。这是在新的历史起点上，以习近平同志为核心的党中央对国有企业人事制度改革作出的重大部署，为新时代国有企业人事制度改革指明了方向、提供了根本遵循。

新时代要有新要求，新战略要有新动能，“三型两网”建设需要一支素质过硬、作风优良、能打胜仗、敢打胜仗的员工队伍。要解决人的核心问题，就要深入推进“三项制度”改革，自上而下做好顶层设计和指导协调，自下而上发挥基层创造力和积极性，抓住公开公正的“上”、平等择优的“进”、合理有效的“增”三个关键点，形成有效制衡的法人治理结构和灵活高效的市场化经营机制，以“六能”激发员工队伍活力和创造力，不断提升企业发展的综合实力和竞争力，为加快建设世界一流能源互联网企业提供支撑保障。

（二）思路与目标

改革思路：聚焦“三型两网”建设，坚持市场化、契约化理念，以搭建职业发展通道为核心促进管理人员能上能下，以强化市场契约管理为途径推动员工能进能出，以完善考核激励为手段实现收入能增能减，形成科学高效的现代企业管理制度，激发员工生成长动力，增强企业活力和竞争力，助力国网天津电力争当“四个先锋”。

改革目标：深入推进“三项制度”改革，逐步构建市场化劳动用工和收入分配机制，在“能上能下、能进能出、能增能减”上取得突破，实现用工结构更加优化，人员配置更加高效，激励约束机制更加健全，收入分配秩序更加规范，人力资源价值创造能力显著提升，组织运行效率和员工发展活力大幅提高，有力支撑国网天津电力世界一流能源互联网企业建设。

（三）基本原则

“三项制度”改革涉及企业和员工的根本利益，推进过程中需要做好统筹，兼顾各方影响。

坚持企业与员工共同发展的原则。通过“三项制度”改革，把员工个人价值的实现与企业效率效益的提升统一起来，实现企业与员工的双赢和可持续发展。

坚持市场化、契约化方向。“三项制度”改革人人有责，需要全面落实责任制，引导广大干部员工主动适应新时代改革发展要求，坚持市场化导向，牢固树立契约精神，充分认同多劳多得的社会分配原则，坚持业绩是干出来的、工资是挣出来的。

坚持问题导向，协同推进。聚焦企业重难点问题和员工关注的重点领域，加强实践探索、敢闯敢试，出实招、做实功，将“三项制度”改革与混合所有制改革、“放管服”改革等改革措施统筹规划并进行大胆创新，形成政策合力，发挥乘数效应。

坚持分级分类与积极稳妥的原则。“三项制度”改革具有系统性、长期性、艰巨性的特点，需要结合实际、因地制宜、因企施策；需要坚持目标导向，稳妥有序，处理好改革、发展和稳定的关系，把改革的任务细化于实，经验固化于制，确保改革的步伐坚实有力、行稳致远。

（四）方法举措

1. 能上能下：拓宽员工发展通道，搭建干事创业平台

（1）实施技能人才培养工程。加大一线技能人才培养力度，逐级选拔技能骨干、技能标兵和技能工匠。按照“动态管理、能上能下”原则，建成科学高效的管理体系，畅通一线员工成长通道。推进岗位练兵筑基工程，开展针对性培养，持续提升员工专业技能和安全素养。技能人才培养工程如图 7–14 所示。

（2）推广岗位聘任制。全面推广实施岗位聘任制，量化岗位职责和任职资格。搭建“业绩 + 能力”人才评估九宫格，统一人才评价标准，综合判定人员业绩能力，为岗位聘任提供依据并储备优秀人才。健全考核评价机制，实施试岗期满考核、聘期内动态考核和聘任期满考核，打破岗位“终身制”，构建“能者上、平者让、庸者下”的用人环境。

2. 能进能出：强化市场化用工配置，提升人力资源效能

（1）盘活内部人力资源市场。针对关键紧缺岗位开展跨单位、跨专业岗位竞聘和项目制软流动。对市场化单位制定针对性补员策略，满足业务发展需要。推进各单位间人才双

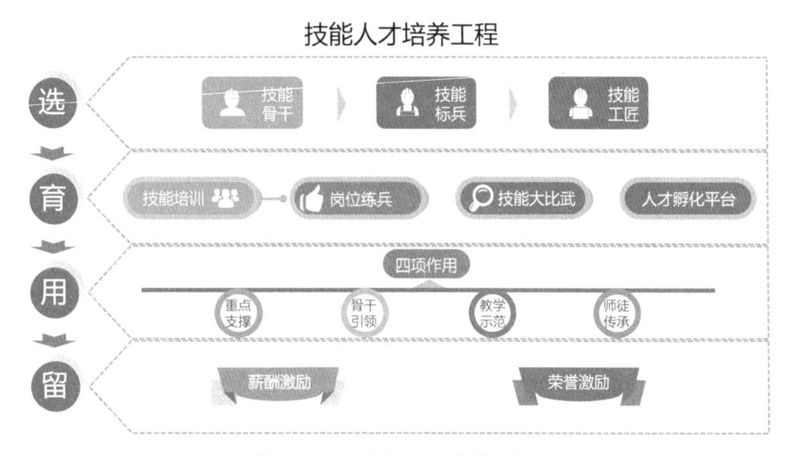

图 7-14 技能人才培养工程

向交流，丰富经验，提升专业技能水平。优化完善人员流动程序，编写组织调配和人员借用指导书，精准快速地实现专业人才配置。内部人力资源市场业务流程如图 7-15 所示。

（2）深化契约管理。制定《劳动合同管理实施细则》，规范劳动合同各环节管理要求，明确合同激励性条件及否决性条件，整合解除劳动合同的主要情形，充分发挥劳动合同作用。常态开展劳动合同管理规范性核查，针对发现的问题进行限期整改，有效管控风险。

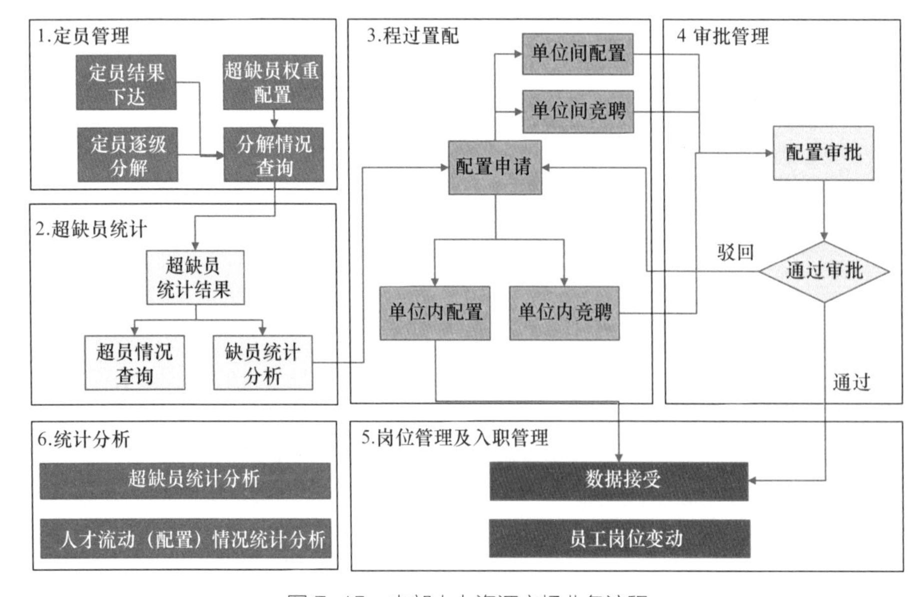

图 7-15 内部人力资源市场业务流程

3. 能增能减：健全激励约束机制，激发组织员工活力

（1）创新组织考核模式。优化市场化单位业绩考核体系，关注盈利能力、市场拓展、改革创新等考核内容，激发企业挑战自我的内生动力。差异化设置指标权重，根据业绩指标和重点任务承担情况进行浮动，重点对企业战略目标的贡献度进行考核；引入目标完成、同比提升、同业排名、指标分值和指标权重相结合的评价方式，实施精准考核。

（2）丰富各类人员考核方式。对副处级及以上管理人员，根据组织绩效、民主测评和领导评价综合确定考核结果，提升考评精准度。对一般管理人员，实施月度"一站式"考核，激励员工关注工作质量。对一线员工，充分授予基层考核方式自主权和考核分配权，因地制宜构建多元量化考核模式。副处级及以上管理人员考核示意如图 7-16 所示。

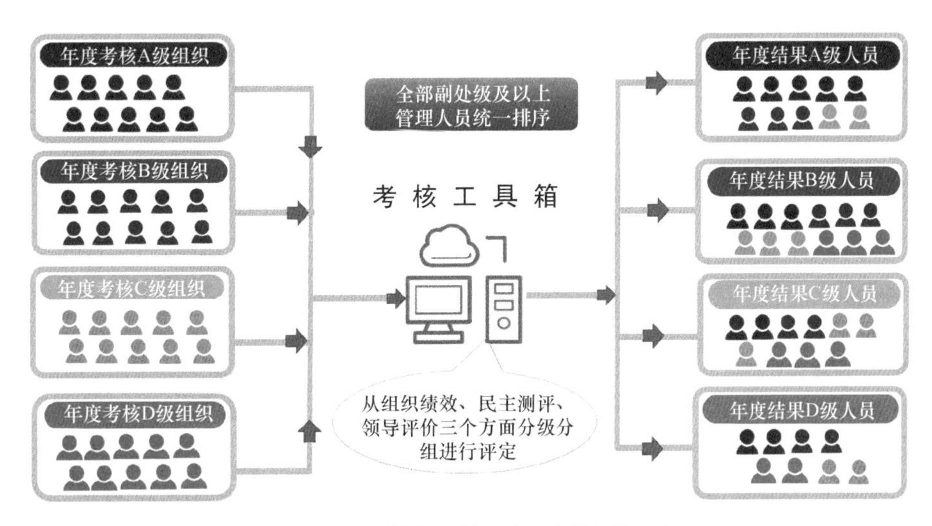

图 7-16　副处级及以上管理人员考核示意

（3）突出绩效管理正向作用。全面打破 C、D 级强制比例，在 A、B 等级的基础上细化分档（如 A+、A-、B+、B-），设置与分档相对应的绩效薪金兑现基数，建立 A 级员工负面清单、确定 C、D 级通用约束性条件。持续深化考核结果正向应用，在岗位竞聘方案中引入员工绩效积分制。

（4）推动发挥绩效经理人主体作用。落实绩效经理人绩效管理主体责任，持续完善绩效经理人考核与激励机制。建立绩效经理人常态评估机制，构建"刚柔并济"绩效经理人评估模型，建立绩效经理人评估档案，履职评估结果应用于绩效经理人年度评价、年度绩效薪金兑现和聘任期考核，提升绩效经理人履职动力。

（5）实施团队绩效工资。制定团队绩效工资实施方案，从内部分配层面充分体现“增人不增资，减人不减资”。薪酬分配合理化，应用科学方法设定应配置人数，再核定团队绩效工资包，打破“按人数分钱”的传统分配方式。人员配置科学化，各级绩效经理人主动减少用工总量，深度发掘员工潜力。提高员工工作效率，将任务指标和经营压力有效层层传导，凸显多劳多得的激励导向。团队绩效工资实施路径如图 7-17 所示。

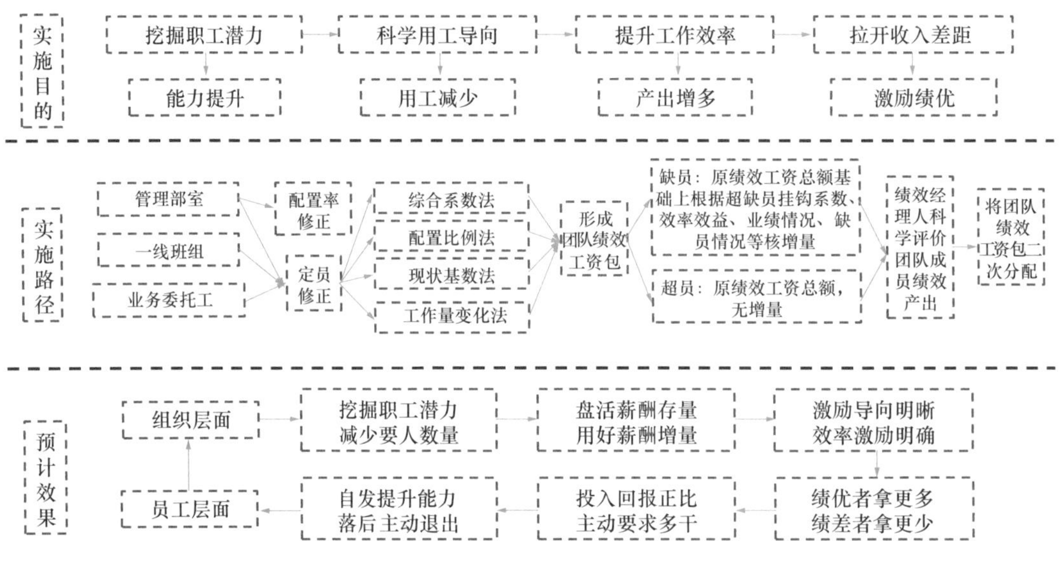

图 7-17 团队绩效工资实施路径

（6）促进专项奖励进一步发挥作用。提高针对性，统一设置专项奖名录，杜绝节日类、日常工作类普奖。严控设置数量，确保专项奖因专事而设、因贡献而奖。规范奖励额度占比，优化分配规则，提高专项奖对直接责任人的分配额度、优秀员工与一般员工奖励额度比例，让奋斗者有盼头、贡献者得实惠。

三、实践与成效

（一）新战略下的基层供电所革新之路

国网天津城南公司结合“三型两网”建设，以小站供电服务中心作为“三项制度”改革综合试点，通过网格承包责任制、双向选择制、待岗培训考核制“三制合一”的举措，对传统业务组织形态、管控方式、业务模式等进行优化升级，营造公开公平、比绩比效的氛围，为实现企业高质量发展奠定基础。

1. 主要做法

（1）承包到组焕发员工活力。创新采用网格承包责任制，根据区域内变电站、线路、低压用户的分布实施网格化划分，依据区域面积、管理水平、指标提升难易程度等设置不同的工资总额，实现指标、责任、奖励“包产到组”。推行网格组长聘任制，以“公开竞标、团队考核”的方式，从优秀员工中择优选拔网格的组长（承包人），再由组长选择组员成立团队。网格组组长实行聘任制，任期一年。通过公开竞聘成功上岗者，可取得岗位对应的基本工资；不再担任组长时，岗位基本工资按普通组员标准发放，实现岗位能上能下。

（2）双向选择打破固定管理模式。建立灵活多元、充分协商的选择机制。随着工作效率的提升，人员出现富余。富余的网格组主动提出交流申请，由其他网格组和组员进行双向选择。对未达成双选意向的人员，由中心负责人统一分配至未满员的网格组。2019 年，小站供电服务中心达成双向选择意向的有 13 人次，打破了以往固定班组的管理模式。以团队绩效考核促进减员增效。作为团队绩效考核试点单位，以业绩而非人数为中心的考核方式促使各组负责人综合考虑工作量与人员的匹配问题，各组从“增人增资”向“减人增效”转变。

（3）待岗培训激励员工提升技能。以待岗培训促指标提升。对指标长期落后、工作态度消极、在各组双向选择过程中始终没有入选的员工，根据劳动用工管理相关规定，将其纳入“待岗池”，组织参加培训并经考核合格后重新上岗。以待岗培训畅通人员出口。根据全能型供电营业所的建设要求，传统的抄表员需向全能型技能人才转型。组织抄表员参加装表接电、营业收费等转型培训，对培训不合格的纳入待岗培训统一管理，2 次待岗培训不合格的按照劳动合同法相关规定解除劳动合同。

2. 工作成效

（1）业绩优秀人员收入增幅明显。外勤班组高低收入倍比由 2.23 提升至 3.23，员工收入差距合理拉大。

（2）结构性超缺员有效缓解。“三项制度”改革前，该中心存在各组人员分布不均、结构性超缺员问题。“网格承包制”采用团队绩效考核，打破了各组的“大锅饭”；“双向选择制”给予各班组、各员工更加灵活多元的选择权，解决了各班组以往争相抢人的情况。各组负责人结合实际合理分配工作量，提升工作效率，使结构性超缺员的现象得到有效缓解。

（3）人才队伍活力和素质大大提升。“网格承包制”“网格组长聘任制”让能力出众者公开公平的“上”，让业绩一般者心服口服的“下”，员工活力和工作积极性大大提升。因待岗培训不合格，2019 年该中心劝退员工 2 人，“待岗培训制”有效畅通了用工出口，员工比学赶超的学习氛围日益浓厚。转型培训与待岗培训的双效联动，促使员工向全能型、知识型技能人才转变，队伍素质得到整体提升。

小站供电服务中心改革整体成效如图 7–18 所示。

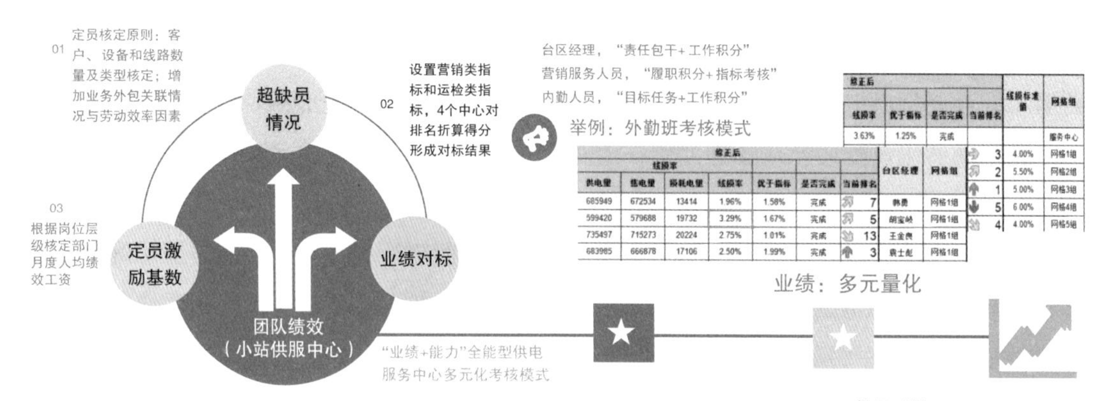

总结：

★优化薪酬分配模式，推行团队绩效工资制度。将员工配置率、团队绩效引入薪酬调配机制，提高劳动效率，盘活人力资源存量；优化薪酬增量，实现部门工资总额与业绩同向升降。

★积极构建年度“能力+业绩”评测与月度绩效管理机制，优化员工工作能力、工作质量与工作增量的横向纵向量化评估方式，创新性开展“全能型”供电服务中心多元化考核模式。

能力：阶梯系数

能力档级：岗位（班长、小组长、外勤员、内勤员）、能力积分设置三档级积分：个人贡献得分、工作年限得分（工龄和任职得分）、技能等级得分

推行成效

人均薪酬水平高于平均水平 2.75%；外勤班组高低收入倍比达3.23

低压线损率同比下降22.65%，台区线损合格率同比上升 11.04%，采集成功率达到 99.95%

图 7–18　小站供电服务中心改革整体成效

（二）“三驾马车”驱动人力资源配置

国网天津东丽公司聚焦“三型两网、世界一流”战略目标和“四个先锋”发展目标，坚持以助推企业高质量发展和员工高质量成长为导向，运用员工队伍结构、素质、能力、需求等维度分析结果，以人员素质能力提升、绩效评价机制优化、聘期制管理推进为平台的“三驾马车”驱动模式，支撑企业人力资源高效建设与管理，实现“培养、评价、激励、管理”四要素精准匹配和深度融合，为建设世界一流能源互联网企业奠定坚实的人力资源基础。

1. 主要做法

（1）以员工队伍建设为根本，畅通人才成长通道。锚定青年员工，细化“黄金培养期”，量化目标值，打造“选树平台”，以多维度评价为抓手，选树“成长之星”“青年先锋”等优秀青年员工，并发挥其在重点工程任务中的作用，实现展示与建功“双促双进”，为“三型两网”建设释放人才推动力。朝向能力提质，做精做实岗位练兵，运用“赛场规则”以

专业部门为主导，多维度测评技能类员工，选拔25名技能骨干，突出综合素质能力，开展“青年先锋”培养工程，打造适应“三型两网”的坚强电网铁军。助力人才进阶，制定柔性团队、科技创新人才培养方案，应用互联网、无人机等现代化科技，丰富培训手段，提升培训效果，整合优势资源开展项目攻关，发挥高端人才在“三型两网”建设中的领衔作用。

（2）以绩效考核为抓手，发挥薪酬正向激励作用。实施“矩阵式工时积分”制考核，创新性引入矩阵式分配管理模式，以成员岗位角色、任务属性等要素辅助修正工时积分，提升工时积分管理效能。完善绩效三级考核体系，在月度、年度绩效考核的基础上，设立季度考核奖励，充分赋予绩效经理人考核权和分配权，根据员工季度贡献值强制收入差距不低于20%，以季度兑现方式强化正向薪酬激励。建立绩效评价结果过程管控机制，通过监测部门提报的月 / 季度员工绩效等级结果，进行考核分配一致性核查，向绩效管理委员会通报，并纳入月度过程考核。

（3）以聘期制管理为驱动，强化员工契约意识。以“聘期制全链条管理”为纲，率先推行管理技术及班组长岗位聘期制管理。优化岗位配置，全面梳理各部门人员配置情况，结合关键岗位交流和部门岗位调配需求，建立岗位交流动态管理机制。深化聘期制管理，结合组织和员工岗位匹配需求，明确管理技术及班组长岗位聘期制工作程序，分步推进聘期制管理。建立聘期考核机制及评价标准，开展年度管理技术人员考核，并将结果作为聘任人员解聘、续聘、转岗的重要依据。强化劳动合同管理，提炼新版劳动合同问题并结合制度进行解读宣贯，完善劳动合同履约评价机制，研究“三位一体”考核模式，建立“一人一档”合同管理台账，多措并举增强员工契约意识。

2. 工作成效

（1）健全人才培养体系，实现人才培养对建设“三型两网”的聚智支撑。通过实施青年人才、技能人才、专家人才系统性培养，建成兼顾不同阶段、不同层级人才特点的差异化选拔、评价、培养及应用机制，拓宽人才发展路径，培养高水平员工队伍，支撑“三型两网”战略目标实现。

（2）优化绩效考核机制，实现绩效管理对建设“三型两网”的聚效支撑。健全绩效考核体系，严格过程管控，通过加大A级员工绩效奖金系数，高低收入倍比较优化前最大提高幅度为1.67倍，以薪酬激励提升员工工作积极性，营造比质量、比贡献的良性竞争氛围。

（3）推进岗位聘期制，实现聘期制管理对建设“三型两网”的聚力支撑。开展管理岗位交流，先后两次完成组织调配136人次，其中包含关键岗位交流17人次，实现管理技术岗位退出3人次。进一步实施全员聘期制管理，完成管理技术岗位聘任76人次。优化劳动合同全流程管理模式，增强员工契约意识，打破岗位终身制，激励广大员工奋发向上、积极有为。

第四节 客户服务体系升级

优质服务是电网企业的生命线，“三型两网”建设的出发点是以优质服务满足人民群众日益增长的美好生活需要。国网公司践行“人民电业为人民”的企业宗旨，以建设现代服务体系为抓手，积极构建与“三型两网、世界一流”相适应的服务理念并提升能力和质量，大力优化电力营商环境，让电力发展成果更多、更好地惠及广大群众。

一、演进与样本

（一）现代服务体系

现代服务体系是优秀企业尤其是销售服务企业的重要构成部分，它是由明确的客户服务理念、相对固定的客户服务人员、规范的客户服务内容和流程、各环节服务品质标准要求等一系列要素构成。与传统服务体系相比，现代服务体系有着新的时代特点，具体体现在四个方面。

1. 起点不同

传统服务体系将服务市场定位于生产过程的终点，即产品生产出来后才开始服务活动。现代服务体系则将服务市场确定为生产过程的起点，即应以市场为出发点来组织生产经营活动。

2. 中心不同

传统服务体系以企业需要为中心，着眼于卖出现有产品，即“以产定销”。现代服务体系则强调以客户需求为中心，按需求组织生产，即“以销定产”。

3. 手段不同

传统服务体系主要以广告等手段推销已经生产出来的产品。现代服务体系则主张通过整体服务充分满足客户物质和精神的需求，即不仅要推销产品，而且要综合运用产品设计、定价、分销和促销等手段，发挥整体优势，使企业的营销、生产、财务、人事等各部门协调一致，共同满足客户需要，全面树立和强化企业形象。

4. 终点不同

传统服务体系以企业销售产品取得利润为终点。现代服务体系则重视通过客户的满足来获得利润，因而不仅要关心产品的销售量，而且要重视售后服务和客户的满意度及意见反馈，既取得效益，又使得客户高兴、满意，进一步促进企业的发展。

在互联网、数字技术迅速普及的今天，客户的消费行为与理念变得更加多元、个性，优秀的企业纷纷通过建立自己的现代服务体系来拉近与客户的关系，更好地满足客户的需求，全面提升客户的满意度和忠诚度，进一步影响客户对产品、服务和企业的选择，借此来确立和提高企业的竞争优势。

（二）典型样本与案例

1. 小米：精准定位 + 价值共创，培养高忠诚度“米粉”

小米公司从创立到今天，之所以能在手机市场占得一席之地，正是由于其拥有与客户关系良好的优势及优越的客户服务体系。主要做法包括通过以需要高配置低价格数码产品的年轻客户为目标客户群体，打造个性化品牌，并切入特定的利基市场，迎合不同的客户需求，在手机周边产品上铺展多元化市场；通过个人助理（基本互动）、自动服务（客服机器人）、专用个人助理（高价值客户）等多样化、差异化服务渠道提供友好的服务；利用客户社区和 MIUI 系统与潜在客户群体建立联系，让用户在小米社区参与小米生态系统的开发，让企业与客户共创价值，使产品更好地满足客户需求，提高客户黏性。

2. 京东：智能科技 + 优化运营，打造高品质网上购物体验

京东的“倒三角”服务战略模型，如图 7-19 所示，该战略模型体现了企业一切都是

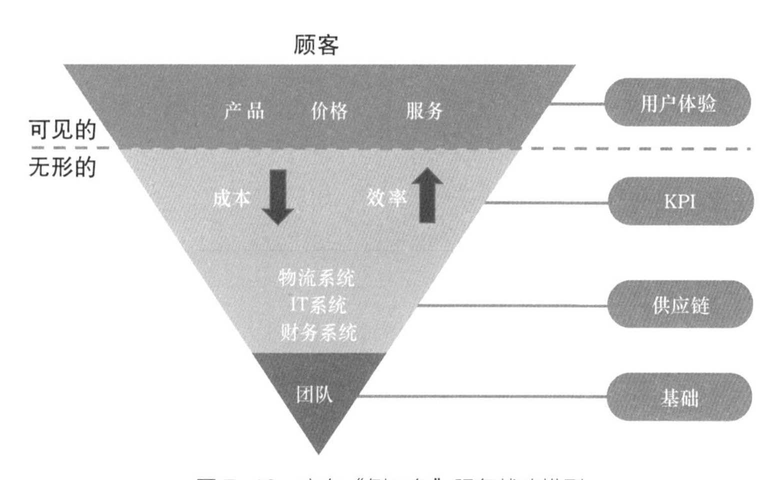

图 7-19 京东“倒三角”服务战略模型

为了给用户提供高品质的购物体验。主要做法包括研发智能客服机器人 JIMI，结合用户画像，对识别出的不同用户的提问进行个性化回答，让 JIMI 在“能用”的基础上变得“好用”，最终让用户“爱用”；通过设置专门的客服体验席，让每名新入职员工、各采销部门人员以及企业高管都能近距离倾听客户的声音、贴近客户，形成“全民客服”模式；邀请消费者对服务体验提出意见及建议，根据消费者痛点及需求，推进企业内部各部门服务产品改善，从根源上彻底解决客户难题；向品牌商开放京东的重点业务系统模块数据，通过对用户画像与行为分析，帮助品牌商简化服务流程、提升客服工作效率。

3. 招商银行：互联网技术 + 跨界拓展，推动零售银行数字化转型

招商银行近年来顺势主动求变，提出打造“金融科技银行”的目标，把科技作为变革的重中之重，应用大数据技术构建新型服务体系，打造最佳用户体验银行。主要做法包括 2018 年开始，将营业净收入的 1% 作为金融科技创新项目基金，投向基础设施建设、服务体系升级转型以及生态场景建设等方面，提升云计算能力、大数据基础能力、开放能力、业务敏捷能力；通过招商银行、掌上生活 APP，打造数字化服务新平台，推出一网通用户体系，提供账户总览等用户统一视图服务，建立完整、实时数据分析处理体系，根据用户习惯和偏好，计算生成用户标签，对用户行为进行实时的、智能化的反应，推出智能提醒、智能推荐等服务模块，提供个性化主动服务；通过外拓场景不断扩展服务边界，将金融与生活场景密切连接，推出饭票、影票、交通出行等场景服务。

总的来看，随着互联网技术普及和数字技术的加速推广，依托数字技术开展大数据挖掘和管理分析，为企业客户服务体系提供了新的发展契机，同时也提出了新的发展要求。越来越多的企业以客户需求为导向，应用平台、共享等互联网思维，将大数据、云计算等现代信息技术作为业务运行工具，精简不必要的业务流程和环节，提供主动、优质、高效、个性化的服务，增加客户满意度和对企业的忠诚度，不断充实和扩大客户基础，实现企业收益最大化。

二、处境与对策

（一）新时代要求电网企业推进服务体系升级

电力关系千家万户、各行各业，社会的进步与发展都会转化、映射为客户对电力的期望。当前，我国社会形态、经济结构、发展水平快速变化，市场主体活力迸发，居民收入不断增加，广大群众对电力供应的依赖性越来越强，对供电质量和供电可靠性的要求越来越严，对便捷用电和智慧生活体验的要求越来越高。同时，随着电力体制改革深入推进，市场化售电业务全面开放，“多买方—多卖方”市场格局加速形成，供电服务对象日趋多元化，能源服务市场竞争日益激烈。电网企业要谋求发展，必须以服务求市场，以服务求效益，持续提升服务便捷性，提供主动、精准、智慧的新型供电服务，降低客户用能成本，营造良好营商环境。

对照新时代新要求，国网公司在既有服务体系基础上，对标先进服务企业，构建以客户为中心的现代服务体系，将以客户为中心的服务理念真正落地；在服务渠道、服务效率、产品品质、价值创造等领域应用互联网和数字技术创新升级，推动客户服务再上新台阶。

（二）思路与目标

主要思路：统筹服务党和国家工作大局、服务人民美好生活、服务经济社会发展、服务能源转型的新要求，以“三型两网、世界一流”为战略目标，全面树立以客户为中心的服务理念，构建以客户为中心的现代服务新体系。聚焦人民电业为人民，提高全社会普遍服务水平，提供可靠便捷、智慧温馨的服务。聚焦供给侧结构性改革，服务电力市场化改革，强化政企客户用电服务，营造良好营商环境，提供主动高效、绿色增值服务。聚焦能源服务新业态，大力开拓能源服务市场，满足客户用能需求，打造公司能源服务新品牌。

发展目标：服务人民生活更美好的能力显著增强，城乡供电能力和可靠性水平明显提高，人民群众获得感、幸福感全面提升。服务市场化能力进一步提高，客户服务能力、市场开拓能力在能源行业领先。拓展服务新模式，客户服务感知和服务满意度在公共服务行业领先。全面满足客户多元化用能需求，构建形成智慧车联网、综合能源服务、光伏云网、能源电商等能源服务新业态。积极为客户创造价值，实现从满足需求到创造需求、引领需求的转变。

（三）基本原则

坚持客户至上，围绕客户服务一条主线，把客户需求贯穿于企业的各项工作中，实现“始于客户需求、终于客户满意”。坚持问题导向，抓住客户服务热点及难点，精准发力，有效提升服务质效。坚持因地制宜，综合考虑地域差异、市场竞争、成本效益等因素，明确服务边界，优化服务标准。坚持创新引领，根据客户和市场需求变化，不断优化服务体系，创新服务体制机制，确保企业在能源行业的示范引领地位。

（四）创新领域

1. 互动渠道方面

通过“网上国网”APP，建立客户聚合、业务融通、数据共享的统一网上服务平台，实现交费、办电、能源服务等业务一网通办。丰富线上服务类型和服务内容，实现在线菜单式服务和一键直约办电，提升服务体验感知。建设智能化营业厅和现场移动作业微应用，实现线上线下高效协同。创新应用人工智能技术，应用95598在线客服智能机器人，建设智慧座席，提供实时互动的智慧语音服务，提升95598客户服务效率和服务体验。

2. 服务效率方面

组建专业化前端服务队伍，主动对接政府、优质大客户、城乡居民客户，响应客户需求。简化线上业务流程和收资要求，提供一站式业扩报装服务和整体能源解决方案，实现“客户线上一次申请、客户经理主动上门、客户需求整体考虑”。深化全能型供电所建设，实现人员一岗多能、业务一岗制作业，一次性满足客户服务诉求。充分发挥供电服务指挥平台的功能，准确定位低压故障，主动推送停电通知、故障信息、复电计划和抢修进度。

3. 产品品质方面

优化业扩报装流程，履行接电时限承诺，精简高低压接电环节，压缩接电时间。以客户需求为牵引组织内部生产经营活动，优化配网规划建设模式、物资供应模式，简化项目审批，快速响应并满足地方政府和客户需求。通过推动电网数字化转型，全面提升电网的感知能力、互动水平、运行效率和自愈能力，使设备管理更高效，调度控制更灵活，供电质量更优质，电网运行更安全。通过配电网规划建设，加大配网投资力度，对配网薄弱环节进行治理，完善配网网架结构，提升智能化水平，优化配网运行方式，精益设备管理，消除配网局部“卡脖子”和低电压现象，提高供电可靠性。

4. 价值创造方面

基于客户画像数据分析和标签应用，细分客户群体，提供精准化、定制化的增值服务产品。基于智能电能表数据分析负荷特征技术，为客户提供用能分析及改进建议。主动引导大客户参与平台直接交易，构建高效便捷的市场化交易电费结算体系，降低客户市场参与难度和用能成本。建立分行业、分领域电能替代典型方案共享库，推动电能替代补贴与支持政策、专项电价政策出台，组织替代电量打捆参与直接交易，进一步降低电能替代项目运营成本，提升电能在终端能源消费市场的竞争力。

三、实践与成效

营商环境是一个国家、一个地区发展软实力、综合竞争力的重要体现，近年来我国优化营商环境工作成绩斐然。2019 年 10 月世界银行发布的《全球营商环境报告 2020》显示，我国营商环境总体排名跃居全球第 31 位，比去年提升 15 位，“获得电力”作为 11 项指标之一提升了 2 位至第 12 位，有力地支撑整体指标提升。国网天津电力将优化电力营商环境作为现代服务体系建设的重要标准，积极服务党和国家工作大局，创新推广“三零、三省”（零上门、零审批、零投资；省力、省钱、省时）办电服务，使办电成本、办电环节、办电时长、供电可靠性和电费透明度等营商环境“获得电力”指标达到国际一流、国内领先水平，在优化电力营商环境领域作出了天津实践。

（一）创新举措

1. 开展优化营商环境工作顶层设计

主动向社会公布《落实天津高质量发展电力服务十项新举措》，创新优化内部流程，推行低压客户办电“三零”、高压客户办电“三省”服务，持续推进营商环境优化，提升“获得电力”指标。同时，启动实施《国网天津市电力公司持续优化营商环境提升供电服务水平两年行动方案（2019 —2020 年）》，明确压减客户办电环节、简化办电手续等 56 项具体任务，出台了关于加速报装接电、加快配套电网建设、优化营商环境专项监督等多项具体工作细则，持续提升供电服务水平，确保优化营商环境工作扎实落地，取得实效。

2. 全力支持小微企业办电“三零”

（1）办电“零上门”。整合现有线上办电渠道，推出“网上国网”统一线上入口，拓展线上受理渠道，加强线上渠道宣传，创造客户掌上办电条件，提供客户经理主动预约上门服务，实现办电“零上门”。同时融入天津市“政务一网通”改革，将 5 项“无人审批”、46 项“一证通办”的电力公共服务事项纳入政务网一网通办范畴，拓宽电力业务办理渠道，安排精干业务力量进驻市、区两级行政许可服务中心，正常开展电力工程建设项目报装业务的综合服务，并接受政府和客户监督。

（2）办电“零审批”。全面推行“一证受理”，客户承诺“容缺后补”，简化办电手续，办电环节由 4 个减至 2 个，承诺无工程项目办电时间 3 天、有工程项目办电时间 7 天。截至 2019 年 10 月，平均接电时间达到 1.5 天，实现办电“零审批”。

（3）办电“零投资”。落实电网基建投资计划，安排电网基建专项资金，免费为低压小微企业实施外电源接入工程，实现客户办电“零投资”，2018 年政策实施至今，共为 9000 余户小微企业节省办电成本约 6000 万元。

3. 助力高压大中型企业办电“三省”

（1）办电更省力。在拓展线上受理渠道，压减客户办电申请材料，推行“一证办理”和“容缺后补”办电服务的基础上，根据客户填写的在线申请材料，由客户经理主动联系预约，组织相关专业人员联合上门服务，为客户提供从技术咨询到装表接电的一条龙服务。同时重新优化设计业扩，压减与客户互动的办电环节，将高压业扩办电环节由 8 个压减至 4 个。

（2）办电更省钱。继续加大公用电网建设投资，实现客户用电项目外电源就近接入电网，对市级及以上各类园区的电能替代、电动汽车充换电设施等项目免费实施外电源接入电网工程，每年为客户节约投资近 5 亿元，降低企业办电成本。

（3）接电更省时。全面梳理内部工作流程，深入贯彻“放管服”部署和“一制三化”要求，重新优化设计高压客户报装接电工作流程，将内部串行环节改为并行运转，严格执行“先接入、后改造”原则，加速组织外部工程实施，压减工作时间，确保实现结合客户受电工程建设进度，高压客户承诺办电时间不超过 22 个工作日，截至 2019 年 10 月，平均接电时间达到 15 天。

4. 提升供电可靠性和电费透明度

（1）建立停电管控机制，提升配电网可靠性。全面开展可靠性停电时户数预算式管控，严控预安排停电次数和时间。积极应用不停电作业技术，培育不停电作业专业队伍，开展不停电检修。加强设备运维管控，减少故障次数，提升配电自动化实用化水平，提升故障恢复效率。深入实施配电网标准化网架提升、配电网设备质量提升、配电网智能管控技术提升、配电网精益管理水平提升、配电网运营服务能力提升等“五个提升”专项工程，全面提升城市配电网可靠供电水平，尽早实现户均年平均停电时间小于 1 小时，年平均停电次数小于 1 次的最优目标。

（2）采用自动化手段监测和恢复停电。全面应用监测停电的自动化工具，通过调度自动化系统对变电站停电进行自动监测，通过配电自动化系统对配电线路及分支停电线路进行自动监测，通过供电服务指挥系统对台区停电线路进行自动监测。常态检查供电可靠性数据质量、可靠性指标数据分析应用和停电管控情况，实现对供电可靠性的定期监管督查。

（3）实施停电赔偿机制。每年与保险公司签订《保险服务合同》，对由意外停电及电压不稳等电网企业原因造成的客户损失进行赔偿，常态发挥有效的财务遏制作用，推动供电可靠性持续提升。

（4）提前出台电价变化文件。天津市严格执行《国家发展改革委办公厅关于优化电价政策发布机制的通知》（发改办价格〔2019〕487号）要求，并下发《市发展改革委关于进一步降低我市一般工商业用电价格的通知》（津发改价综〔2019〕354号），明确降低一般工商业及其他用电销售电价，实施提前一个月对外公布电价变化的增加电费透明度的举措。

5. 落实政策持续降低用电成本

贯彻落实天津市发改委调整电价政策，2018年起已组织开展七轮一般工商业客户降价工作，共计降低15.99分/千瓦时，降幅达19.02%，两年累计为企业节约用电成本约27亿元。积极争取政策，推动外电入津，稳步扩大市场化电量交易规模，交易电量两年达到220亿千瓦时，释放改革红利12.8亿元。根据客户需求，指导企业灵活调整基本电费计价方式，辅助客户合理利用暂停、减容、两部制电价选择等业务政策调优用电策略，指导企业合理投入使用无功补偿装置，获得功率因数调整电费奖励，节省客户电费近2亿元。大力推广综合能源服务，根据客户需求，提供用能监测、能效诊断、节能改造、分布式新能源发电服务，为公共建筑、工业企业、园区等用户提供冷热电多元化综合能源服务；对大数据企业，提供余热收集等用能循环利用方案，提高用能效率，降低综合用能成本，其中北辰商务中心和北方客服中心项目已经落地实施。

6. 政企合作出台简化工程审批制度

天津市下发的《天津市工程建设项目审批制度改革试点实施方案》和《关于进一步简化优化电网工程建设审批流程的意见》中均明确“推进变电站、电力线路等电网工程项目以函代证、信用承诺、简化并行等联合审批机制落地；160千瓦及以下低压工商业所有外部电源工程不再办理建设工程规划许可、临时占用绿化用地许可、占地挖掘道路许可等审批事项”等多项全国最优政策，既加快电网建设速度，又提升低压小微企业接电效率。

7. 深入企业调研，以需求促服务提升

定期开展走访服务，进政府、进企业，调研客户对供电服务的意见，及时了解用电客户最新的“获得电力便利度”需求，以此更新完善供电服务手段和举措，借鉴其他行业的先进手段，使企业享受更高效、更优质的“获得电力”服务。

8. 严肃开展管控自评价工作，确保举措落地

通过建立责任体系、考评体系和“追根溯源”机制，从办电手续、办电时长、专业协同、项目管控、廉政风险防控等五个方面进行重点监察，以档案抽查与现场核实相结合、基层单位自查与互查相结合、专业部门与监察部门相结合的方式，多维度定期开展优化营商环境自评价工作，定期通报检查结果，同步引入优化营商环境“获得电力”第三方评价，将评价分数纳入企业负责人指标考核体系，保障营商环境优化工作常态开展，闭环管理，并取得实效。

（二）典型案例

1. 全力支持小微企业办电“三零”

（1）基本情况。2019 年 3 月 6 日，某汽车运输服务公司电气负责人通过掌上电力 APP，线上自助申请低压非居民新装业务，申请容量为 80 千瓦。2019 年 3 月 7 日国网天津电力完成装表接电工作，整体包含申请受理、装表接电 2 个环节，接电时间 1 天，客户外部零投资。

（2）做法及成效。

1）外线施工免审批。为优化营商环境，天津市政府印发《天津市工程建设项目审批制度改革试点实施方案》，明确进一步简化 160 千瓦及以下低压工商业等户外电源建设手续，并在该项目得到应用实践。该项目外线施工需破 10 米宽道路，按照《实施方案》要求，免去了原相关施工审批手续，接电时间减少两周左右。

2）利用信息化工具。方案人员现场通过 PDA 规划最优供电方案，确定最短的电源路径，并在线上进行工程物资备料。施工人员转天携带物料现场实施，实现当天受理、转天接电。

3）接电零成本。按照国网天津电力关于优化营商环境、服务小微企业用电的相关政策，低压外电源接入工程由国网天津电力投资，实现客户接电零成本，为客户节约成本 2 万余元，缓解了企业前期启动资金周转困难的问题。

4）加大宣传推广，让企业办电“一次都不跑”。2019 年初，国网天津电力组织进社区、进企业，向客户推介掌上电力 APP 线上缴费、线上办电、一证受理等便捷功能，客户于 3 月需求用电时通过掌上电力 APP 仅凭营业执照即完成了办电申请，实现办电“一次都不跑”。

2. 助力高压大中型企业办电“三省”

（1）基本情况。2018 年 10 月 10 日，某汽车技术公司电气负责人通过掌上电力 APP，线上提出高压 10 千伏办电申请，申请容量为 19600 千伏安。2018 年 10 月 11 日国网天津电力答复客户供电方案，11 月 1 日完成外部工程实施，11 月 2 日完成装表接电，整体包含申请受理、供电方案答复、外部工程实施、装表接电 4 个办电环节，接电时间 23 天，国网天津电力投资749.43万元建设外部电源，客户外部零投资。

（2）做法及成效。

1）联合审批、一窗办理。办理路由手续过程中，该项目的客户经理提前备齐规划要件，赴当地政务许可大厅一次性提交规划材料和占掘路、破绿施工方案。在天津市工程建设项目联合审批机制保障下，规划、交管、园林等政府部门一窗受理、一次办结，实现了全路径5.372千米电源线的《建设工程规划许可证》办理、占掘路和破绿手续办理5天完成，比以往同类项目至少节省两周时间。

2）工程实施环节"串改并"。国网天津电力全面实现工程实施过程"串改并"的突破，采用路由办理和电源线设计同步进行、物资储备和施工招标同步推进、分段验收和工程整改同步实施等多项举措，在工程实施环节总计节省时间约30天。

3）电网延伸至红线。该项目位于天津港保税区空港经济区边缘地带，周边配网未覆盖至项目地块附近。为满足客户紧急用电需求，国网天津电力开辟绿色通道，释放应急项目包，同步进行该项目地块附近配套电网建设，并将电源点建设至企业红线。本次配套电网建设工程共新建自动化环网箱6座、新敷设电缆5.372千米，实现客户接电零成本，累计节省客户投资749.43万元。

4）办电透明。客户通过掌上电力APP线上查询办电进度，结合国网天津电力外部配套电网工程的实施进度，调整企业内部电气线路安装的工期，实现外部电力配套和企业内部工程同步实施、同步投产。

5）负荷分级，提高供电可靠性。该项目主要进行汽车零配件制造与加工，其过程控制和精密加工环节对供电可靠性要求较高，国网天津电力在项目报装之初便深入调研客户对供电质量的特殊需求，指导客户对各生产环节进行负荷分级，并对重要负荷采取稳压措施，降低雷击等不可抗力因素对负荷侧的供电影响，保障汽车精密零配件生产线稳定运行。

6）推广综合能源服务，降低客户用电成本。项目投产后，国网天津电力积极向客户推广综合能源服务，为客户量身打造一站式综合用能方案，推荐客户充分利用项目屋顶太阳能资源安装光伏发电设施，优化客户能源利用结构，同时在10千伏变电室的50余路低压出线免费安装在线监测装置，实时量测客户用能数据，利用能效管理平台进行能效分析，指导客户科学地消纳清洁能源，实现企业降低用电成本的目标。

第八章

企业文化建设

对于企业而言，文化既是价值引领和精神纽带，更是软实力和核心竞争力。作为党领导下的国有企业，企业文化建设的本质是社会主义核心价值观在国有企业的塑造和凝聚。走进新时代，国网公司推出“三型两网”这一重大战略转型之举，必然涉及组织变革、发展理念、企业管理等方方面面，迫切需要企业凝聚共识、统一思想，建设优秀企业文化，以文育人、凝心聚力，将企业战略转化为广大职工的情感认同和行为自觉，充分调动干事创业的积极性、主动性、创造性。

第一节　党的建设引领企业文化

党的十九大明确要求，要发展积极健康的党内政治文化。习近平总书记多次指出，党内政治文化是党内政治生活的灵魂，强调要让党的理想信念、价值理念、优良传统深入党员干部的思想和心灵。在当前形势下，国有企业党组织必须不断强化党的领导核心作用，坚持以党内政治文化引领企业文化建设，将党的理论与企业发展战略相融合，不断增强员工的归属感，让员工的价值取向和行为准则符合企业的发展目标。

一、国有企业党的建设

推动国网公司新时代发展战略实施，建设世界一流能源互联网企业，根本要靠坚持党的领导、加强党的建设，以党建工作优势激发企业文化建设优势，将党建工作优势和企业文化优势转化为企业的创新优势、竞争优势和发展优势，为推进国网公司改革发展提供全面保障。

（一）全面加强党的领导

在全国国有企业党的建设工作会议上，习近平总书记深刻指出，坚持党的领导、加强党的建设，是我国国有企业的光荣传统，是国有企业的“根”和“魂”，是我国国有企业的独特优势。回顾历史，无论是新中国成立后、改革开放以来，还是党的十八大以来，无论改革怎样深入、企业资产怎样重组、产权关系怎样变化，党的领导、党的建设始终是国有企业的光荣传统，始终在国有企业中发挥着重要作用。

实践表明，党的领导从来就不是虚无缥缈的，也不是抽象的，而是具体的、实际的。国有企业党委（党组）发挥领导作用，把方向、管大局、保落实。从党领导国有企业的经验看，把方向，就是自觉在思想上、政治上、行动上同党中央保持高度一致，坚决贯彻党的理论和路线方针政策，确保国有企业坚持正确的改革发展方向；管大局，就是坚持在大局下行动，议大事、抓重点，加强集体领导、推进科学决策，推动企业全面履行经济责任、政治责任、社会责任；保落实，就是管干部聚人才、建班子带队伍、抓基层打基础，领导群众组织并发挥其作用，凝心聚力完成企业中心工作，把党中央精神和上级部署不折不扣落到实处。

把两个“一以贯之”有机统一起来，确保国有企业党委（党组）在把方向、管大局、保落实方面发挥领导作用。坚持党的领导是治理问题，建立现代企业制度是管理问题。打造国有企业独特优势，必须把二者统一起来，在融入和内嵌上下功夫。融入就是把党的领导融入企业治理各环节，将资本逻辑纳入政治逻辑的统摄之下；内嵌就是以党组织红线穿越治理边界，推进党组织作用发挥的组织化、制度化、具体化。在治理机制上，推动将党建工作要求写入公司章程，完善“双向进入、交叉任职”领导体制；在研究事项上，把党组织研究讨论作为企业董事会、经理层决策重大问题的前置程序；在推动落实上，处理好党组织和其他治理主体的关系，明确权责边界，做到无缝衔接，形成各司其职、各负其责、协调运转、有效制衡的公司治理机制，既不能缺位，也不能越位。

将政治立场、政治纪律和政治要求贯穿于党内政治文化建设的全过程，始终做到旗帜鲜明讲政治。深刻认识树牢“四个意识”的关键是树牢核心意识，坚定“四个自信”最根本是坚定对习近平总书记和党中央的信赖，自觉在心灵上向总书记看齐，发自内心地维护习近平总书记党中央的核心、全党的核心地位，维护党中央权威和集中统一领导。严明党的政治纪律和政治规矩，把坚决做到“两个维护”作为首要政治纪律，持续深入开展忠诚教育，教育督促党员干部始终对党忠诚老实，始终在思想上、政治上、行动上同以习近平同志为核心的党中央保持高度一致。

将理想信念教育作为党内政治文化建设的核心任务，不断深入“不忘初心、牢记使命”主题教育，激励党员干部坚定理想信念，增强党性意识。充分发挥党的思想政治工作优势，把党的先进思想和价值追求转化为企业宗旨、使命愿景和发展理念。深入开展党史、国史、革命传统教育，引导党员干部坚定政治信仰，解决好世界观、人生观、价值观这个“总开关”问题。充分利用各类爱国主义教育基地和党性教育基地，广泛开展红色文化教育活动，在“不忘初心、牢记使命”主题教育中打造特色鲜明的文化名片。

（二）强化党组织战斗堡垒作用

党的力量来自组织，组织使力量倍增。党的建设根基在基层、重心在基层、活力在基层。全面提升基层党组织的组织力对推动全面从严治党向基层延伸、提升基层管控力、深化公司改革发展、推动战略转型具有重大而深远的意义。需要大力弘扬“支部建在连上”优良传统，着力提升基层党组织的政治领导力、思想引领力、队伍战斗力、发展推动力、作风保障力、文化驱动力，党组织“六个力”建设如图 8–1 所示。

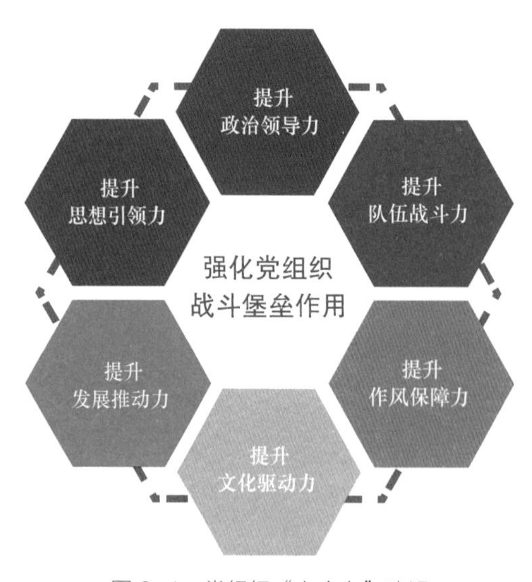

图 8–1 党组织“六个力”建设

提升政治领导力。党的基层组织首先是政治组织。坚持把政治建设摆在首位，把旗帜鲜明讲政治全面融入企业各项工作中，以政治上的全面加强推动党的领导延伸到基层。严格落实“两个一以贯之”要求，明确党委在重大决策中的决定权、把关权、监督权，健全以企业章程为核心的领导班子运行制度体系。坚持民主集中制，严格执行议事决策规则，完善“三重一大”（重大问题决策、重要干部任免、重大项目投资决策、大额资金使用）决策监督机制，集思广益、群策群力，凝聚领导班子合力，提高科学决策水平。

提升思想引领力。忠诚源于理论清醒，追随来自信仰坚定。习近平新时代中国特色社会主义思想是指引中国特色社会主义新时代的纲领、旗帜和灵魂，是做好一切工作的根本指针。只有学思践悟、真懂真信真用，以理论上的清醒确保政治上的坚定，才能做到以思想再解放推动企业改革再出发、创新再突破、发展再提升。

提升队伍战斗力。高素质的干部职工队伍是企业事业成功的关键。要把忠诚干净担当的干部使用起来，把不作为、乱作为的干部调整下去，努力造就一支适应“三型两网、世界一流”发展战略的高素质专业化干部队伍。严格党员教育管理，让党员平常时刻看得出来、关键时刻站得出来、危急时刻豁得出来，努力造就一支敢打硬仗、能打硬仗、善打硬仗的党员队伍。

提升发展推动力。基层党建只有与生产经营深度融合，才有作为、有价值、有意义。坚持改革发展推进到哪里，党的基层组织就跟进到哪里，将基层党组织的组织资源转化为推动发展资源、组织优势转化为推动发展优势、组织活力转化为推动发展活力。坚持服务生产经营不偏离，找准对接点、着力点，创新党组织活动方式和载体，把党建优势转化到加快自主创新、攻克关键核心技术、做强做优做大上来。

提升作风保障力。作风过硬、纪律严明是党的光荣传统和政治优势，也是实现企业战略目标的重要保障。大力弘扬理论联系实际、密切联系群众、批评和自我批评的作风，以优良的党风凝聚人心、汇聚力量。坚持把纪律和规矩挺在前面，坚守底线、追求高标准，使铁的纪律转化为党员干部的行为习惯，让政治生态更加正气充盈、生机勃勃。

提升文化驱动力。坚持文化自信是更基础、更广泛、更深厚的自信，是更基本、更深沉、更持久的力量。坚定中国特色社会主义文化自信，弘扬党内政治文化，传承中华优秀传统文化，继承革命文化，践行社会主义先进文化，建设优秀企业文化。聚焦“三型两网、世界一流”战略目标，充分发挥企业文化凝心聚力作用，营造敬业专注、精益求精的良好风尚，将严、细、实的要求融入各项工作，为企业改革发展提供不竭精神文化动力。

（三）发挥党员先进模范作用

建设“三型两网、世界一流”能源互联网企业，是一项长期的、艰巨的任务，必须充分发挥党员先锋模范作用，在急难险重任务中冲锋在前，带动广大职工打硬仗、克难关；在践行“人民电业为人民”企业宗旨中积极奉献，带动广大职工办实事、解难题；在弘扬劳模精神、工匠精神中身体力行，带动广大职工学先进、提素质；在落实各项工作要求中争做标杆，带动广大职工履职责、聚合力，共产党员先锋模范作用建设如图 8-2 所示。

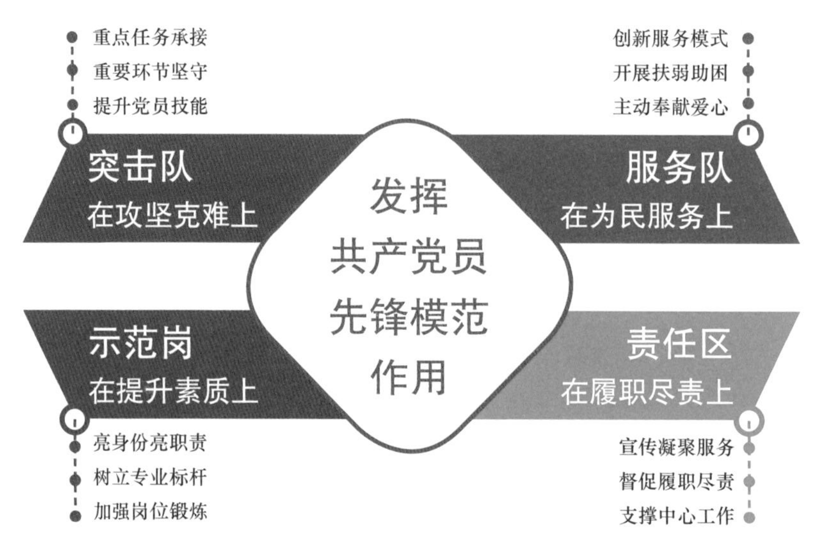

图 8-2　共产党员先锋模范作用建设

1. 在攻坚克难上展现先锋模范作用

充分发挥共产党员在“三型两网”建设重点任务中的带头攻坚作用，建立以共产党员为主、职工群众参与的突击队，强化攻关精准立项，做好立项分析，重点选取时间紧、任务重、难度大的任务作为突击项目，切实抓住急难险重任务的关键节点和核心要素，确定突击目标，组建攻关团队。严格突击队管理，打造标准化、规范化、项目化管理机制，建立队长负总责、组织管项目、党员保落实的管理模式，发挥党员特别能吃苦、特别能战斗的精神，组织党员做好重点任务承接，确保重要环节、重要节点、重要岗位有党员坚守，不断锻炼党员党性，磨砺党员意志，提升党员技能。

2. 在为民服务上展现先锋模范作用

让共产党员成为践行党的宗旨和企业宗旨的主力军，引导共产党员始终忠诚履责、积极奉献；建立以共产党员为主的服务队，不断创新服务模式，积极开展扶弱助困、奉献爱心志愿服务，主动为人民群众办实事、解难题，不断提升服务质量和水平。严格服务队统一管理，常态组织服务队竞赛活动，开展服务队评星定级，定期检验服务队创建、管理、活动成效，不断提升服务队建设质量。持续发挥服务队的实践载体作用，扎实开展服务队“五项服务”，深入对接服务营商环境改善等重点任务并开展实践立项，加强针对性指导和过程管控，确保取得突出成效。

3. 在履职尽责上展现先锋模范作用

全面发挥共产党员在重点任务落实上的带头作用，划分党员责任区，督促党员常态做好对群众的组织宣传凝聚服务工作，推动全体干部职工履职尽责，把各项重点任务、工作职责落到实处。实施联合党员责任区模式，由专业骨干党员、先进模范牵头，建立多名党员对重点任务的联合责任区，有效发挥党员对中心工作的支撑保障作用，实现责任区对重点任务的全覆盖。以责任区为单位划分党支部日常管理任务，组织党员深度参与集中学习、内部管理、载体活动等党建工作，推动党员从被动参与者向组织实施者的角色转变，进一步激发党员内生动力，提升党员党性意识和组织观念。

4. 在提升素质上展现先锋模范作用

在各专业各领域工作中给予共产党员更高的标准、更严的要求，鼓励党员带头加强专业学习，钻研业务知识，成为专业领域的行家里手和党员干部群众中的楷模标兵。着眼重点工程落地，结合安全生产、电网建设、经营管理、优质服务、改革创新等中心任务，建立共产党员示范岗，要求党员做到“信念坚定，政治思想好；勤奋好学，专业素质好；开拓进取，工作业绩好；遵章守纪，廉洁自律好；诚实守信，道德品质好；乐于奉献，为民服务好；引领示范，作用发挥好”。细化共产党员示范岗内容及标准，组织党员亮身份、亮职责，主动树立专业标杆，引导广大职工加强岗位实践锻炼，提升岗位技能和综合素质，营造“比、学、赶、帮、超”的浓厚氛围，带动全体职工在工作中创造一流业绩。

（四）实践案例

1. 基层党组织建设“五融入”

国网天津电力认真贯彻新时代党的组织路线，围绕“三型两网、世界一流”战略落地，在“两工程一计划”建设重点任务中，以“五个融入”，大力推进国有企业党的基层组织覆盖和工作覆盖。

（1）融入安全生产。开展党团员身边无违章建功“1001 工程”系列活动，实施“践诺”“亮旗”“党日”等行动，党团员身边无违章活动如图 8-3 所示。

（2）融入质量管理。深化“三亮三比”活动和党员责任区、示范岗创建，引领党组织党员主动担当、积极履责，充分发挥党组织党员的战斗堡垒和先锋模范作用。

（3）融入文明施工。建立党团员责任岗，严格规范操作要求；建立党员监督和志愿服务队伍，对施工现场进行监督，发现问题及时沟通解决。各方参与、共同监督，创造安全文明、整洁有序的施工环境。

（4）融入文化建设。围绕“1001 工程”建设任务，打造新时代“铁军·卫士”形象。开展“‘1001 工程’来了，我们准备好了吗”大讨论，使广大职工进一步认清形势，统一思想，凝聚共识。

（5）融入廉政建设。开展“让政治生命发光发亮”党员政治生日活动，为党员过政治生日，发放理论书籍，党支部组织重温入党誓词。坚决执行“铁标准”“硬要求”，针对巡视巡察、问题清单梳理、内外部审计等检查发现的问题，做好源头梳理和举一反三。

图 8-3 党团员身边无违章活动

2. 使命在肩·先锋攻坚战

充分发挥共产党员攻坚克难作用，统一打响“使命在肩·先锋攻坚战”，组织各基层单位结合实际承担重点任务，组建共产党员突击队。送变电共产党员突击队开展协同攻坚专项行动，勇克工程作业复杂、安全管控难、多任务集中等困难，安全高质完成 220 千伏及以上输变电重大改扩建工程，其中 500 千伏航蔡一二线按时投运为大兴国际机场的正式投运提供了有力支撑，如图 8-4 所示。综合能源共产党员突击队大力弘扬“拼搏奉献、责任担当、团结协作、勇于创新”精神，党员突击队带头“5+2”“白 + 黑”，奋战在赶工期、保质量第一线，仅历时 78 天，建成全国首个省级综合能源服务中心，被天津市指定为第三届世界智能大会参观点位和智慧能源支撑智慧城市建设的展示窗口，得到天津市委市政府、国网公司高度评价。

3. “5+5”共产党员服务队创建模式

在国网公司金牌服务队五项评价标准的基础上，进一步拓展丰富“文化传承、厚植培

图 8-4　共产党员突击队在行动

育、先行示范、辐射传播、矢志为民”等五项内涵，全面提升服务队的精神引领力、文化感召力、价值创造力。国网天津城东公司共产党员服务队组织“联合攻关”，营销、运检、调度等多支服务队联合服务北辰商务中心绿色办公示范项目，建设风、光、储、地热等综合能源系统，部署综合能源智慧管控平台，目前已安装感知芯片 3000 余个，自身综合能效提升 19%。国网天津城西公司共产党员服务队上门对接客户办电需求，对业务流程再梳理、再优化，精简办电流程 2 项，接电时长缩短 33 天，以实际行动助力打赢营商环境攻坚战，如图 8-5 所示。国网天津宝坻公司共产党员服务队针对“煤改电”工程外协阻力大

图 8-5　共产党员服务队上门对接客户办电需求

的问题，组织服务队提前开展走访调研，积极宣传政策、耐心解释做工作，顺利完成164个村"煤改电"工程改造任务，服务村民清洁取暖。

二、企业文化建设

建设国有企业优秀企业文化，是在党组织坚强领导下实施的管理实践。走进新时代，建设"三型两网、世界一流"能源互联网企业，需要强化文化驱动，推动文化登高，建设更具引领力、凝聚力和推动力的国网公司优秀企业文化。

（一）国网公司企业文化体系

国网公司着力培育符合社会主义先进文化前进方向、具有丰富内涵及鲜明时代特征、与建设世界一流能源互联网企业相适应的优秀企业文化理念，国网公司企业文化体系如图8-6所示。

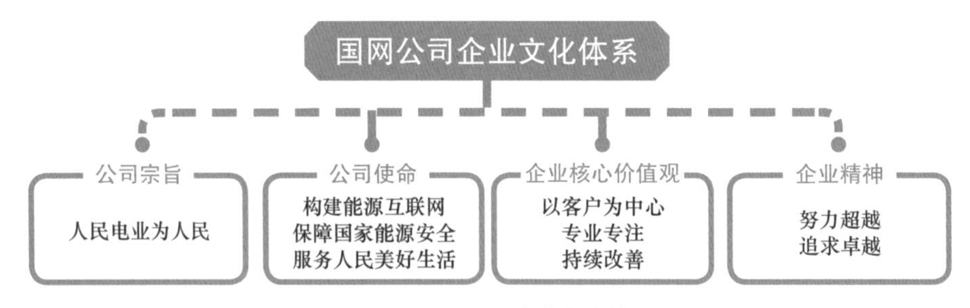

图8-6　国网公司企业文化体系

1. 遵循"人民电业为人民"的公司宗旨

电网事业是党和人民的事业，坚持以人民为中心的发展思想，把满足人们美好生活需要作为工作的出发点和落脚点，用可靠的电力保障和一流的供电服务，在脱贫攻坚中发挥表率作用，为决胜全面建成小康社会贡献力量，以实际行动为党分忧、为国尽责。

2. 追求"构建能源互联网，保障国家能源安全，服务人民美好生活"的公司使命

落实习近平总书记"四个革命、一个合作"能源安全新战略，顺应能源革命和数字革命融合发展趋势，构建以电为中心，以坚强智能电网和泛在电力物联网为基础平台，深度融合先进能源技术、现代信息通信技术和控制技术，构建多能互补、智能互动、泛在互联的智慧能源网络，助力清洁低碳、安全高效的能源体系建设，积极履行政治责任、经济责任和社会责任，践行国有企业"六个力量"新的历史定位，在保障国家能源安全、服务经济社会发展和人民美好生活中当排头、作表率。

3. 践行“以客户为中心，专业专注、持续改善”的企业核心价值观

坚持把以客户为中心的理念贯穿于公司生产经营全过程，以市场需求为导向，大力弘扬工匠精神、专业精神，不断提升专业能力和水平，集中精力、心无旁骛，以钉钉子精神做好每一项工作，永不自满、永不停顿，努力做到今天比昨天做得好、明天比今天做得更好。

4. 发扬“努力超越、追求卓越”的企业精神

始终保持强烈的事业心、责任感，向着世界一流水平持续奋进，敢为人先、勇当排头，不断超越过去、超越他人、超越自我，坚持不懈地向更高质量发展、向更高目标迈进，精益求精、臻于完善。

（二）企业文化建设实践路径

国网天津电力通过建设优秀企业文化组织体系，创新企业文化传播方式，丰富企业文化实践载体，以文化人，以情感人，凝心聚力，将企业战略转化为广大职工的情感认同和行为自觉，营造加快推进和全面保障企业改革发展的文化氛围。

1. 完善企业文化组织体系

建立健全企业文化组织体系，是推进企业文化理念体系和发展战略体系落地的基本需要。按照省公司、地市公司、党支部、专业部门四个层级，明确企业文化组织体系，明确各层级的权责边界，强化责任落实，细化履责要求，压实各级企业文化建设的管理责任，形成分层管理、职责清晰、管理高效的企业文化工作体系，企业文化实践体系架构如图8-7所示。

抓实文化统领。在省公司层面成立企业文化领导小组，履行企业文化建设政治责任，起到总揽全局、协调各方的领导作用，打造企业文化建设的整体格局。健全企业文化建设“五年规划”“年度计划”与“项目化推进”有机衔接的管理体系，确立建设方向，加大顶层引领。落实“放管服”要求，明确各级单位的工作机构、管理职责及管理流程，做好企业文化建设的统领和服务工作。深化“示范项目、重点项目、储备项目”三级项目管控模式。实施量化计划管理，采取定性与定量相结合、动态评估与年终考核相结合的方法，完善年度考核评价体系，加强谋划推动、检查指导和督促落实。加强社会主义核心价值观学习教育和精神文明建设工作，探索建立文明单位创建和志愿服务常态化管理机制。

抓强文化落地。地市公司履行本单位企业文化建设主体责任，建立基层单位企业文化建设领导机构和工作机构，明确职责、完善流程、建立机制，贯彻落实上级部署、推动责

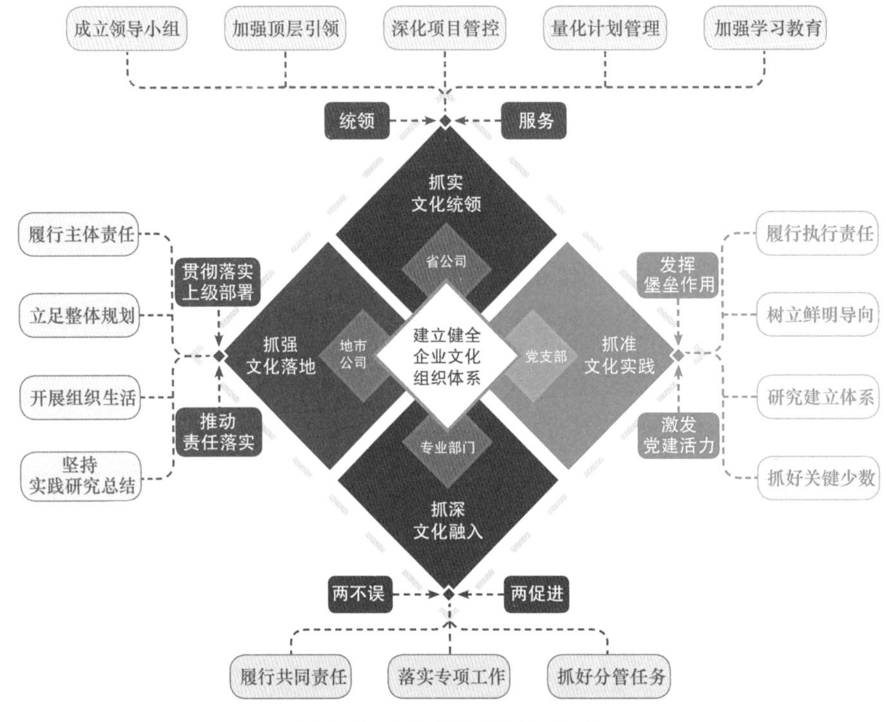

图 8-7　企业文化实践体系架构

任落实。立足整体规划，开展专项建设，打造文化环境，加强监督检查。开展支部组织生活创新联评联展，遴选一批优秀组织生活创新案例，带动形成有民主、有纪律、有统一意志、有个人，心情舒畅、生动活泼的政治局面。坚持边实践、边研究、边总结，及时把实践经验上升为制度成果，建立健全长效机制。

抓准文化实践。各党支部履行企业文化建设执行责任，推动党建工作和企业文化建设融合。树立党的一切工作到支部的鲜明导向，落实《中国共产党支部工作条例（试行）》，推动支部承担好企业文化建设任务。研究建立党支部企业文化建设标准化体系，细化明确职责分工、管理流程、工作标准，切实把党支部建设成为企业文化的战斗堡垒。突出抓好关键少数，开展“书记谈文化”网络论坛，发动党支部书记带头学习文化、研究文化、宣传文化、践行文化，丰富组织生活，创新党组织活动内容方式，推进深度融合，发挥堡垒作用，激发党建活力。

抓深文化融入。专业部门履行企业文化建设共同责任，推动企业文化建设融入专业管理。落实专项工作，将企业文化建设与改革发展、生产经营等各项工作有机结合，与“不忘初心、牢记使命”主题教育有机结合，做到“两不误、两促进”。各级领导干部抓好分管领域的企业文化建设任务，压实业务部门抓企业文化建设的工作责任，推动工作落地见效。

2. 创新企业文化传播方式

做好国有企业宣传工作，需要构建有效的工作机制，全面反映企业高质量发展的新经验、新做法和新成效，积极营造社会各界支持的良好发展环境，为“三型两网、世界一流”战略落地营造良好的舆论氛围。

多维度构建“大宣传”格局。围绕“品牌共建、策划共商、资源共享、成果共赢”目标，牢固树立宣传工作“一盘棋”意识，协同组织开展重大宣传活动。共享媒体资源，健全新闻宣传部门与中央、地方、行业主要新闻媒体的常态化交流合作机制，为专业部门新闻发布提供丰富平台；共享信息资源，专业部门、基层单位积极主动提供新闻线索，形成覆盖广泛、信息灵敏、反应快速的信息网络；强化“中央厨房”理念，构建“一体策划、一次采集、多种生成、多元传播”的成果产出模式。

深层次挖掘企业工作成效。建立新闻宣传选题策划管控体系，拓宽横向协同、纵向贯通的新闻宣传和品牌建设工作矩阵，明确“时点、任务、分工”，找准“高度、力度、角度”，及时沟通信息，报送新闻选题，通过共同策划新闻发布方式，确定新闻发布内容，协同组织开展重大宣传活动。定期召开部门宣传兼职通讯员品牌选题策划会，征集汇总专业部门新闻选题，加强基层单位沟通联系，重大选题做到“一事一策”“一媒一策”，提升新闻策划质量。

立体化展现企业发展成果。在重要时间节点，策划重要活动，传播重大主题，挖掘提炼符合时代精神、紧跟时代脉动的精髓，把新闻点放大、延伸，拓展为新闻线和新闻面，使得重大策划在脉络和主题神韵的支撑上更有力量，更好地展示企业形象。在吃透“两头”上下功夫，宣传好党中央和市委、市政府的方针政策，以及国网公司的部署要求。本着接地气、沾满泥、抓活鱼的原则，推出更多有思想、有温度、有品质的好作品，引导形成正能量、主旋律、新风尚，在潜移默化、润物无声中实现成风化人。

全方位提升宣传工作能力。强化队伍建设，运用专家授课、实践操作、模拟演练、轮岗历练等多种形式，强化“脚力、眼力、脑力、笔力”建设，逐步挖掘、培养一批具有时代特质、网络思维、创新能力的专业人才。

3. 丰富企业文化工作载体

企业文化工作载体是以各种物化的和精神的形式，承载传播企业文化的媒介和工具，是对公司的企业文化从价值理念、实践经验、工作模式到管理方法等各方面进行全方位传播的重要途径与手段。运用形式多样的企业文化载体，使企业文化建设具体化、人性化、系统化，从而将企业文化理念潜移默化地沁润在员工心中。近年来，国网公司非常重视企业文化载体建设，通过建设专项文化、创建基层文化示范点和创新品牌感知体验等载体，不断巩固全体员工团结奋斗的思想基础。

建设专项文化。积极开展专项文化建设是企业文化融入经营管理的有效手段，是促进企业文化与“三型两网”建设落地实践的有效途径。研究构建企业文化领导小组统一顶层设计、各专业部门牵头组织实施、各专业条线全面贯彻执行的专项文化建设管理体系，结合公司生产实际，统筹部署和有序推进安全、质量、服务、廉洁、法治等专项文化建设。引导各专业、各单位积极探索既符合国网公司统一要求，又符合基层实际、体现基层特色的落地路径和实践载体，推进企业文化在各业务领域、各专业条线的全面落地深植。

创建基层示范点。示范点创建是企业文化在基层落地落实的有效载体。建设一批工作业绩优、示范作用强、群众评价好、专业分布合理、地域覆盖广泛的企业文化建设示范点，充分发挥辐射带动作用，促进专业成线、地域成面，从而推动形成基层企业文化建设新局面。企业文化示范点坚持重心下移，突出基层导向，以供电企业基层班组、站所为创建主体，结合自身实际，将创建主体拓展至科级及以下班、室、所等基层一线工作单元。

创新品牌感知体验。建立多元、立体化的品牌传播渠道，丰富品牌感知形式，提供互动式的品牌体验，有利于社会大众更加深入地接触到国网公司的品牌信息。以品牌接触点划分接触类型和场景，从形象、服务、品质、创新、文化和行动六大方面创造个性化品牌体验，打造能源互联网品牌生态圈。定制化品牌体验流程，针对受众的认知差异，制定各方互动参与的品牌体验方案，促进客户近距离感受供电服务质量，优化客户服务体验。提升品牌感知质量，加快运用人工智能、大数据、虚拟现实等数字媒体技术，升级、创新品牌接触场景和渠道，为受众提供超越预期的美好品牌体验，品牌感知体验创新工作流程如图 8-8 所示。

图 8-8 品牌感知体验创新工作流程

（三）实践案例

1. 创建企业文化实践体系

深化“旗帜领航·三年登高”计划，强化党内政治文化引领，进一步规范企业文化宣传、培训、转化、融入、实践等工作方式方法，固化和完善各体系内企业文化建设流程，形成不断优化的落地工作机制，不断激发广大干部职工的爱国之情、兴企之志。国网天津武清公司建立健全企业文化建设组织机构，完善领导、工作和保障机制，按照“领导推动、支部主动、员工联动”的要求，形成协同联动的工作格局。主要领导带头宣讲、实践新战略和基本价值理念，充分发挥示范引领作用，主动履行企业文化建设中的职责。建立“广覆盖、双激励、三保障”的员工创新工作机制，以文化载体激励广大员工建功“1001工程”和“变革强企工程”。收集整理科技创新、管理创新、技术创新相关管理制度资料，制作相关流程图，设计制作“众说文化—创新篇”文化手册，作为员工开展创新工作的指引。国网天津城西公司以党支部为单位开展“春锋行动”“秋实工程”，强化检修工作、安全工作中的党建引领，在残运会保电、“煤改电”援建等重大任务中成立跨专业柔性突击团队，建立临时党支部，打造担当作为的先锋文化，残运会保电现场“秋实工程”如图 8-9所示。

图 8-9　残运会保电现场“秋实工程”

2. 创建国网公司级企业文化示范点

紧紧抓住 2019—2021 年战略突破期，按照逐年推进、逐级创建原则，严格执行国网公司企业文化建设示范点创建和评价标准细则，三年创建 30 个公司级、300 个地市公司级企业文化建设示范点。国网天津检修公司培育企业文化建设示范点 16 个，充分利用办公厂区、楼内廊道、宣传展板、变电站空间等区域，打造文化长廊等可“视”化宣传制品，让文化理念入眼入脑，企业文化建设示范点“文化上墙”如图 8-10 所示；号召员工积极创作关于生产劳动、赞颂卓越文化的唱、讲、诵文艺作品，制作可“听”化文化作品，让文化内涵入耳入心；制作印有新战略和基本价值理念的鼠标垫、备忘本、笔筒等可“触”化办公用品，打造关爱员工、凝聚力量的办公桌面文化，让文化价值感知化行。国网天津滨海公司配电抢修班在“时代楷模”“改革先锋”张黎明同志的带领下，为滨海新区 73 余万用户、140 余家世界 500 强企业提供电力故障抢修和志愿服务，努力打造国网企业文化传播、落地、管理、实践的金字招牌。

图 8-10　企业文化建设示范点“文化上墙”

3. 综合能源服务品牌体验

以“两网融合”“多流合一”为基础，应用互联网思维、平台思维、客户思维和变革思维，打造国内首个省级综合能源服务中心——国网天津综合能源服务中心。通过“智慧能源未来无限”“智慧能源支撑智慧城市发展”“智慧能源大脑”三大主题展厅，以及丰富多样的智能化体验活动，让公众亲身体验各种电力“黑科技”，充分展示未来智慧能源的应用场景，体现“大云物移智”等先进技术与能源电力的深度融合，综合能源服务中心面向社会各界宣传服务品牌场景如图 8-11 所示。

图 8-11 综合能源服务中心面向社会各界宣传服务品牌场景

第二节 电网铁军凝聚企业文化

文化，是发自内心的力量，也是可以直指人心的力量。优秀的企业文化不仅可以有效调动干部职工的积极性和创造性，又可以约束每个人的思想和行为，起着激励、导向的作用，是企业凝聚力的重要基础。国网公司推进“三型两网、世界一流”战略实施，把干部职工队伍建设放到重要位置，让优秀的、统一的企业文化深入人心，带动全体员工与企业共同成长、共同发展，为企业和电网高质量发展保驾护航。

一、电网铁军基本特征

面对新战略新要求，需要把干部职工队伍建设摆在更加重要位置，以更长远的眼光、更有效的措施，及早发现、及时培养、源源不断选拔适应新时代要求的优秀人才，为企业和电网事业发展注入新的生机活力，为建设世界一流能源互联网企业提供坚强的干部职工人才队伍支撑。

打造与世界一流能源互联网企业相适应的干部职工队伍，就是以“忠诚干净担当”为核心，以“专业化、复合型”干部职工队伍建设为重点，增强干部职工队伍自身能力素质，跟上时代步伐和事业发展的需要。

忠诚，就是对党忠诚。旗帜鲜明讲政治，树牢“四个意识”，坚定“四个自信”，坚决做到“两个维护”，严格执行党和国家的方针政策，坚定正确的政治方向和政治立场。

干净，就是清正廉洁。具有良好的职业操守和个人品行，严守底线，廉洁从业，追求高尚的精神境界和道德操守。

担当，就是责任担当。不负党和人民重托，在其位、谋其政、干其事、求其效，守土有责、守土负责、守土尽责，具有强烈的责任意识和奋斗精神。

专业化，就是精通本职。具有过硬的专业能力和专业精神，能够在专业领域化解矛盾、干事创业、应对挑战，在企业转型升级进程中谋划发展、推动发展、引领发展。

复合型，就是一专多能。掌握新知识、熟悉新领域，能够有效应对各类风险挑战，满足公司经营管理与业务发展需要。

二、实施重点

建设高素质专业化干部职工队伍，事关企业发展的基业长青和薪火相传，必须作为一项重要的战略任务进行系统部署。服务“三型两网、世界一流”战略需要，做好干部职工队伍建设工作，亟待进一步拓宽来源、优化结构、改进方式、提高质量，健全选育管用环环相扣又统筹推进的全链条机制。

（一）突出政治标准

建设高素质专业化干部职工队伍，把政治标准摆在首位，牢固树立“四个意识”，坚定“四个自信”，坚决做到“两个维护”，始终在思想上、政治上、行动上同以习近平同志为核心的党中央保持高度一致。强化政治训练和党性锻炼，深入学习贯彻习近平新时代中国特色社会主义思想，做到真学真懂真信真用。教育引导广大干部职工坚持围绕中心、服务大局，自觉站在党和国家工作大局、事业发展需要上想问题、做工作、找定位，把讲政治的要求贯穿于履职尽责全过程。强化宗旨意识，坚持以人民为中心的发展思想，始终同人民群众想在一起、干在一起，为提升人民的幸福生活水平作出实实在在的贡献。

（二）树立工程概念

建设高素质专业化干部职工队伍是一项系统工程，必须统筹谋划、协调推进。坚持规划引领，立足干部职工队伍现状，着眼事业发展近期和中长远发展需要，从数量、专业、结构等维度，综合确定目标任务。注意各层级间规划的相互衔接，形成上级引领下级、下级支撑上级的良好格局。建立发现识别优秀人才的常态化机制，坚持集中调研和日常了解相结合，深挖日常考核、年度考核等“大数据”价值，做到优秀苗子早发现、早培养、早使用。拓宽发现渠道，在更宽领域、更大范围发现优秀人才，建好人才队伍“蓄水池”。

（三）加强“田间管理”

结合不同专业、不同领域的具体特点，有针对性地补短板、强弱项，帮助各类人才一步步成长起来。综合用好各类培训资源，特别是要加强专业培训和实践锻炼，促进专业能力提升。对于能力、本领“夹生”的干部职工，注重靶向补足，通过交流锻炼、项目攻关等方式，不断开阔其思路视野、更新其知识结构，使其能力素质跟上时代步伐和事业发展需要。坚持系统培养，注重个性化、定制化、“滴灌式”的培养方式，在培养模式上，由传统的“内循环培养”向开放的“全生态培养”转变。有意识地让优秀人才到项目攻坚主战场、改革发展第一线、科技攻关最前沿任职锻炼，促进他们经风雨、见世面、壮筋骨、长才干。

（四）科学选拔使用

树立正确的选人用人导向，坚持出于公心、以事择人，下大力气破除唯票、唯分、唯排名、唯年龄，打破任级早晚、职务类别等隐性台阶，对想干事、能干事、会干事、干成事的优秀干部职工人才，敢于大胆提拔使用。打通干部职工人才成长通道，通过优化进口、畅通出口、能进能出、能上能下等措施，为青年人才提供更多的实践岗位和平台。树立整体意识，坚持老中青结合，正确处理培养选拔优秀年轻干部和用好各年龄段干部的关系，充分调动各层级人员积极性。

（五）强化从严管理

加强对干部职工队伍的从紧从严管理，建立健全跟踪考核机制，结合工作调研、日常考核等工作，加强关键信息台账管理，及时了解掌握干部职工的日常表现。特别是加强对关键岗位、重点人员和重点环节的监督，在抓小抓常上下功夫，及时告诫提醒苗头性、倾向性问题。关心干部职工生活，落实谈心谈话制度，健全容错纠错机制，及时帮助解决干部的实际困难。

三、创新实践

国网天津电力从干部职工队伍现状出发，以干部职工人才队伍建设三年规划为引领，以“四铁”“四型”“三梯队”为目标，坚持“大视野”着眼、“大格局”着手、“大担当”着力，持续完善“知人识人”“育人树人”“选人用人”三个机制，以健全制度、加强指导、营造氛围为保障，着力培养一支适应新时代发展战略需要、忠诚干净担当、数量充足、充满活力的高素质专业化干部职工队伍，打造一支坚强电网铁军，国网天津电力干部职工队伍建设模式如图 8-12 所示。

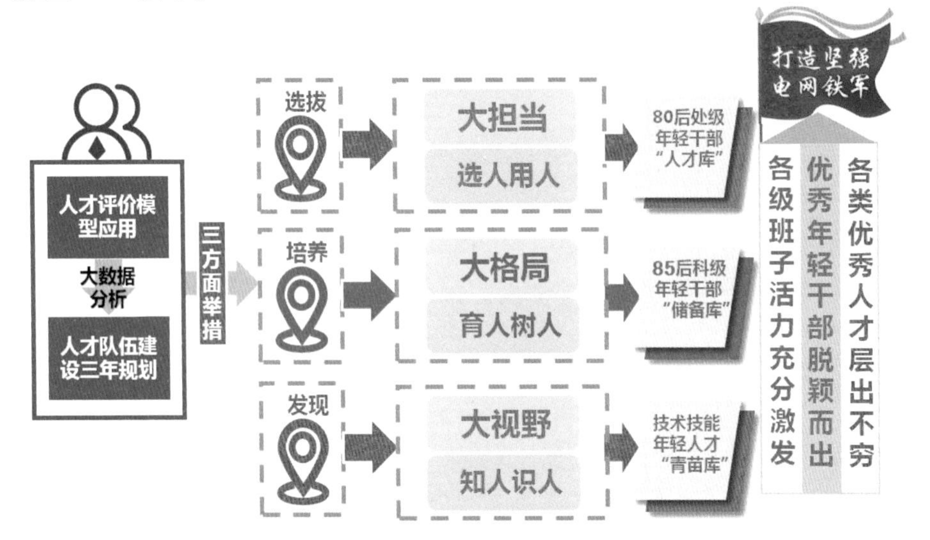

图 8-12　国网天津电力干部职工队伍建设模式

（一）制定人才队伍规划，明确建设目标

坚持规划引领，着眼近期和中长远发展需求，统筹分析队伍现状，以处级、科级干部以及优秀年轻员工为重点，从干部队伍数量结构、年龄结构、专业结构、优秀年轻干部储备等 8 个方面出发，明确提出改进方向和具体目标，干部职工人才队伍建设规划如图 8-13 所示。

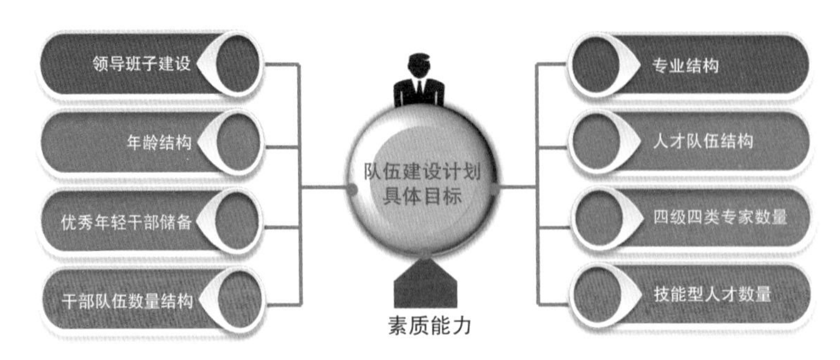

图 8-13　干部职工人才队伍建设规划

1. 在思想政治上，锤炼“四铁”作风

在思想政治上，以铁的信念、铁的担当、铁的锐气、铁的纪律为目标锤炼一流作风。铁的信念，就是做到深学笃用习近平新时代中国特色社会主义思想，做到真学深学、真信笃信、知行合一。铁的担当，就是切实承担起时代赋予的重任，做到发扬斗争精神、狠抓工作落实、力戒形式主义、铲除好人主义。铁的锐气，就是锐意进取，弘扬奋斗精神，以奋斗者为本，做到解放思想、锐意创新、勇于攻坚。铁的纪律，就是必须时刻保持清醒，做到严守政治纪律、政治规矩，严肃党内政治生活，坚持做到慎独慎微。

2. 在能力素质上，培养“四型”人才

突出复合型、专家型、市场型、创新型干部职工人才培养。复合型，就是既要知识复合，形成又博又专、推陈出新的知识体系和素养结构；也要能力复合，同时具有较强的学习、领导、改革创新、科学发展、依法治企、狠抓落实、驾驭风险等能力；还要思维复合，具备战略、创新、法治、专业思维相统一的思维体系。专家型，就是做到视野开阔，业务精湛，专注专长领域，熟悉政策理论、业务管理和实际操作流程，注重调查研究，善于钻研疑难问题，工作安排的指导性、针对性、实效性强。市场型，就是善于捕捉和把握市场机遇，主动对市场发展趋势、客户需求进行前瞻分析，聚焦提高业绩，降低管理成本，提升人员效率，实现效益最大化。创新型，就是具备较好的创新活力和创造潜能，创新自信心强，根据发展目标和实际工作需要，持续推进技术创新、商业模式创新、管理创新、制度创新。

3. 在层级结构上，构建“三个梯队”

构建“正科、副科、优秀青年”三个梯队。突出典型示范，注重将劳动模范、技术能手、专家人才充实到预备梯队，创新青干班“正科、副科、优秀青年”三级预备梯队培养模式。在科级优秀年轻干部中，重点关注表现突出、业绩优秀且获评劳模、杰出青年、高层次专家的年轻正科级干部。在优秀青年员工中，优先选拔曾荣获标兵先进、岗位技术能手、高层次专家和在竞赛比武表现突出的青年员工，重点关注个人素质特别优秀、工作表现特别优异的优秀青年员工。

（二）完善知人识人机制，拓宽发现渠道

坚持“大视野”着眼，完善“知人识人”的发现机制，通过科学评价、精准考核、立体画像、扩宽渠道，在更宽领域、更大范围发现优秀人才。

1. 构建干部评价模型，科学评价能力素质

以构建岗位评价标准为核心，健全完善领导干部能力评价通用模型，涵盖基本素质、

个性特征、动机价值、关键行为、绩效、潜力等维度，以模型评价结果作为衡量队伍结构和领导干部的标准，实现干部精准评价。根据干部个人日常履职的情况，对照模型指标行为标准进行评价，通过两级指标加权计算，实现对干部能力素质的量化评价。根据帕累托法则（20%、70%、10%），切分优秀、良好、待发展能力素质的干部，从而确定干部潜力，即适合何种类型的岗位，实施供需匹配，人才通用能力评价模型、工作价值观评价模型分别见表 8-1（a）、（b）。

表 8-1（a）　人才通用能力评价模型

通用能力指标分类		一级指标	一级指标权重	二级指标	二级指标权重
1	优秀人才通用能力	勇担责任	0.2	责任性	0.4
2				成就性	0.3
3				内外控	0.3
4		沟通能力	0.15	主动沟通	0.4
5				积极倾听	0.3
6				适时反馈	0.3
7		执行推动	0.2	资源整合	0.3
8				计划控制	0.3
9				坚韧性	0.4
10		分析决策	0.15	自主性	0.5
11				全局观	0.5
12		适应能力	0.1	情绪稳定性	0.5
13				灵活性	0.5
14		团队管理	0.2	信任他人	0.3
15				容纳他人	0.3
16				影响力	0.4

表 8-1（b）　工作价值观评价模型

工作价值观测评			
价值观	工作价值观量表	成就导向	希望在所从事的工作中能够尽量施展自己的才能，看到自己的努力付出能够结出硕果，在工作中获得成就感是他们工作的最大动力来源
		独立创新	希望从事能够放手让自己来主动承担的工作，在工作中不受他人的差遣，能够在工作中发挥自己的创造力，同时也希望在工作中自己作出决定
		获得承认	希望在工作中能够使自己得到成长，不断取得进步，通过工作，使自己获得名望，也希望在工作中取得领导地位
		人际关系	希望在工作中和同事保持良好的人际关系，追求同事之间的友谊，能够让自己为他人服务，工作中不干违背良心、道德的事情
		寻求支持	希望单位能够为员工提供支持，管理层管理风格为员工所接受和认可，管理层具备优秀管理才能，对下属关心，能够公平、公正地对待下属
		工作条件	比较关心薪资、工作安全和工作条件

2. 做深做细日常考核，全面掌握日常表现

坚持把功夫下在平时，全方位、多角度、近距离考察识别干部职工。完善经常性考察机制，综合运用调研走访、考察谈话、巡察、审计检查等方式，有效掌握日常的工作质量、精神状态、作风状况。全面推行到重大改革攻坚、完成急难险重任务的现场开展考核，及时发现使用善打硬仗的干部职工人才。

3. 开展立体式测评，提升知事识人精准度

开展360度全方位考核，体现差异化考核要求，重视了解不同岗位、不同专业、不同层级干部职工的具体行为特征和事例，全方位、多角度、立体式考核干部职工。通过把“考人”与“考事”有机结合，把基层与本部、本部部门之间互评有机结合，考核结果与选人用人有机结合，充分挖掘考核“大数据”价值，让更多素质过硬、敢打硬仗、实绩突出的优秀干部职工脱颖而出。

4. 开展年轻干部调研，广泛发现优秀年轻人才

广泛开展年轻干部职工人才调研，结合基层单位规模、民主推荐、谈话调研和人选实际情况，真正使品行高尚、表里如一的优秀年轻干部职工人才进入视野。以“两个100”优秀年轻干部职工人才队伍建设为重点，集中对优秀年轻干部职工人才的民主推荐和谈话调研，通过各部门、各单位“块块推荐”，专业线条“条条推荐”，组织部门“面上调研”，领导“重点调研”的方式，着力发现培养、动态储备一批素质优、潜力大、培养成熟、随时具备提拔使用条件的优秀年轻人才，形成80后与90后、生力军与预备军梯次递进的年轻人才“青苗库”。

（三）完善育人树人机制，强化跟踪培养

坚持“大格局”着手，拓宽“育人树人”的培养渠道，通过强化政治训练、重塑价值理念、提升专业素养、增强工作能力，进一步加大干部职工人才的培育力度和效果，帮助他们加钢淬火、磨筋练骨、增长才干。

1. 实施“青马工程”，强化政治训练

将“青马工程”作为大力选拔培养优秀年轻干部的有效途径和载体。把好高标准选材的“入口关”，对照党员领导干部选任规范，实施笔试、考察相结合的选拔程序，确定包括正科级、副科级、班组长和一般人员四个层级的学员人选。打造全方位育人的“大课堂”。“青马工程”培养周期为一年，重点突出党性党“味”，课程设置主要包括理论培训、实践锻炼和日常培养等三大类18个模块的具体任务，为每名学员精准制定能力提升计划和基

层锻炼任务，有意识地引导学员锤炼道德品格、培养优良作风。

2. 弘扬“黎明精神”，塑造价值理念

发挥先进典型张黎明同志的带动作用，大力弘扬“时代楷模”“改革先锋”精神，持续开展张黎明先进事迹传播活动。开发黎明系列培训资源，开展“黎明杯”系列竞赛，激励广大干部员工看旗争优、对标黎明，形成从“全员学黎明”到“全员做黎明”的效应。持续深度挖掘萃取“黎明精神”，通过“学”“思”“用”三个维度带给员工“知”“悟”“行”三个方面的学习收获，加快员工思想意识的觉醒、价值理念的重塑和行为习惯的养成，帮助员工知道、悟道、行道，培养产出更多黎明式员工，“黎明”培训资源开发成果概览见图 8-14。

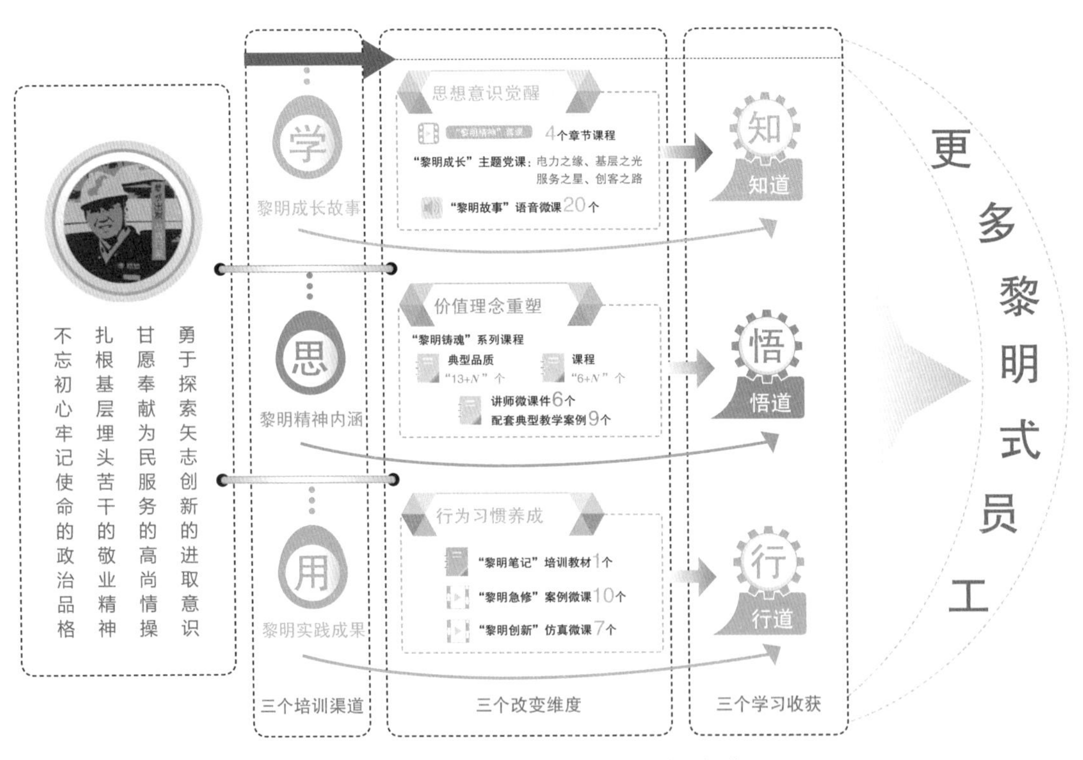

图 8-14 “黎明”培训资源开发成果概览

3. 抓好系统培养，提升专业素养

抓好分层分类培训，突出问题导向、实践导向，聚焦关键问题，有针对性地开展专业培训，提高干部职工专业能力和专业素养。注重个性化、定制化、“滴灌式”培养，有针对性地补短板、强弱项。选拔一批专业能力突出、综合素质较好的干部职工到党务岗位，提高抓党建、强党建能力。拓宽培养视野渠道，改变“内循环培养”模式，推荐优秀干部职工到总部、分部、直属单位以及党政机关、科研院所培养锻炼，到新疆、西藏、青海等地参加东西帮扶，有针对性地加大干部职工人才交流培养力度，进一步契合企业发展需要。

4. 注重实践锻炼，增强工作能力

注重在急难险重任务以及基层一线、复杂环境中锤炼干部职工人才，把火热的实践作为最好的课堂，让干部职工人才经风雨、见世面、壮筋骨、长才干。针对本部、供电单位、支撑单位、市场化单位等不同业务模块，分类形成框架性标准，设计从班组长、管理人员到不同层级干部职工人才梯队模型，促进队伍年龄、专业、素质结构的体系化调整。开展为期一年的“电网铁军”先锋训练营培训，聚焦“1001 工程”和“变革强企工程”，构建以主干课程和“专题活动”为主要形式的学习模式，科学设置培训课程，建立“逢培必考”机制，激励青年人才自我加压、自我充电、加快成长，“电网铁军”先锋训练营如图 8-15 所示。

图 8-15 “电网铁军”先锋训练营

（四）完善选人用人机制，做好选拔使用

坚持“大担当”着力，加大“选人用人”的选拔力度，通过创新重点岗位公开竞选聘、打通职员职级与职务的双向通道、加大干部调整力度，让优秀的干部职工脱颖而出，保持干部队伍的“一池活水”。

1. 创新重点岗位公开竞选聘

采取“双向选择、公开竞聘”的方式，通过个人自愿与组织推荐相结合的方式组织报名。聘请专业外部机构参与，由领导班子成员担任面试主考官，采取量化评分方式形成综合成绩，择优确定拟聘用人选。对竞选聘产生岗位人员的日常表现、思想动态、工作绩效进行全方位跟踪，有效激发干在实处、走在前列的活力和动力。通过大力发现培养选拔优秀年轻干部职工人才，把一大批肩膀过硬、作风过硬的干部职工人才集聚到电力事业中来，正副处级干部平均年龄分别下降 1.8 岁和 1.3 岁，年龄、专业和数量结构大幅优化。

2. 打通职员职级与职务的双向通道

先后制定《职员聘任与管理实施意见》《职务与职员转任管理实施意见》，对二级职员的产生方式、资格条件、聘任程序等管理要求进行规范，按照注重实绩、竞争择优、公平公正、能上能下、严格管理的原则，规范实施职员的聘任与管理，进一步完善多元、并行、畅通的职业发展通道，拓展干部员工职业成长空间。同时注意充分利用职员职级通道加强干部职工人才流动，打造更加广阔的成长平台。

3. 提升人员与岗位匹配度

以对事业负责的态度，公心处事、公正选人，破除论资排辈、平衡照顾等顽疾，做到“事业需要什么人就选什么人，岗位缺什么人就配什么人”。优先在营商环境改善、电力体制改革、东西帮扶交流等重难点任务和艰苦环境、吃劲岗位重选拔表现突出的干部，树立有为有位、担当实干的选人用人导向。加强“六型”本部建设，开展大规模本部人员调整交流，强制关键岗位定期交流，强化培养性交流，鼓励业绩优秀员工跨部门（单位）交流培养，推进适岗性交流，建立部门交流培养工作评价机制，盘活本部人力资源。通过优化调整，干部职工队伍结构显著改善，执行力明显提升。2018 年 12 月，国网公司对国网天津电力开展了选人用人“一报告两评议”，从反馈结果上看，各项指标全面大幅提升，其中选人用人工作的总体评价认同率、新提拔处级干部认同率实现两位数增长。

第三节　先进典型弘扬企业文化

先进典型是企业精神实践的集中反映，是核心价值观的人格化体现，是组织力量的缩影，更是一面旗帜。在推动国网公司发展战略落地实施进程中，必将涌现大批先进人物。做好先进典型选树和传播工作，以先进典型高度的政治觉悟、崇高的精神境界和良好的道德修养，唱响主旋律，占领主阵地，对传播国网公司优秀企业文化意义重大。

一、先进典型的主要特征

符合时代特征。任何先进典型都是时代的产物，是时代精神人格化的体现。选树的先进典型，必须要有鲜明的时代感，体现时代特征，展现时代风貌，心有大我、至诚报国，不负时代、不负年华，在大局下思考、大局下行动，成为知识型、技能型、创新型劳动者大军代表，成为公司顺应时代发展潮流、追求发展进步的高辨识度代表。

推动企业发展。先进典型之所以在企业中有独特价值，是因为对企业的发展有着不可替代的推进作用。从自己做起，从本职岗位做起，从本职工作做起，自觉把个人的理想追求融入企业发展之中，实干苦干、奋力拼搏，超越自我、勇攀高峰，敢为人先、矢志创新，发挥“领头羊”精神，传承工匠精神，用实际行动实现自身价值、创造非凡业绩。

深受群众爱戴。具备干净做事的价值观，以“咬定青山不放松”的定力、“板凳要坐十年冷”的坚守、“不到长城非好汉”的执着，爱岗敬业、坚守正道，勇于担责，甘于奉献，眼睛向下看，身子向下沉，完美诠释“劳动最光荣、劳动最崇高、劳动最伟大、劳动最美丽”，成为广大员工学习的榜样、追求的目标、对标的尺度。

在推动国网公司发展战略落地实施进程中，国网天津电力这片沃土，不断涌现出张黎明、王娅等有广泛影响力的先进典型，展现出国网天津电力人“干在实处、走在前列”的精神品质。张黎明从一名基层电力工人，逐步成长为“时代楷模”“改革先锋”“最美奋斗者”。“中国好人”王娅捐资助学30余年，用生命之光点亮寒门学子求学之路，一位普普通通的电力退休职工，用她的善举描绘了人世间“最温暖的样子”，诠释了社会主义核心价值观和中华民族的传统美德。

张黎明，男，汉族，1969年8月出生，1987年9月参加工作，2001年5月加入中国共产党，中国共产党第十九次全国代表大会代表。现任国网天津滨海供电分公司运维检修部配电抢修班班长兼滨海黎明共产党员服务队队长，享受国务院政府特殊津贴。他30多年来扎根基层、埋头苦干，勇于探索、矢志创新，带领团队开展电力技术革新400多项，获国家专利168项，其中20余项成果填补了智能电网建设空白。先后荣获全国优秀共产党员、全国劳动模范、时代楷模、改革先锋、第七届全国道德模范、最美奋斗者等诸多荣誉称号，被誉为“点亮万家的蓝领工匠”“创新型一线劳动者的优秀代表”。2019年10月1日，作为全国优秀共产党员代表，在北京参加了庆祝中华人民共和国成立70周年系列活动，在“不忘初心”彩车上，接受以习近平同志为核心的党中央领导集体的检阅。

王娅，女，1952年4月16日出生，群众，曾先后在内蒙古五原县、河北省新城县插队，1976年进入电力系统工作，先后担任北郊220千伏变电站值长、海光寺基地站值长，2002年退休于国网天津电力高压供电公司，2019年2月16日因病去世。在王娅26年的电力生涯中，她敬业勤恳、严谨认真，坚守变电运行一线岗位，展现了一线优秀变电人的风采。她热心公益30多年，将自己大部分的收入用于捐资助学、灾区援助，在生命尽头，毅然捐献毕生积蓄和房产并捐赠遗体。2019年以来，王娅位列2019年第一期“中国好人榜”榜首，获评助人为乐“中国好人”；天津市授予王娅第六届天津市道德模范、“三八红旗手”、天津“慈善之星”、甘肃希望工程十大公益之星等荣誉称号。

二、工作框架

国网天津电力从工作目标、基本原则和工作重点三方面，探索先进典型选树传播的工作范式，先进典型选树与传播工作范式框架如图 8–16 所示。

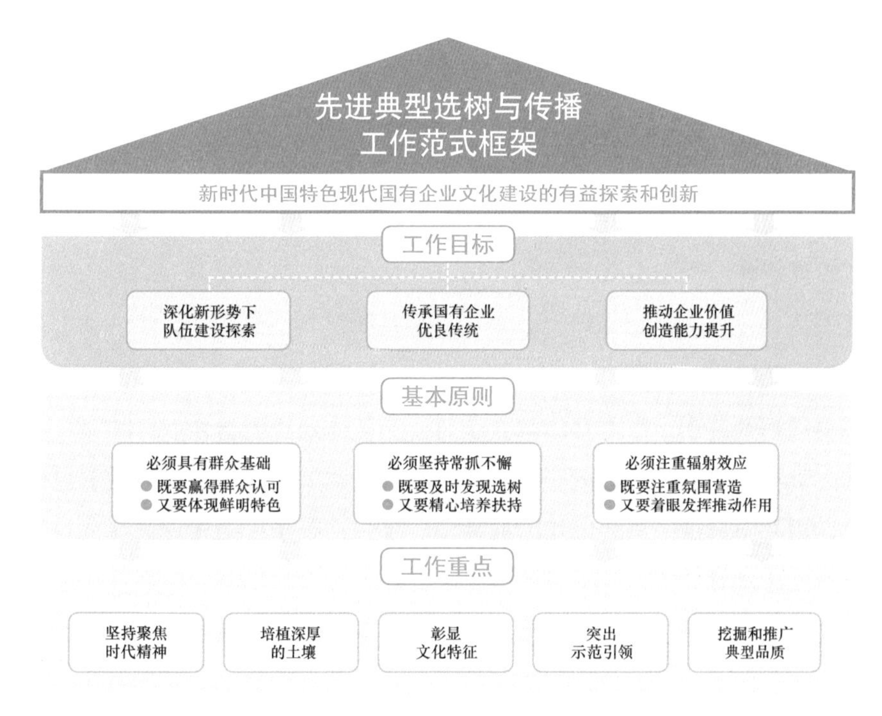

图 8–16　先进典型选树与传播工作范式框架

（一）工作目标

开展先进典型选树与传播是我党加强和改进思想政治工作的优良传统和行之有效的方法。通过持续深入地开展重大典型选树宣传工作，既可有效推动广大干部职工践行社会主义核心价值观，也能大力弘扬正气、凝聚力量，推进企业和谐健康发展。

1. 传承国有企业优良传统

国网公司企业体量巨大，社会责任重大，既要广泛吸收一切现代企业管理创新的优秀成果，又要坚定传承中国特色社会主义企业的传统优势。实施重大典型选树，就是这一传统优势的重要组成部分。坚持传承发扬典型选树的优良传统，并将其作为企业创新发展的重大战略在系统内推进实施，以典型的力量，带动全员切实把思想、行动统一到国网公司的决策部署上来，为增强国企“六个力量”发挥基础性作用。

2. 深化新形势下队伍建设探索

作为电网企业，电力服务范围覆盖广、工作触角延伸长，既需要科学的人力资源管理制度和合理规范的分配激励，更需要创造性地以重大典型带动、提升队伍整体素质。着力培育以重大典型为代表的先进典型梯队，使之成为企业最可靠、最宝贵的人力资源骨干队伍，有效激励广大干部职工干事创业的工作热情，也为当前队伍建设探索新路子。

3. 推动企业价值创造能力提升

作为国有企业，不仅要为国家创造经济价值，更要为社会创造精神财富。把重大典型选树创新实践纳入企业管理范畴，结合企业定位，通过先进典型的选树，及时将先进典型的精神品质转化为广大员工迎难而上、攻坚克难的磅礴力量，进而把国有企业传统优势转化为企业核心竞争力。

（二）基本原则

1. 必须具有群众基础，既要赢得群众认可，又要体现鲜明特色

典型需要具备深厚的群众基础，群众对其有认同感才能感到可亲可敬、可比可学。必须深入基层，用“望远镜”洞察、用“放大镜”聚焦，善于见微知著，深入挖掘典型背后的感人故事与内心世界。

2. 必须坚持常抓不懈，既要及时发现选树，又要精心培养扶持

一个树得起、叫得响、过得硬的先进典型，要经历由发育到成熟的过程，除了自身需要具备良好的素质和不懈努力的，更需要各级组织持之以恒抓好关怀教育和精心培养。

3. 必须注重辐射效应，既要注重氛围营造，又要着眼发挥推动作用

“一枝独放不是春，百花盛开春满园”。培育典型重在使个体效应裂变为群体效应，需要坚持典型引路、品牌牵引、助推发展，深入开展学先进、赶先进、争先进，善于运用先进事迹教育、组织、鼓舞广大员工。

（三）工作重点

1. 坚持聚焦时代精神

任何先进典型都是时代的产物，是时代精神人格化的集中体现。党中央为一名普通一线员工授予“改革先锋”，体现了党中央对今后一个时期产业工人成长方向的引导。坚持顺应时代潮流，体现时代特征，展现时代风貌，响应党中央改革开放再出发和国网公司高质量发展的号召，选树顺应时代发展潮流、追求发展进步的高辨识度代表。

2. 培植深厚的土壤

为先进典型成长提供沃土，深化共产党员服务队、创新工作室等阵地和机制建设，充分调动发挥先进典型在优质服务、群众创新和社会活动中的影响力，让先进典型的先进事迹持续积累、与时俱进，始终保持生命力和感染力。

3. 彰显文化特征

选树重大先进典型不只是在一个人身上做文章，对激励更多的员工向典型看齐具有重要的意义。坚持突出先进典型在践行国家电网统一企业文化上的重要作用，使国网公司企业核心价值体系在工作现场上呈现、在身份角色上体现、在行为习惯上表现，让先进典型成为优秀企业文化的代言人。

4. 突出示范引领

重大先进典型必须能够在思想作风、工作能力、综合素质各方面起到示范引领作用；必须具备深厚的群众基础，群众对其有认同感才能感到可亲可敬、可比可学；必须深入基层，深入挖掘典型背后的感人故事与内心世界。让先进典型成为广大员工学习的榜样、追求的目标、对标的尺度，并对员工产生较大影响和带动作用。

5. 挖掘和推广典型品质

先进典型选树重在使个体效应裂变为群体效应，必须坚持典型引路、品牌牵引、助推发展，深入开展学先进、赶先进、争先进，善于运用先进事迹教育、组织、鼓舞广大员工，适应深化改革的大环境，让典型精神发挥出更大的作用。

三、实践路径

（一）服务战略落地，形成全面引领的企业品牌

在电网建设、安全生产、优质服务等核心业务领域，选树最能体现战略内涵的先进典型，塑造电网企业品牌形象。

优化队伍引领。出台加强员工队伍建设意见，建设公司技能人才、带电作业、特高压及新能源等专项培训基地，培养有管理能力、创新能力、科研能力、改革能力的优秀干部和员工，造就一大批高水平、复合型领军人才。

致力创新引领。发挥劳模创新工作室的聚集效应、辐射效应、品牌效应，将企业先进典型在创新中的突出贡献与员工创新工作有机结合，把劳模创新工作室打造成为锻炼人、

教育人、培养人，提升员工队伍整体素质的重要基地。

突出社会引领。将重大典型选树工作与提升营商环境、服务地方发展相结合，为客户提升经营绩效、工作效能和生活品质提供优质服务，在提升企业社会综合价值的同时，培养锻炼一批基层业务骨干。

（二）厚植成长沃土，打通先进典型推选和挖掘通道

重大典型选树实践要注重突出能扎根、种得活，能结果、有成效，能繁殖、可复制。

提炼精神特质。充分把握先进典型精神特征，注重突显每一个先进典型所具有的独特精神品质，用先进典型的精神力量带动员工共同奋斗。

塑造工匠价值。抓住先进典型所具有的劳模精神、劳动精神和工匠精神内涵，打造具有精益求精、严谨细致的高超技艺，追求完善、创造极致的职业精神，攻坚克难、创新超越的优秀品质的代表国网公司品牌的工匠。

推动社会传播。充分利用社会媒体与行业媒体、传统媒体与新媒体，开展交叉立体的内外联动重大典型宣传，有效传播国网公司企业使命、愿景、价值观，提升国网公司内质外形。

（三）注重文化建设，探索文化与典型培育互促互进

积极探索统一的企业文化建设与典型选树之间的联动互促机制，在各专业领域发掘和提炼先进典型，以典型事迹深刻诠释企业理念，筑就企业文化支撑力。

推动先进典型融入员工行为。提炼先进典型品质内涵并融入制度建设，构建专业和岗位行为规范，引导员工自我管理，把先进典型转化为员工的情感认同和行为习惯。

推动先进典型融入文化建设。将先进典型融入企业文化示范区和示范岗建设，组织劳模、工匠进基层、进班组，利用身边人讲述身边事，加强先进典型人格化承载、故事化诠释。

推动先进典型融入国际化发展。构建先进典型国际传播渠道，对海外员工宣讲张黎明等的先进事迹，发挥海外媒体作用，讲好“国网故事”、传递“国网声音”。

（四）强化队伍建设，建设作用突出的典型团队

不断发展壮大人才队伍，建设一支适应时代要求、有理想守信念、敢担当讲奉献的员工队伍，厚植先进典型选树沃土。

严格设立标准。依托固定建制的基层班组、部门、抢修队组建服务队，把综合素质优、

业务能力强、管理水平高、群众评价好的人才充实到服务队工作中。

规范服务内容。围绕政治服务、抢修服务、营销服务、志愿服务、增值服务等5个方面开展工作，引导共产党员服务队员持续改进客户体验，提高客户的获得感和满意度。

加强管理考核。以“国家电网”统一命名，并统一服务承诺、统一誓词、统一队旗队服、统一名片。建立年度统计报告制度，结合实际制定年度和日常考核指标，加强经常性抽查和定期检查，严格落实工作要求。

（五）健全长效机制，完善重大典型学习弘扬的长效载体

推动重大典型精神传承并持续发力，关键是建立完善的长效机制。

建设学习弘扬载体。通过企业内外网站、宣传橱窗、营业窗口等，全方位传播先进模范事迹，组织大讨论、竞赛、征文、演讲、事迹报告会等活动，引导广大员工比做典型。运用“互联网 +”思维，在企业新媒体平台展播先进模范群体实践成果，组织各单位员工对照学习交流，提升工作能力和水平。

建设对标看齐载体。按照政治、岗位、创新、服务等维度建立对标指标体系，全员对标先进典型进行自我评价，各部门各单位给予组织评价。结合个体层面及组织层面对标结果，开展对标分析，用数据动态反映各层级人员现状，促进各层级人员管理。

四、典型案例

在先进典型的示范带动下，国网天津电力上下形成了看齐榜样、争当先锋的广泛共识，掀起了科技创新的高潮，形成了“比学赶帮超”的良好工作氛围。在急难险重工作中，越来越多优秀员工迎难而上，奋力担当、履职尽责，发挥了强大的正向影响力，使企业的整体素质和员工思想道德素质、科学文化素质得到显著提升，在“三型两网”攻坚克难的一线中涌现出了大批的“黎明式员工”。截至2019年底，共涌现天津市道德模范3名，“天津好人”7名，国网天津电力“最美国网人”“黎明式员工”59人，身边的凡人善举百余名，国网天津电力先进典型“群英谱”如图8–17所示。

带电作业创新先锋。2018年，黄旭组织研发的基于人工智能的配电设备缺陷管控系统，创新应用自适应归一化算法，优化神经网络深度学习模型，将图像识别准确性提升至95%以上，填补了国内外相关领域空白，项目获评第五届天津青年创新创业大赛一等奖，见图8–18。黄旭劳模创新工作室构建了“工作室 + 实训”的管理模式，研发40多项安全工器具创新成果，6项成果获得国际先进评价，黄旭本人先后取得38项国家专利授权，

图 8-17　国网天津电力先进典型“群英谱”

图 8-18　带电作业创新先锋

多个创新项目获得全国电力行业职工技术创新成果奖等荣誉，累计为企业创造经济效益达6900余万元，同时也贡献了巨大的社会效益和安全效益，黄旭劳模创新工作室也被评为“天津市十大示范性（技能人才）劳模创新工作室”。

育徒有方的电缆创客。张华先后主持了二十余项科技创新项目的研制工作，他研制的新型防盗检修井盖等10余项科技创新成果均获得了国网天津电力优秀成果奖，并且在天津市范围内进行了推广应用，解决了大量实际工作难题，使生产效率得到显著提升，见图8-19。他作为教练，培养了很多优秀员工，其中高级工3人、中级工3人。在新入职员工“三年一届大比武”中他培养的徒弟分别获得状元两次、第二名两次，其中一名徒弟荣获国网公司 2017 年输变电工程质量工艺技能竞赛（高压电缆头制作）（第四名）三等奖。

图 8-19　育徒有方的电缆创客

坚强智能电网守护者。作为家族第三代的电力人，王学军深受父辈们优良电力传统的影响，始终不忘初心，坚守使命。扎根一线 27 年来，他时刻把“态度决定行为、创新成就梦想”作为座右铭，立足岗位刻苦钻研，从一个一无所知的“门外汉”，成长到国网公司优秀专家人才，见图 8-20。他曾连续 22 天奋战在北郊 3 号变压器三相更换工作现场、

图 8-20　坚强智能电网守护者

连续 54 天坚守陈甫站监控系统及保护装置改造现场，带领党员突击队圆满完成了大孟庄 2 号变压器扩建、正德 500 千伏站投产、石各庄 SSSC 投运等主网架完善提升、“煤改电”配套电网建设等重点任务，堪称“铁军典范”。王学军先后荣获天津市“劳动模范”“五一劳动奖章”，国网公司“生产技能专家”“安全生产先进个人”，国网天津电力“最美国网人”“十大杰出青年”等荣誉称号。

参考文献

[1] 寇伟 .“三型两网”知识读本 [M]. 北京：中国电力出版社，2019.

[2] 国家电网有限公司 .“三型两网、世界一流”概念和框架手册（1.0 版）[M]. 北京：中国电力出版社，2019.

[3] 国家电网有限公司 . 泛在电力物联网白皮书 2019 [R]. 2019.

[4] 国务院办公厅关于印发能源发展战略行动计划（2014 —2020 年）的通知 [EB/OL]. [2014-11-19]. http ：//www.gov.cn/zhengce/content/2014-11/19/content_9222.htm.

[5] International Energy Agency（IEA）. Key world energy statistics[R]. 2019.

[6] 朱成章 . 从德国经验看我国新能源电力发展 [J]. 中国电力企业管理，2017（5）：38-39.

[7] 国务院发展研究中心，壳牌国际有限公司 . 全球能源转型背景下的中国能源革命 [M]. 北京：中国发展出版社，2019.

[8] 国网能源研究院有限公司 . 2019 中国新能源发电分析报告 [M]. 北京：中国电力出版社，2019.

[9] REN21. Renewables 2019 Global Status Report[R]. 2019.

[10] Enerdata. Global Energy Statistical Yearbook[R]. 2019.

[11] 国家发展改革委，国家能源局，工业和信息化部 . 关于推进“互联网 +”智慧能源发展的指导意见 [Z]. 2016.

[12] 杜文钊 . 构建具有国际竞争力的自主装备体系支撑全球能源互联网创新发展 [J]. 中国电力企业管理，2017（8）：76-79.

[13] 高世楫，郭焦锋 . 能源互联网助推中国能源转型与体制创新 [M]. 北京：中国发展出版社，2017.

[14] 吴红辉 . 智慧城市实践总论 [M]. 北京：人民邮电出版社，2017.

[15] 曾鸣，杨雍琦，李源非，等 . 能源互联网背景下新能源电力系统运营模式及关键技术初探 [J]. 中国电机工程学报，2016，36（3）：97-107.

[16] 王雪，陈昕 . 城市能源变革下的城市智慧能源系统顶层设计研究 [J]. 中国电力，2018（8）：85–91.

[17] 田世明，栾文鹏，张东霞，等 . 能源互联网技术形态与关键技术 [J]. 中国电机工程学报，2015，35（14）：3482–3494.

[18] 编撰委员会 . 世界大型电网发展百年回眸与展望 [M]. 北京：中国电力出版社，2017.

[19] 宋云亭，郑超，秦晓辉 . 大电网结构规划 [M]. 北京：中国电力出版社，2013.

[20] 刘振亚 . 中国电力与能源 [M]. 北京：中国电力出版社，2012.

[21] 国网天津市电力公司 . 世界一流城市电网建设 [M]. 北京：中国电力出版社，2018.

[22] 刘振亚 . 全球能源互联网 [M]. 北京：中国电力出版社，2015.

[23] 余贻鑫 . 智能电网基本理念与关键技术 [M]. 北京：科学出版社，2019.

[24] 杨挺，翟峰，赵英杰，等 . 泛在电力物联网释义与研究展望 [J]. 电力系统自动化，2019，43（13）：9–20，53.

[25] 郑勇锋，潘松柏，孙丽莉，等 . 一体化国网云平台的高可用方案研究 [J]. 电力信息与通信技术，2019，17（7）：46–51.

[26] 李炳森，胡全贵，陈小峰，等 . 电网企业数据中台的研究与设计 [J]. 电力信息与通信技术，2019，17（7）：29–34.

[27] 葛冰玉，冯志鹏，韩璐，等 . 电力行业智慧物联体系研究与设计 [C] // 中国电机工程学会电力信息化专业委员会 . 生态互联数字电力——2019 电力行业信息化年会论文集 . 无锡：[出版者不详]，2019.

[28] 曹军威，孟坤，王继业，等 . 能源互联网与能源路由器 [J]. 中国科学：信息科学，2014，44（6）：714–727.

[29] 王继业，李洋，路兆铭，等 . 基于能源交换机和路由器的局域能源互联网研究 [J]. 中国电机工程学报，2016，36（13）：3433–3439.

[30] 刘吉臻，李明扬，房方，等 . 虚拟发电厂研究综述 [J]. 中国电机工程学报，2014，34（29）：5103–5111.

[31] 艾芊，郝然 . 多能互补、集成优化能源系统关键技术及挑战 [J]. 电力系统自动化，2018，42（4）：2–10，46.

[32] 能源互联网研究课题组 . 能源互联网发展研究 [M]. 北京：清华大学出版社，2017.

[33] 王毅，陈启鑫，张宁，等 . 5G 通信与泛在电力物联网的融合：应用分析与研究展

望 [J]. 电网技术，2019，43（5）：1575–1585.

[34] 中国通信标准化协会 . 量子保密通信技术白皮书 [R]. 2019.

[35] 华为技术有限公司 . 华为区块链白皮书 [R]. 2018.

[36] 许洪强．调控云架构及应用展望 [J]. 电网技术，2017，41（10）：15–22.

[37] 张勇，张哲，严亚勤 . 智能电网调度控制系统电网实时监控与智能告警技术及其应用 [J]. 智能电网，2015，3（9）：75–80.

[38] 崔玉，吴奕，张志，等 . 基于电力无线虚拟专网的继电保护智能移动运维系统设计及实现 [J]. 电力系统保护与控制，2018，46（23）：181–187.

[39] 吕志鹏，盛万兴，钟庆昌，等．虚拟同步发电机及其在微电网中的应用 [J]．中国电机工程学报．2014，34（16）：2591–2603.

[40] 戴天宇 . 商业模式的全新设计 [M]. 北京：北京大学出版社，2016.

[41] 魏炜，朱武祥 . 发现商业模式 [M]. 北京：机械工业出版社，2009.

[42] 国网天津市电力公司电力科学研究院，国网天津节能服务有限公司 . 综合能源服务技术与商业模式 [M]. 北京：中国电力出版社，2018.

[43] 原磊 . 国外商业模式理论研究评介 [J]. 外国经济与管理，2007，29（10）：17–25.

[44] Michael Morris，Minet Schindehutte，Jeffrey Allen. The entrepreneur's business model：toward a unified perspective[J]. Journal of Business Research，2005，58（1）：726–735.

[45] 龚丽敏，魏江，董忆，等 . 商业模式研究现状和流派识别：基于 1997—2010 年 SSCI 引用情况的分析 [J]. 管理评论，2013，25（6）：133–142.

[46] 刘建基 . 中国商业模式研究的热点及前沿 [J]. 山东工商学院学报，2019，33（5）：21–30.

[47] 姜华彪，雷晓凌，陶启刚 . 能源互联网商业模式创新研究 [J]. 价值工程，2019，27：127–130.

[48] 赵腾，张焰，张东霞 . 智能配电网大数据应用技术与前景分析 [J]. 电网技术，2014，38（12）：3305–3312.

[49] 闫庆友，米乐乐 . 综合能源服务商业模式分析——基于商业模式画布 [J]. 技术经济，2019，38（5）：126–132.

[50] 徐峰，何宇俊，李建标，等 . 考虑需求响应的虚拟电厂商业机制研究综述 [J]. 电力需求侧管理，2019，21（3）：2–6.

[51] 任国伟，胡和平，苏若葵 . 企业集团管控模式探究 [J]. 人力资源管理，2013（6）：

243–245.

[52] 薛东阳 . 国有企业管控模式与公司治理 [J]. 中国物价，2012,（3）：64–66.

[53] 白万纲 . 集团管控大趋势 [M]. 北京：科学出版社，2008.

[54] 郭玉峰 . 安钢强力推动“三项制度改革”创新国有企业人力资源管理新挑战 [J]. 经济师，2017（9）：263–263.

[55] 邓向越 . 电力客户服务理论与实务 [M]. 北京：中国电力出版社，2008.

[56] 滕大鹏 . 移动互联网营销：策略、方法与案例 [M]. 北京：人民邮电出版社，2017.

[57] 刘小华 . 大转型：“互联网”时代，传统企业的自我颠覆与变革 [M]. 北京：人民邮电出版社，2016.

[58] 徐伟 .ZL 公司客户关系管理问题研究 [D]. 哈尔滨：东北农业大学，2019.

[59] 新时代国有企业党的建设教程编写组 . 新时代国有企业党的建设教程 [M]. 北京：中共中央党校出版社，2019.

[60] 国家电网有限公司 . 企业文化建设工作指引 [M]. 北京：中国电力出版社，2019.

[61] 徐耀强，李瑾 . 企业文化力 [M]. 北京：中国电力出版社，2015.

[62] 国家电网有限公司 . 国家电网有限公司管理创新成果（2018 年度）[M]. 北京：中国电力出版社，2019.

[63] 刘振亚 . 超越・卓越 [M]. 北京：中国电力出版社，2016.

[64] 王彤，张世良 . 坚守初心践行使命：炼就新时代好干部 [M]. 北京：中共中央党校出版社，2019.

[65] 中共浙江省委党校 . 浙江省干部工作“组合拳”的理论与实践 [M]. 北京：党建读物出版社，2017.

[66] 洪向华，乌云娜，等 . 干部能力考核机制现代化 [M]. 北京：国家行政学院出版社，2016.